景宁水利志

景宁畲族自治县水利志编纂委员会 编

◎主编：潘作仁

方志出版社
Publishing House of Local Records

图书在版编目（CIP）数据

景宁水利志 / 景宁畲族自治县水利志编纂委员会编；
潘作仁主编. -- 北京：方志出版社，2016.11
ISBN 978-7-5144-2209-2

Ⅰ. ①景… Ⅱ. ①景… ②潘… Ⅲ. ①水利史—景宁畲族自治县 Ⅳ. ①TV-092

中国版本图书馆 CIP 数据核字（2016）第 283692 号

景宁水利志

编　　者： 景宁畲族自治县水利志编纂委员会
主　　编： 潘作仁
责任编辑： 刘方圆

出 版 人： 冀祥德
出 版 者： 方志出版社
地址　北京市朝阳区潘家园东里 9 号（国家方志馆 4 层）
邮编　100021
网址　http://www.fzph.org
发　　行： 方志出版社发行中心
电话（010）67110500
经　　销： 各地新华书店
印　　刷： 浙江遂昌印业有限责任公司

开　　本： 889 × 1194　　1/16
印　　张： 35.5
字　　数： 502 千字
版　　次： 2016 年 11 月第 1 版　　2016 年 11 月第 1 次印刷
印　　数： 0001~2000 册

ISBN 978-7-5144-2209-2　　**定价：** 200.00 元

《景宁水利志》编纂委员会

顾　问： 郑建强

主　任： 毛南荣

副主任： 梅荣柱　毛慧琴（女）　潘李清

委　员：（以姓氏笔画为序）

毛红芬（女）　毛瑞翔　叶梅娟（女）　刘秀美（女）

朱赛美（女）　何　伟　苏　勇　吴松青　严益贵

陈淑芬（女）　季存华　林振球　柳卫明　赵沛秋

钟鼎平　徐海林　梅　港

主　编： 潘作仁

编　辑： 叶兴兄

主　审： 梅荣柱

副主审： 毛慧琴（女）

办公室主任： 商　敏（女）

成　员： 徐志淼　潘珅珅（女）　王森林

封面题字： 潘作仁

县城新貌　　　　胡家情／摄

传承治水精神

泽被美丽畲乡

陈川

浙江省人大农业与农村委员会副主任委员、浙江省水利厅原厅长 **陈川** 题

畲鄉水利幸
福源泉

林康
丙申年夏

丽水市人大常委会副主任、中共景宁畲族自治县委书记 **林康** 题

景宁畲族自治县人大常委会主任 **严轶华** 题

2016年4月28日，省长李强（右二）视察“畲乡绿道”

2015年4月8日，省水利厅厅长陈川莅景调研“畲乡绿道”建设情况

2014年4月2日，省水利厅总工李锐莅景指导工作

2014年2月12日，县委书记林康踏勘水利工程现场

2016年12月6日，丽水市副市长、中共景宁畲族自治县委书记陈重实地勘察鹤溪河治理工程

2016年11月22日，县委副书记、代县长钟海燕调研鹤溪河治理工程

沙湾水域

炉西峡 李勋东／摄

大均观音阁水域

千峡湖扫口水域

千峡湖门潭水域

千峡湖外舍水域

2015年7月9日，
县领导部署防“灿鸿”
台风会议

2009年8月15日，
炉西峡大搜救

2015年防汛演练

2006年2月22日外舍防护工程开工典礼

金兰坑防洪堤

黄谢圩防洪堤

鹤溪河堰坝

大白坑防洪堤

梧桐坑防洪堤

鸬鹚防洪堤

塔堪防洪堤

沙湾防洪堤

景南忠溪综合治理

上标河道综合治理

鹤溪河综合治理

鹤溪河综合治理

标溪乡预章村河道整治

鹤溪河综合治理

家地乡河道综合治理

深垟河道综合治理

外舍防护工程

鸬鹚河道综合治理

封山育林（草鱼塘林场）

潘作仁/摄

望东垟高山湿地

潘作仁/摄

双后降水保工程

上叶井

潘作仁/摄

县前井

桥儿井

上桥井 潘作仁/摄

武庙井原貌

武庙井现状 毛昌立/摄

莲川外寮民用井，深约10米，水清冽

刘建平 / 摄

塘弄井

水井图片除注名以外，其它均来自《景宁文史第十三辑》

饮用水源一级保护区

蓄水池

优质水源 潘作仁/摄

供水泵房

自来水进畲家

县自来水厂一瞥

2012年5月25日，县长蓝伶俐作申报陈述

金丘村农田水利工程

小佐梯田

渤海镇石塘峡茶叶基地喷灌工程

九龙乡高沈蔬菜基地微灌工程

上标一级电站拱坝鸟瞰图

上标水电站

上标水库

鸬鹚水电站

白鹤水电站

三枝树水电站

英川水电站

稻鱼共生

稻鳖共生

渔业增殖放流

石蛙养殖　　由景宁云山涧石蛙养殖良种场提供

娃娃鱼养殖　　由景宁天野农业开发有限公司提供

顺利一级雷达水文雨量站

吴山头雨量站

县水文巡测基地

阳畲（杨斜）遥测雨量器

双坑河道水位雨量站

金牛坑水库雷达水位雨量站

大均水文站

景宁雨量站——民族小学水文科普小基地

水
法
宣
传

县检察院、渔政执法人员监督违法捕捞者实施生态补偿放流

清理违禁渔具地笼网

梅岐乡“千人同行、饮水护源”活动

整治非法采砂场

『五水共治』宣传活动

畲乡绿道 梅港/摄

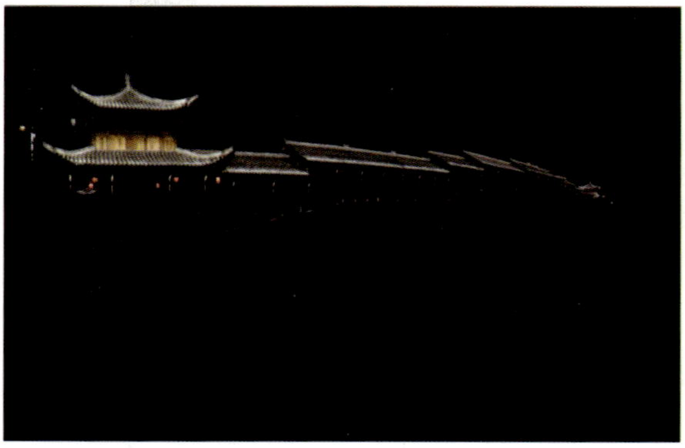

绿道善水桥夜景 商敏/摄 鹤溪河堰坝

鹤溪廊桥段亲水平台

畲乡绿廊国家水利风景区　　梅港/摄

议水亭　　梅港/摄

绿道骑行

白鹳戏鱼（府前桥河段）　　潘少华 / 摄

飞云江源头石碑　　　　张爱萍/摄

武庙古井碑记

五水共治大合唱

省水利系统景宁“绿道杯”篮球友谊赛

水利干部植树活动

乒乓球赛

赞比亚和景宁签署双方合作意向协议书

2015年4月30日，赞比亚代表团与上标一级电站领导合影

2004年4月15日—27日，县小水电协会副会长任启年、办公室主任刘福云出席《第二届联合国国际小水电南南合作会议》。(左二为国际小水电组织主席、水利部水电总局局长程回洲)

2004年9月3日，水利部授予景宁“中国农村水电之乡”称号

2015年12月3日，水利部公布“畲乡绿廊”为第十五批国家级水利风景区之一。12月10日，副县长郑建强（右二）在北京接受授牌

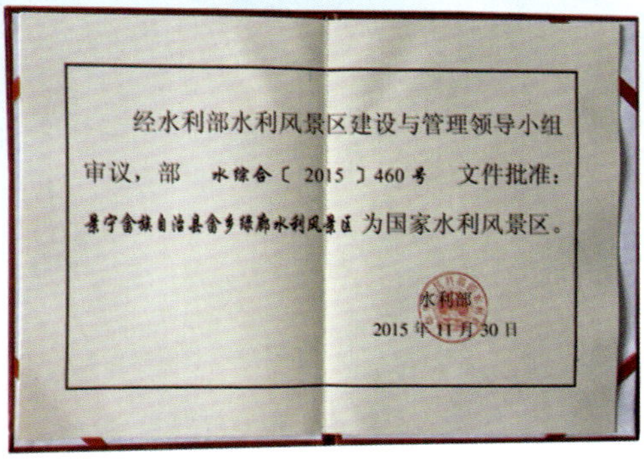
经水利部水利风景区建设与管理领导小组审议，部 水综合〔2015〕460号 文件批准：
景宁畲族自治县畲乡绿廊水利风景区 为国家水利风景区。
水利部
2015年11月30日

浙江省第十五届水利“大禹杯”竞赛活动
提名奖
浙江省人民政府
二〇〇九年十一月

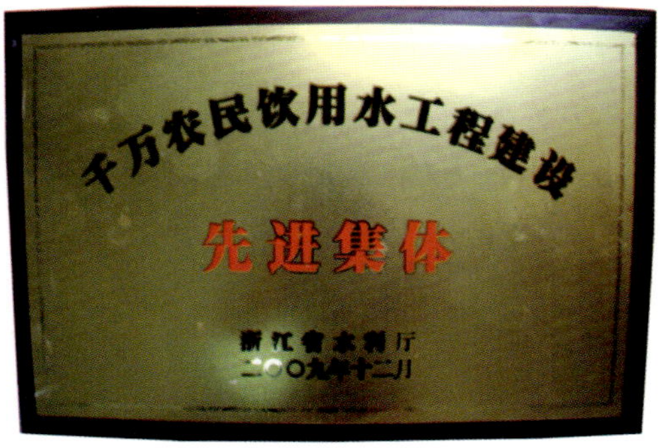
千万农民饮用水工程建设
先进集体
浙江省水利厅
二〇〇九年十二月

2014年度全县综合考核
突出贡献奖
中共景宁畲族自治县委
景宁畲族自治县人民政府
2015年2月

荣誉证书
HONORARY CREDENTIAL
景宁畲族自治县水利局：
被评为2015年度全省“五水共治”工作先进集体，特发此证，以资鼓励。
2016年2月29日

2007年丽水市抗洪(台)救灾
先进集体
中共丽水市委 丽水市人民政府
二00八年四月

1996年度水利规划工作
先进集体
浙江省水利厅
一九九七年三月

2009年度千万农民饮用水工程建设工作考核
一等奖
丽水市人民政府
二〇一〇年三月

编委成员与评审专家合照　　摄于2016年1月25日

景宁畲族自治县水利大楼

目　录

第一编　水利环境

第二编　灾害与抗灾

第三编　防洪治水

第四编　水利建设

第五编　水力发电

第六编　渔业生产

第九编　水利人文

序 一

《景宁水利志》现已完稿，即将付梓，这是景宁水利史上可喜可贺之盛事。

水是人类赖以生存的物质基础。治水兴利，乃历代治国安民之大计，直接关系国家经济的发展和人民财产之安危。我国历代有识之士，都把水利看作治国兴邦的大事。春秋时期，齐国的大政治家管仲(齐桓公任为上卿)说:“善为国者，必先除其五害。五害者，水一害也，旱一害也，风雾雹霜一害也，厉(疾病)一害也，虫一害也。而‘五害’之属，水最为大。除五害之说，以水为始。请为置水官，令习水者为吏。”

景宁地处洞宫山脉中段，地势西南高、东北低，整个地面千皱万褶，峰峦簇拥。溪流河床比降大，水性湍悍，暴涨暴落，有“两山夹一水，众壑闹飞流”之喻，历史上洪灾旱灾频发。为了生存与发展，自古以来，景宁人民就同水旱灾害进行了顽强的斗争，在漫长的历史长河中积累了丰富而宝贵的治水经验。

据历史记载:明万历十五年(1587)知县姜师闵在城西筑鹤溪永平堤，是当时保护鹤溪城和沿岸农田的主要水利工程。民国时期，全县有堰坝、水渠342处，水碓237座。

中华人民共和国成立后，景宁人民在县委、县政府的领导下，掀起了治水兴利的建设高潮。

20世纪50年代，水利工作坚持“以蓄为主、小型为主、群众自办为主”的方针，大搞修堤筑坝，开塘蓄水;20世纪60年代，大力修建小(二)型水库;20世纪70年代—80年代，水利工程建设以加固、配套完善为主，充分发挥原有工程效益，开展改造低产田为中心的农田水利建设;进入20世纪90年代后，景宁提出“以电兴县”发展规划，小水电事业蓬勃发展，创建了中国农村水电之乡，大力实施水库除险加固、城镇防洪、水土保持、河道整治、水资源保护、节水灌溉和农村饮用水等工程项目建设;进入21世纪，围绕生态县建设，认真落实

《景宁畲族自治县水资源管理条例》、浙江省委十三届四次会议关于“五水共治”的决策，着力开展生态水利建设，与此同时，抓好防汛防旱，强化水利管理，严格水利执法，使水利工作逐步走上依法治水、管水、用水的轨道。水利设施、水电规模盛况空前。

该志立足当代，纵观古今，对明景泰三年（1452）析青田县沐鹤乡和柔远乡仙山里等地置景宁县以来的水利事业，作了全面、系统的记述，内容丰富，资料翔实，图文并茂。时代特征和地方特色明显，可以说是一部成功的水利志。

清代著名方志学家章学诚说：“文贵发明，亦期用世。”可见修志的目的贵在于用，《景宁水利志》总揽景宁水情，不仅为今天和后来水利工作者，也为我们这些施政者治水兴利、发展经济提供了科学决策的依据。因此，热切地希望景宁水利战线的同志们，特别是各级领导干部都来阅读、学习和运用《景宁水利志》，从凝结在这部志书里的理性认识中汲取力量和智慧。让它在深入实施“三县并举”[1]，推进“五个发展”[2]，实现“三个走在前列”[3]目标中发挥作用，真正起到“资政、教化、存史”之功能。

中共景宁畲族自治县县委副书记
景宁畲族自治县县长

---

① 中共景宁畲族自治县第八届委员会承前启后，干在实处，着力解题“三个走在前列”，确立了“三县并举”战略方针和“五个发展”战略举措。“三县并举”战略方针指的是：生态立县、产业富县、文化名县。

② “五个发展”举措指的是：集聚、统筹、文化、创新、和谐“五个发展”。

③ “三个走在前列”指的是：2009 年，时任国家副主席的习近平复信景宁，对景宁提出了“在推动科学发展、促进社会和谐、增进民族团结上走在全国民族自治县前列”的目标要求。

序 二

“治天下者以史为鉴，治郡国者以志为鉴。”景宁第一部水利志——《景宁水利志》，在全体人员的辛勤耕耘下，三度春秋，数易其稿，终于完卷成书，这是景宁水利史上一件大事，可喜可贺！

通读全书，深感这是一曲瓯江与飞云江源头的生态之歌。该志的科学性首先体现在它的篇目设计上，全书设水利环境、灾害与抗灾、防洪治水、水利建设、水力发电、渔业生产、基础工作、水利管理、水利人文等9编32章116节，50余万字。前三编基本上是反映景宁水利的生态渊源和人与水抗争的历史；中间三编记述了景宁人民利用和改造自然的经历和取得的成就；后三编写水利科技、管理和人文方面的内容。这种从总体介绍——经济基础——上层建筑的编纂模式具有丰富的科学内涵，也符合人们的思维习惯，便于后人用志。这样的篇目设计，从水这一生命之源出发，用详尽的史实记述了景宁自明景泰三年(1452)析青田县沐鹤乡和柔远乡仙山里等地置景宁县以来的水利事业和人们对水利的认识。从“水利是农业的命脉”到“水利是国民经济的基础设施”这一认识上的重大变化，尤其是记录了人们从对自然的征服关系转变为伙伴关系，把对自然的统治和占有转变为和平共处并予以保护的历史进程，充分体现了该书的科学含量和重大的认识价值。

志书明古详今，求真务实，既全面记述全县水利历史和现状，又浓墨重彩描绘了水利变迁、发展和中华人民共和国成立后水利工程建设管理的成就与经验教训，特别在水利史料考证方面，收集了大量的诗词文献加以印证，既体现了真实性，又增强了可读性，是一部集水利史料性、知识性、科学性、可读性于一体的水利专著。志书出版，服务当代，激励后人，意义深远。

撰史修志，千秋大业。自成立水利志编纂委员会以来，各级领导、专家及相关部门给予了大力支持和悉心指导，修编人员不辞辛劳地收集资料，精心编撰，终成大作，这是集体智慧的结晶。在此，我谨代表景宁水利局向领导和同志们表示由衷的、崇高的敬意！新时代昭示着新的希望，新的机遇，新的挑战，让我们在县委、县政府的正确领导下，认真贯彻浙江省委十三届四次全会关于“五水共治”[①]的决策，求真务实，努力拼搏，共绘畲乡水利新篇章。

景宁畲族自治县水利局局长 毛南荣

① “五水共治”是2013年11月29日浙江省委十三届四次全会提出的，其具体内容是：治污水、防洪水、排涝水、保供水、抓节水。这是一个大目标、大思路，是浙江省政府推出的大政方针，是推进浙江新一轮改革发展的关键之策。浙江是著名水乡，水是生产之基，生态之要，生命之源。“五水共治”是一石多鸟的举措，既扩投资又促转型，既优环境更惠民生。

凡　例

一、坚持以马克思列宁主义、毛泽东思想、邓小平理论、“三个代表”重要思想和科学发展观为指导，贯彻存真求实的方针，坚持科学发展观，以人为本，实事求是地记述景宁县水利的历史、现状，彰明因果。力求贴近时代，贴近生活，努力体现地方特色和专业特色，把《景宁水利志》编纂成思想性、科学性、实用性和可读性相一致的精神产品和资料著述。

二、贯彻修志为民，经世致用的方针，立足当代，详今明古。上限所记水利史实之发端，下限2015年止，大事记下限为2016年。

三、本志采用编、章、节结构，体裁为语体文记述体，横排门类，纵述史实，以志述事，以诗补志。述、记、志、传、图(照片)、表、录并用。志首部分分设图(照片)、目录、序、凡例、概述、大事记，志书末设后记。全志分9编32章116节，50余万字。

四、中华人民共和国成立前，沿用中国历史纪年，加注对应的公元纪年，月份沿用农历。中华人民共和国成立后采用公元纪年。

五、引用原文，概加引号，除重要引文件外，一般不注出处；原文缺漏、讹误，不予改动。

六、治水有重要业绩的人物，凡已故的均为立传，在世者以事系人，有突出贡献者设人物略传，其他英模人物或先进工作者列表。

七、记述古地名时，括注今名；机构按当时名称记述；志中所出现的“党”以及省、市、县委等，均指中国共产党及其各级组织。

八、计量单位，中华人民共和国成立前，沿用旧制，中华人民共和国成立后，以国务院1984年颁发的《中华人民共和国法定计量单位》为准。农田土地面积沿用“亩”为计量单位。

九、海拔高程未加括注者，均为黄海高程系。资料中采用志书、谱牒、档案、专著、报刊、文物考古和调查资料等，经鉴别后筛选入志。

概　述

概　述

（一）

景宁位于北纬 27°39′~38°，东经 119°14′~119°58′，东邻青田、文成县；南衔福建泰顺、寿宁县；西枕庆元县、龙泉市；北连云和县、莲都区。自明景泰三年（1452）析青田县沐鹤乡和柔远乡仙山里等地置景宁县。1960 年，撤销并入丽水县。1962 年，由丽水县分出，设云和县。1984 年，云和、景宁两县分设，以原景宁县的行政区域成立景宁畲族自治县。全县总面积 1950 平方千米，辖 2 个街道、4 个镇、15 个乡、254 个行政村，总人口 17.2 万。其中，畲族人口 1.88 万，占 10.9%。全县耕地面积 10.5 万亩，其中水田 9.08 万亩。境内风光秀丽，资源丰富，被命名为省重点林业县，国家级生态示范区，95%的地表水水质达到国家Ⅱ类以上，生态环境质量评价连续多年列全国前五名。

县域属华夏陆台浙闽地质组成部分，出露地层单元有前泥盆系陈蔡群，下侏罗统枫坪组，上侏罗统火山岩系，下白垩统馆头组，下白垩统朝川组，上更新统冲、洪积层，全新统冲积层。其中，以中生界侏罗系、白垩系火山系为主，第四系不发育。属洞宫山脉中段，地势西南高、东北低。海拔 1689.1 米的上山头为全县最高处，海拔 80 米的陈村乡塘堡村为最低处。景南乡望东垟为浙江省唯一的国家级高山湿地。

按水系划分，境内有瓯江、飞云江两大水系。小溪为瓯江一级支流，源于庆元县的大毛峰山麓，集两侧诸山之大小数十条港、溪、坑、源之水，自西南向东北流，出陈村鹤口流入青田。境内全长 124.6 千米，流域面积为 1725.56 平方千米，占土地总面积的 88.5%。主要支流有毛垟港、英川港、标溪港、梧桐坑、大赤坑、鹤溪、石门楼坑、炉西坑、门潭坑和大顺坑。南部大白坑等属飞云江水系，景南乡的漈坑（直坑）是飞云江源头，出东坑镇里塘口，入泰顺县境，境内流长 31.9 千米，流域面积 224.44 平方千米，占总面积的 11.5%。境内所有溪流均为山溪性河流，落差大，水力资源丰富。全县平均年径流总量达22.15亿立方米，水力资源理论蕴藏量66.62万千瓦，可开发量53.04万千瓦，山水资源得天独厚。属中亚热带季风气候，温暖湿润，雨量充沛，四季分明，冬、夏长而春秋短。受季风气候影响，梅雨季节和台风季节，山洪及地质灾害频发。

（二）

前人依水生息，挖渠垦田、筑堰修堤历史悠久。民间流传："乾隆乾隆处处叠（砌）岩砻、嘉庆嘉庆家家端饭甑。"民国时期，战祸频繁，水利事业发展缓慢，全县有堰坝、渠道342处，水车8座，水碓237座。水利设施单一简陋，水资源开发利用甚少，抗灾能力脆弱。

中华人民共和国成立后，县人民政府认真贯彻"水利是农业的命脉"的方针，以"愚公移山"精神治水办电。针对农田分散、丘小坎高、岗田易旱，洼田水冷的特点，因地制宜，立足"小"字，修堰复渠、挖塘建库，改变了自然条件，治水办电取得成效。1958年以来，水利工作坚持"以蓄为主、小型为主，群众自办为主"的方针，掀起全民治水高潮，大搞蓄水、引水和防洪工程。蔡湖垟等5座山塘水库动工兴建，先后建成11座山塘水库和6条灌溉100亩以上渠道。始用机电提水抗旱。

1967—1977年，正处"文化大革命"时期，全县开展"农业学大寨"，掀起治水新高潮。蒲垟等5座小（二）型水库开工，先后建成，蒲垟、白水漈小（二）型水库2座、灌溉100亩以上的渠道33条、电灌站49处，同时还建成一批蓄水山塘。

1978年12月，中国共产党第十一届三中全会召开后，全县加快了水利建设步伐。1981年，根据省水利厅文件精神，把水利工作的重点转移到管理上来，开展查安全、定指标；查效益、定措施；查综合经营、定发展计划。截至1983年，又建成小（二）型水库3座，灌溉100亩以上的渠道6条，电灌站31处。1984年始，水利工程建设以加固、配套完善为主，充分发挥原有工程效益，开展以改造低产田为中心的农田水利建设。截至1990年，建成上标中型水库1座。修建灌溉100亩以上的渠道13条、浆砌块石防洪堤（鹤溪段）4553米。1992年底，全县水利工程供水量3547万立方米，有效灌溉面积6.89万亩。

1993年以来，由于管理不善，不少山塘、堰塘已废弃。2004年，编制完成《景宁畲族自治县千库保安工程专项规划综合报告》，对全县94座山塘、水库进行检查，投资45万元完成蒲垟、白水漈水库保安工程建设；2005年，投资249.8万元，完成白坦、黄坑水库保安工程建设；2007年，投资50万元，完成坦岱水库保安工程建设；2008年，完成企岩水库保安工程建设，先后实施完成了6座小（二）型水库的除险加固工程。通过计划实施，基本消除已发现的水库病险，大幅度提高水库安全度，强化水库安全管理能力建设。

截至2015年，全县共有中小型水库43座，山塘89座，堰塘121座，蓄水量1.21亿立方米（未含千峡湖水库）。其中，中型电站水库3座，蓄水量7493万立方米（上标水库2159万立方米、白鹤水库1603万立方米、英川水库3731万立方米）；小（一）型水库9座，蓄水量3041.84万立方米；小（二）型水库31座，蓄水量1379.17万立方米；1~10万立方米的山塘89座，蓄水量172.7万立方米；1万立方米以下的堰塘121座，蓄水量67.71万立方米。千峡湖水域面积千米70.93平方千米，景宁县域面积39平方千米，占比51%。

1984年，景宁畲族自治县成立后，城镇用水量升增。1988年，将原鹤溪水厂改建为全民所有制企业，组并为县自来水厂，共安装水泵7台85千瓦，供水管道18.9千米，设计日供水1万吨。1993年，年供饮用水154.95万吨。

随着县城建设规模不断扩大和居住人口的增加，2004年，始建景宁第二自来水厂，2006年7月投入运行。水厂水源来自龙潭桥水库，设计日供水能力4万吨，一期日供水2万吨，年供水700多万吨，向县城4.52万居民提供饮用水和生产用水。

20世纪90年代以来，景宁农村人畜饮水经历三个发展阶段：

1994年，国家开始实施“八七扶贫攻坚”计划，逐步解决农村人畜饮用水难题，截至1997年，解决了67个村的人畜饮水困难问题，受益2.95万人，牲畜1.35万头。

2000年，国家决定“十五”期间利用国债资金实施“农村饮水解困”工程，景宁启动“农民饮用水工程”。其间，解决了1.25万人口的饮水困难。

2004年4月，水利部出台了《农村饮用水困难解困规划》，景宁被列为浙江省第一批“千万农民饮用水”工程项目实施之一。是年，编制完成《景宁畲族自治县农村饮用水工程建设实施方案》，并开始实施农村饮用水工程，逐步解决农村居民饮用水困难。

2004—2013年，景宁实施“千万农民饮用水”工程，共投资9554万元。其中，中央财政资金1335万元，省级财政资金3467万元，地方配套资金4752万元。建成19个乡镇、2个街道、254个村的饮用水工程，基本解决了全县14万农村人口安全饮用水问题。

2015年，金村水库及供水工程正式立项，总库容937.4万立方米，总投资5.3亿元，金村水库的建成可以作为县城备用水源，改变县城供水水源单一的状况。

（三）

景宁水力资源丰富，境内可开发装机容量53.04万千瓦，占全省总量的1/10。景宁畲族自治县设立后，历届政府都把水电建设作为山区发展经济的重要组成部分，20世纪90年代，政府把水电建设提高到绿色经济来抓，景宁水电事业从此快速、持续、健康发展。

1957年5月，张村高级农业社试用水碓轮带动1.2千瓦的小电机发电照明。7月，鹤溪镇红星高级社用木板配制水轮机建成一座径流式电站，装机12千瓦，安装照明灯300盏。随后，全县建成微型水电站11座，装机11台56.1千瓦。1965年，国营南坑下、大赤坑一、二级三座高水头水电站动工兴建。从此，景宁小水电建设从无到有，从小到大，从低水头到高水头，从单级开发到全流域梯级开发，从径流向有调节性电站发展，从独立电源到联网运行。投资体制，从民办到公助到股份合作，从依靠县内自己建设，到引进外资、外商共同开发。

1986年11月，农民吴惠明以股份制形式，修复黄湖乡办的茶园水电站。1993年9月，鹤溪镇三枝树村张小宝和滩岭村雷光来合股投资100万元创办滩岭水电站，装机200千瓦，年发电量70万千瓦时，开股份制电站先河。

20世纪90年代初，国家对小水电建设给予政策扶持，放宽市场准入，积极引导个体、私营非公有资本进入小水电行业。“八五”期间，景宁提出了“以电兴县”的发展战略，把开发水电资源作为振兴景宁经济社会发展，加快脱贫致富和新农村建设的重点来抓。1993年，县政府下发〔1993〕12号《关于加快发展我县小水电资源的意见》的文件，1994年，县政府又下发〔1994〕100号《关于加快发展我县小水电事业的若干规定》的文件，推行多渠道、多层次、多形式、股份制合作、“谁投资、谁所有、谁受益”的办电原则，坚持自愿合股合伙、风险共担、利益共享，免征地方税5年。1992—1994年，全县共建股份制电站10座，装机容量1750千瓦。“九五”期间，又提出“创建中国水电之乡”的发展目标，把小水电作为支柱产业来培植。随着投资环境的优化，不仅吸引了外资来景办电，还激发了群众办电热情，以山林、土地、劳动力等形式折资入股，探索出股份制办电的新路子。

随着小水电产业的迅速发展，造就了一批创业能人，积累了资金。1990—2004年，林建华等70多位小水电股东响应国家开发中西部战略，到中西部收购、合资、独资立项开发小水电。

2004年9月3日，水利部授予景宁为全国第一个“中国农村水电之乡”的称号。2010年10月28日，景宁获首批“绿色能源示范县”称号。

截至2015年，境内水力发电站达162座，总装机容量338615千瓦，人均1.9千瓦，名列浙江前茅。经过数十年不懈努力，小水电已成为景宁经济发展的支柱产业。

通过电站水库的调峰调节，境内小流域行洪得到有效控制。小水电还使3.1万人直接和间接受益，1000多名城镇下岗工人和农村富余劳动力得到就业。水电建设征用土地、山林政策补偿费达4.32亿元，带动了农村公益事业的发展，促进了全县社会经济的发展。

（四）

因境内地形复杂，年内、年际间降水量分布极不均匀，洪、旱灾害频发。据史料记载，自明景泰三年（1452）置县至民国37年（1948），共发生特大暴雨洪水48次，顺治七年（1650）至民国37年（1948），严重干旱13次。1949—2015年，共发生特大水灾30次，严重干旱26次，其他灾害10次，百姓深受其害。

为了生存与发展，景宁人民历来同水旱灾害进行了不懈的斗争。据历史记载：明万历十五年（1587），知县姜师闵在城西筑鹤溪永平堤，高8米，宽5米，全长451米，是当时保护鹤溪城和沿岸农田的主要水利工程。同治《景宁县志》

载：大均等地筑堤12处，堰坝52处。民国《景宁县续志》载：雍正九年至乾隆五十四年（1731—1789），筑堤垦田近1.5万亩。民国时期曾6次以拨工薪赈灾等办法修筑鹤溪防洪堤与引水渠堰。

民国20年（1931），建立境内第一个雨量站景宁站，由省水利局设在鹤溪镇，以推测水情、研究水文。1957年后，相继建成沙湾、大漈等8个雨量站，至1980年共有雨量站9个。

民国22年（1933），沙湾七里设立水文站，后因故停撤。1957年1月，沙湾水文站复建后，开始对上游的流量、水位、泥砂、雨量、蒸发量等水文情报预报，流域内洪水特征进行调查。

1998年10月，县防指办着手编制洪水风险图，1999年，制定《景宁畲族自治县防御洪水预案简表》，2004年，编制《景宁畲族自治县县城防洪抢险方案》，建立了景宁、上标一级、英川等6个水情信息采集遥测站。

2007年，高岩下，景润等8座小（一）型水库及部分乡镇共建成12座水雨情遥测监测站，各乡镇防指安装卫星云图接收系统、建立水情信息采集分中心和遥测站，进一步健全水雨情信息监测系统。

2008年，完成22个乡镇会商系统的设备安装调试工作，实现了省、市、县、乡镇四级实时会商功能，在汛期投入使用。

通过2010—2014年的项目实施，配置了简易雨量器178个，建设雨量遥测站38座、河道水位雨量遥测站21座、水库水位雨量站36座。全县监测预警的站网密度达到20平方千米/站，基本实现了全县各大流域全覆盖。同年，大均水文站通过验收投入使用。

2014年，公布了34个防汛抗旱指挥部成员单位职责，至此，全县防汛防台工作的指挥机构健全，职责明确。通过调查，编制了21个乡镇《山洪灾害防御预案》和97个村级《山洪灾害防御预案》。

2015年，40座小（二）型以上水库电站编制的《水库运行控制计划和应急预案》报县水利局批准、县防指备案。全县编制了254个行政村及6个社区的防汛防台应急预案。通过预案修编、监测预警、队伍建设、物资储备、培训演练、资金保障等方面的具体措施，着力构建基层防汛防台体系。

为加强对防汛防旱工作的领导，1955年成立县防汛防旱指挥部，近60年来，全县人民在县人民政府防汛防旱指挥部的领导下，克服重重困难，一次又一次地战胜了洪旱灾害。1998 年 6 月的特大洪灾，全县 8.6 万人受灾，农作物受灾面积 7.3 万亩，毁坏民房 5025 间、校舍 9 所、堰坝 39 座、桥涵洞 145 处；死亡 19 人、失踪 6 人、受伤 107 人。其中，38 人重伤，537 人无家可归，全县直接经济损失 1.24 亿元。面对洪灾肆虐和新建垟村特大泥石流灾害，景宁人民不气馁，在各级政府领导下，积极投入抗灾抢险工作，与洪涝和地质灾害作不懈斗争。新建垟村灾情发生 4 天时间里，共 5000 多人次进驻灾区，实施紧急救援，抢救受伤村民 54 人，挖出遇难村民尸体 19 具，捐款 147 万元支援灾区重建家园。

2000 年起，开展全县地质灾害隐情排查，共发现需防治的灾害隐患点 128 个，不稳定斜坡 30 个，涉及全县 21 个乡镇（街道），威胁 5893 人的生命财产安全。2000 年，景宁开始实施下山脱贫和“百村避险”工程，积极组织农民异地搬迁工作。2008 年，组织实施“万名农民异地转移工程”。截至 2014 年，全县共计投入各类资金 4.3 亿元，完成农民异地搬迁 2788 户 10965 人。其中，整村搬迁 206 个自然村、2451 户 9749 人，占农民异地搬迁总人口的 91%；地质灾害搬迁 24 个自然村 337 户 1216 人，占全县总人口 6.4%。

2013 年 7 月，全县平均降水量 112.5 毫米，较上年同期偏少 39.7%。平均最高气温达 36.6℃，35℃以上天气达 21 天。8 月 1 日—20 日，平均最高气温 37℃。旱情自 7 月 15 日持续到 8 月 20 日，全县 8320 人发生人畜饮用水困难，农作物受灾面积 6.08 万亩，直接经济损失 6474.95 万元。8 月 8 日，县防指启动了抗旱Ⅳ级应急响应，全县投入抗旱人数 4500 人次，设备 385 台（套）、资金约 500 万元，灌溉 5300 亩，用电 6.2 万千瓦时，用油 8.5 吨。

（五）

历史上景宁未专设水土保持机构，水土保持工作方面也很少有文字记载。中华人民共和国成立后，历届政府重视封山育林。然而，由于社会经济的发展和人口的增长，人类生产生活对山林植被的破坏、多轮土地开发、开矿、建房、乡村公路建设、无序滥采河砂等，破坏了河床的形态，一定程度上改变了河势，严重影响了河道的行洪能力，致使每遇汛期洪灾频发。为此，自 1995 年起，在进行城市防洪建设的同时，对鹤溪河等主要河道开展整治。

20世纪90年代，人们对生态环境与人类生存、经济发展的辩证关系，认识越来越深刻，切实保护好山水生态环境已逐渐成为人们的自觉行动。为使全县水土流失尽快得到整治，主要从绿化造林、河道治理，对相关工程编制水土保持方案进行审查等方面开展工作。1995年，邀请上级业务部门和水利专家制定综合治理方案，省、地有关专家经过实地勘察，批准景宁畲族自治县提出的根治方案。治理工程分流域植被、小(一)型调洪水库、配套防洪设施、河流疏浚四部分，突出治山与治水、疏浚与护堤、治理与开发、工程治河与依法治河“四个结合”。

1996年7月26日，景宁畲族自治县水土保持监督管理站成立，相继出台《景宁畲族自治县水土保持管理办法》等文件，加快推进生态治理项目建设。1997年，根据水土保持规定，要求城乡所有建设工程项目设计应增加水土保持设施篇章，水土保持设施必须与主体工程同时设计、同时施工、同时投入使用。工程结束，县水利主管部门必须参与工程水土保持鉴定验收。

1998年11月30日，丽水地区计委等11个单位的专家、代表18人莅景对高岩下电站编制的水土保持方案，分别对方案编制的原则和目标、防治责任范围、服务年限、工程植被措施、水土保持措施等5个方面进行分析、鉴定并予以通过。高岩下水电站水土保持方案通过会审，标志着景宁的水土保持工作步入了规范化、法制化的轨道。是年，有12个水电站编制的水土保持方案通过审查。

1998—2003年，共编制水土保持方案56个。2013年，加快水土流失整治，深化生态县建设，实现人水和谐。投资1000万元，通过鹤溪小流域水土流失综合治理项目的实施，整治了鹤溪小流域水土流失面积25.69平方千米。

绿化造林方式随着年代变化而变化，20世纪80年代中期，林业实行“三定”政策后，以“家庭联产承包责任制”的形式组织千家万户建造杉木速生丰产商品材基地9.46万亩。1994年实现“消灭荒山”达标县，营造8.6万亩股份制林业基地，建成毛竹高效笋竹两用林基地5.5万亩。1999年，景宁被列入全省21个生态公益林实施试点县。2010年以来，景宁完成了“十二五”林业发展、林地保护利用、森林可持续经营和森林城市建设等四项规划，建立省级高山湿地自然保护区 2 个，公布重要湿地 6 个，生态区位重要的森林资源得到了有效保护。2010—2013 年，全县完成绿化造林 6.2 万亩，森林抚育 3.46 万亩，建成重点公益优质林 129.2 万亩。

21 世纪以来，景宁水土流失综合防治逐步纳入法制化轨道，通过生态修复、退耕还林还草、坡耕地改造，营造水土保持林、经济林，实施拦砂坝、蓄水池、河道护岸、公路两侧绿化、农村人居环境绿化等一系列小型水土保持工程建设，森林植被得到有效保护和修复，水土流失面积从 2000 年的 241.47 平方千米，下降到 2014 年的 140.18 平方千米，减少了 101.29 平方千米，水土流失恶化趋势得到遏制。

20 世纪 90 年代，随着经济的不断发展，景宁城市建设的步伐逐渐加快，为保护城镇居民生命财产安全，提升城市品位，塑造畲乡形象。1995 年始，鹤溪河进行了两轮较大规模的治理。第一轮治理，始于 1995 年 11 月，鹤溪河被列为全省第一批小流域综合治理试点项目，一期工程投入资金 793 万元，完成封山 1800 亩，新建堰坝 3 座，修建防洪堤 8.5 千米，河道疏浚 6.5 千米，防洪标准 20 年一遇。保护农田 5250 亩，保障 2.3 万居民的安全。1996 年 6 月，经省水利厅组织验收合格。

第二轮治理始于 2000 年 7 月，根据《中华人民共和国防洪法》、国汛〔1995〕4 号文《关于加快城市防洪规划和建设工作的通知》，编制完成《景宁畲族自治县城市防洪工程可行性方案》。次年，全面启动城市防洪工程建设。先后组织实施了鹤溪河城区中心段、鸭卵坑、塔勘、青少年宫、城南段堤防工程的项目建设，共投资 1.20 亿元，新建堤防 4.3 千米，新建堰坝 15 座，河道疏浚 6.5 千米。防洪标准为 20 年一遇。

截至 2013 年，鹤溪河水土保持综合治理工程共投资 1.28 亿元，新建和修建堤防 12.8 千米，新建堰坝 18 座，疏浚河道 13 千米，有效地控制了鹤溪河水土流失状况。

2002 年外舍防护工程立项，2006 年 2 月开工，2008 年 12 月完工，工程总投资 4.8 亿元。一期工程投资 2.5 亿元，新建堤防 2.20 千米，开挖新河道 1.5 千米，开挖排洪渠 2.32 千米，外舍防护堤采用碾压堆石体，防洪标准为 50 年一遇。

二期工程投资2.3亿元，主要建设通天门降坡开挖和防护堤内侧低洼回填等项目。通过以上项目实施，使县城防洪能力提高到20~50年一遇的基础上，实施鹤溪桥系列改造工程，新建廊桥、重建府前桥、加固水坝、增添水上亭阁。

2014年4月投资1.44亿元，实施“畲乡绿廊”的子项目——“畲乡绿道”。依托千峡湖库尾和瓯江支流小溪沿线的现有山水人文资源，有效串联起县城、外舍古镇、大均畲乡之窗AAAA景区等区块，建设一条集生态旅游、文化体验、休闲健身为一体的生态综合空间。沿途的休憩驿站、生态景观节点、亲水平台等为游客提供一个亲近自然、亲水戏水的极佳场所。通过对现有资源的提升改造，使沿途景观和得天独厚的山水生态资源浑然一体，充分展示畲乡的人文景观和生态特色。2015年10月21日，“畲乡绿道”完成全线主体工程并举行揭牌仪式。12月3日，水利部公布“畲乡绿廊”为第十五批国家级水利风景区之一。

（六）

民国时期，景宁无山塘水库，部分乡村稻田养鱼历史悠久，水产大都限于溪坑自然繁殖。20世纪60年代，山塘水库面积逐步扩大，养殖业相继兴起，1972年首次在溪坑放养鱼苗。20世纪80年代，农村实行家庭联产承包责任制，水产事业发展较快，为推广渔业生产和水产技术，对农民进行多次技术培训，现场指导，并选择水源方便、水质好、阳光足、易管理的稻田挖塘，多品种搭配养殖的方式，实行精养高产的新技术，使鱼产量逐年提高。据统计，1983年全县坑塘27处、面积22亩，1990年坑塘养鱼面积96亩，总产量2.1吨，亩产21.8公斤。1992年养鱼水面积1万亩，成鱼总产量730吨，亩产量73公斤，但还远远不能满足百姓的需求，市场供应的鲜鱼大多数来自外地。

1996年以来，大力发展“一优两高”水产业，全面推广稻田养鱼、养鳅、养螺，开展了池沼公鱼、江西粉鳅、罗非鱼温泉水越冬、稻田河蟹等课题的养殖试验获得成功，淡水养殖已初见成效。

2001年3月，《1996—2000年景宁稻田养殖模式应用推广》项目获丽水市2000年农业丰收一等奖。英川镇新村稻田养殖薄壳田螺试验成功，并在浙江省首届渔博会上获“英川牌”高山薄壳田螺优质产品奖。2003年全县淡水养殖产量430吨，产值454万元，2005年水产品总产值593万元，2009年已增加到915万元，渔业发展由量向质转变。2007年7月1日，《中华人民共和国农民专业合作社法》正式施行后，全县渔业合作社快速发展，当年水产品产量达1000多吨，创产值1000多万元。2010年，已有4家合作社通过无公害产地、产品双认证，截至2011年，全县有40家渔业合作社。

2011—2015年，先后建成千峡湖洁水渔业示范区，"自强"稻田生态种养示范区，高山水库生态养殖特色精品园。投资284万元，完成生态种养集成技术规模推广9000亩和3个"稻鱼共生"1207亩基地的建设任务。水产品产量1034吨，创产值1769.5万元。澄照乡朱坑村稻田养殖基地引进稻田养殖河蟹取得成功，填补了丽水市稻田河蟹养殖的空白。按照丽水市生态精品现代农业发展实施方案要求，组织申报了1家精品渔产品和1家示范家庭渔场。

（七）

随着水利事业的发展，为不断深化水利改革，调动各方面兴修水利的积极性，扩大投资渠道，增大水利投入。20世纪80年代以来，景宁人对水利的认识发生了重大变化，从坚持"水利是农业的命脉"转变为"水利是国民经济优先建设的基础设施"的理念，从促进社会经济发展的高度，加强水利生态建设和水的综合治理。认真贯彻《景宁畲族自治县水资源管理条例》、浙江省委十三届四次全会关于"五水共治"（防洪水、治污水、排涝水、保供水、抓节水）的决策，实施最严格水资源管理，重视水生态建设，把清查占用水域、河道清理、河道采砂等作为水政管理和执法重点。农田水利、河道整治、水源保护、水土保持、渔业管理等工作逐步走上依法管理的轨道。

面对新形势对水利工作带来的机遇与挑战，在加大水利科技人员的培养，提高水利科技人员科技文化水平，积极推广应用科学技术新成果的同时，加强对水利资金、水利工程、库区移民、水政、水资源、水土保持和渔政等方面的管理力度，使水利工作逐步走上依法行政、依法治水、依法治渔的轨道，从而，保证了景宁水利事业健康蓬勃发展。

大 事 记

大事记

明

成化十九年(1483)

六月十九日,水坏民居200余家,溺毙100余人。

正德十三年(1518)

六月,大水漂没田庐无算,溺死甚众。

万历十五年(1587)

筑鹤溪永平堤,垦田1000亩。

清

顺治七年(1650)

岁大饥,米每石值银6两,殣死相望,次年亦然。

康熙九年(1670)

十二月大雪,自初三至十四始霁,平地积雪五至六尺,山坳中盈丈余。

康熙二十五年(1686)

闰四月,暴雨漂没田庐,溺者无算。

康熙二十八年(1689)

乌铁岩下,山忽横裂,大水涌出,县城上桥以南,屋皆水溢数尺。

雍正十一年(1726)

六月廿七、廿八连日大雨,东乡山水暴涨,县治亦深数尺,桥梁道路冲塌甚多。

雍正十八年(1733)

六月二十八日大雨,桥梁道路冲毁甚多。

乾隆九年(1744)

毛垟村在仙岩坪始用水车,提水灌溉。

乾隆十五年(1750)

七月暴雨,大溪水涨四五丈,一异物黑且角鼓浪如倾,濒水地多冲陷,隔日水落,两岸草木皆萎。

乾隆二十六年(1761)

八月,大水坏田无算。

乾隆三十九年(1771)

六月,大雨三昼夜不止,一、二、五都并九都民漂无算,七、八都山崩,压死4人。

乾隆四十八年(1783)

蝗入境,水灾民大饥,次年复饥。

嘉庆十六年(1811)

旱,民食麻蕨及血土。

嘉庆十七年(1812)

大雨雹,七月大水数次,是年大饥。

嘉庆二十五年(1820)

大旱,饥民食草木。

道光十二年(1832)

二月二十八日,大雪,旬日始霁。

道光十三年(1833)

七月十六日,大水平地水深丈余,是岁饥,冬大雪。

道光十四年(1834)

秋大旱,民食草木,道殣相望,饿死流亡,不可胜数,知县郑邦涟详请开常平仓谷赈衈之。

道光二十三年(1843)

夏,雨雹,大如斗,小如拳,稼伤,损人畜宅舍。

道光二十六年(1846)

夏旱,七月十四日,大雨濒田,田庐漂没。

道光二十八年(1848)

七月十九日,雨三昼夜,大水成灾,一、二、三、四各都濒溪一带漂没田庐无算,为数百年所未见者。

咸丰三年(1853)

六月二十六日起大雨十昼夜,东坑竹埠村后山崩,压死72人。

咸丰五年(1855)

七月初十日,山洪暴发,田庐尽坏、黄坦坑村淹死3人。

咸丰九年(1859)

四月初二日午后,大风陡起,昏暗数刻。秋大旱。

咸丰十年(1860)

十二月十七日,梧桐等处大水。

咸丰十一年(1861)

七月二十七日大水,三都木耳口、四都秋炉、炉西、五都大漈、东畔、箬要、枫林等处漂坏民田甚多。

咸丰二十八年(1889)

七月大水,二都大均街路上民屋水涨丈余,浮伞祠内诸神像俱漂没巨浸中,惟马孝仙座水不能入并炉内楮灰仍如旧云。

同治二年(1863)

七月大雨水,岁饥,斗米值钱百文。

同治三年(1864)

张村等地豆雨,色斑无眼,种亦不生。

同治四年(1865)

正月十五日起,大雪十余日,平地盈数尺,深山幽谷有至三月始消。

同治七年(1868)

七月二十五日,夜雨滂沱,二都北岸、白岸、石埠坑等处大水倾没田畴无算,岚头至沈庄桥路尽崩塌。

同治十一年(1872)

三月初一、初三大风振术,雨雹大如砣,有斤许者,一都至青田尤甚。

光绪十五年(1889)

七月,大水。圮普济桥。

光绪三十年(1904)

六月十七日大水。沿溪漂没田庐甚多,为道光后最大水灾。

宣统三年(1911)

五月,大雨,金丘,水碓头等处山洪暴涨,叶源桥冲毁。七月初七、初八连日烈风大雨,禾苗大毁。

中华民国

民国元年(1912)

七月十五、十六,连日大雨,17日申刻雨甚,霹雳数声,数百里内群山崒崩,沿溪村落水深丈余,大均以下水溢高涨,外舍全村覆没,淹溺居民无算。旧六都张山淹死30余人,牲畜不计,县城冲没田亩尤多,灾情之重为数百年所未见。

3年(1914)

九月八、九两日大雨,山洪暴发,致新修后溪堤冲毁160余丈,涉及民房。粮食歉收,饥民遍布。

9年(1920)

九月四日至六日大雨,山洪暴发,鹤溪梅庄坪、下炉坪被冲毁农田五百余亩。

11年(1922)

八月九日,大水,沿溪损失与元年相近。

18年(1929)

十二月初大雨、雪,有冻死道途者,为数十年所未见。

20年(1931)

鹤溪镇金仙寺(农场)设立雨量站,坐标北纬27°59′,东经119°38′。

22年(1933)

绿草等村雨雹,大如鹅蛋,重半斤许。

是年,沙湾七里设立水文站。坐标北纬27°52′,东经119°28′,站址上游流域面积1156平方千米,后撤销,1957年1月恢复。

28年(1939)

由省农业改进所水利工程队工程师江成涛先生指导督工修筑鹤溪莘田外防洪堤559米。

29年(1940)

东岱村水灾,全村房屋、粮物殆尽。

30年(1941)

七月十七至二十日大雨,东坑一带冲毁房屋农田甚多,灾情之重,数十年所未闻。同年旱灾,英川茶园村60多人逃荒至江西、福建,毛垟一妇女丢下3个孩子投河自尽。

35年(1946)

十二月五日,景宁县水利协会成立。第一次会议有县长洪辉昌,国民党县党部书记林鸣鹤、景宁简师校长柳泽萃等12人参加,筹划兴修鹤溪水利工程。

36年(1947)

一月二十八日,发动城区7个乡镇民夫5400人,利用赈济修筑防洪堤103米,引水渠350米,拦水坝70米,受益农田800多亩。

中华人民共和国

1949年

5月,景宁县临时民主政府设立经济科,下分建设股,分管工农业生产和水利建设。

1950年

6月,水灾损失粮食2.5万公斤。

1951年

5月,建设股改为建设科,分管农林水利交通等工作。

1952年

7月22日,暴雨,死42人,伤12人,全县受灾2108户。其中,英川榅堆村山崩压死37人,伤10人。

10月,景宁电力锯木碾米厂首次以蒸汽机带动1.2千瓦发电机试行火力发电,安装电灯2盏。次年,又以蒸汽机带动12千瓦发电机,正式发电营业,在县机关安装电灯300余盏。

入冬,第一次召开全县水利代表会,修复引水和防洪工程1835处。

1953年

8月17日,久旱逢特大暴雨,洪水冲毁石桥3座,木桥1座,受灾3.5万亩,损失粮食100多万公斤。

是年,景宁县人民政府设立农林科,开展水利普查。

1954 年

1 月 20 日，召开全县水利代表大会。

5 月中旬，景宁瓯江支流防洪指挥部成立。

1955 年

6 月 16 日，景宁县防洪防旱指挥部成立。

6 月 18 日、23 日大雨，洪水冲塌田坎 2527 处，淹没田地 4830 亩，毁坏房屋 29 间。

12 月下旬，全县第一座山塘（何庄天竹岙山塘）开工，库容 2500 立方米，1956 年建成。

是月，道化漈山头、东源湖等 2 个山塘水库开工，漈山头水库库容 1.15 万立方米，1987 年竣工；东源湖水库库容 1.1 万立方米，1968 年竣工。

1956 年

7 月，地方国营景宁电厂成立。

9 月，2 次台风暴雨，死 9 人，毁坏田地 4830 亩。

12 月底，鹤溪镇红星高级社建成驮毛垄、汤山、山后等 3 处山塘，蓄水 3000 立方米。

是年，景宁县农林局改称农林水利局。

同年，旱灾，成灾 3260 亩，损失粮食 94 万公斤。

1957 年

7 月，鹤溪镇红星高级社利用木制水轮机建成全县第一座径流式水电站，装机 12 千瓦，安装电灯 300 盏。

是月大旱，受灾 2884 亩，成灾 6298 亩，损失粮食 141 万公斤。

11 月，召开全县水利工作会议，历时五天。11 日，成立冬春兴修水利指挥部。

是月，雁溪乡东山村“幸福渠”动工，1959 年建成。全长 3500 米，为境内第一条劈山引水渠道。

12 月，大均乡白水漈渠道开工，1960 年竣工，总长 6500 米。

是年，鹤溪镇学田蔬菜队首次安装 3 台×1.5 千瓦电动机，机械喷灌菜田 100 多亩。

同年，黄湖乡湖坪头村设立雨量站，坐标北纬 27°52′，东经 119°18′。

同年，设立金钟乡半垟水文站，坐标北纬28°04′，东经119°42′，1967年撤销。

1958年

1月，景宁县委号召以“愚公移山的决心、武松打虎的劲头，少活十年的精神”开展治水运动，进入“大跃进”时期。

5月，张村建成全县第一座微型水电站，以水碓轴加皮带轮带动1.2千瓦发电机发电，供村民用户照明。

9月3日，洪水冲毁农田860亩。

是年秋，黄湖公社鲍岱村在碓坑岩7米多高的悬崖峭壁上凿通渠道500米，灌溉农田40亩。

1959年

3月，浙江省人民委员会授予杨冠忠“工交基建财贸系统社会主义建设积极分子”荣誉称号。

是年，大赤垟、三枝树、上标漈、梅庄垟、七里汇等5处水利水电工程开工，均未建成。

1960年

1月7日，撤县并入丽水县。

6月10日，暴雨洪水，受灾农田1198亩。

1961年

11月，隆川公社企岩水库开工，1961年建成，库容10.2万立方米，为境内第一座小（二）型水库。

1962年

6月，景宁区域从丽水县分出并入云和县。

7月大旱，鹤溪镇从外舍锯板厂借用动力设备，在漈垟头首次利用机械提水灌溉农田。

9月6日，台风暴雨，洪水漂流木材3876立方米，全年水、旱、虫灾损失粮食35万公斤。

12月，澄照公社赤岩渠道动工，1988年建成，长4650米，工程停停建建，历经26年后竣工。

是年，县人民政府拨款9.7万元，发动城区7个人民公社，抽调3000多劳动力，在鹤溪河李宅、南门外、下炉垟筑防洪堤1100米。

1963年

梧桐公社梧桐坑大队在溪圩造田，至次年共筑防洪堤和引水堰坝3处861米，溪圩造田69亩。

12月，境内第一座社办水电站——大漈雪花漈水电站开工兴建，1967年5月建成，装机50千瓦。1999年增容后总装机200千瓦，改为股份制水电站。

1964年

6月17日—22日，连续大雨，降雨量达176毫米，350多亩农田成灾，损失粮食9万公斤。

8月旱灾，成灾1930亩，损失粮食43.5万公斤。

12月，大漈公社小佐渠道动工兴建，1971年建成。长7500米，为境内当时最长的引水渠道。

是年，鹤溪大队在梅庄垟开沟排水，改造低产烂糊田250亩。

同年，鹤溪东岸筑堤400米，投劳30多万工，砌筑石方11242立方米，清基挖脚1950米。

1965年

2月，境内第一座国营电站——大赤坑一级水电站动工兴建，1966年10月建成投产，装机400千瓦。

10月，大赤坑国营二级水电站开工，1968年建成，装机150千瓦。

1966年

2月，国营南坑下水电站动工，1971年建成，装机650千瓦。1999年增容后总装机1800千瓦。

3月，境内第一条10千伏输电线路——大赤坑电站至景宁电厂线路建成投运，长10千米。

11月，陈村公社白坦水库开工，1982年建成，库容11万立方米。

是月，境内第一座提水灌溉工程鹤溪镇梅庄垟抽水机站动工兴建。

12月，鸬鹚村在中间圩筑防洪堤450米，溪滩造田40多亩。

1967年

5月1日，境内14个公社受龙卷风袭击，死11人，伤16人，损失惨重。其中鹤溪镇百塔村第四队社员在灰寮避风雨被压死10人，重伤4人。

7月起，特大干旱，连续100多天无雨，受旱农田23686亩，成灾17064亩，损失粮食670万公斤。

10月，首建大均电灌站，装机13千瓦，利用电动机带动水泵抽水灌溉农田。

是年，毛垟村在驮降筑防洪堤600米，溪滩造田118亩。

1968年

大顺公社首建朱岭下水轮泵站，装机8千瓦，灌溉农田82.5亩，安装电灯100盏。

10月，境内第一条10千伏农村配电线路——大赤坑电站至叶源线路建成投运。

12月，沙湾、七里、仙姑、标溪4个村在仙姑垟圩筑防洪堤270米，溪圩造田70多亩。

1969年

9月27日，大顺公社后坪村山洪暴发，冲毁水库1座，8户村民房屋和15亩农田受毁。

12月，外舍、降石、王金垟三村在油田源筑堤造田，至1971年共筑防洪堤2996米，溪滩造田98亩。

是年，渤海公社坦岱水库开工，1975年建成，库容15万立方米。

1970年

2月，大地公社水尾坑水电站动工，1974年11月建成，装机40千瓦。

10月，国营鸬鹚电站开工兴建，1974年10月竣工，装机2500千瓦，开通一条引水明渠长7280米，为境内最长的发电引水渠道，1986年增容后总装机4100千瓦。

12月，东坑公社漈门水电站动工，1976年7月建成，装机200千瓦。

同月，标溪公社预章水轮泵站开工，1971年冬建成，灌溉农田75亩。1989年改建为电灌站，装机66千瓦。

是年，东风电站至沙湾、南坑下电站至交见圩2条10千伏配电线路建成投运。

1971 年

5 月，大均公社新寮电灌站动工，1975 年建成，装机 11 千瓦，灌溉农田 22.5 亩。

9 月，澄照公社蒲垟小(二)型水库动工兴建，1984 年 7 月建成，库容 65 万立方米。工程停停建建，前后历时 14 年。

是月，张村公社白水漈水库动工兴建，1988 年 5 月建成，库容 34.2 万立方米。

是月，莲川公社峡桥一级水电站动工，1975 年 2 月建成，装机 75 千瓦。

10 月，大均公社泉坑水电站开工，1974 年 9 月竣工，装机 140 千瓦，次年 2 月率先联入县电网。1995 年增容后总装机 200 千瓦，属乡办集体企业。

11 月，梅歧公社红旗水电站动工，1995 年 5 月建成，装机 200 千瓦。

是月，葛山公社葛山村犁砣坑渠道开工，1982 年完工，长 2700 米。

12 月，鸬鹚公社山下村坟岙渠道开工，1980 年竣工，长 4600 米。

是月，陈村公社后坪村黄坑水库开工，1977 年 11 月建成，库容 10 万立方米。

是年，各公社、镇陆续配备不脱产水利员。

1972 年

8 月 16 日，台风暴雨，冲毁鹤溪防洪堤 3500 米，受灾农田 400 亩。入冬，鹤溪镇组织劳力投入 10 万多工，修复防洪堤 3600 米。

10 月，莲川公社峡桥二级水电站动工，1976 年 7 月建成，装机 200 千瓦。

是月，渤海公社梅坑水电站动工，1974 年 6 月建成，装机 275 千瓦。

11 月，建成家地水轮泵站，装机 12 千瓦，解决全村照明，灌溉农田 10 亩。

是月，景宁造纸厂在西岸造纸厂段筑防洪堤长 297 米，耗资 1.3 万元。

是月，黄湖公社外处岙大队开渠灌田，至次年开挖渠道 4100 米，灌溉农田 50 多亩。

12 月，云和县水利电力局从温州调运花白鲢与鲤鱼苗 9 万尾，在外舍潭放养 5 万尾，七里潭放养 4 万尾。

是月，梧桐公社驮隆自然村 5 户 7 个劳力开渠造田，至 1979 年历经 8 个冬春，炸通了长 80 多米的悬崖陡壁鬼洞岩，开挖渠道 1850 米，每户新开农田 2 亩。

是年，丽水地区瓯江渔业生产管理委员会云和分会成立。

同年，设立大赤水文站（址设包山岭白马寮）。

1973年

1月，鹤溪镇白水漈水电站动工，1976年建成，装机125千瓦。

2月，鹤溪镇发动16个生产队投入3万工，在西岸筑防洪堤3400米，次年11月又投入7500工，溪滩造田100亩。

2月18日，由丽水地区水电局组织，对全县5万立方米以上水库进行保安检查。

8月，隆川公社桥头垟水电站动工，1978年2月建成，装机180千瓦。

10月，莲川公社小地村愚公渠道开工，1976年竣工，长3500米。

11月，葛山公社岭头水电站开工，1982年5月建成，装机400千瓦。2003年6月增容后总装机1150千瓦，改为股份制水电站。

是年，东坑公社杨斜村西垟坑渠道开工，1976年建成，长6500米。

同年，黄湖公社周占自然村14户开渠灌溉农田，至次年两个冬春投入4500工，开通渠道3270米。

1974年

4月，鸬鹚电站至沙湾、南坑下电站等5回10千伏配电线路建成投运。

是月，境内第一座10千伏城关变电所建成投运，占地2000平方米。1984年冬，重建城关变电所，占地9367平方米，1988年建成投运。

5月，境内第一条35千伏输变电线路——景宁变电所至鸬鹚电站线路建成投运，全程28.42千米，投资307.5万元。

10月，雁溪公社浮亭岗村大面降渠道开工，1977年竣工，长6500米。

是年，大均公社叶坑村19户开渠灌溉农田，至次年两个冬春投工1500工，劈开人称山羊跳不过的悬崖陡壁，开通石渠1600米。

1975年

5月，境内第一条35千伏线路——鸬鹚电站至景宁线路建成投运。

10月，建成家地乡横滩水轮泵站，装机18千瓦，灌溉农田25亩。

11月，陈村公社后坪水电站动工，1976年5月建成，装机55千瓦。

1976年

6月，大旱。成灾1350亩，损失粮食43.5万公斤。

9月，对小型水库、山塘实行分级管理，规定了权限与职责。

10月，沙湾公社七里水电站动工，1980年8月建成，装机55千瓦。

11月，东坑公社北山渠道开工，1989年竣工，共建渠道4条计14350米。

12月，毛垟公社上沙湾村筑堤防洪，至次年在上湖筑防洪堤165米，砌石方8000立方米，投劳1万多工。

是年，建立景宁鹤溪水厂，1988年改建组并为县自来水厂。

1977年

7月，渤海公社门潭村白马弓电灌站建成，装机15千瓦，灌溉农田75亩。

10月，大顺公社高沈村垟佑渠道动工，1982年建成，长3712米。

11月，黄湖公社茶园水电站开工，1981年建成，装机250千瓦,1986年由个人集资合股修复发电，增容后总装机325千瓦，为境内第一座集体企业改为股份制的水电站。

是年，外舍公社组织实施北岸圩围溪造田工程，至1979年共筑防洪堤820米，开田20亩，种蚕桑250亩。

1978年

3月2日下午2时52分，大都公社吴布大队通天岙畲族村双尖岗造田工程首用定向爆破，震动松散土石3500立方米。

5月，东坑变电所动工，1988年2月建成，占地面积2770平方米，投资40万元。

9月，35千伏云景线——景宁城关变电所至云和瓦窑变电所线路建成投运，全程18.64千米，投资75.97万元。

10月，东坑公社章坑水电站动工，1979年5月建成，装机320千瓦。

11月，标溪公社枫林口水电站动工，1982年6月建成，装机255千瓦。

是月，金钟公社三重漈水电站动工，1982年3月建成，装机150千瓦。

12月，隆川公社黄垟口水电站动工，1983年10月建成，装机500千瓦，为当时境内装机容量最大的社办电站。

是月，云和县水利电力局在沙湾潭、外舍潭放养日本白鲫、鲤鱼鱼苗20万尾。

1979年

1月，梧桐公社金坑水电站动工，1982年建成，装机400千瓦。1993年增容总装机1200千瓦，改为股份制水电站。

9月，大顺公社高演水电站动工，1984年2月建成，装机200千瓦。

12月，雁溪公社拓湾水电站动工，1981年5月建成，装机250千瓦。

1980年

10月，开始农村“水改”工作，英川公社王宅大队首建农村简易自来水站。

1981年

1月，大均公社新亭水电站动工，1984年12月建成，装机250千瓦。

7月，澄照公社蒲垟一级水电站开工，1984年9月建成，装机150千瓦；2010年增容后总装机160千瓦，改为股份制电站。

9月，景宁电网经35千伏云景线联入华东大电网，与云和11万千伏变电所并网运行。

1982年

4月，澄照公社蒲垟二级水电站动工，1985年9月建成，装机150千瓦。

6月1日，大顺公社岭里村3小时降雨210毫米，遭遇70年罕见洪灾。冲毁房屋9座33直，防洪堤100米，倒塌田坎300余处，损失粮食6000公斤，木材50多立方米。

10月，澄照公社蒲垟三级水电站动工，1986年7月建成，装机150千瓦。

是月，大漈公社发动全民改造冷水田，至1983年冬，全社投劳32398工，改造冷水田1750亩。11月8日，丽水地区水利建设会议全体代表参观大漈冷水田改造工程。

12月，浙江省人民政府授予梅继贞“全省公社优秀技术员”荣誉称号。

1983年

7月，县、乡第一座合资的峡桥三级电站兴建，1986年12月建成投运，装机800千瓦。

8月，澄照乡三石喷灌站开工，工程施工一年后，因资金短缺（已投资10万元），造成工程有始无终，未能完工使用。

12月，国务院批准云和县（含景宁）为全国100个农村初级电气化试点县之一。

是年，建成鹤溪镇自来水厂。

1984年

元旦，大雪，鹤溪镇积雪13厘米。

6月，国务院批准以原景宁县地域建立景宁畲族自治县。10月，景宁畲族自治县水利电力局、县电力公司成立。

9月，东坑大仰水电站动工，1985年5月建成，装机100千瓦，隶属县林业总场全民所有制企业。

11月，县水产供销公司、县小水电建设服务公司先后成立。

是年，景宁被列为全国100个农村初级电气化试点县之一。

1985年

4月，渤海变电所工程动工，1987年2月建成，占地面积1200平方米，投资19万元。

5月，兴建塔勘鱼种场，1986年2月建成投产。

7月，县人民政府颁布了《关于保护水产资源、加强渔政管理的通知》和《渔政管理细则》。

8月，全省第一座中央与地方合资水电站——上标电站动工兴建，1989年2月28日截流蓄水，1990年7月24日建成投产，装机1.6万千瓦，为当时境内首座中型水库和装机容量最大的电站。2012年8月增容后总装机1.9万千瓦，总投资7959万元。

12月，家地乡春岱水电站动工，1987年12月建成，装机150千瓦。投资37.9万元。

是年，县人民政府“三电”领导小组，县农村电气化建设领导小组，县渔政管理站成立。

同年大旱，全县2.56万亩农田受旱。

同年，仙姑圩喷灌站动工，次年春建成，装机40千瓦，出水量65立方米/小时，喷灌面积100多亩。

1986年

1月20日，全国人大常委会颁布了《中华人民共和国渔政法》，使渔政管理步入有法可依轨道。

是月，编写完成《浙江省景宁畲族自治县水资源调查与水利区划》。

7月，35千伏上景线——上标电站至景宁城关变电所线路建成投运，全程39.9千米，投资59.85万元。

是月，建成雁溪变电所，占地2500平方米，投资13万元。

11月，建成景山变电所，占地700平方米，投资11万元。

12月，35千伏景渤线——景宁城关变电所至渤海变电所线路建成投运，全程23.93千米，投资35.9万元。

1987年

6月，水电部授予雷龙进“全国千名优秀电工”荣誉称号。

7月，旱情长达3个多月，大批农田受旱。

9月，金钟乡绿草村上圩电灌站开工，1989年建成，装机11千瓦，灌溉农田165亩。

是年，建成仙姑隔溪圩喷灌站，装机17千瓦，喷灌柑橘120亩。

1988年

2月，境内第一所110千伏变电所——景宁变电所建成投运。1992年12月，110千伏2回路输电线路并入华东电网。

3月，建立城郊、渤海、沙湾、英川、东坑5个水利水电管理站。

6月，郑坑乡吴布水电站动工，1989年1月建成，装机65千瓦。

1989年

6月19日，景宁水利学会成立。

7月21日—22日，9号台风暴雨，死3人，伤15人，经济损失2380万元。

12月27日，受省人民政府委托省水利厅验收，景宁为全省第十一个农村电气化县。

是年，设立景宁水利电力物资站，1996年8月改称小水电物资经营服务部。

同年冬，外舍乡坑下村筑防洪堤1451米，造田23.5亩。

1990年

6月，景宁水政水资源监督管理站成立。

7月，境内第一条110千伏输电线路——上标电站至云和变电所线路建成投运，全程58.78千米，投资792万元。

8月20日—22日连降暴雨，总降雨量达347.5毫米。洪灾致大片农田淹没，房屋倒塌，公路冲毁，通讯中断，鹤溪东西两岸块石浆砌防洪堤冲塌4处363米，直接经济损失900万元，为全省7个重灾县之一。

10月，全省第一座农村35千伏小型化变电所——英川变电所工程动工，次年2月建成，占地面积1180平方米，投资54万元。

12月，35千伏鸬英线——鸬鹚电站至英川变电所线路建成投运，全程12.35千米。投资40.88万元。

是年，北溪乡北溪村筑防洪堤1100米，保护农田50亩。

同年，水电部、国家计划委员会授予雷木森、叶发仁、李元超、周发斌等4人“全国农村电气化县建设先进工作者”荣誉称号。

1991年

3月，景宁被授予丽水地区小水电管理先进县。

同月，县渔政管理站被评全省渔政管理先进集体。

6月，全国第七届人民代表大会常务委员会第二十次会议通过《中华人民共和国水土保持法》，县水利水电局组织专题学习贯彻执行。

7月，大旱，35℃以上高温连续21天，2.04万人饮水困难，农田受灾面积6.48万亩，损失1100万元。

9月16日，《景宁水利志》编纂领导小组成立。

10月14日，组织全县电站站长40人赴松阳、新安江、天台等地参观学习小水电管理先进经验。

11月，景政〔1991〕125号《景宁畲族自治县取水许可登记发证暂行规定》颁布施行。

是年，中央、地方财政共拨款121万元，支持农田水利建设，全县投劳110.15万工，人均投入17.3工。

是年，大地、金钟乡和沙湾镇三地4个村民私接电线，违章作业，触电死亡3人、灼伤1人。

1992年

2月，《罗非鱼温泉水流越冬》课题获1990—1991年度浙江省科技进步三等奖。

8月30日凌晨4时，台风暴雨，死亡31人，重伤74人，倒塌民房1150间，直接经济损失9200万元。其中，澄照乡岩下村发生泥石流，毁房40余座，死亡13人，重伤8人，104人无家可归。

11月，县水利水电实业公司成立，隶属于县水电局。

1993年

1月，县人民政府颁发景政〔1993〕12号《关于加快发展景宁畲族自治县小水电事业的若干规定》的文件。

6月，根据县委〔1993〕56号文件精神，景宁畲族自治县水利电力局分设为“景宁畲族自治县水利水电局”“景宁畲族自治县电力工业局”，原电力公司归口电力工业局。

7月7日，召开纪念《中华人民共和国水法》颁布五周年暨水电大楼落成座谈会，局机关搬入新大楼办公。

9月，境内第一座股份制电站——滩岭水电站建成投运，装机200千瓦，投资100万元。

是年，县水电局、财政局、物价局联合发布《关于景宁畲族自治县水资源征收管理暂行办法》，自颁布之日起施行。

1994年

7月10日，勘明飞云江源头在景宁畲族自治县景南乡白云尖北谷直坑，并在此举行“飞云江源头”揭碑仪式，县人民政府将其列为县级文物保护单位。

7月10日至8月20日，连续高温干旱41天，全年水、旱灾害直接经济损失2.16亿元。

8月15日，县委、县政府召开全县水电开发现场会。

8月21日，台风暴雨，日降水量320毫米，山洪暴发，毁坏电站9座，直接经济损失1.65亿元，死亡24人。其中，澄照乡仙山村山体滑坡，毁房7座，死亡10人、受伤8人。

10月，水利电力局机构改革，将原9个股、室、站调整为3室3站（局办公室、总工室、防汛防旱办公室、水利水政管理总站、水产渔政管理站、水电开发管理总站）。

11月28日，由省、地、县共同开发的上标二级水电站动工兴建，1997年6月28日建成投运，装机1万千瓦，总投资7000万元。

11月30日，县人民政府召开兴修水利现场会，与会80多人参观了澄照乡的漈头，鹤溪镇东弄、三枝树等3处兴修水利工程现场。

是年，县人民政府颁发景政〔1994〕100 号《关于加快开发景宁畲族自治县小水电资源的意见》的文件，动员全社会力量广开资金渠道，采取多渠道、多层次、多形式的办法兴办小水电。

1995 年

3 月 28 日，县水电开发实业总公司成立。

4 月 16 日—17 日，县域局部地区出现强对流天气，14 个乡（镇），89 个行政村普降冰雹，不同程度受灾，直接经济损失 4250 万元。

11 月 10 日，德国布莱梅海外研究与发展协会迪马莅景考察水锤泵。

11 月 24 日，县委、县政府召开“我为县城安全献爱心”动员大会，动员全体市民为县城安全献爱心，捐资投工，对鹤溪河进行全面治理。

是月，县人民政府颁发《小水电建设征用土地、移民、建筑物拆迁、林木、青苗等补偿办法》和《小水电建设与管理暂行办法》文件，使小水电建设有章可循，有法可依。

同月，在澄照乡旦头岭村推行“谁投劳，谁受益，按投劳数分配垦复粮田，无偿耕种 5~10 年”的形式开展农田水利建设。

是年，景宁被列为全省第一批小流域综合治理项目试点县。

同年，开始实施《景宁畲族自治县防御洪水预案》。

1996 年

1 月，景宁畲族自治县被列为全省稻田养鱼“421”工程试点县之一，县水利局选定澄照乡叶八弄、叶源村作为稻田养鱼示范点，9 月通过省级验收。

7 月，县水土保持监督管理站成立，隶属于县水利局。

9 月，境内第一次推广应用 630 型水锤泵提水，获县科技进步奖。

1997 年

3 月 22 日至 25 日，省、地对景宁水土保持监督试点进行验收。

7 月 3 日，英川二级水电站洪水倒灌隧洞，致 2 人死亡，1 人重伤。

11 月，为保护瓯江小溪水质，县人民政府决定关停景宁造纸厂。

12月，根据景政办〔1997〕63 号文件机构改革“三定”方案（定机构、定人员、定岗位职责），县水电局下设 3 个职能股室、5 个事业单位和 3 个自收自支单位。

1998 年

1 月 1 日，《中华人民共和国防洪法》正式施行，县水电局组织学习宣传贯彻执行。

3 月 12 日，省瓯江规划组 11 人赴景到瓯江小溪现场踏勘，对滩坑、大均 2 座电站建设规划再作论证。

5 月 28 日，白鹤电站动工兴建，装机 25000 千瓦，坝高 65 米，为境内第一座最高双曲混凝土拱坝，总投资 1.89 亿元，至 2000 年 6 月 16 日建成投运。

6 月 1 日，全县第一座采用 35 千伏升压站输送电能的雁湖水电站投运，率先引入微机自动保护系统。

6 月 22 日—30 日，遭遇历史罕见的特大梅汛洪灾，毁坏房屋 1.32 万间、桥涵洞 145 座、路基 153.5 千米、防护工程 287 处、堤防 38.5 千米、电站 5 座、耕地 4000 亩；农作物受灾 11.19 万亩，绝收 1.15 万亩，成灾 8.9 万人，直接经济损失 1.36 亿元。

6 月 22 日 7 时 30 分，毛垟乡新建垟村发生特大山体滑坡，14 幢房屋被毁，36 户 128 人无家可归，死亡 19 人，失踪 4 人，受伤 54 人。

6 月 23 日，省水利厅副厅长楮加福一行赶赴毛垟乡新建垟村灾区了解灾情，慰问灾民看望伤员。

7 月 1 日，浙江省委副书记、省长柴松岳，副省长章猛进，水利厅厅长张金如等领导赴毛垟乡新建垟灾区慰问、指导抗灾工作。

8 月 25 日起，连续干旱 32 天，农田受灾 10.4 万亩，损失 1430 万元。

11 月 22 日，省水利厅副厅长李治华率建设处、水电处、农水处、水科院的技术专家到景宁检查水利工程质量安全。

1999 年

6 月 16 日，秋炉乡大暴雨，1 小时降雨量达 46.4 毫米，山洪暴发，农田淹没，公路中断，民房倒塌 60 间，7 户 34 人无家可归，直接经济损失 713 万元 。

是月，鹤溪河小流域治理一期工程竣工，省水利厅领导、专家莅景，对鹤溪河进行二程验收，投资 793 万元。

7 月 8 日—12 日，普降大雨，局部大暴雨；12 日，渤海片 24 小时降雨 132.2 毫米，其中 1 小时降雨量达 58 毫米，渤海、沙湾、澄照、毛垟等 8 个乡镇 4 万人受灾,10人紧急转移,7人无家可归,直接经济损失173万元。

12月,境内第一座引资兴建的电站——英川水电站动工,2002年5月27日竣工投产,装机4万千瓦,隧洞长6819.5米,总投资3.2亿元。

是年,制定《景宁畲族自治县防御洪水预案简表》,按百年一遇等5个级别简示落实指挥人员、部门单位、水利工程调度、人员安全撤离、抢险物资等责任单位和责任人。

同年,景宁畲族自治县城市防洪建设管理站成立,隶属于县水利局。

同年,境内第一座35千伏小型自动化无人值班变电所——毛垟变电所竣工,并投入运行。

2000年

3月,县水利局下发对全县溪流实施全面禁渔的通知,严厉打击电、毒、炸鱼等不法行为。

4月,景润水电站开工,2004年8月建成,装机6400千瓦,投资5050万元。

7月13日,景宁畲族自治县小水电协会成立。

是月,编制完成《景宁畲族自治县城防洪工程可行性方案》,全县城防工程及村镇水利设施建设全面启动。

同月,受县农办委托承接的“白鹤、叶桥低产田改造项目”通过国家农办组织验收。

8月22日,受10号强台风“碧利斯”的侵袭,倒塌房屋385间。农林牧副渔、工业、交通运输、水利水电,直接经济损失2037万元。

2001年

1月,国家电力公司华东电力设计院以〔2001〕华东电设计送安第(0213)号致函景宁县计委,同意福州至金华500千伏输电线路工程鹤溪镇附近(J13、J14)预留开断环入点,为景宁小水电输出解除后顾之忧。

同月,县渔政管理站被评全省渔政管理先进集体。

4月12日,县第五届人大五次会议通过《景宁畲族自治县水资源管理条例》;6月29日,浙江省第九届人民代表大会常务委员会第二十七次会议批准通过,7月9日起正式施行。

12月28日,县第二自来水厂暨三枝树电站工程开工,2006年7月投入运行，日供水2万吨，总投资1.92亿元。

是年，县委、县政府提出"以电兴县"的发展战略。

2002年

5月16日，省水利厅总工程师许文斌等一行到大均、沙湾察看大均水电站梯级开发工作，原则同意梯级开发方案。

9月7日，受16号台风"森拉克"的袭击，大漈降雨量达178毫米，沙湾水文站水位超出警位2.76米，县城积水0.30米，受灾8万人，转移群众364人，倒塌房屋100间，直接经济损失600万元。

是年，沙湾至坑头机耕路、顺利二级电站、黄水二级电站工程施工中，岩石塌方发生重大事故3起，死亡2人，重伤1人。

同年，启动"农民饮用水工程"，解决了1.25万人的饮用水困难。

2003年

1月9日，省经济建设规划设计院专家莅景调研大均水电站开发工作。

3月，建立水情数据景宁分中心及遥测点。

3月24日，家地乡岭头桥水电站开工，2005年12月建成，装机6400千瓦，投资3968万元。

4月12日，渤海等18个乡镇受暴风雨和冰雹影响，损失1500万元。

5月24日，家地乡芎岱楼电站便道在施工爆破过程中，风钻工严家伟被炸伤不幸身亡。

6月，县委、县政府提出"以电兴县，创建中国小水电之乡"的发展战略。

是月，芎岱楼水电站开工，2007年建成，装机4000千瓦，投资3280万元。

7月，县委书记林一以及11位省人大代表在省十届一次人代会上提交了《关于加快景宁畲族自治县小溪干流（大均以上）水电梯级开发》的议案，10日，省发展计划委员会作了"比较论证"的答复。

是月，50年一遇大旱，庄稼枯死，人畜饮用水困难，直接经济损失1.4亿元。

11月，实施沙湾、东坑镇饮用水工程，投资340万元，供水4个行政村8500人，2004年竣工。

12月，实施"万里清水河道工程"，鹤溪等4条河道为重点工程，开工3千米。

是年，陶山电站工程施工中发生安全责任事故1起，死亡1人。

同年，景宁被列为浙江省第一批“千万农民饮用水工程”项目实施县。

2004 年

1 月，景宁畲族自治县水利水电工程质量监督站成立。

3 月，根据《中华人民共和国渔业法》规定，决定每年的 3 月 20 日至 6 月 20 日，在江河、水库等天然水域实行全面禁渔，禁止所有渔业捕捞作业。

4 月 15 日—27 日，县小水电协会副会长任启年、办公室主任刘福云出席《第二届联合国国际小水电南南合作会议》。

4 月，启动“小水电之乡”申报工作。9 月 3 日，水利部水电办〔2004〕48 号文件批准命名景宁畲族自治县为“中国农村水电之乡”。10 月 18 日，水利部水电局长程回洲等专程莅临景宁，在“景宁畲族自治县设立二十周年暨第二届风情节”庆祝大会上，宣读了水利部命名文件并授牌。

5 月 3 日，景宁小水电业主张小宝在湖北项目签约会上，受到时任浙江省委书记习近平的亲切接见。

5 月 28 日，县人民政府颁发第 6 号令施行《景宁畲族自治县水电资源开发管理办法(试行)》。

8 月 12 日至 14 日，抗击 14 号台风“云娜”侵袭，县委、县政府果断决策开放民族中学、张村小学、鹤溪镇小等 3 所学校，动员 1000 多群众安全迁移。

8 月 16 日，县城鹤溪河环境综合治理工程全面启动，总投资 3313 万元，治理河道 8000 米。

是月，《景宁水利志》续写工作启动，成立了编纂领导小组。

11 月，滩坑水电站动工兴建，工程移民 5 万多人。其中，景宁移民 20992 人，电站总投资 50 亿元。

是年，建成英川、毛垟、徐垟等 17 个村的饮用水工程，受益 13541 人，投资 485.6 万元。

2005 年

1 月 13 日，境内普降暴雪，县城积雪达 6 厘米，致交通、多处电力线路中断，农作物，简易棚不同程度受损。

4 月，开展取水口、入河排污口调查活动，摸清了全县水资源利用保护现状。

6 月 6 日—7 日，美国、澳大利亚、印度等国际水电中心《今日论坛》代表一行30人莅景考察农村水电发展情况。

是月18日—22日，连续强降雨致山塘水库蓄水暴涨，英川一级水库水位高达557.40米（水位超过2.4米），沙湾水文站最高水位228.87米，洪水冲毁房屋339间，死亡1人，失踪1人，直接经济损失6110万元。

9月1日，受13号台风“泰利”的袭击，降雨量百年一遇。房屋倒塌2984间、受损1.78万间，电站受损107座，防洪堤冲毁500处计46.7千米，电力通讯线路损坏370千米，道路塌方1190处计385千米，直接经济损失6.17亿元。

7月19日22时30分，梧桐乡金兰采砂场2名四川籍民工被洪水冲走，县防指紧急调动救灾抢险小分队前往渤海方向施救，1人不幸遇难，1人获救。

10月，景宁畲族自治县通过全国第一批农村水电站电气化达标验收。

是年，建成鸬鹚、大地、徐山等22个村的饮用水工程，受益11573人，投资603万元。

2006年

4月，全县各流域共划分为15个不同的水功能分区，在各分区安装了水功能区界碑。

6月5日至7日，各地持续降大到暴雨，5.1万人受灾，死亡1人，失踪1人，倒塌房屋78间，损坏房屋250间，农作物受灾1.8万亩，成灾1.12万亩，绝收6000亩，减收粮食1.53万吨。

7月，首次在坑边水电站项目中实行水资源论证。

8月10日17时—8月11日5时，“桑美”强台风暴雨，50年一遇。倒塌民房110户1350间、损坏房屋16107间，农作物受灾4.65万亩，7.6万人受灾，直接经济损失1.24亿元。

12月，中共浙江省委、浙江省人民政府授予张晓强、陈阳南、林振球“浙江省抗台救灾先进个人”荣誉称号。

是年，建成澄照、郑坑、九龙、梧桐等19个村的饮用水工程，受益17583人，投资742万元。

2007年

8月1日，水利部建设与管理司副巡视员张汝石，水利部安监总局生产专项整治督查组莅景督查。

8月19日凌晨2时，受9号台风“圣帕”袭击，平均面雨量达209.5毫米，其中最大雨量点上标枫水垟测点为513毫米，5.6万人受灾，直接经济损失5026万元。

9月17日至19日，受13号热带风“韦帕”的袭击，平均面降雨量达108毫米，其中最大雨量点白水漈测点达198.5毫米，1.3万人受灾，直接经济损失2300万元。

9月，毛垟堤防加固一期工程竣工，新建堤防548.1米，投资255万元。

10月，以政府打捆模式推进水电CDM申报，与英国LTD公司签订了《二氧化碳减排量购买协议》。

11月，景宁污水处理厂一期工程竣工投入运行，日处理污水量5000吨。

是月，建成鹤溪（鹤溪、外舍、大均、澄照、梅岐）小型自流灌区改造工程，投资202.74万元。

12月，建成澄梅（澄照、梅岐）小型自流灌区改造工程，投资569.80万元。

是月，建成24个雨量、水位监测站，提高了汛情的监控和洪水灾害的预警能力。

12月28日，县人民政府颁发景政办发〔2007〕126号《景宁畲族自治县农村饮用水项目和资金管理办法》的文件。

是年，建成景南、秋炉、大漈、雁溪、标溪、鹤溪周湖等42个村的饮用水工程，受益20920人，投资1559万元。

同年，浙江省人民政府授予陈淑芬“浙江省第二次农业普查先进个人”荣誉称号。

2008年

1月中旬—2月上旬，连续雨雪冰冻天气为历史罕见，22个乡镇、260个行政村、958个自然村、39169户用户供电受到影响，直接经济损失1.4亿元。其中，水电设施损失1398万元。

10月，建成东塘堤防加固配套工程，新建防洪堤609.50米，拆除老堤防，重建92.50米，堰坝3座，投资93.55万元。

12月，外舍防护堤工程竣工，新建防护堤2198米，开挖新河道1条（长1500米，河底宽1.72米，顶宽度2.50米，底高程1.38米），开挖王金垟排洪渠道1条（长2300米，渠底宽6~8米）；完成通天门降坡开挖和防护堤内侧低洼回填等建设项目，总投资4.80亿元。

是年，建成葛山、大均、滩坑库区等69个村的饮用水工程，受益32186人，投资2273万元。

2009年

4月，建成鹤溪河鸭卵坑堤防工程，新建堤防410.8米，加高加固堤防255.7米，堰坝2座，疏浚河道1.8千米，投资1600万元。

是月，建成沙湾堤防加固配套工程，新建堤防360.74米，栏杆823米，投资231.94万元。

5月12日，水利部授予毛慧琴“全国农村水电及电气化建设先进个人”荣誉称号。

7月，省水利厅厅长陈川赴景宁调研防汛和小水电工作。

8月9日至10日，受8号台风“莫拉克”侵袭，农田受损4.45万亩，绝收1.16万亩，损坏房屋675间，企业停工停产30家，水利堤防毁坏70处计1.12万米，直接经济损失1.03亿元。

8月15日，上海高远户外运动俱乐部18人在穿越炉西峡时，上游突发洪水冲走4人，向导1人获救、3人死亡。

是月，景宁畲族自治县河道管理所成立，隶属于水利局。

11月，建成大均堤防加固一期工程，新建堤防396.51米，加固堤防94.34米，新建1条下河道路41.50米，投资313.17万元。

同月，建成家地、梅岐、汤北等47个村的饮用水工程，受益21567人，投资1093万元。

同月，县水利局获全省“大禹杯”知识竞赛活动提名奖。

12月，省水利厅副厅长虞洁夫到景宁调研中央新增投资项目实施情况。

是月，景宁220千伏第一期工程竣工投产。

是年，县水利局被评为全省千万农民饮用水工程建设先进集体。

2010年

1月，对全县各水功能区断面水质开始实施常态化监测。

4月，建成鹤溪河塔勘堤防一期工程，新建右岸堤防1141米，堰坝5座，投资2099万元。

6月25日，郑坑乡吴布村通天凹发生泥石流，6户房屋倒塌，30人受灾，幸村两委及时组织群众撤离，无人员伤亡。

是月26日凌晨4时30分，葛山乡山后自然村发生泥石流，29户房屋倒塌，105人受灾，幸提前发现险情转移及时，没有人员伤亡。

10月，建成鹤溪河塔勘堤防二期工程，新建左岸堤防1149米，投资991万元。

11月9日，省海洋与渔业局赵利民局长、办公室主任孙国荣、渔业处副处长徐晓林一行三人到景宁检查指导渔业工作。

11月，建成沙湾(标溪、叶桥)小型自流灌区改造工程，投资536.70万元。

是月，建成林圩堤防工程，新建堤防638.04米，投资1376.57万元。

12月，建成英川镇黄谢圩堤防工程，修建防洪堤498.34米，投资224.59万元。

是月，建成澄照三石河道整治工程，新建堤防及栏杆436.19米，人行桥3座，加固堰坝1座，河道疏浚200米，投资138.86万元。

同月，建成鹤溪、季庄等27个村的饮用水工程，受益12825人，投资701万元。

同月，浙江省人民政府授予葛山乡岭头村村委会“浙江省防汛防台先进基层组织”光荣称号。

同月，浙江省人民政府授予沙湾镇严坑村村委会主任潘小军“浙江省防汛防台先进个人”光荣称号。

是年，景宁被授予全省农村饮用水工程长效管理达标县。

2011年

1月，全国水利普查工作开始，县水利局于26日在畲乡大酒店13楼召开动员大会，部署水利水资源普查工作。

2月，上标水库进行高山淡水渔业养殖、育种取得成功，被列为全省第二批现代渔业精品园创建点。

4月28日，省水利厅纪检组长劳功权一行赴景宁督导纪检检察工作。

5月，选聘255名普查指导员和普查员，开展水利普查工作。

6月，建成鸬黄（鸬鹚、葛山、英川）小型自流灌区改造工程，投资479.46万元。

9月6日，联合县公安局、千峡湖管理处、县稽征所等部门，对千峡湖非法捕捞行为进行严厉打击，捣毁作案竹筏3副，拆除并收缴巨型刺网5副、地笼网1副、海钓鱼竿20余支、电瓶1只。

10月20日，县水利局局长沈才忠受水利部邀请，在全国首期万名县市水利局长培训会上作题为《青山蕴丽水，活力促和谐——景宁畲族自治县科学统筹水能资源开发》的典型发言。

是年，在澄照乡实施稻田养鱼省级试点项目，获得一亩稻田产值（千斤粮、百公斤鱼）超万元的经济效益。

同年，建成七里、旦水、吴布等36个村的饮用水工程，受益16295人，投资915万元。

同年，县水利局分别被评为全省农村水电先进集体；全省渔政管理先进单位；全省农村饮用水安全工程管理先进单位；全省水政管理先进单位。

2012年

1月5日，挂景宁畲族自治县渔业局牌子。

3月13日，举办山洪灾害监测预警系统与防汛知识培训班，各乡镇、有关单位共550人参加培训。

3月，完成山洪灾害县级非工程措施项目建设，新增30个雨量遥测站点，20个水位遥测站，48个简易水位站，179个简易雨量站，投资713.02万元。

4月，中华全国总工会为雷小英颁发全国五一劳动奖章。

6月，在石印山广场开展“安全生产月”宣传咨询日活动，发放安全生产和防汛安全知识宣传资料3000多份。

7月，景宁成功申报浙江省第四批中央财政小型农田水利建设重点县。

8月，连续遭受“泰利”“卡努”等2次台风强降雨，直接经济损失5990万元。其中水利损失1390万元，农业损失2200万元，交通损失2400万元。

12月，按照国家水利普查办公室“一主线、两任务、三阶段、四节点”的总体安排，完成第一次全国水利普查工作。

是月，完成东坑、澄照2个小型灌区自流改造工程，新建渠道35千米，新增旱涝保收面积2800亩、扩大灌溉面积4960亩，投资800万元。

是年，建成渔漈、滩岭、茶亭、王金垟等8个村的饮用水工程，受益8979人，投资657万元。

同年，县水利局被评为全省河道保洁管理先进单位和全省水政监察队伍考核优秀单位。

2013年

3月，对各取水用户更换新版取水许可证，完善各取水户技术档案，并录入浙江省水资源综合管理系统。

3月14日，省水文局副局长张裕海一行3人赴景宁调研指导水文工作。

3月15日，省农水总站副主任姜海军和政法处副处长陈丽雅等一行赴景检查指导农村饮水安全工程长效管理工作。

3月20日，省水电管理中心主任裘江海等一行赴景宁检查指导防汛工作。

4月30日15时09分，南京东南大学的33名学生在境内炉西峡"驴行"时，因山洪暴发被困于原始峡谷。接到报警后，县委、县政府立即启动应急预案，组织应急救援队连夜进入峡谷搜救。经连续19个小时的艰难搜救，成功解救被困炉西峡的33名大学生。

同月，严厉打击制止梧桐乡梧桐村民陈某某非法采砂行为，县人民法院判处犯罪人有期徒刑一年，缓期一年，没收砂石料4138吨，处罚金4万元。

5月21日，联合县公路管理局、县电力局等部门，对鹤溪街道下场砂场边的3处违章建筑进行强制拆除，共拆除违章建筑面积650平方米。

5月22日，农业部渔业局科技处副处长王雪光、浙江省渔业技术推广站副站长张海琪、丽水市渔业技术推广站站长姚子亮等一行赴景宁考察指导渔业工作。

是月，聘请浙江大学大地科技开发公司总经理、博士周祖煜为县水保工作特别顾问。

5月30日，由县防汛指挥部、东坑镇政府联合主办的基层防汛防台应急救援演练活动在东坑镇徐垄村进行，景南、雁溪、大漈等乡派员观摩，参演人员90人，观摩人员达150多人。旨在提高乡镇、部门与其他行业之间在应对突发事件时的协调与合作能力。

6月6日，省海洋与渔业局党组成员、纪检组长曲华等一行赴景宁调研指导工作。

6月8日，由农业部配置的《中国渔政33763号》渔政执法快艇在千峡湖渔政码头顺利下水。

6月18日，浙江省水利厅安全生产督查组陈烨兴等一行赴景宁督查农村水电站安全生产工作。

6月25日，省水利厅农水局副局长钱银芳、省财政厅农业处副处长王静等一行赴景宁检查指导"小型农田水利重点县项目"建设与管理工作。

是日，省水利厅副厅长冯强率人事、水保等处室负责人赴景宁检查指导农田水利、人事及水土保持等工作。

是月，县河道管理所编制完成《景宁畲族自治县河道保洁实施方案》。

7月3日，省水利厅副厅长许文斌、省水电中心处长裘江海等一行赴景宁指导农村水电防汛与水利安全生产工作。

7月5日，会同防汛专家组在标溪乡举行山塘水库应急抢险实战演练。

7月7日，对东坑镇村民李某某等4人违法毒鱼行为，依法行政处罚1万元。

7月11日，农业部渔业局组织《农民日报》《经济日报》《中国渔业报》《农村信息报》及中国水产杂志社等媒体记者一行16人，赴景宁对稻田综合种养新技术实地采访。

7月17日，省水利厅厅长陈川带领省水利厅规划处、水库总站等处室负责人一行赴景宁调研水利工作。

7月24日，省河道总站副主任方自亮等一行赴景宁检查指导河道堤防管理工作。

8月，建成梧桐流域堤防工程（梧桐、梧桐坑、金兰等村），新建防洪堤1533.7米。其中，梧桐村堤防342.76米，梧桐坑村堤防582.89米，金兰村堤防608.05米，总投资498.44万元。

9月9日，联合鹤溪街道，对双后降下山移民点二期工程地块的香菇大棚等违章建筑进行强制拆除，共拆除违章建筑3万平方米。

10月，《千峡湖（滩坑电站水库）水资源保护规划》编制完成。

是月，开始编制《景宁畲族自治县水利中长期规划》，规划投资估算为30.4亿元。

同月，6 日 8 时—7 日 17 时，受 23 号台风“菲特”影响，全县平均面雨量 151 毫米，31 个站点超过 150 毫米。其中，4 个站超过 252 毫米（澄照漈头站 278 毫米，大漈金牛坑站 256 毫米，鹤溪街道白水漈站 255.5 毫米，蒲垟水库站 253 毫米）。21 个乡镇（街道）受灾 0.85 万人，直接经济损失达 6755 万元。

11 月 3 日，全省农村水电从业人员轮训培训班（景宁）在景宁开班，各电站管理、维修及运行人员共 628 名学员参加培训。

同月 18 日，《景宁水利志》编纂委员会成立。

12 月 23 日，省防指对 2013 年基层防汛防台体系管理组织了考核评定，景宁被评为基层防汛防台体系管理考核优秀县。

是年，根据景编委批复（景编〔2012〕37 号）文件，县水利局下属原 5 个基层水利管理站更名为农村水利管理站。

同年，景宁被评为全省第四批中央财政小型农田重点县绩效考评优秀县。

2014 年

3 月，县水政渔政执法大队新办公楼落成挂牌启用，并举行简朴的揭牌仪式。

4 月 2 日，省水利厅总工程师李锐到景宁调研农村水利暨“五水共治”工作。

4 月 24 日，省海洋与渔业执法总队副总队长罗允宝等一行赴景宁督查指导渔业执法及初级水产品质量安全监管工作。

5 月 13 日，省海洋与渔业局副局长林东勇、渔业处处长徐晓林、省淡水水产研究所副所长宓国强，省水产技术推广总站副站长蔡引伟等一行赴景宁调研渔业和治水工作。

5 月 20 日，省水利厅副厅长徐国平率省河道管理总站主任陈永明、科技外事处处长钱敏儿和科技推广与发展中心主任王杏会等一行赴景宁调研河道治理工作。

是日，省水利厅规划计划处陈彩云一行赴景宁调研水利统计工作。

5 月 27 日，国家能源局浙江监管办行业监管处处长倪孟平、市场监管处赤旭副处长等一行赴景宁调研水电发展、上网电价、线损核定等情况。

6 月 5 日，水库防汛抢险应急演练在英川水库举行，英川水电站，县防汛办，英川镇政府、英川派出所及龙泉瑞垟二级水电站、云和县沙铺砻水电站等单位80余人参加。

6月17日，畲乡绿廊子项目(畲乡绿道)工程动工，工程从鹤溪溪口至大均畲乡之窗AAAA景区，全程13千米，占地18.08万平方米，投资1.44亿元，2015年10月21日全线贯通开放通行。

6月25日，在古传、绿草2个水域点放流鲫鱼和黄尾鲴鱼苗1480万余尾。县钓鱼协会自发组织护渔队和水生野生资源保护宣传组，宣传保护渔业相关法律法规。

7月7日，全国首本农村水利工程产权证落户澄照乡三石村天堂湖水库。10日，三石村以天堂湖产权证向县信用联社贷款100万元，用于村级水电站技改及主导产业的发展。

7月23日，受10号台风“麦德姆”袭击，全县受灾749人，转移518人，倒塌房屋26间，农作物受损4070亩，供电线路中断3条，损坏堤防8处，灌溉设施14处，直接经济损失690.5万元。

7月24日，县第八届人大常委会第十七次会议决定授予卢建国(省水利厅下派景宁挂职副县长)景宁畲族自治县“人民好公仆”荣誉称号。

8月11日23时20分，英川镇黄谢圩村毛师坑自然村发生泥石流，18幢民房受损，2幢民房冲毁，而正在熟睡的叶林科老两口被卷入泥石流中，所幸抢救及时并没有生命危险。

是日，英川坑下坑流域2座电站进水，渠道、堤坝毁坏；全县受灾2400人，直接经济损失5422万元。灾情发生后，县政府副县长郑建强迅速带领县国土，水利，民政，城建，保险等部门赶赴现场，指导灾民抗灾。

8月12日，对沙湾镇林斜村树林头、张庄村五叶莲花、旺水村大降湖等10座山塘发放水利工程产权证，县农村信用联社协助发证工作及抵押贷款和后续服务工作。

8月20日，组织全县标准化创建试点电站业主10余人到温州市文成县靛青山水电站参观学习。

10月9日，千峡湖库区第二艘全自动清漂船在汇田疏浚点顺利下水，船舶采用卧舱式驱动，具备聚拢、打捞、滤水、卸载全自动化等功能。

10月29日，水利部发展研究中心副总经济师姜斌等一行赴景宁，对水利改革试点工作进行调研评估。

是月，省水政监察总队黄进、丽水市水政监察支队支队长张威等一行赴景宁调研基层水政监察队伍规范化建设工作。

11 月，完成三插溪东坑景南段流域治理工程（白鹤、景南、汤北、徐砻、章坑等村）。新建堰坝 6 座，新建和加高堤防 5.73 千米，综合治理河道长 5.1 千米。投资 2749.92 万元。

12 月，大均水文站竣工投入使用。

是年，颁发农村水利工程产权证 31 本，浙江日报、新华网、中国水利报等媒体对景宁农村水利产权制度改革工作进行专题报道宣传。

同年，县水利局被授予全省“五水共治”工作先进集体。

同年，县水利局被评为全省水政监察工作先进集体。

2015 年

1 月，省水利厅在杭州组织召开了《畲乡绿廊水利风景区总体规划报告》审查会。4 月，省水利厅在景宁召开“畲乡绿廊”申报国家级水利风景区初审会，同意向水利部推荐申报国家级水利风景区。

3 月 4 日，省水利厅副厅长蒋如华带领省水资源水保处、农水局有关负责人赴景宁开展防汛督查和重大水利工程建设督导。

3 月 23 日，丽水市水利局首次向千峡湖库区投放小规格花鲢苗种 3200公斤。

4 月 8 日，省水利厅厅长陈川等一行赴景调研指导水利工作，走访慰问了水利系统离退休老干部。

4 月 13 日，水政渔政执法大队组队参加全市首届渔政执法技能比武活动，并获取组合练习接力赛第一名，其中 1 名队员获渔政执法技能比武优胜奖。

4 月 29 日，赞比亚奇邦博地区委员会主席考文特带领代表团一行赴景宁实地考察了解三枝树、上标一级、白鹤一级等水电站建设发展情况。

是月，温州市水利局郑祥孩副局长率队到景宁观摩学习农村水利产权制度改革工作。

5 月 6 日，省水利厅行文向水利部推荐申报“畲乡绿廊”为国家水利风景区；7 月 30 日，水利部国际合作与科技司原巡视员孟志敏率国家水利风景区专家考评组，赴景考察评审“畲乡绿廊”国家水利风景区创建工作，同意景宁申报国家水利风景区，并提交水利部水利风景区领导小组审议。

是日，景宁首个专职水上派出所（千峡湖水源地保护派出所）在千峡湖海事码头新址揭牌成立。

5月25日，漈头水库开工建设，工程为澄照农民创业园主要供水源头，规划近期供水规模为6200吨/日，远期供水规模为8000吨/日，总库容98.5万立方米，总投资约1.24亿元，按30年一遇洪水设计，200年一遇洪水校核。

6月11日，省水利厅纪检组长赵向前带领水利厅"千人万项"蹲点服务组，赴景宁对漈头水库工程进行服务指导工作。

6月24日，县人民政府颁发景政办法〔2015〕10号关于印发《景宁畲族自治县农村水电站安全管理办法（试行）》的文件，对农村水电站的安全生产运行、安全检查管理、安全应急管理、奖励与处罚等方面作了具体的规定。

7月22日，丽水市水利局长会议在景宁召开，市水利局班子成员，各县（市、区）水利局局长、分管"五水共治"副局长，市局各处室、单位中层以上干部参加会议。

8月8日—10日，受13号强台风"苏迪罗"侵袭，全县21个乡镇受灾，倒塌房屋55间，受灾12159人，紧急转移安置2755人，直接经济损失1.52亿元。其中，交通运输损失4118.8万元，农业损失4775.34万元，水利损失2879万元，林业损失2106.28万元，建设系统损失1120万元，电力损失154.5万元。

8月9日15时30分（第13号台风苏迪罗期间），省长李强连线景宁，了解防台抗台工作，要求党政领导值班值守，科学调度水库泄洪，强化地质灾害点山塘水库24小时巡查，妥善安置受灾群众，坚决防止次生灾害的发生，尽快抢修基础设施，道路、电力通信和供水管网。

8月9日7时46分，鹤溪街道双后降村叶山头自然村的一户香菇棚遭遇泥石流塌方，棚内父女俩被困，情况万分危急。接警后，县消防大队迅速出动1辆消防救援车，8名消防官兵赶赴现场救援。经过1个多小时的紧张救援，于9时09分成功救出被困父女。

8月9日9时县城停水，10日22时恢复供水。

8月10日上午（第13号台风苏迪罗期间），市委书记王永康专程赴景宁检查灾情，指导灾后恢复重建工作。

是日，因台风致道路中断滞留大漈乡的130余名游客，得到乡政府的妥善安置，并护送游客陆续抵达桃源村，县政府为他们提供了食物，并调配4辆大巴送回县城驻地。

9月17日，省水利厅水政监察总队钱燮铭总队长一行赴景宁调研指导水政监察工作。

9月23日，建立县农村饮水安全管理工作领导小组，确立农村饮水安全工作联席会议制度。

9月25日，首次在境内小溪等18条河道投放3.7万只石蛙苗，投资25万元。

9月30日，县政府颁发景政办〔2015〕96号关于印发《景宁畲族自治县农村供水管理办法（试行）》的文件，对农村供水管理安全、规范、水源保护等方面提供了制度保障。

10月，编制完成《景宁畲族自治县水土保持规划》，通过对全县水土流失原因和水土保持现状的分析评价，结合生态县建设和小流域综合治理，制定近期（2016—2020年）、远期（2016—2030年）水土保持防治和监管规划。

11月2日，制定《景宁畲族自治县河道水库疏浚管理若干意见》，通过疏让分离模式，规范了河道水库疏浚管理工作。

11月13日—15日，为期三天的浙江省水利系统"绿道杯"篮球邀请赛在景宁举行，全省共有6支代表队参加了比赛。

12月3日，水利部公布"畲乡绿廊"为第十五批国家级水利风景区之一。

同日，省防指办督察专员姜海军、市防办主任童晓彬等一行4人莅临景宁验收基层防汛防台体系规范化建设，考核组分别抽查了梧桐乡及金兰村、梧桐坑村，渤海镇及鲍山头村、梅坑村。

12月10日，全国水利风景区建设与管理工作会议在北京召开，景宁"畲乡绿廊"被评为第十五批国家级水利风景区，副县长郑建强代表县政府在主会场接受授牌，并作题为《绘制河湖美景 实施"三县并举" 建设生态美丽家园》的典型交流发言。

12月23日，省海洋与渔业局朱华谭总工和徐君调研员一行莅景对接2016年"送科技下乡"活动。

12月24日，县农村饮水安全管理工作领导小组办公室印发关于《景宁畲族自治县农村饮用水工程建后管理考核办法(试行)》的文件,对全县农村饮用水工程管理、运行管理责任落实、制度健全、监督到位、水质达标、水费收取等方面制定了年度考核条例。

12月31日,省发改委发文《关于景宁畲族自治县金村水库及供水工程项目建议书的批复》,对金村水库及供水工程予以立项。

是月,建立景宁畲族自治县农村饮水安全工程水质检测中心。

是年,围绕"平安水利"目标建设,实现2015年水利安全生产"零事故"。

同年,县水利局被评为全省水电安全生产标准化创建工作优秀单位。

同年,县"防指办"被评为全省防汛防台抗旱综合优秀单位。

同年,景宁被评为全省水文工作综合考核优秀县。

是年,县水利局被授予全省"五水共治"工作先进集体。

2016年

4月20日,省水利厅副厅长杨炯一行到景宁调研农村水电站安全生产标准化达标与创建工作。

4月,景宁水文巡测基地通过竣工验收。

5月9日,省海洋与渔业局总工程师孙晓明率科技外经处调研员徐君、科技外经处主任科员毛青及省淡水研究所教授级、高级工程师宓国强等7位专家组成科技小组到景宁落实省政协2016年送科技下乡活动,助推景宁渔业发展。

5月26日,农业部渔业局计财处处长鲁泉、全国水产技术推广总站体系建设处处长朱泽闻一行到景宁开展稻田种养考察工作。浙江省水产技术推广总站副站长丁雪燕、丽水市渔业处处长陈霞斌、市渔业推广站站长姚子亮等陪同。

5月15日—19日,省水利厅在省水电干校专门为景宁举办为期一周的基层水利管理人员业务知识提升培训班,培训主要课程有:水利工程标准化管理、防汛防台、农田水利灌区工程维护、乡镇农村供水管理、山塘水库应急抢险、生态河道等,共60人参加培训。

6月2日,省水土保持监测中心在景宁组织召开了《景宁畲族自治县金村水库及供水工程水土保持方案报告书》评审会。

6月15日,浙江钱江科技发展有限公司总经理洪佳到东坑镇白鹤香榧基地现场勘察,挑选出50亩香榧育苗、种植项目点安装智能化应用系统。

6 月 23 日，省水利厅党组成员、驻厅纪检组长赵向前莅临景宁开展“千人万项”活动，蹲点调研指导水利工作。

6 月 25 日，省水电学院电气工程学院院长罗云霞莅临景宁开展水电站安全生产标准化建设工作。

8 月 23 日，县水利局派员前往淳安县渔政渔港监督管理局，围绕“护渔保水”、强化渔政管理开展学习交流。

9 月 22 日，景宁召开金村水库及供水工程项目环境影响评价报告书审查会，省水利河口研究院、丽水市环境局等相关单位参加了审查会。

9 月 27 日 8 时—29 日 19 时，受第 17 号台风“鲇鱼”的影响，局部地区特大暴雨，平均面雨量 303.9 毫米，11 个站点量超过 400 毫米，最大站点桃源水库达到 582.5 毫米。全县直接经济损失 2.02 亿元。其中，水利设施损毁 5004 万元。

10 月 2 日，鹤溪河治理二期工程正式开工建设，投资 5400 万元。

11 月 1 日至 2 日，县水利局参加了水利部、联合国工业发展组织在杭州举办的第七届《今日水电论坛》，论坛的主题为《小水电与绿色发展》。

11 月 9 日，景宁召开了《景宁畲族自治县水利发展“十三五”规划》《景宁畲族自治县水利风景区建设发展规划(2016—2025)》评审会。省水利厅、市水利局以及县有关部门出席会议。

11 月 29 日，浙江省水利水电学院与县水利局签定战略合作框架协议，加强在水利学科建设、人才培养、科技创新等方面的合作。

11 月 30 日，召开县水电行业协会第五届第一次会员大会，选举产生新一届理事会。

是日，省水利厅党组成员、钱塘江管理局局长葛平安莅景调研水利工作。

2016 年 12 月 13 日，国际小水电中心在杭州主持召开了水利水电产业运营平台研讨会。副局长梅荣柱、县水电协会会长沈必武、上标一级胡兴强、赵慧荣，三川公司柳贤珍，金秋水电张正华等水电企业负责人参加了研讨会。

2016 年 12 月 27 日，省水电行业协会换届选举，景宁柳贤珍任省第三届水电协会副会长，严振明任常务理事，沈必武任理事。

第一编　水利环境

景宁畲族自治县东邻青田、文成县；南衔泰顺、寿宁(闽)县；西枕庆元县、龙泉市；北连云和县、莲都区，属中山丘陵区。派生于闽北政和、寿宁县境之洞宫山脉，自西南向东北延伸，贯穿景宁全境，归于青田县之西。境内峰峦叠嶂，沟壑丛生，海拔千米以上山峰779座，最高山峰为大漈乡的上山头(最上山)，海拔1689.1米，最低处为陈村乡之塘堡，海拔80米。地势西南高、东北低，属洞宫山脉中段，整个地面千皱万褶，峰峦簇拥，上标垟、大漈垟为较大的高山盘地，望东垟(懵懂垟)为高山湿地。境内属华夏陆台浙闽地质组成部分，出露地层单元有前泥盆系陈蔡群，下侏罗统枫坪组，上侏罗统(J3)火山岩系，下白垩统馆头组，下白垩统朝川组，上更新统冲、洪积层，全新统冲积层；其中，以中生界侏罗系、白垩系火山系为主，第四系不发育。土壤有红壤土、黄壤土、潮土、水稻土等4个土类，10个亚类，27个土属，52个土种，主要由凝灰岩、花岗岩等酸性岩风化发育而成，造成境内土壤普遍偏酸。气候属中亚热带季风气候，温暖湿润，四季分明，冬夏长，春秋短，热量资源丰富。溪流河床比降大，水性湍悍，暴涨暴落，故历来洪灾旱灾频发。为了生存与发展，景宁人民同水灾、旱灾长期不懈的斗争，谱写了一篇篇动人诗章。

第一章 地质地貌

境内地质由前泥盆系陈蔡群、下侏罗统枫坪组、上侏罗统火山岩系、下白垩统馆头组、下白垩统朝川组等构造组成，矿产资源比较丰富。地貌属浙南中山区，以深切割山地为主，海拔一般在500~800米以上。发源于洞宫山脉的瓯江支流小溪，自西南向东北贯穿分为南北两半部，境内群山耸立，东为上山岭，南为青草隘，西为黄茅岭，北为泗洲岭，海拔千米以上山峰779座。其中，1500米以上的山峰有10座。

第一节 地 质

地层

景宁属华夏陆台浙闽地质组成部分，出露地层单元有前泥盆系陈蔡群，下侏罗统枫坪组，上侏罗统火山岩系，下白垩统馆头组，下白垩统朝川组，上更新统冲、洪积层，全新统冲积层。其中，以中生界侏罗系、白垩系火山系为主，第四系不发育。

前泥盆系陈蔡群

主要出露于张春乡滩岭、敕木山，鹤溪镇包山，渤海镇渤海坑等局部地区一套浅变质的白云石英片岩，白云片岩及大理岩层，面积约18平方千米，与铁、铅锌、钼等金属矿产有密切关系。

下侏罗统枫坪组

为一套火山岩陆相含煤屑沉积岩系，地质普查为不具工业价值的煤矿体，出露于金钟乡绿草、岭根、潘坑等村局部地区。

上侏罗统火山岩系

为一套火山喷发堆积岩系，以纹流岩晶屑熔结凝灰岩、流纹岩为主，夹砂岩、泥岩，遍布全县，厚约数千米，与萤石、叶蜡石等非金属矿产有关。

下白垩统馆头组

主要出露在金钟乡潘坑村局部地层的页岩、凝灰质砂岩等岩层。

下白垩统朝川组

为一套紫红色砂砾岩为主，砂岩、泥质粉砂岩夹安山玄武岩，厚近千米，主要出露在金钟乡局部地区的紫红色砂岩夹凝灰岩层。

上更新统冲积、洪积层、全新统冲积层主要出露在小溪及北溪沿岸地带洪冲物地层，厚约数米至十多米，是砂石料的主要层位。

岩石

景宁自震旦纪以来，构造以上升为主，没有巨厚的海相沉积。在历次地壳运动中，以燕山运动最为深刻，曾发生多次火山活动，有深厚的火山岩（侏罗系）覆盖层及穿插其间的侵入岩体（主要为燕山晚期各次侵入的花岗岩类）。凝灰岩与花岗岩类的面积占全县总面积96.57%，地层基底层由复杂的变质岩系组成。各类岩石主要分布地区及其占全县总面积比例：火山喷出岩类（流纹岩、安山岩等）分布在沙湾各乡（镇）、渤海大部分和东坑部分地区，占全县总面积81.8%；火山侵入岩类（花岗岩、花岗斑岩等）以城郊、东坑为多，英川次之，渤海又次之，占全县总面积14.77%；沉积岩类（凝灰岩、紫红色砂岩、砂页岩等）在渤海和金钟乡绿草、岭根、潘坑等地出露，占全县总面积1.52%；变质岩类（片麻岩、大理岩、石英岩等）主要分布在张春乡滩岭、敕木山，鹤溪镇包山，渤海镇的渤海坑等地，占全县总面积1.91%。

构造

景宁位于中国东南部新华夏系第二隆起带南段，江山—绍兴深大断裂东南侧的浙闽隆起区，新华夏系上虞—丽水—寿宁断裂带，龙泉—奉化地幔凹陷区，是全省地壳厚度最大的地域之一。地质构造以断裂为主，基底前寒武系变质岩褶皱较复杂，火山岩盖层呈宽缓的背、向斜。断裂构造以近南北向、北西向、北东向三条规模较大的断裂为主。三条断裂交汇处，各向断裂交错发育，岩石破碎，黑云母二长花岗岩体产于其中，面积98平方千米。

华夏系构造

主要由北东向变质岩基底断块隆起及一系列约北偏东50°方向的层性断裂构成。属于庆元—海口构造带中段，表现为张春、敕木山、渤海、高演一线的陈蔡群变质岩层北东向断续出露。

新华夏系构造

表现为一系列强烈的北偏东10°~30°的断裂带及白垩系向斜盆地。属丽水—景宁断裂（上虞—丽水断裂带南段），岩体呈北东向沿断裂侵入，分叉往南西延伸，分别于庆元县举水、江根一带入福建。断裂带不但控制地层分布及岩浆活动，还时有变质岩基底沿断裂断续出露。

其他构造

山字形构造：泰顺山字形，脊柱在景宁一带，西翼在庆元县青竹至五大堡一带，而前弧在与景宁相邻的寿宁县南阳一带，东翼在泰顺盆地一带，脊柱在景宁一带。为南北走向的鼻状背斜，轴部出露陈蔡群变质岩，燕山晚期岩体呈南北向侵入，新构造运动剧烈上升，侏罗系酸性火山岩岩性坚硬，构造地形明显，山脉、河流、盆地、陡崖等均沿构造线方向延伸，构成典型山区地貌。

矿藏

地质构造条件对成矿较为有利，矿产资源比较丰富，黑色金属有铁、磁铁、锰；有色金属有铅锌、铜、钼、钨；贵金属有金、银；非金属有叶蜡石、萤石、钾长石、石英、黄铁矿、硼矿、高岭土、紫砂土等。建材矿产有大理岩、花岗岩、辉绿岩等18种。矿产地（矿床、矿点、矿化点）58处，以黑色金属、有色金属和非金属矿产资源占优势，贵金属是潜在资源。

经地质勘查探明和基本探明并提交地质储量报告的矿种有：铁C+D级188.14万吨（其中包山铁矿1990年底保有储量121.71万吨；敕木山、白溪66.43万吨），铅锌金属量C+D级5.6万吨；铜金属量89吨；钼金属量1.09万吨；萤石C+D+E矿石量53万吨；叶蜡石D+E级矿石量108.5万吨（其中D级83.81万吨）；估算地质储量的有黄铁矿、石英、花岗岩、大理石、紫砂土等。

第二节　地　貌

类型

地貌属浙南中山区，位于浙西南新构造运动强烈上升区，地貌以深切割山地为主，海拔一般在500~800米以上。发源于洞宫山脉的瓯江支流小溪，自西南向东北贯穿，将县境分为南北两半部，形成狭长的溪谷低陷地带，构成“两山夹一水，众壑闹飞流”的地貌格局，有山地、台地和谷地3种类型。

山地

包括海拔250米以上的丘陵、低山、中山三部分，总面积为286.64万亩，占全县总面积98%，是以林为主的农林区。

台地

分布在东坑的大漈垟、上标垟、忠溪垟等中山夷平面，海拔1000米左右，高而平坦，属中山台地，总面积0.53万亩，占全县总面积0.2%。

谷地

分布在海拔250米以下沿溪两岸的鸬鹚、沙湾、鹤溪、外舍、金钟、渤海、陈村等地的鸬鹚垟、七里垟、鹤溪垟、外舍垟、金钟、绿草圩、旦水垟、陈村圩等沿溪各地，地形相对较开阔，地势较平缓，成土母质以溪流冲积物为主，总面积为5.33万亩，占全县总面积1.8%，是境内多熟制农区。

按海拔地形可分4个层次：低于海拔250米以下12.79万亩，占全县总面积4.4 %；海拔250~500米60.21万亩，占全县总面积20.6%；海拔500~800米101.05万亩，占全县总面积34.5%；海拔800米以上118.45万亩，占全县总面积40.5%。以地形坡度级划分：小于3坡度5.69万亩；3~6坡度0.67万亩；6~15坡度4万亩；15~25坡度13.86万亩；25坡度以上268.33万亩，分别占全县土地总面积1.94%、0.23%、1.37%、4.74%、91.72%。从高空俯视，整个地面千皱万褶，峰峦簇拥，山体陡峭，云雾缭绕，甚为壮观。

山脉

景宁地处洞宫山脉中段，地形复杂，岑峦叠嶂，包蓄无穷，海拔悬殊，地势由西南向东北渐倾。洞宫山脉派生于闽北的政和、寿宁县境，分左右两支支脉入景宁境内，自西南向东北延伸，贯穿全境。

左支山脉　由庆元入四都黄垓隘，称玉章岭（又名苏山岭），绵延为库头诸山岭趾，称百廿步，高十余里，往东折向龙泉，分支入三都为黄茅岭，又绵延为七里岭（又名鸬鹚岭），为二、三两都分界，曲折绵延至云和。

一支山脉在大均坑入二都柳水濛、越垄头，绵延为泗洲岭（又名温溪岭），与云和县分界；又绵延耸立为岚头岭，一直到郡中的要道，半山腰有甘露亭；又往西折至一都，在上斜后称金山头，与云和县接壤；从白鹿关到达郡中的要道，往下绵延至莲都，分支在鹤口后入境为长山岭，高十余里，越过山岭进入青田界。

右支山脉　由寿宁县入境内的五都上标，经东溪岭，过大漈山脉隆起的最上山（又名上山头）至透天岭，高十余里，三盘而上，俗名三透天。山势曲折连绵往东分行，在五、六两都分界处微微隆起称仙殿坳，随即在六都折至炉西岭，又往北绵延隆起为敕木山系，与邑镇山汇合，又往东转为梨树岭（旧名矿坑岭）后分六支山脉走向：

一支山脉为螺黛岭，高十余里，俗有近天三尺之说，半山腰岩石缝隙中有清泉，建有临水之亭，经过乌铁岩至石狮山，汇聚为县治的坐山（桂山）。又往北绵延为莘岭，岭上即洞天门，至油田湖为大幹结。自敕木山往西绵延簇拥正山，南边正对着县城，前为香山，山前即卓峰。又西转过慕岭距县南 2.5 千米为五、六两都必经的关口，越过牛桥为苔湖岭。县西 3 千米（以前有酌玉亭），越过山岭进入二都境内，经过鸦峰屹立于县城的水口（风水学中的水口，指水流的入口和出口）；

二支山脉为石佛岭（又名石佛隘），在东塘上标青草隘分岔；

三支山脉为蜂桶隘，在五都东坑接泰顺界，由透天岭绵延往北分岔，经过石屋岭在行者寮，高大约五里，在东岱石经过马面岩，山路崎岖如同蜀道，在六都林山往西折为周山垟，在二都直抵大赤坑。山脉在六都茗源由梨树坳折向东边，称为马鞍岭，隆起为大仰尖山，山上有湖；

四支山脉为绿桐隘，与青田县分界，又往南折为白鹤岭（又名青坳），为五、六两都分界，至竹埠坳抵达石牌山，于六都的螺黛分支称坑头岭；

五支山脉为天塘岭，高十余里，在二都的分支叫包山岭（又名紫荆树岭），一都右边的山岭，皆由青田县分支入境，递折为朱砂冈，在今渤海对面；

六支山脉为卢栖洞（又名门潭岭），为直达青田县的偏僻小路。

境内最高山峰为大漈乡的最上山（又名上山头），海拔 1689.1 米，原始森林植被保持比较完整，是飞禽走兽栖息的理想场所。其山体由燕山运动地质时期花岗岩侵入体构成，由于晶体结构的花岗岩崩解风化，使山顶浑圆，山背线逶迤弯曲起伏，山麓北面是开阔平缓的夷平面—中山台地大漈垟。其次是渔漈的山垟尖（又名苦人尖），海拔 1636.7 米，山体是由燕山运动地质时期凝灰岩构成，由于该岩类坚硬致密，呈隐晶质斑状结构，难以风化，形成山体较陡峭，山脊线明显，山顶尖耸，为景宁、寿宁两县一道天然屏障。

境内四方皆为雄关锁扼：东为上山岭，南为青草隘，西为黄茅岭，北为泗洲岭，中部敕木山海拔 1519.1 米，北麓是小溪支流鹤溪，南麓是飞云江支流北溪的发源地。有海拔千米以上山峰 779 座。其中，1500 米以上的山峰 10 座。

景宁 1500 米以上山峰

表 1-1　　　　单位：米

所在乡镇	山峰名称	海拔	所在乡镇	山峰名称	海拔
大漈	上山头（最上山）	1689.1	家地	大斗山	1522.6
东坑	大仰尖	1556.9	鹤溪	敕木山	1519.1
景南	湖岩	1546.3	英川	马头山	1610.8
	山垟尖（苦人尖）	1636.37	毛垟	黄秀尖	1587.9
	白云尖	1611.1		仰天湖	1574

第二章　土壤 植被

境内有红壤土、黄壤土、潮土、水稻土等 4 个土类，10 个亚类，27 个土属，52 个土种，主要是由凝灰岩、花岗岩等酸性岩风化发育而成。高等植物种类异常丰富，并且起源古老，地理成分复杂，原生植被大多数已反复改造和利用，代之以次生植被为主，人工植被也占较大比重。有望东垟高山湿地、大仰湖湿地群、仰天湖湿地群等三个具代表性的高山湿地群，其类别典型、罕见、属溪源湿地，湿地内的江南恺木林属省内罕见。

第一节　土　壤

境内各类土壤面积分布为：

红壤土　分布在海拔 750 米以下的低山丘陵区，包括红壤、黄红壤、侵蚀型红壤 3 个亚类，8 个土属，10 个土种，面积 130.59 万亩，占土壤总面积的 45.07%。母质主要为各类火山岩、部分沉积岩与变质岩风化体的原、坡积物。具有红、酸、粘特性。

黄壤土　分布在海拔 750 米以上的中山区，包括黄壤、侵蚀型黄壤、表潜型土壤3个亚类,4个土属,11个土种，面积123.45万亩，占土壤总面积的42.61%。母质以花岗岩类风化体的残、坡积物为主,有机质含量3%~5%。

潮土　分布在小溪沿岸滩圩地，含1个亚类,3个土属,4个土种，面积1.09万亩,占土壤面积的0.38%。母质为近代溪流洪,冲积物发育而成。

水稻土　分布在各沿溪谷地及不同海拔的山坡梯地上,含3个亚类,12个土属,27个土种,面积34.59万亩,占土壤面积的11.94%。

分布

土壤分布与地质构造密切相关。景宁地质构造以北偏东20~30°新华夏构线及其垂直伴生的一组影响最大;北偏东及近正南北的两组穿插其间,也有一定影响。侵蚀型红壤与黄红壤砂土,沿北偏东50°或北偏20~30°方向山脊分布,南部多于北部,凝灰岩地层更加明显,而花岗岩因容易崩解风化,石砂土相对减少。

水稻土集中在一些高的夷平面上,坡度相对平缓,高山的浅盆地内尤多,如潆头、大潆、景南与东坑等地。这些地方位于构造断块上,边缘多明显构造断崖,走向平直,沿构造线延伸的河流两岸也有水稻土,而坡度较大的切割山地就较少。变质岩上发育红壤,土层深厚,通称红松泥。因变质岩层位较深,只在一些断裂谷地两侧出露,决定了红松泥分布。

在构造运动强烈,新构造运动剧烈上升、侏罗酸性火山岩岩性坚硬等因素的作用下,构造地形明显,山脉、河流、谷地、陡崖等均沿构造线方向延伸,如鹤溪—潆头—大潆—家地一线谷地,按北偏东20°方向伸长;鹤溪至沙湾主要河段大方向为北偏东50°，但其中为若干北偏东20°~30°的小河段及一些垂直急湾所组成。地形特征也正是土壤界线或土壤分区轮廓的走向。

景宁各类土壤分布

表 1-2

土类	亚类	土属	土种	面积（亩）	占总面积（%）	分布
红壤	红壤	红泥土	红泥土	17570	0.60	东坑、鹤溪街道包山等地
	黄红壤	黄泥土	黄泥土	436185	14.91	沙湾、渤海、英川、东坑、鹤溪街道
			黄泥砂土	108268	3.70	英川、沙湾、东坑、鹤溪街道、九龙等乡镇、街道为主，其他乡亦有分布
			黄砾泥	94864	3.24	梧桐、沙湾、东坑、鹤溪街道等为主
		砂黏质红土	砂黏质红土	44321	1.52	以鹤溪街道、澄照乡为主，其他乡村零星分布
		粉红泥土	紫红泥土	1646	0.06	沙湾、梧桐为主
		红砂土	红砂土	19365	0.66	红星街道、绿草至潘坑一带
		红松泥	红松泥	9935	0.34	渤海坑、叶处、鲍山头，鹤溪街道三枝树等地为主，余有零星分布
	侵蚀型红壤	石砂土	石砂土	568282	19.43	全县均有分布
		白岩砂土	白岩砂土	5552	0.19	澄照、漈头及粗晶花岗岩地区
黄壤	黄壤	山地黄泥土	山地黄泥土	377977	12.92	全县均有分布
			山地砾石黄泥土	333744	11.41	英川、东坑、景南、鹤溪街道、梅岐等乡村为主
			山地香灰土	45831	1.57	大地、大漈、英川、梅岐、鹤溪街道、梧桐、大均、东坑等乡镇村为主
			山地红黄泥	12811	0.44	景南忠溪至东塘一带
	黄壤	山地黄泥砂土	山地黄泥砂土	157186	5.37	英川、沙湾、东坑、家地、澄照、红星街道等乡镇村为主
			山地砾石黄泥砾土	6693	0.23	英川、沙湾、景南、澄照等乡镇村
			山地乌黄泥砂土	17200	0.59	东坑、英川等镇村
	侵蚀型黄壤	山地石砂土	山地石砾土	260438	8.90	全县均有分布
			山地石土甲香灰土	10504	0.36	沙湾、九龙等乡镇村为主
			山地白砂土	11891	0.41	大漈、标溪、澄照等乡村为主
	表潜黄壤	山地草甸黄泥土	山地草甸黄泥土	237	0.01	上渔枫村垟、梅岐乡大仰湖、鹤溪街道仰天湖、澄照乡草鱼塘、正心湖等地段

续表 1-2

土类	亚类	土属	土种	面积（亩）	占总面积（%）	分布
潮土	潮土	洪积泥砂土	砾山滩	135	<0.01	沿溪洪积扇地段
		清水砂	卵石滩	9450	0.32	小溪沿岸较开宽冲击地
			清水砂	238	0.01	小溪沿岸较开宽冲击地段
		培泥砂土	培砂土	1114	0.04	小溪沿岸较开宽冲击地段
水稻土	渗育型水稻土	山地黄泥田	山地黄泥田	65917	2.25	全县均有分布
			山地砂性黄泥田	52639	1.80	全县均有分布
			山地砾土甲黄泥土	6189	0.21	英川、大地、景南、东坑、郑坑等乡镇村
		黄泥田	黄泥田	101779	3.48	全县均有分布
			砂性黄泥田	50181	1.72	全县均有分布
			砾土甲黄泥田	6835	0.23	英川、标溪、东坑、鹤溪街道、红星街道等乡镇
		白砂田	白砂田	19977	0.68	大漈、澄照、鹤溪街道等乡镇
		红泥田	红泥田	7395	0.25	东坑上村、何村、章坑村、鹤溪包山村等地
		红砂田	红砂田	1655	0.06	红星街道绿草至潘坑一带
		红松泥田	红松泥田	4591	0.16	渤海镇渤海坑、叶处、鲍山头一带
	潴育型水稻土	洪积泥砂田	山谷泥砂田	1826	0.06	东坑、澄照、渤海乡镇溪坑两岸
			山谷砾土甲泥砂田	3813	0.13	毛垟、景南、澄照、红星街道等溪坑两岸
			山谷砾心泥砂田	328	0.01	梧桐溪坑离河床较远滩地
			谷口泥砾田	364	0.01	九龙、鹤溪河、张春垟溪流谷口地段
			谷口砾甲泥砂田	2624	0.09	沙湾、红星街道、鹤溪垟、张春垟谷口地段
			谷口砾心泥砂田	921	0.03	标溪、九龙、鹤溪垟、张春垟谷口地段
		黄泥砂田	黄泥砾田	7021	0.24	鸬鹚、沙湾、鹤溪、九龙等乡镇地山丘陵、山垄部位
			砾心黄泥砂田	1439	0.05	梧桐乡
			黄泥砂田	532	0.02	东坑、澄照等乡镇村

续表 1~2

土类	亚类	土属	土种	面积（亩）	占总面积（%）	分布
水稻土	潴育型水稻土	泥砂田	泥砂田	1782	0.06	红星街道、鹤溪街道、沙湾镇等沿溪两岸较开宽离河床较远冲积滩
			砾土甲泥砂田	1311	0.04	鸬鹚垟、鹤溪学田垟等近河床冲积滩部
			砾心泥砂田	129	<0.01	鸬鹚垟、鹤溪学田垟等近河床冲积滩部
			溪滩砂田	527	0.02	沙湾、红星街道沿溪滩地
		山地黄泥砂田	山地黄泥砂田	4253	0.15	英川、大地、大漈、九龙等乡镇高山谷地、山垄梯田
	潜育型水稻土	烂灰田	烂灰田	1653	0.06	英川、大漈、景南等乡镇
			烂灰滃田	259	0.01	秋炉半山村、澄照朱排村、金山垟、山头垟等局部山垄梯田
		烂滃田	烂黄泥田	57	<0.01	沙湾局部山垄边洼地垄田

第二节 植　被

概况

按《中国植被区划》，景宁属中亚热带常绿阔叶林带北部亚地带，在《浙江省林业区划》中属浙闽山丘甜槠、木荷林植被区。因长期受人为活动影响，原生植被大多数已反复改造和利用，代之以次生植被为主，人工植被也占较大比重。常绿阔叶林原是本地具有代表性的森林类型，其上层是以常绿阔叶树种组成，以壳斗科、樟科、木兰科、山茶科和金缕梅科为主，林内通常都有一至数个优势树种，乔木以青冈属、栲属、石栎属等为常见。灌木中多数为常绿种类，常见的有冬青、继木、柃木属和杜鹃等。草本中有常绿的蕨类如狼衣、狗脊、金毛狗和苔草等。林内一般都有藤本和附生植物。境内高等植物种类异常丰富，已知种子植物 166 科 2163 种，并且起源古老，地理成分复杂，还含有一些特有属和子遗种，具有多样性和过渡性的自然地理成分分布特点，是浙江省具有生物多样性的典型县之一。常绿阔叶树种破坏后，往往形成大面积的马尾松次生纯林，中山上部形成黄山松纯林，中山下部和低山分布或栽培有杉木和马尾松林，成为景宁木材重要代替基地。境内竹类植物丰富，据初步统计有50多种，其中毛竹占很大比重。在众多植物中，不但有优良的用材树种，还有许多重要的观赏树种和药用植物。

乔木林

松木林面积29.62万亩，占乔木林分面积的15.8%；蓄积138.85万立方米，占乔木林分蓄积的20.1%。

杉木林面积50.78万亩，占乔木林分面积的27.2%；蓄积182.81万立方米，占乔木林分蓄积的26.5%。

阔叶林面积13.30万亩，占乔木林分面积的7.1%；蓄积27.51万立方米，占乔木林分蓄积的4.0%。

针叶混交林面积22.37万亩，占乔木林分面积的12.0%；蓄积89.87万立方米，占乔木林分蓄积的13.0%。

阔叶混交林面积41.12万亩，占乔木林分面积的22.0%；蓄积162.34万立方米，占乔木林分蓄积的23.5%。

针阔混交林面积19.95万亩，占乔木林分面积的10.7%；蓄积85.58万立方米，占乔木林分蓄积的12.4%。

经济林面积9.76万亩，占乔木林分面积的5.2%；蓄积3.42万立方米，占乔木林分蓄积的0.5%。

灌木林

灌木林覆盖度分疏（30%~39%）、中（40%~69%）、密（70%以上）三个等级。全县灌木林覆盖度等级“疏”面积5.78万亩，占灌木林面积的95.3%；等级“中”面积2311亩，占3.8%；等级“密”面积510亩，占0.9%。全县灌木林平均覆盖度36.2%，其中灌经林平均覆盖度36.9%，其他灌木林平均覆盖度35.8%。

毛竹林

东坑镇居首，有577.73万株，占全县毛竹林分株数的14.36%；外舍乡有519.42万株，占12.91%；景南乡有353.15万株，占8.78%。三个乡镇合计1450.3万株，占全县毛竹林分株数的36.05%。

森林覆盖率

2013 年森林覆盖率为 78.2%，与基础年相比有一定的增长，原因主要是 2008 年雨雪冰冻和森林火灾，造成 2009 年比 2008 年略有下降，到 2013 年底，2009 年的未成林造林地都已成林。2013 年森林面积为 228.22 万亩，比 2009 年增加 1.36 万亩，比目标任务 2550 亩增加了 1.10 万亩，完成目标任务 567.47%。

2015 年，景宁有林地 237.05 万亩，其中省级以上重点生态公益林 129.2 万亩，森林覆盖率 77.9%，素有"浙南林海"之称。同时，景宁生态环境质量稳居全国前 5 名、全省前 3 名，是国家级生态示范区，省级生态县，也是浙江省具有生物多样性的典型县之一。

第三节 湿 地

景宁湿地资源丰富，有望东垟高山湿地、大仰湖湿地群、仰天湖湿地群等三个具代表性的高山湿地群。其中，最为突出的望东垟高山湿地，海拔 1300 米，总面积 1.79 万亩(其中核心区面积 9548 亩，缓冲区 4353 亩，实验区面积 4022 亩)，是华东地区最大的一块高山湿地。

望东垟高山湿地

望东垟高山湿地，是以内陆湿地特有生态系统和野生动植物为保护对象的自然保护区。望东垟高山湿地分布为望东垟、见头垟、茭白塘、双桥圩、白云坪、畲斗团等省内罕见的典型的沼泽湿地。其中，望东垟湿地面积 600 亩，是浙江省乃至华东地区最大的乔木生态系统类型的高山湿地。同时，森林资源十分丰富，覆盖率为 97%，保留着 3000 多亩的天然次生阔叶林和丰富的珍稀濒危植物。其中国家级保护植物有南方红豆杉和伯乐树等 43 种，国家级保护动物有云豹、金雕、黄腹角雉、白颈长尾雉等 39 种。

2002 年 2 月，景宁畲族自治县人民政府批准建立望东垟县级高山湿地自然保护区。同时，相继出台《景宁望东垟高山湿地自然保护区工程建设总体规划》《景宁望东垟高山湿地自然保护区科学考察报告》等文件。2007 年 3 月 15 日，经省政府批准建立望东垟高山湿地省级自然保护区。

2009 年 4 月 17 日，经丽水市丽编委〔2009〕29 号文件同意设立景宁畲族自治县望东垟高山湿地自然保护区管理局。

大仰湖高山湿地群

2008年11月，景宁畲族自治县人民政府批准建立大仰湖高山湿地群县级自然保护区。2010年，开展景宁大仰湖湿地群省级自然保护区的创建工作。2011年11月8日，县政府对大仰湖湿地群申报省级自然保护区的总体规划进行初步论证。2012年10月20日，《景宁大仰湖湿地群省级自然保护区科考报告》《景宁大仰湖湿地群省级自然保护区总体规划》通过省专家组评审。2013年6月17日，浙江省环保厅组织召开省自然保护区评审委员会专题会议，专家组认为景宁大仰湖湿地群符合建立省级自然保护区的申报条件，一致同意通过评审。2013年7月29日，经浙江省人民政府批准建立景宁大仰湖湿地群省级自然保护区（浙政函〔2013〕111号）。

大仰湖湿地群省级自然保护区是由景宁畲族自治县林业总场大仰分场大仰湖湿地群（大仰湖、东湖、长湖、下湖）、草鱼塘分场菖蒲湖湿地群（菖蒲湖、粤柳湖、虎杖湖）、荒田湖分场湿地群（荒田湖、仰天湖、牛塘湖）等溪源湿地组成。总面积31968亩。其中，核心区8626.1亩，缓冲区3660亩，实验区19681.9亩。森林覆盖率达95%。保护对象为高山溪源湿地生态系统、珍稀野生动植物资源、水源涵养林和天然林。是飞云江、瓯江支流两江源头和县城饮用水源头的重点生态保护区域。

保护区内有维管植物178科699属1486种（含78变种、6亚种、6变型），分别占浙江省科、属、种数的77.1%、50.8%和38.4%。其中，栽培植物10科80属134种（含种下等级，下同），木本植物587种，草本植物899种。各类群分别为蕨类植物33科66属139种；裸子植物7科25属33种；被子植物138科604属1314种。其中国家一级保护植物有莼菜、南方红豆杉、伯乐树3种，国家二级保护植物有福建柏、榧树、鹅掌楸、厚朴、凹叶厚朴、香果树、台湾红桧、金钱松、杜仲、花榈木、野大豆等11种，浙江省重点保护植物有景宁木兰、东方古柯、凤凰楠、细茎石斛、三腺金丝桃、大花无柱兰等30种。并发现了沼生矮樱等新种。有中药材原植物862种。有脊椎动物5纲31目90科335种。其中，兽类8目20科55种，鸟类15目50科201种，爬行类3目9科38种，两栖类2目7科27种，鱼类3目4科14种。其中，国家一级保护动物有黑麂、云豹、豹、金雕、黄腹角雉、白颈长尾雉、中华秋沙鸭等7种，国家二级保护动物有短尾猴、猕猴、穿山甲、鬣羚、金猫、豹猫、鼬獾、红胸啄花鸟、叉尾太阳鸟、栗头蜂虎、大树蛙等39种，浙江省重点保护动物46种。

第三章 水 系

景宁有瓯江、飞云江两大水系，有大小河道662条(其中县级河道54条)，总长1863千米。

瓯江最大支流在景宁境内的小溪，发源于庆元县大毛峰山麓，主要支流有毛垟港、英川港、标溪港、梧桐坑、大赤坑、鹤溪、炉西坑、大顺源等。

飞云江水系发源于景南乡境内海拔1611米高的白云尖北谷，流经景南、白鹤、东坑等乡镇进入泰顺县。

第一节 瓯江水系

瓯江，为中华人民共和国东海独流入海河流，属浙江第二大江，境内小溪为瓯江流域最大支流。

小溪

发源于庆元县大毛峰山麓，沿洞宫山两支山脉夹一道骤然东倾之峡谷、集两侧诸山之水，跌宕起伏，自西向东北流经境内伏岩口、火烧岩、坑边、湖后、下圩、桥局村左岸纳入秋炉坑之水；下行毛垟村右岸纳炉西坑之水，自西南流向底垟、上沙湾、过库头垄两处滩涂(上滩叫鲤鱼髻，下滩叫饭甑垄，中间有一处石门，横亘两岸)。下行库下、大地桥村集诸大地坑之水，经七庆、桥前、至莲埠头村(现沙湾镇莲川村)柏树潭(其潭水深数丈，巨石纵横，潭底有一巨石穴，宽扁相间，可容4~5人，为小溪有名的鲶鱼栖身之穴。1974年夏，当地村民曾用草药“鱼骨”诱鱼一次性捕捞1~3公斤的鲶鱼30多尾，最重的有8公斤)。柏树潭东岸圩上松木成林，圩内淤积一湖，俗名庙垄湖。发洪水时沙圩、湖面均被淹没，蓄水积湖，枯水时有一坑涧水长年流淌湖内，使湖内蓄水澄清甘洌，四季不涸，是迄今小溪流域仅保存的一座天然河湖，清同治县志载："莲埠头湖，在村上湖，颇深圆，虽旱不涸"。溪流经莲川村后与自西注入的黄水坑之水汇合于村尾的"桐籽鸭"滩，滩上有一道汀步堰坝（约 150 米），为小溪水干枯时东西两岸通行之道，先人在筑建汀步堰时为防洪水冲击，堰基均采用松木段陷入水底加固汀步。据莲川村刘姓家谱记载：莲埠头汀步堰筑建于南宋末宋宁宗年间（约 1211），距今已有 800 多年。20 世纪 60 年代河床治理，西岸汀步被拆除约 20 米宽的缺口利于通航放筏。汀步堰在历经 8 个世纪的洪水冲击洗刷已大部被冲垮，但至今尚保存数十米的汀步堰遗迹清晰可见。"桐籽鸭"滩水流湍急，过岱根垟往下至天师坦有一巨石，高广数丈，相传是仙人肩挑至此。20 世纪 80 年代，被新庄村人造桥取石破碎。溪水下行右岸纳入牛仓坑之水，至新庄、道化村尾有水碓堰坝一道、县志载系明宣德四年（1429）造水碓拦截溪水而筑，时经仙人指点而成，虽历遭洪水浪淘冲击，至今无恙。坝下水势湍急多顽石，暗瞧难防，航船放筏屡出事故。流至交见圩汇合英川港后直入七里潭，因其潭水长逾七里，故名七里长潭。溪水集诸七里汇坑、七里坑水，往东流经沙湾村尾有项轭汇，旧县志载："其深莫测，以水之纡曲而名，其下为滩，巨石屹立波中，相传昔为雷所击，俗名天雷劈"。再流向仙姑村集诸水碓垟坑水汇合标溪港来水；往下右纳秋兰坑水，转弯后注入梧桐坑水，过梧桐滩，溪流突然横冲，溪床陡曲，水势十分危险。再至金竹口，集诸金兰坑、张寮坑、新亭坑等坑涧之水，往下为新亭滩，水势冲激，兼多顽石，撑船、放筏之人胆颤心惊。溪流继续弯折至大均潭，潭长水深，又汇合大均坑水为大均滩，河滩水势极其险要，商人乘船筏经过此地，都祭祀神灵以祈福。溪水继续流向大赤坑口，汇合为大赤滩，中间有巨石，波浪拍击岩石咆哮声震。又与下场坑水汇流，绕流至溪口，相距县城五里，与县前的尘溪、沐鹤溪水合流。流经外卸（舍）是境内水陆要冲之地，后有山脉形状类似蜈蚣（雍正李志载蜈蚣滩疑即此），往南有油田源水汇入，北边又有北岸坑水流入，上建石桥，过大汇滩即汇头滩，俗名满天星，旧《志》记载大石错立，水行石间，声如雷鸣。溪水继续往下流淌，叫天师石滩，水底巨石交错，石锋十分坚硬锐利，是小溪险要滩涂。道光初年，青田锡匠胡至登本着道义精神，聚集人工开凿巨石数十年，使得溪水平稳流淌。后来水势改向，又重履原险为行舟之人的隐患处。溪水继续往前流，行经白岸叫鹭鸶滩，河中有一块石头孤立地浮出水面，好似白鹭立于水上。溪流在石埠坑处叫将军潭，潭底有巨石，高广数丈，从大常平滩至林村口，与六都独山后水汇合，下流为金钟滩，上游有大石蹲伏溪中，下为鱼穴，河水满入石缝，声若洪钟，故名金钟滩。又流至一都，有绿草源云和水汇入，经小粗滩（旧《志》称小均溪），到渤海滩，俗名樟树冢，下为旦水，再往下为大瀦潭。至炉西坑口，汇合六都源王木坑，又受贵苑青田界水，合流过石龟潭。继续往下，左岸边有大顺源水汇入，称大顺滩，又弯折流向东北，汇合小顺源水，溪潭深广，隆冬时节河水仍然温和，鱼类聚集于此，称为鱼柱。下至竹洲滩，俗称竹鸡秤，过朱村后河流湍急多顽石，再往前流至徐滩，在下游众多河滩中为最险，然后出九龙乡鹤口入青田县城上游湖边与瓯江干流大溪汇合为瓯江。小溪在景宁境内流长 124.6 千米，落差 296 米，流域面积 1725.56 平方千米，占全县总面积的 88.5%。水力资源理论蕴藏量 41.32 万千瓦，可开发水电站装机容量 40.24 万千瓦。

小溪河道弯曲、滩险，水浅、暗礁多，平均流量 111.86 立方米/秒。常有触礁翻船事故，枯水期水浅礁多，难于运行。1960 年，建立河道养护分队，以疏浚挖槽为主，筑坝导流为辅，重点实施沙湾上游河道治理，共筑顺水坝 32 条。县林业部门每年组织工人拆港路、炸礁石以利木筏放运无阻。小溪河床经治理，在莲埠头村可通航 2 吨位船只，是境内唯一水上货运通途，流经道化堰、天雷泊、梧桐籽、新淮、金鱼撞、潘枯、垟外滩、桐油壁、油田口、绿草汇和青田县境的铜锣汇等溪滩，河床陡曲，乱石嵯峨、暗礁潜伏、波浪腾冲、危机四伏、水运事故频发，伤亡屡见，农谚“会撑梧桐籽，不会梧桐死（淹）”。

20 世纪 80 年代以后，随着陆运交通的发展，加以小溪沿途水资源开发，蓄水发电等人为因素，致多处河流改道、水生态环境改变、水流量减少，使小溪水运功能衰竭停废。

2004 年 10 月 31 日，滩坑电站开工建设，电站水库上至景宁鹤溪溪口，下至青田滩坑水电站大坝。2005 年 10 月 13 日截流，2008 年 4 月 29 日下闸蓄水，小溪水流经溪口汇入滩坑电站水库（又名“千峡湖”）蓄水发电，包山铁矿以下沿途溪滩、生态景观沉眠库底。

毛垟港

位于境内西南面，发源于庆元县大毛峰山麓海拔1344.7米的横降头东北坡的左溪与百山祖南坡的南阳溪，两水汇于交溪亭后入境，从南向北流至沙湾镇交见圩和英川港汇合。毛垟港沿途集诸多坑、涧之水，主要有：源于庆元县合湖乡之水入境后注入秋炉乡新塘垟、后坑、第一坑诸水的秋炉坑；源于庆元官塘乡之水入境注入毛垟乡炉西之水的炉西坑；源于大地乡海拔1574米的仰天湖、集安俸、蔡放、西坑、大地、小地诸水的黄坑；源于庆元县百山祖南坡的合湖乡之水，集木耳坑、金坑、新桥坑、铁卜岭坑涧水，再源于箬寮尖东坡，集沙湾镇的何处、流坑、林坑诸涧水的峡桥坑汇合诸水的黄水坑和源于大地乡驮垟的鱼仓坑。境内流域面积227.2平方千米，港长30千米，比降4.0%，落差121米，河道曲折，水流湍急，比降大，从庆元左溪始可放运竹木筏，经流的库头砻，道化堰滩陡浪险，乱石纵横，事故频繁，至今水运功能已停废。

黄水坑

位于县境西部沙湾镇莲川行政村，毛垟港主要支流。源出庆元县百山祖南坡的合湖乡入境沙湾镇的黄水坑，纳木耳坑、金坑、新桥坑、铁卜岭坑之水，再与源出箬寮尖东坡，何处、流坑、林坑诸涧之水汇入峡桥坑流经黄水坑、莲川村注入毛垟港。流域面积82.2平方千米，坑长25.7千米，落差1099米，坑流两侧层峦叠嶂、峭壁峡流。

英川港

位于县境南面，小溪主要支流。源出庆元县百山祖北麓。英川港沿途集诸多坑、港之水，主要有：集龙泉市的南排坑、岱根坑与庆元县境的洪源港、茶园港等两坑两港之水，分别从英川镇的黄湖入境汇于茶堂村；源于庆元县合湖乡之水入境注入英川镇的寨后、贵罗、里坑、西坑；源出龙泉市龙南乡之水入境注入英川镇的粗砻坑，降头坑、坑下坑；源出海拔1465米的箬寮尖北谷，集英川的凤垟、张川、箬寮、隆上诸水经隆下，出黄垟的黄垟口坑、山下坑、徐崇坑；源出龙泉市建龙乡和云和县云峰的南坑下坑、库桥坑等坑涧之水注入英川港，从西向东流至交见圩与毛垟港汇合。境内流域面积391.4平方千米，平均流量14.85立方米/秒，港长54.4千米，落差1465米。上游山广林多，盛产木材，港道峡陡，水流湍急，港床经1964年的治理，鸬鹚下段可放运竹木筏和2吨位船只航运，至今水运功能已停废。

标溪港

位于县境南部，小溪主要支流。源出山垟尖与白云尖山谷，诸坑、涧水集于上标水库，从东向西流，沿途注入程田坑、鱼漈坑、小佐坑等坑涧之水流经交溪口，又于大地乡岭尾坑合流（分别源于福建省寿宁县坑底乡地源村、庆元县官塘的家地溪和源自庆元官塘、横坑的水溪之水汇合），继续从东南向西北奔流，沿途注入箬要、丁埠头、金坑、东车、处基、预章等坑、涧之水至标溪汇入小溪。境内流域面积362.7平方千米，平均流量13.58立方米/秒，港长45千米，落差975米，比降12.4‰。河床曲折，乱石嵯峨，比降大，洪水期雁溪、家地、水溪等地可放运段木，枫林口可2吨船只航运，至今水运功能已停废。

梧桐坑

小溪一级支流，位于境内北部。源于云和县黄源乡白鹤尖，集云和县黄源、云峰两乡诸水后从金坑入境，由西北向东南流，沿途有长田、金昌降、八条颂、处基圩诸涧水注入至梧桐坑汇入小溪。左右两岸大部悬崖峭壁、坑道陡峭、峡谷急流、巨石林立，至处基圩后稍为平缓。境内流域面积137.4平方千米，平均流量5.02立方米/秒，坑道长31.9千米，落差1010米，境内流长2.9千米，洪水期处基圩始可段木放运。

金兰坑

小溪一级支流，位于县境中部。源出大漈乡的坑下坑与小岭坑，汇于石门洞后流入梧桐乡鳝堂圩，从东南向西流，沿途有梅枫坟坑等涧水汇入至金竹口（金兰村）注入小溪。流域面积45.8平方千米，平均流量1.64立方米/秒，坑长11.5千米，落差622米，水力资源理论蕴藏量0.5万千瓦。

金兰坑属山坑性常流坑，坑流蜿蜒曲折，由孤石、大印石及部分砂砾石组成，源短流急，一遇大雨，骤涨暴落，洪期甚短。

大赤坑

小溪一级支流，位于县境中部。源于澄照乡海拔1211米老鸦尖北谷，集东岸、西岭之水，流至漈头与赤木山西谷蒲垟水库之水汇合，再从东南向西北流，沿途有澄照乡的炉西、半山、竹桥、双港、朱排、溪下、三石等坑注入大均乡的赤梅村汇入小溪。境内流域面积 84.0 平方千米，平均流量 3.01 立方米/秒，坑长 17.6 千米，比降 40.3‰，落差 710 米。流域中上游系澄照乡主要产粮区，农田较多，灌溉需水量大。

鹤溪河

小溪一级支流，位于县城中部。源出敕木山东坡，集梨树岙等海拔千米以上山峰坡谷之水于岭脚坑，与白水漈水库之水分别流至三枝树汇合，从东南向西北流，沿途有南泉（惠明寺）、半垟、尘溪（浮丘）等坑涧之水注入溪口汇入小溪（现滩坑水库）。境内流域面积 50 平方千米，平均流量 1.79 立方米/秒，溪长 14 千米，比降 46‰，落差 867 米，上游山陡林稀，矿土松散，冲刷厉害，下游淤积严重，河床常变，历史上曾屡次泛滥成灾。

炉西坑

小溪一级支流，位于县境东南部。源于梅岐乡顶天岘南北谷，集诸梁驮伯、高山、坦门、石板桥、张坑源头、宫坑、杨梅坑、水碓坑、梅树坑、驮源头等坑水于梅岐坑；流至桂远与石闩、安亭、茗源、王木坑之水的龙潭坑汇合后称炉西坑；经文成县寮乡湖潭入九龙乡，有横坑、湖坑、门潭坑等水注入大顺于炉西坑口汇入小溪。流域面积 202.9 平方千米，平均流量 7.48 立方米/秒，坑长 40.1 千米，比降 30.6‰，落差 1306 米，沿坑两岸悬崖峭壁连绵，深山峻谷，坑水湍急，暴涨暴落，洪短枯长，梅岐境内可段木放运，九龙乡林圩始可放运木筏，至今水运功能已停废。

大顺源

小溪一级支流，位于县境东北部。源出莲都区峰源乡，从九龙乡新桥入境，由西北向东南流，有垟牯坑、斜坑、大毛坑、陈青寮坑和源出莲都区峰源乡的后斜坑等水汇入，流经九龙乡有岭里坑水注入于大顺汇入小溪。流域面积 157.8 平方千米，平均流量 5.92 立方米/秒，源长 35.6 千米，比降 10.4‰，落差 869 米。

小顺源

小溪一级支流，位于县境东北角。源出莲都区峰源乡和丽水、青田交界的八面湖两水汇合后从平盘入境，由西北向东南流。流经库坪、黄寮、金田村，有庙斜、沙坑、下竹、下后、双山、下朱等坑水注入于小顺汇入小溪。流域面积 82.7 平方千米，平均流量 3.1 立方米/秒，源长 23.9 千米，落差 924 米。

第二节 飞云江水系

飞云江为浙江省八大水系之一，系仙霞岭洞宫山脉南支河流，为浙江省第四大河。发源于景泰边界白云尖西北坡，源头属浙江省景宁畲族自治县景南乡，漈坑为流程起点，向北下行至东塘水电站汇合口左岸纳入忠溪来水，又在汇合口以下左岸纳入白溪之水，首段河名东塘溪。主流出东塘溪进入大白坑溪，左岸纳入朱栎根、深垟两条溪坑之水后，转向东流至白鹤汇合口左岸纳入敕木山的北溪来水，继续向东流，沿程依次于右岸纳东坑、雷同库坑来水，左岸纳沙湾坑、北山坑、章坑、陈潭坑诸水，至里塘口出境流入泰顺、文成、瑞安等县(市)境，在瑞安市上望镇新村入东海，河长198千米，流域面积3713平方千米。干流在景宁境内流域面积224.44平方千米，占全县面积11.5%，河长31.9千米，平均流量8.75立方米/秒，自然落差920米，平均坡降23.06‰。流经之处系山坑溪涧，不宜水运，无养殖条件，均属中高山地带，有海拔千米以上山峰100座。

景宁主要河流概况

表1-3

水系	河流名称	起止地点		境内流域面积(平方千米)	境内河道长度(千米)	河道坡降(‰)
		起点	终点			
瓯江	小　溪	庆元大毛峰	鹤　口	1725.56	124.60	2.40
	毛垟港	亭　下	交见圩	227.20	25.70	12.50
	英川港	百山祖北坡	交见圩	391.40	54.40	28.90
	标溪港	苦竹尖	标　溪	362.70	45.00	22.80
	梧桐坑	陈　坞	梧　桐	137.40	31.90	27.10
	大赤坑	后　垄	大赤坑口	84.0	17.60	31.10
	鹤　溪	梨树岙	鹤溪口	50.00	14.00	34.47
	炉西坑	茗　源	坑　口	202.90	41.10	31.40
	大顺源	黄泥坦	大　顺	157.80	35.60	23.50
飞云江	大白坑	漈　坑	景泰交界	224.44	31.90	23.06

第四章 气候水文

境内属中亚热带季风气候，温暖湿润，雨水充沛。地域差异大，年际、年内变化多，各地降水量在空间和时间上分布不均。台风、暴雨、洪水、干旱、泥石流等自然灾害时有发生。

第一节 气 候

景宁地处浙南，属中亚热带季风气候，温暖湿润，雨量充沛，四季分明，冬夏长，春秋短，热量资源丰富。冬季主要受干冷的极地冷高压控制，夏季主要受副热带高压控制，因此冬季多干冷、晴朗少雨天气，夏季湿热，多雷暴、阵雨天气。但因地形复杂，海拔高度悬殊，气候存在着明显的垂直带。

境内气候呈变暖趋势，主要标志是年平均气温波动中升高、霜日减少、无霜期加长、降雪积雪期缩短、结冰日数减少。1995—2015 年，年平均气温由 1995 年的 17.3℃，到 2015 年的 18.1℃，近 21 年来年平均气温呈明显的阶梯形上升态势。

1995—2015 年 景宁国家气象观测站历年各月平均气温

表 1-4　　单位:℃

月份 年份	1月	2月	3月	4月	5月	6月	7月	8月	9月	10月	11月	12月	平均
1995	5.8	7.0	12.2	17.2	21.3	23.5	27.9	28.1	25.3	19.8	12.3	6.6	17.3
1996	6.7	5.8	11.1	14.5	21.2	26.2	27.8	27.3	24.5	19.1	14.7	7.9	17.2
1997	7.2	8.8	14.1	17.7	22.1	24.3	26.2	26.8	22.2	19.1	14.7	9.9	17.8
1998	7.0	10.5	12.7	21.6	23.3	24.7	28.1	28.4	23.0	20.2	14.9	9.9	18.7
1999	8.7	10.3	12.4	17.3	20.9	25.7	26.7	26.7	24.9	19.8	13.8	7.5	17.9
2000	7.9	7.4	12.3	17.2	22.7	24.1	26.9	26.4	23.9	20.2	13.5	10.5	17.8

续表 1-4

年份＼月份	1月	2月	3月	4月	5月	6月	7月	8月	9月	10月	11月	12月	平均
2001	8.5	9.7	13.7	17.2	22.0	24.9	27.9	26.1	22.6	19.5	12.2	8.6	17.7
2002	7.9	10.7	14.5	18.7	22.1	25.3	27.0	26.1	22.7	18.3	13.0	9.8	18.0
2003	6.2	10.6	12.3	19.2	21.8	24.2	30.0	28.0	25.1	18.3	14.5	6.8	18.1
2004	7.1	10.4	11.1	18.2	22.6	25.0	27.8	27.5	22.8	16.7	14.3	8.6	17.7
2005	4.6	7.8	10.7	19.3	21.2	24.9	28.4	27.0	25.8	19.1	15.6	6.7	17.6
2006	8.7	9.0	12.6	17.8	20.8	24.5	28.1	27.5	22.4	21.3	15.4	8.7	18.1
2007	7.1	11.7	13.7	16.1	22.9	25.7	28.9	27.1	23.6	19.5	12.5	11.0	18.3
2008	5.8	6.0	13.7	18.6	22.5	25.8	28.2	28.0	25.4	20.8	13.8	8.5	18.1
2009	5.7	13.7	12.2	17.8	21.7	25.2	28.2	27.6	25.8	19.3	12.6	8.8	18.2
2010	8.7	11.1	13.2	15.7	21.8	23.4	27.5	28.1	25.5	18.0	13.4	8.4	17.9
2011	3.8	9.1	11.1	17.8	21.2	25.8	28.4	27.6	24.4	19.6	16.6	8.2	17.8
2012	5.9	7.6	12.7	18.8	21.6	24.5	28.4	27.2	23.0	19.1	13.8	8.7	17.6
2013	6.8	10.7	14.3	16.8	22.9	25.4	28.7	28.9	24.5	18.9	13.7	7.2	18.2
2014	7.1	8.1	12.6	18.5	21.0	25.1	27.7	26.4	25.2	19.2	15.3	7.2	17.8
2015	7.7	9.6	13.4	17.7	22.0	25.8	25.8	26.2	22.6	19.6	16.2	10.4	18.1
月平均气温	6.9	9.3	12.7	17.8	21.9	25.0	27.8	27.3	24.1	19.3	14.1	8.6	17.9

2015年景宁不同高度地区气温

表 1-5　　单位:℃

项目		站名	高度(m)	1月	2月	3月	4月	5月	6月	7月	8月	9月	10月	11月	12月	全年
气温	平均	红星	246	7.7	9.6	13.4	17.7	22.0	25.8	25.8	26.2	22.6	19.6	16.2	10.4	18.1
		半溪	418	7.1	9.4	13.0	16.7	21.2	24.9	24.3	24.7	22.02	18.7	15.9	10.3	17.3
		东坑	590	6.0	7.5	11.1	16.0	19.7	24.0	23.4	23.7	0.7	17.4	14.7	8.8	16.1
		深垟	704	4.8	6.7	10.4	15.0	19.0	23.4	22.6	22.8	19.9	16.5	14.0	7.8	15.2
		大漈	1064	3.6	5.9	9.3	13.9	18.1	22.0	21.1	21.5	18.4	15.5	12.4	6.2	14.0
	最低	红星	246	−3.2	−3.2	3.7	4.1	10.8	17.5	17.9	20.3	16.81	10.6	1.6	−2.8	−3.2
		半溪	418	−4.9	−3.9	3.4	2.0	9.3	17.1	17.3	17.9	4.3	8.4	0.9	−4.1	−4.9

续表 1-5

项目		站名	高度(m)	1月	2月	3月	4月	5月	6月	7月	8月	9月	10月	11月	12月	全年
气温	最低	东坑	590	−6.3	−5.6	1.5	1.3	8.6	15.5	16.7	16.3	12.4	6.6	−0.8	−6.1	−6.3
		深垟	704	−8.4	−7.8	−0.7	−1.1	6.4	14.9	16.0	15.3	10.7	5.0	−2.6	−7.9	−8.4
		大漈	1064	−8	−8.3	−0.9	0.2	6.3	13.4	14.2	13.4	9.1	5.2	−4.3	−9.2	−9.2
	最高	红星	246	23	25.1	30.9	35.6	33.8	37.0	37.1	37.3	32.1	31.5	30.3	18.9	37.3
		半溪	418	24.7	25.2	33	37.5	35.9	37.1	37.4	38.3	35.1	31.1	32.4	22.4	38.3
		东坑	590	21.8	24.1	28.3	33.1	32.6	34.2	34.7	35.0	32.4	29.0	29.3	20.0	34.7
		深垟	704	21.3	22.6	29.1	32.7	32.0	34.1	33.4	33.6	32.0	27.4	28.8	18.8	33.6
		大漈	1064	21.2	20.8	27.3	32.7	30.1	30.8	31.2	32.2	29.1	28.3	26.9	17.3	32.7

1995—2015 年，21 年年平均气温 17.9℃，最低年平均气温 17.2℃（1996 年），最高年平均气温 18.7℃（1998 年）。200~300 米的丘陵地区年平均气温 18℃左右；400~600 米的丘陵低山区，年平均气温 16℃~17℃；800 米以上的山区，年平均气温 14℃以下。

一年中 1 月气温最低，平均气温 6.9℃，一般年份极端最低气温−4~−5℃，县城极端最低气温−7.6℃（1999 年 12 月 23 日）。一年中以 7 月最热，平均气温 27.8℃，县城极端最高气温 41.6℃（2003 年 7 月 25 日），年平均高温天数（≥35℃）为 35.3 天。

1995—2015 年景宁国家气象观测站各月气温极值

表 1-6　　单位：℃

月最低气温	1月	2月	3月	4月	5月	6月	年极值
	−5.9	−5.6	−2.9	2.3	9	13.8	−7.6
	7月	8月	9月	10月	11月	12月	
	17.9	19	10.9	5.8	−3.4	−7.6	
月最高气温	1月	2月	3月	4月	5月	6月	年极值
	29.5	30.3	35.7	35.6	38.5	38.3	41.6
	7月	8月	9月	10月	11月	12月	
	41.6	41.5	42.1	35.2	33.2	26.6	

第二节 水 文

降水

景宁地处中亚热带季风区，雨量充沛，境内地域差异大，年际、年内变化多，各地降水量在空间和时间上分布不均。1996—2015 年，年平均年降水量 1665.9 毫米，为浙江省雨量较多的地区之一。由于地形的作用，降水地域差异较大，东南部多，西北部少，高山多，河谷少，从西南向东北递减。其垂直分布的基本特征是随着海拔高度的升高而递增，大致是高度每上升 100 米，降水量增加 29.5 毫米。南部山区由于地形对空气的抬升作用，有利于降雨的形成和增加，成为境内多雨区，年降水量在 1800 毫米以上，小溪下游沿岸河谷地带属小雨区，年降水量在 1550 毫米左右。境内最大年降水量 2427.3 毫米，记录地点于大漈(海拔 1020 米，1957 年)；最小年降水量 981 毫米，记录地点于大顺(海拔 150 米，1979 年)。

降水量的季节变化特征：一年中有两个相对雨期(春雨、梅雨期与秋雨期)和两个干旱(枯水)期(7 月至 8 月及 10 月至次年 2 月)。自 1 月开始逐月递增，至 6 月达第一个峰值；7 月急剧下降，8—9 月又出现回升现象，达第二个峰值；9 月以后再次下降，从而形成“双峰型”。最大月降水量 573.6 毫米(1998 年 6 月)。日降水量≥50 毫米的暴雨日数平均每年 4.9 天。年最长连续降水量 545.2 毫米(1998 年 6 月 8 日至 26 日)。

1996—2015 年景宁国家气象观测站各月降水极值

表 1-7　　　　单位：毫米

月极小值	1 月	2 月	3 月	4 月	5 月	6 月	年极值
	28.9	23.9	72.6	60.8	55.8	94.8	3.4
	7 月	8 月	9 月	10 月	11 月	12 月	
	44.7	36.6	14.8	5.5	10.3	3.4	
月极大值	1 月	2 月	3 月	4 月	5 月	6 月	年极值
	166.6	126.1	233.6	240.2	377.3	573.6	573.6
	7 月	8 月	9 月	10 月	11 月	12 月	
	397	328.7	286.2	215.9	185.7	106.4	

1995—2015 年景宁国家气象观测站历年各月降水量

表 1-8　　　　　　　　　　　　　　　　　　　　　　　　单位:毫米

月份 年份	1 月	2 月	3 月	4 月	5 月	6 月	7 月	8 月	9 月	10 月	11 月	12 月	平均
1995	81.3	68.2	191.2	368.8	247.6	505.6	110.1	42.0	88.5	35.8	12.2	6.0	1757.3
1996	47.3	41.2	233.6	123.3	111.2	175.6	106.1	274.7	51.4	25.8	30.8	8.4	1229.4
1997	33.8	69.2	155.0	158.6	154.6	316.4	313.7	244.3	72.4	20.8	185.7	79.7	1804.2
1998	166.6	111.6	196.0	75.9	221.7	573.6	85.3	36.6	76.1	69.2	58.7	34.0	1705.3
1999	41.9	23.9	229.9	188.6	237.8	117.9	397.0	128.6	87.7	100.8	10.3	9.5	1573.9
2000	96.4	78.7	99.4	200.7	55.8	461.8	201.5	291.1	14.8	103.8	69.4	36.3	1709.7
2001	91.0	79.1	139.1	119.7	179.8	331.5	173.4	206.3	76.8	9.6	87.9	101.8	1596.0
2002	88.3	45.9	154.4	200.9	206.4	230.2	249.5	209.5	107.7	118.4	121.4	82.8	1815.4
2003	46.9	73.4	127.1	172.0	188.4	206.4	44.7	196.7	74.5	18.1	54.0	8.6	1210.8
2004	28.9	91.5	124.3	84.7	185.1	94.8	141.9	297.7	286.2	8.8	38.5	81.3	1463.7
2005	70.1	120.5	109.1	60.8	282.2	360.2	191.8	231.6	272.2	76.3	66.1	37.7	1878.6
2006	35.3	90.0	103.3	166.0	377.3	407.7	150.2	204.1	125.2	50.7	80.3	42.2	1832.3
2007	43.5	70.4	80.8	183.9	84.3	233.8	61.3	268.0	219.2	215.9	14.7	57.0	1532.8
2008	56.7	66.8	72.6	168.3	140.1	222.2	234.3	41.0	132.7	82.9	46.4	3.4	1267.4
2009	44.1	34.6	225.1	73.9	133.0	214.2	139.6	328.7	131.5	5.5	111.1	40.2	1481.5
2010	78.2	126.1	216.3	240.2	346.9	327.5	226.6	161.3	163.2	87.8	25.3	106.4	2105.8
2011	25.2	52.7	56.1	139.2	129.2	174.5	134.3	216.0	27.5	30.6	98.4	31.9	1115.6
2012	131.8	132.0	248.1	273.9	211.8	322.3	45.9	188.4	218.3	21.5	134.9	122.6	2051.5
2013	23.9	109.2	147.8	227.3	234.9	266.5	74.3	273.0	30.3	131.7	97.3	133.5	1749.7
2014	10.0	108.9	182.4	79.7	281.9	432.0	205.8	448.7	179.5	17.9	50.3	15.1	2012.2
2015	34.1	85.6	150.5	53.6	297.7	185.7	227.1	379.2	248.6	128.0	129.5	170.5	2090.1

蒸发

据景宁国家气象观测站观测,1996—2015 年, 年均总蒸发量 1235.8 毫米。2003 年蒸发量最多,为 1637.1 毫米,2014 年蒸发量最少,为 992.8 毫米。一年中,7 月高温蒸发量最多,年均 187.3 毫米,1 月蒸发量最少,年均 44.4 毫米。

径流

1962 年，测得小溪年径流量 22.3 亿立方米，年均流量 20.8 立方米/秒，而 1971 年测得径流量为 7.43 亿立方米，年均流量 6.8 立方米/秒，相差 3 倍。

沙湾水文站 1975—1980 年资料：境内多年平均年径流量 22.15 亿立方米，境内深水流量年际变化较大，径流量随降水量而变动。

2015 年景宁不同高度地区降水量

表 1-9　　单位：毫米

项目	站名	高度（米）	1 月	2 月	3 月	4 月	5 月	6 月	7 月	8 月	9 月	10 月	11 月	12 月	全年
降雨量（毫米）	红星	246	34.1	85.6	150.5	53.6	297.7	185.7	227.1	379.2	248.6	128.0	129.5	170.5	2090.1
	半溪	418	75.8	68.1	147.0	75.0	229.8	99.0	203.9	500.6	268.7	81.0	136.9	170.7	2056.5
	东坑	590	75.3	80.9	148.9	54.1	269.7	107.1	340.0	724.4	278.1	94.0	168.4	178.6	2519.5
	深垟	704	68.4	79.0	156.4	64.5	253.0	132.7	265.1	674.9	229.1	104.6	148.5	200.4	2376.6
	大漈	1064	62.1	92.2	178.6	71.0	256.3	151.7	303.0	505.1	318.1	154.6	156.7	217.9	2467.3
降雨日（天）	红星	246	7	14	21	13	25	18	22	17	20	10	17	16	200
	半溪	418	9	13	20	14	25	19	24	19	20	14	20	18	215
	东坑	590	10	13	19	10	27	19	25	22	20	17	20	16	218
	深垟	704	14	18	22	13	28	19	22	20	21	17	21	19	234
	大漈	1064	10	17	22	13	28	22	22	18	21	17	26	19	235

第三节　暴雨洪水

暴雨

梅季暴雨主要集中在春季和秋季。春季受冷暖空气交汇频繁，俗话说“春无三日晴”，正是这一时节的天气写照。随着气温增高，还常出现雷雨、大风、冰雹等灾害天气。尤其是 5—7 月，进入梅雨季节，雨水绵绵不断，降水量大，极易产生梅暴雨。其特点是历时长，一般可达 3~7 天，曾有农谚：“落一莫落二，初三落雨到十二，十二沓一沓，拖到廿七八。”最典型的是 1998 年 6 月 12 日—21 日 20 时，降雨 569.5 毫米。其中，19 日降雨 149.1 毫米，沙湾镇民房进水 0.5 米，毛垟乡底垟村进水，人员撤离；渤海镇下圩农田全部淹没，村尾进水。至6月25日10时，全县7.5万人受灾，死亡17人、失踪6人、受伤107人。其中，重伤38人，无家可归537人。

台风暴雨主要发生在7—9月，其特点是历时短，强度大，因台风外围影响带来的暴雨灾害屡见不鲜。

洪水

景宁县洪水频繁，据旧县志载：自明景泰三年（1452）置县至民国37年（1948），发生过48次洪灾，较为严重的有成化十九年（1483）、正德十三年（1518）、康熙二十五年（1686）、雍正十一年（1733）、乾隆十五年（1750）、乾隆三十九年（1774）、道光十三年（1833）、咸丰三年（1853）、同治七年（1868）、光绪三十年（1904）、宣统三年（1911）、民国元年（1912）、民国37年（1948）。

1949年—2015年，发生洪灾30次，比较严重的有1952年、1967年、1982年、1990年、1992年、1994年、1998年、2005年、2015年共9次。

第四节　干旱枯水

景宁境内7月至9月，晴多雨少，日照强，天气炎热，常发生夏秋旱灾。据史料记载，顺治七年（1650）至民国37年（1948），严重干旱13次。比较严重的有顺治七年（1650）、顺治八年（1651）、嘉庆十六年（1811）、嘉庆二十五年（1820）、道光六年（1826）、道光十四年（1834）、道光二十五年（1845）、道光二十六年（1846）、咸丰九年（1859）、民国15年（1926）、民国30年（1941）、民国34年（1945）。

中华人民共和国成立后，自1951年到2014年发生大旱灾26次，小的旱灾几乎2~3年一次，比较严重的是1956年、1967年、1991年、1994年。2003年7月起，连续35天平均最高气温为38.7℃，其中10天达40度，7月25日达41.6℃。全年超过35度有54天，35天降雨量仅44.7毫米，是历年平均降水量的24%，35天的蒸发量达370.9毫米，是历年平均蒸发量的168%。出现50年一遇的严重旱情，致1.5万户5.6万人饮水困难，干旱直接经济损失1.4亿元。

第五节 河流泥砂

境内水系属山溪性河流，坡陡流急。山林植被屡遭毁坏，水土流失严重。中华人民共和国成立后，人民政府号召全民绿化造林，幼林面积有所增加，但成材林和古树减少。再加公路等建设，生态遭受破坏，造成水土流失，使河床淤积，洪水横溢。县城所在的鹤溪，因上游坡陡林稀，矿土松散，冲刷厉害，造成下游河床淤高，淤积严重。沙湾水文站根据21年的资料分析，该站多年平均输砂量17.21万吨，每平方千米年流失砂土150.76吨，侵蚀模数已大于150吨应引起高度注意。

第五章 水资源

境内有大小河流数662条，水力资源非常丰富。据2000—2012年丽水市水利局编制的《丽水市水资源公报》表明：全县多年平均年降水量34.31亿立方米，多年平均径流量21.72亿立方米，多年平均年水资源总量为21.73亿立方米，过境水资源量10.85亿立方米，多年人均拥有水资源量在全省人均、亩均数5倍以上，属水资源丰富地区。水利蕴藏量得以开发利用，多数溪坑水质澄清无污染，饮用水水源符合国家水质标准。

第一节 水 量

境内雨量充沛，水力资源得天独厚，极其丰富。全县总面积1950平方千米，其中瓯江流域面积1725.56平方千米，占全县总面积的88.5%，飞云江流域面积224.44平方千米，占全县总面积的11.5%，多年平均年降水量33.96亿立方米，多年平均年径流量22.15亿立方米。全县人均占有水资源量1.41万立方米，为全国人均2749立方米的5.0倍，为全省人均2414立方米的5.84倍，按农田面积计算，全县亩均占有水资源量2.22万立方米，为全国亩均1755立方米的12.67倍，为全省亩均3378立方米的6.58倍。

地表水量

地表水资源指地表水中可以逐年更新的淡水量，是水资源的重要组成部分。

1985年，水资源调查计算结果，境内多年平均年降水总量33.96亿立方米，多年平均年经流总量22.15亿立方米，按85%年径流量计算水资源总量为15.31亿立方米。其中地表水资源12.38亿立方米，占80.9%。地下水资源2.93亿立方米，占19.1%。瓯江小溪年径流量为13.31亿立方米，飞云江水系年径流量为2.01亿立方米。

境内2010—2014年地表水资源量分别为：2010年经流深1622.9毫米，年经流量31.65亿立方米；2011年经流深640.7毫米，年径流量12.49亿立方米；2012年经流深1458.6毫米，年经流量28.44亿立方米；2013年经流深1269.9毫米，年经流量24.76亿立方米；2014年经流深1390.5毫米，年经流量27.11亿立方米。5年平均经流深为1276.52毫米，平均经流量为24.89亿立方米。

地下水量

境内地貌大部为丘陵山区，地下水以天然降水为补给来源，形成地下水径流排泄于山沟或溪坑，全县地下水资源储量2.93亿立方米，可划分三个基本类型。

松散岩类孔隙潜水　境内地处新构造运动强烈上升，中等切割的基岩山区，又是四大水系的分水岭地带，河流以侵入下切作用为主，堆积作用不明显，含水层面积4.66平方千米，厚段亦小，仅见于境内河谷地带。

红层孔隙裂隙水　出露面积23.42平方千米，水量极贫乏。

基岩裂隙水　出露面积1856.7平方千米，分为两类：火山碎屑岩裂隙水，广布于县内，为上侏罗系的凝灰岩、溶凝岩、凝灰砂砑系组成，除含水特征受岩性控制外，还受构造与地形植被等因素的控制，在断裂带、岩脉与周岩接触带地形平缓的剥夷面等处裂隙发育，风化层厚，泉出露较多，流量0.05升/秒，水质好，可作分散生活用水。变质岩侵入岩风化带状裂隙水，由前中生变质岩与燕山中一晚期侵入岩组成。地下水主要贮存在风化裂隙中。

2000—2015 年景宁水资源量

表 1-10

年 份	年降雨量（亿立方米）	年总水资源量（亿立方米）	年地表水资源量（亿立方米）	年地下水资源量（亿立方米）
2000	34.31	27.33	27.33	
2001	37.52	24.49	19.04	5.45
2002	37.71	24.92	19.42	5.50
2003	26.8	14.66	10.8	3.86
2004	33.58	17.43	12.61	4.82
2005	42.79	29.75	23.6	6.15
2006	41.99	29.10	23.04	6.06
2007	35.16	22.28	17.23	5.05
2008	32.12	19.04	14.45	4.59
2009	34.44	21.46	16.52	4.94
2010	44.00	31.65	25.3	6.35
2011	26.28	12.49	5.72	6.77
2012	41.24	28.44	22.5	5.94
2013	37.56	24.76	19.36	5.40
2014	39.04	27.11	21.47	5.64
2015	41.63	28.20	22.22	5.98

第二节 水 能

理论蕴藏量

据 1978 年水能资源普查计算，境内水能资源理论蕴藏量为 66.62 万千瓦，可开发的水能资源 53.04 万千瓦，年电能 18.56 亿千瓦时，人均占有资源 871 瓦，年电量约 3345 千瓦时。景宁境内小溪流域约 62.81 万千瓦，其中英川港、毛垟港、黄水坑、标溪港、梧桐坑、大赤坑、大顺源、小顺源等干流理论蕴藏量均在 1 万千瓦以上。飞云江流域理论蕴藏量 5.25 万千瓦。

可开发量

经普查踏勘，对境内各流域可开发的水能资源量作了规划，凡重点流域水电工程，分别进行选址定点，如标溪港、家地溪、毛样港、英川港、炉西坑等流域分别做了规划。经规划全县可开发的水能资源量约173座，装机容量为53.04万千瓦，年发电18.56亿千瓦时。

开发利用现状

截至2015年，全县共建水电站162座，装机333台338615千瓦，已开发装机容量占可开发装机容量的64%。2014年，总发电量9.63亿千瓦时，年产值4.71亿元，境内丰富蕴藏的水资源得以充分利用，小水电已成为景宁经济发展的支柱产业。

第三节 水 质

境内降水量充沛，水资源丰富，而且水体质量良好。据1985年《水资源调查与水利区划》对瓯江上游的小溪、支流鹤溪、飞云江上游等11处进行布点取样，监测分析，获得了丰、平、枯水三期200多个数据，综合评定考查，境内多数溪坑水质基本符合一、二级水质标准，饮用水源合格率为100%。

地表水水质

明、清年代和民国初期，境内森林植被好，无工业污染，水质清冽，有"鹤溪洞天"之誉。小溪各支流与飞云江的地表径流，水质均属良好。1997年前，尘溪(浮丘村)汇入鹤溪后，因景宁造纸厂日排放污水300吨，其中五项毒物，除砷在四个测点上，但其含量0.01~0.002(毫克/升)，均低于国家规定的生活饮用水最底含量0.04(毫克/升)之下。1984年设县后，医院污水和城镇居民生活污水、工业废水、农药化肥数量也在不断增加，地表水质污染日趋严重。

通过监测分析，按照"全国水系水质分级表"的级指数对河流地表水质的评价：境内地表水已受到不同程度的有机污染，毒害物质氰、砷、酸已有检出，但均属一级范围之内。有机污染综合评价结果为3级：1级水质好，范围在溪口以上小溪，造纸厂以上鹤溪和飞云江支流，符合国标GB3833—88《地面水环境质量保标准》；2级轻度污染，范围溪口至陈村乡渤海由于遭受造纸废水和生活污水污染，水质差，渤海以下经过自然净化，水质逐渐转好；3 级较严重污染，不能饮用，符合农田灌溉用水水质标准率，范围有尘溪（浮丘村）汇合鹤溪后至溪口。

地下水水质

中华人民共和国成立后，工农业生产的迅速发展，工业、生活污水渗透，化肥农药残留部分的扩散，地表水不同程度污染。从 20 世纪 80 年代后期开始，城乡人民饮用自来水日增，但浅层地下水—井水，仍为城乡人民生活用水的重要水源。南泉水，县东南张春乡惠明寺山泉，澄清甘冽，四季不涸，矿物质丰富，全县饮用井泉水仍近万人。20 世纪 70 年代，上海市自来水公司检验水质："感官性能指标，化学指标及毒理学指标均符合标准，是优质饮用水"。1979 年 4 月上旬，省特产局、浙江农业大学、中国茶叶研究所、丽水地区农业局的领导和专家教授亲临现场测评，评定结果为水质奇特，表面张力大。

第二编 灾害与抗灾

景宁境内山高陡峭，溪涧落差大，雨量集中，风化层厚，干旱洪涝、泥石流等自然灾害频发，霜、雪、冰冻、冰雹等自然灾害也时有发生。据史料记载，自明景泰三年(1452)建县至1948年，共发生特大暴雨洪水48次，严重干旱13次，冰雹、大雪、台风、豆雨等灾害50次。

1949年—2015年，共发生特大水灾30次，严重干旱26次，其他灾害10次，百姓深受其害。1955年，成立县防汛防旱指挥部，领导全县人民做好防汛防旱工作，贯彻执行“安全第一，预防为主”的方针，做到未雨绸缪、防重于抗，立足于防大洪大旱，一遇灾情，政府迅速组织抗灾救灾，帮助灾民重建家园，恢复生产，安居乐业。

第一章 灾　害

境内地形复杂，年内、年中降水量分布不均匀，局部生态系统遭受破坏，洪水、干旱、泥石流等自然灾害频发。

第一节 重大水灾

明

成化十九年(1483)

六月十九日大水，午雨如泻，夜分溪水高二丈，坏民居二百余家，淹死百余人。

正德十三年(1518)

六月，大水漂没田庐无算，溺死甚众。

清

康熙二十五年(1686)

闰四月大雨昼夜，五日漂没田庐，溺者无算，丽水、松阳均同。

康熙二十八年(1689)

乌铁岩下山忽横裂,大水涌出，县城上桥以南，屋皆水溢数尺。

康熙三十二年(1693)

大水成灾。

康熙四十六年(1707)

八月十五日大水。

雍正十一年(1733)

六月二十七、八日大雨。东乡山水暴溺，县治亦深数尺，桥梁路街塌甚多。

乾隆十五年(1750)

七月暴雨，大溪水涨四五丈，一异物黑且角鼓浪如倾，濒水地多冲陷，隔日水落，两岸草木皆萎。

乾隆二十六年(1761)

八月，大水坏田无算。

乾隆三十三年(1768)

六月，大水田亩间有冲塌。

乾隆三十七年(1772)

六月，大水田亩有冲塌。

乾隆三十八年(1773)

五月十六日大水，龙脑梁圮，近溪禾稼有伤。

乾隆三十九年(1774)

六月大雨，三昼夜不止，一二五都并九都民漂没无算，七八都山崩，压伤男女四人。

乾隆四十八年(1783)

蝗入境，水灾民大饥。

嘉庆十七年(1812)

七月大雹,大水数次灾民大饥。

道光元年(1821)

大雨水溢。

道光四年(1824)

大饥。

道光七年(1827)

八月初一大雨水。

道光十三年(1833)

七月大水、大疫死者无算。七月十六日大水,平地水深丈余。是岁饥,冬大雪。

道光十四年(1834)

五月十五日大水,沿溪田产淹没无算。秋旱斗米价钱三百。

道光二十六年(1846)

夏旱。七月十四日大水,濒溪田庐深没。

道光二十八年(1848)

七月十九日,雨三昼夜大水成灾,一、二、三、四各都沿溪一带漂没田庐无算,为数百年所未见者。

咸丰三年(1853)

六月二十六日,大雨十昼夜,夜半五都竹埠村后山崩,压死七十二人。

咸丰五年(1855)

七月初十日,大雨如注山水暴涨,六都黄坦坑、东岸、漈头、深垟等村,田尾俱被冲坏,黄坦坑淹死三人。

咸丰十年(1860)

十二月十七日,梧桐各处大水。

咸丰十一年(1861)

七月二十日大水。

同治元年(1862)

七月大水,次年饥,米价每斗值钱百余文。

同治二年(1863)

七月大雨水,岁饥,斗米值钱一百文。

同治七年(1868)

七月二十五日,夜雨滂沱,二都北岸、石埠坑等处大水,顷没田畴无算,岚头至沈庄桥,路尽行崩塌。

光绪十五年(1889)

七月大水圮普济寺。

光绪三十年(1904)

六月十七日大水,沿溪漂没田庐甚多,坑口桥圮于水。

宣统二年(1910)

七月十七日大水,沿溪漂没田庐甚多,为道光后最大水灾。

宣统三年(1911)

五月大雨,金丘、水碓头等处山水暴涨,叶源桥冲坏。七月初,连日大风雨禾苗大毁。

中华民国

民国元年(1912)

八月二十八日,连日大雨,申刻雨甚,霹雳数声,数百里内群山崒崩。沿溪村水深丈余,大均以下益高涨,外舍全村覆没。所有房屋、庙主、田地等在大溪和坑沿者,概被漂没,十难留一,近山边者山崩地塌,十去七八。溺死人口百分之五,旧六都淹死三十余人。鹤溪两岸田地约三百余亩尽成砂石荒地,耆老谓灾情之重数百年未见,较道光二十八年水头尤高数丈。

3年(1914)

九月八、九两日大雨,山洪暴发,致新修之后溪堤冲毁160丈,波及民房。

8年(1919)

七月初二、初三,风雨大作损禾苗。

9年(1920)

九月四、五、六日,连续大雨、山洪暴发,堤坝被冲,山塌压田;张村、油田村两处堤坝被冲,溪坑填塞,三十余顷良田被冲无土,已成荒废;张村下梅庄垟约二百余亩，初因于决口，继又山石崩压；县城永平堤全冲，渠没无存；下炉垟三百余亩均砂石垒积，不能垦复，城东乌铁岩山顶崩裂，压毁田禾约二百余亩。

10 年(1921)

八月十四日大水，漂失木头无算。

11 年(1922)

九月二十八、二十九日大雨如注，溪流漫溢，城区新筑永平堤被冲毁多处；张村、油田各处沿溪低洼田亩受害严重；沿溪损失甚巨，与元年相似。

12 年(1923)

农历六月中旬，忽起大风，大雨数日不止，近水者漂流，近山者崩压，而稻被耗折者十之二、三。

21 年(1932)

八月大雨，四区吴坑山崩发，房屋毁坏，稻田漂没甚多。

28 年(1939)

六月间，鹤溪防洪堤水毁数处。

29 年(1940)

秋，鹤溪防洪堤水毁 200 米。

30 年(1941)

农历七月十七日至二十日，东坑、白鹤、北溪、景南和上标一带连日大雨，东坑水口观音阁桥、白鹤永安桥和上标寺庙桥梁、水碓等 20 多处被洪水冲毁，稻田崩塌、淹没不可胜计。房屋倾圮普济挤，牲畜被冲，灾情之重，耆老所未见，数十年所未闻也。

31 年(1942)

六月，连日大雨，山洪暴发隆下乡损失田 59 亩。

35 年(1946)

寨山农场田，因洪水漂流堤岸致水源断绝。

37 年(1948)

八月廿日大雨，稻田崩塌，澄照乡冲毁稻田 300 余亩，169 户受灾。全县有 1766 亩稻田受灾，减收 4~5 成。

中华人民共和国

1949 年

7 月大水，受灾 375 亩，损失粮食 12 万公斤。

1950 年

6 月，一次大水受灾农田 105 亩，损失粮食 25000 公斤。

1952 年

7 月 22 日暴雨，全县受灾 2108 户，其中重灾 112 户，压死 42 人，受伤 12 人，损失牲畜 27 头，木材 5.2 万多段；英川区洪水冲毁廊桥 5 座、学校 2 处、稻田 200 亩、道路 35 千米；英川榅堆全村 58 户人，11 座房屋，被压毁 8 座；死 37 人，伤 10 人，压死猪牛 12 头。

1953 年

6 月 29 日下午 2 时许，雷雨山崩，有 5 个村 165 亩农田被毁。8 月 27 日大水，冲毁石桥 3 座、木桥 1 座。

9 月 23 日连日大雨，夜大雨倾盆，田坎倒塌 2527 处，淹没土地 4830 亩；冲毁房屋 29 间，牛栏、灰寮 66 处；漂流木材 2 万多件，损失粮食 11.5 万公斤，区乡电话中断。

1958 年

9 月 3 日大雨倾盆，冲毁稻田 870 亩、水库 2 座、房屋 53 间、猪栏 10 间，压死牛 2 头；漂流木材 4 万多件、桥 10 座、船 2 艘；公路毁坏严重，需投 3 万多工才能修复。

1960 年

6 月 10 日暴雨，受灾农田 1200 亩，损失粮食 25 万公斤，冲毁沙湾长潭尾拦河大坝，漂没木材无数。

1962 年

9 月 6 日、14 日台风暴雨，洪水冲塌房屋 15 间、水库 4 座、桥梁 71 座，漂没木材 3876 立方米，淹死 6 人，损失粮食 11 万公斤。

1964 年

6 月 17 日—22 日连日暴雨，雨量 176 毫米，景宁境内 360 亩农田成灾，损失粮食9万公斤。

1967年

5月1日下午，境内14个公社受龙卷风袭击，死11人，伤16人。其中，鹤溪镇百塔村第四队社员被压死10人，重伤4人；倒塌民房、仓库16间，受灾262户，倒塌牛栏、灰寮179间，压死黄牛4头，毁没农具87件。

1969年

9月27日，陈村公社后坪村山洪暴发，冲毁水库1座，农田15亩，8户社员房屋倒塌。

1972年

受水、旱灾农田1200亩，损失粮食24万公斤

1980年

受水灾农田105亩，损失粮食2.5万公斤。

1982年

6月1日，大顺岭里村暴雨，3小时雨量210毫米，方圆6平方千米受灾之重70年罕见，冲毁房屋9座33直、防洪堤100余米，倒塌大小田坎300余处，损失粮食0.6万公斤，木材50多立方米。

1983年

200亩农田受水灾，损失粮食6.5万公斤。

1989年

7月21日，标溪港特大暴雨，预章坑上游山洪暴发，刘福来家七直房屋被毁，损失8万余元。

1990年

8月20日—22日，连降暴雨，降雨量达347.5毫米，20日下午最强度1小时降雨量达54毫米。大片农田被淹，房屋倒塌，公路被毁，通讯中断，鹤溪两岸块石浆砌防洪堤受毁4处计363米，直接经济损失900多万元，属全省7个重灾县之一。

1992年

8月24日，台风暴雨，直接经济损失707.8万元。

8月30日，澄照乡日降雨量304毫米，岩下村发生特大泥石流，24户房屋

被毁，14 人死亡、8 人重伤，104 人无家可归。

1994 年

8 月 21 日，强台风暴雨，降雨量达 304 毫米，8 月 22 日降雨量 121 毫米，山洪暴发，民房、农田、交通、水利、水电、通讯设施受损严重，死亡 4 人，直接经济损失 1.65 亿元。

据统计，“8•21”洪灾使水利电力设施遭受巨大损失，冲毁防洪堤 234 处计 22 千米，损坏防洪堤 146 处计 23 千米，冲毁水渠 18 千米，堰坝 149 座，泵站 11 处，水电站 17 座 8000 千瓦，电力线路中断 5 条计 62 千米 ，倒塌电杆 410 支，冲毁、淹没鱼塘、河蟹塘 120 亩，稻田养鱼 2600 亩，冲走鱼种 62 万尾。

1998 年

6 月 12 日—21 日 20 时，降雨 569.5 毫米。其中，19 日降雨 149.1 毫米,沙湾镇民房进水 0.5 米；毛垟乡底垟村进水，人员撤离；渤海镇下圩农田全部淹没，村尾进水。7.5 万人受灾，死亡 17 人、失踪 6 人、受伤 107 人、537 人无家可归，直接经济损失 1.24 亿元。其中：

农作物受灾面积 11.19 万亩，绝收 1.15 万亩、毁坏耕地 1.21 万亩，稻田养鱼损失 3500 亩，产量 37 吨，袋料香菇损失 430 万袋，冲走木头 150 立方米，牲畜死亡 450 头，损失 4230 万元。毁坏房屋 5025 间，损失 2345 万元。

毁堤 38.5 千米，决口 11.9 千米，毁堰坝 39 座、渠道桥涵 1 座，3 座电站进水，1 座电站设备受淹，5 座电站厂房受损，自来水工程毁坏惨重，损失 2180 万元。

冲毁桥涵洞 145 座、路基 153.5 千米，路面 128 千米，护岸、挡墙等防护工程 287 处计 9.02 万平方米，大小塌方 654 处，滑塌泥石 14.54 万立方米，损失 1836 万元。

损毁 10 千伏线路 730 档计 72 千米，低压线路 92 千米，10 千伏配电变压器 28 台，停发电量 103 万千瓦时，广播、电信倒断杆线 650 档，损失 1040 万元。

企业停产 2 家，半停产 25 家，学校受淹 1 所，毁坏校舍 9 所 15 处，卫生院 1 所，仓库 2 个。

是月22日上午7时30分，毛垟乡新建垟村山体滑坡，14幢房屋被毁，36户128人无家可归，死亡19人，失踪4人，受伤54人。

2003年

4月12日，渤海等18个乡镇受暴风雨和冰雹影响，损失1500多万元。

2004年

8月12日20时，受14号台风“云娜”侵袭，平均过程降雨量152.2毫米，其中东坑降雨量达261.9毫米，风速20米/秒，直接经济损失3950万元。

2005年

先后遭受“6•18”洪水、5号“海棠”、9号“麦莎”、13号“泰利”、15号“卡努”等4个强台风袭击，死亡1人，失踪1人，受灾13.9万人，毁坏房屋20794间，道路塌方1190处计385千米，毁堤500处计46.7千米，电站受损107座，企业停工停产140家，电力通讯线路损坏370千米，10千伏线路受损24条，直接经济损失6.17亿元。

2006年

6月5日—7日，持续大暴雨，日均降雨量172.6毫米，受灾5.1万人，倒塌房屋250间，死亡1人，失踪1人，死亡牲畜80头，农作物受灾面积1.8万亩，成灾面积1.2万亩，绝收6000亩，减收粮食1.53万吨。

8月10日17时25分—11日5时，遭受50年一遇超强台风“桑美”袭击，风速超25米/秒，普降大暴雨，平均降雨量135毫米，最大降雨量172毫米，倒塌民房110户1350间，损坏房屋1.61万间，农作物受灾面积4.65万亩，受灾7.6万人，直接经济损失1.24亿元。

2007年

先后遭受“圣帕”“韦帕”“芦莎”等强台风袭击，直接经济损失1.6亿元，其中水利基础设施损失3000万元。

2009年

遭受8号台风“莫拉克”袭击，8月7日8时—10日10时，累计降雨量202.6毫米，蒲垟水库达到353.5毫米，洪灾致农田受灾4.46万亩，绝收1.16万亩，企业停工停产30家，损坏房屋675间，水利堤防70处计11.2千米，受灾6.5万人，损失1.03亿元。

2012年

3月、6月和8月，遭受“泰利”“卡努”“苏拉”“海葵”等4个台风强降雨袭击，平均降雨量达到1680毫米。直接经济损失5990万元，其中水利损失1390万元。

2013年

遭受23号台风“菲特”袭击，10月6日8时--7日17时，境内平均降雨量151毫米，澄照漈头站降雨278毫米，大漈金牛坑站降雨256毫米，鹤溪街道白水漈站降雨255.5毫米，蒲坪水库站降雨253毫米。全县21个乡镇受灾8500人，紧急转移安置908人，民房倒塌20间，受损260间，10千伏电力线路停电11条，直接经济损失6755万元，其中水利设施损失2260万元。

2014年

7月23日，遭受10号台风“麦德姆”袭击，全县受灾749人，转移518人，倒塌房屋26间，农作物受损4070亩，供电线路中断3条，损坏堤防8处，灌溉设施14处，直接经济损失690.5万元。

2015年

8月8日—10日，受13号强台风“苏迪罗”侵袭，境内过程雨量304毫米。上标枫水垟站点613毫米、东垟站点551毫米，最强一日平均雨量达237毫米，在历史实测系列中排名第二，相应重现期为50年一遇，东坑等地为百年一遇。白鹤一级、二级、英川一级、温头口等水库开闸泄洪。21个乡镇受灾，倒塌房屋55间，受灾12159人，紧急转移安置2755人，全县直接经济损失1.52亿元。

第二节　重大旱灾

清

顺治七年（1650）、八年（1651）

大旱大饥，每石米值银六两，殣死相望。

嘉庆十六年(1811)

旱,民食麻蕨及白土。

嘉庆二十五年(1820)

大旱,饥民食草木。

道光六年(1826)

秋旱,大饥。

道光十四年(1834)

秋旱,斗米价钱三百。

道光二十五年(1845)

七月旱。

道光二十六年(1846)

夏旱。

咸丰九年(1859)

秋大旱。

中华民国

民国15年(1926)

五月十三日开始大旱,至七月初始雨,再加虫害,旱禾枯萎落叶,英川区十分之五无收成。全县秋收平均仅得三四成,低者仅得一二成。

30年(1941)

金钟、渤海、大都、大均等乡入夏后大旱无雨,田禾枯槁,收成无望,受灾农田631亩。

34年(1945)

春夏旱灾,梧桐乡二九保半数以上无水不能耕种,已种稻苗枯槁无收。

中华人民共和国

1951年

8月旱灾,受旱农田210亩,损失粮食2万公斤。

1953 年

旱灾，全县 22 个乡受旱农田 3.5 万亩，其中稻田 1.34 万亩，减产 350 万公斤。

1956 年

遭数十年罕见的旱、洪、风等灾害。干旱连续 70 天，受旱农田 2220 亩，其中禾苗枯萎 6300 亩，损失粮食 94 万公斤。

1957 年

7 月旱灾，受旱农田 3.1 万亩，成灾农田 6300 亩，损失粮食 142 万公斤。

1959 年

旱灾，成灾农田 360 亩，损失粮食 10.5 万公斤。

1961 年

旱灾，成灾农田 360 亩，损失粮食 6.5 万公斤。

1962 年

遭受 90 多天旱灾和水、虫灾，损失粮食 26 万公斤。

1963 年

雨量稀少，受灾农田 825 亩，损失粮食 22 万公斤。

1964 年

严重旱灾，减产 260 万公斤。

1965 年

旱灾，500 亩农田受旱，损失粮食 8.5 万公斤。

1966 年

秋大旱，大批连作稻田无水插秧，县工作组下乡领导抗旱、抢种、挑水保苗。

1967 年

特大干旱，7 月起连续 100 余天无雨，受旱农田 1.4 万亩，成灾 1000 亩，损失粮食 390 万公斤。

1971 年

旱灾严重，早稻播种面积只完成 80%，成灾 975 亩，损失粮食 48.5 万公斤。

1974 年

旱灾，510 亩农田受旱，损失粮食 6.5 万公斤。

1975 年

旱灾，损失粮食 2.5 万公斤。

1976 年

6 月大旱，成灾 1350 亩，损失粮食 13.5 万公斤。

1979 年

旱灾，受旱农田 585 亩，损失粮食 12 万公斤。

1983 年

受旱农田 1.7 万亩，损失粮食 59 万公斤。

1985 年

7 月，受旱农田 2.56 万亩，并诱早稻叶瘟普遍发生。

1986 年

5 月下旬起连续干旱 3 月余，大批农田受旱成灾。

1988 年

特大干旱，年降雨量仅 1250 毫米，县组织力量下乡抗旱和双夏工作。

1991 年

7 月大旱，35℃以上高温 55 天，最高温度 40℃，农田受灾 6.48 万亩，粮食减产 4600 吨，2.05 万人口发生饮用水困难，直接经济损失 1100 万元。

1994 年

7 月 10 日至 8 月 20 日，连续干旱 41 天，农田受灾 3.19 万亩，直接经济损失 5171 万元。

1998 年

7 月 25 日至 8 月 26 日，连续干旱 32 天，农田受灾 10.4 万亩，直接经济损失 1430 万元。

2003 年

7 月起，连续 35 天平均最高气温为 38.7℃，其中有 10 天达 40℃，7 月 25 日达 41.6℃，全年超过 35℃有 54 天，35 天降雨量仅 44.7 毫米，是历年平均降水量的 24%，35 天的蒸发量达 370.9 毫米， 是历年平均蒸发量的 168%。旱情罕见属 50 年一遇，致 1.5 万户 5.6 万人饮水困难，直接经济损失 1.4 亿元。

2013年

7月份全县平均降水量112.5毫米，较上年同期偏少39.7%。平均最高气温达36.6℃，35℃以上天气达21天。8月1日至20日平均最高气温37℃。旱情自7月15日持续到8月20日，全县8320人发生人畜饮用水困难，农作物受灾面积6.08万亩，直接经济损失6474.95万元。

8月8日，县防指启动抗旱IN级应急响应，全县投入抗旱人数4500人次、设备385台(套)、用电6.2万度、用油8.5吨、耗资500万元，灌溉面积5300亩。

第三节　其他灾异

清

康熙九年(1670)

十二月大雪，自初三至十四日始霁，平地积雪五六尺，山坳中盈几丈余。

康熙二十六年(1687)

六月十三日，雨雪。

乾隆四十一年(1776)

十二月初五日大雪，平地积尺许，花尽大出，十七日又大雪，相等十余年所未见。

道光十二年(1832)

十二月二十八日，大雪旬日始霁。

道光十三年(1833)

冬大雪成灾，民冻饥饿流之者不可胜数。

道光二十三年(1843)

夏，冰雹大如斗小如拳，植物与屋瓦损，伤人畜甚众。

同治三年(1864)

三月十九日，四都张村等天雨豆，色斑无眼，坚不可食，种亦不生。

同治四年(1865)

正月十五日起，大雪十余日，平地盈数尺深，深山峡谷至三月始消。

同治十一年(1872)

三月初一、初三日大风拔木,雨雹大如碗,有至斤许者,一都至青田尤甚。

中华民国

民国2年(1913)

四月,冰雹灾,二、三都禾苗被雹摧折。

3年(1914)

十二月初,大雨雪,寒极滴水成冰。

4年(1915)

正月二十一日,雷、电、雨、雹,气候反常。

9年(1920)

风、虫、水和野猪为害,全县粮食歉收饥民遍布。

11年(1922)

沙湾区遭风灾重创,蔡湖垟等村晚稻收成减半,各乡村受灾收成大减。

20年(1931)

二月,五区东坑何村等处豆雨。

十一月二十四至二十五两日大风,东坑、大漈、上标、东溪、何庄、小佐、高演等村风灾禾苗受损,收成仅得十分之二三。

22年(1933)

五月十七日,绿草等村出现冰雹,大如鹅蛋重半斤。

六月十一日,英川、莲埠头等村有虫似臭虫,壳黑略大,六足四翅,属入水活动生物。

37年(1948)

七月十七日,狂风大雨,稻谷无收仅留种子,外舍、澄照、大均、沙湾、大漈、北溪、东坑、上标、金钟等处道路、桥梁、房屋、凉亭冲塌受灾。

中华人民共和国

1958年

受风、雨灾农田面积210亩,损失粮食2.5万公斤。

1967 年

5 月 1 日，龙卷风，损失甚巨。

1992 年

8 月 30 日，澄照乡岩下村发生特大泥石流，24 户房屋被毁，14 人死亡、8 人重伤，104 人无家可归。

1994 年

8 月 21 日，澄照乡仙山村山体滑坡发生泥石流，冲毁房屋 7 座，死亡 10 人、受伤 8 人。

1998 年

6 月 22 日上午 7 时 30 分，毛垟乡新建垟村山体滑坡发生特大泥石流，14 幢房屋被毁，36 户 128 人无家可归，死亡 19 人，失踪 4 人，受伤 54 人。

2003 年

4 月 12 日，渤海等 18 个乡镇受暴风雨和冰雹影响，损失 1500 多万元。

2008 年

1 月中旬—2 月上旬，连续 25 天雨雪冰冻天气为历史罕见，22 个乡镇、260 个行政村、958 个自然村、39619 户用户供电受到影响，农林业、电力、通信、交通、水利设施损失严重，直接经济损失 1.4 亿元。其中，水利损失 1398 万元。

2010 年

6 月 25 日，郑坑乡吴布村通天凹发生泥石流，6 户房屋倒塌，30 人无家可归，无人员伤亡。

26 日凌晨 4 时 30 分，葛山乡山后自然村发生泥石流，29 户房屋倒塌，105 人无家可归，没有人员伤亡。

2014 年

8 月，局地强降雨，英川、毛垟乡等乡镇发生泥石流，11 日 23 时 20 分，英川镇黄谢圩村毛师坑自然村发生泥石流，冲毁民房 2 幢，受损民房 18 幢。全县受灾 2400 人，直接经济损失 5422 万元。其中，水利设施损失 963 万元。

第四节 灾害成因

历史上水旱灾害频发，主要是“天灾”与“人祸”，即自然因素与人为因素互为作用的结果。

自然因素

景宁属典型的亚热带季风气候，春季春雨，春末夏初梅雨，夏秋台汛期。影响境内的台风有两条线路，一条在广东、广西沿海登陆继续东北方向上，另一条登陆于浙江南部和福建中部之间。台风带来历时短、强度大的暴风雨，易发洪灾及泥石流灾害。

到了夏秋季节，域内受太平洋副热带高压控制，天气晴热、降雨少、高温天气多、蒸发量大，山高、土薄、林疏、蓄水难，易遭旱灾。从时空分布规律来看，干旱一般在7月初露头，受副高压控制受旱，加上8—9月连续出现高温少雨，则出现重旱，若在5—6月出现少梅现象，则会出现春、夏、秋连旱。从区域分布来看，干旱最早出现在小支流源头，远离村庄的山坞垄田（靠天田），随着连旱天数的增加，旱情逐渐向干流边的农田转移。

人为因素

长期以来，由于人们对生态保护意识淡薄，管理不力，局部地方生态系统遭受破坏，森林植被涵养水源能力降低，导致水土流失，河床抬高，河道变窄，水库蓄水量减少，加剧了洪涝灾害的破坏作用。

1958年刮了一阵共产风，青田、瑞安、乐清等县组织木炭兵团到景宁大肆砍伐。据统计，全县3年烧木炭，消耗木材7.4万立方米；1959—1961年国家困难时期，毁林种粮盛行；“文化大革命”期间，木材自由市场交易混乱；20世纪80年代大量发展香菇、黑木耳，各乡镇兴办木材加工厂，“百把斧头砍树，一把锄头造林”，山地植被遭受破坏，森林郁闭度、涵水能力下降，溪流泥砂淤积，行洪能力降低，易发洪灾。许多山塘、小水库、堰坝、渠道年久失修而遗弃，使蓄水抗旱能力下降，稍遇旱情，难以抵御。20世纪90年代以来，乡村公路“村村通”，小水电、农田水利建设规模不断扩大以及多轮土地开发，导致水土流失严重，各种自然灾害出现新的趋势。

1950—2015年景宁重大灾情

表2-1

时间	灾别	地点	受灾人口(人)	死亡(人)	失踪(人)	受伤(人)	经济损失(亿元)	备注
1952.7	洪水	全县	2018户	42	—	12	—	—
1956	干旱	全县	—	—	—	—	—	损失粮食940吨
1957	干旱	全县	—	—	—	—	—	损失粮食1420吨
1964	干旱	全县	—	—	—	—	—	损失粮食2600吨
1967.5	龙卷风	全县	262户	11	—	16	—	
1967.7	干旱	全县	—	—	—	—	—	损失粮食3900吨
1991.7	干旱	全县	—	—	—	—	0.11	损失粮食4600吨
1992.8	泥石流	澄照岩下	104	13	—	8	0.07	毁没民房40幢
1994.8	台风	全县	—	14	8	—	1.65	含澄照仙山山体滑坡死亡10人、伤8人
1998.6	暴雨	全县	75000	—	—	—	1.36	—
1998.6	泥石流	新建垟	128	19	4	54	—	冲毁民房14幢
2002.9	台风	全县	80000	—	—	—	0.06	倒塌民房100间
2003.7	干旱	全县	56000	—	—	—	1.4	—
2005	台风暴雨	全县	139000	1	1	—	6.17	毁坏民房20794间
2006.6	暴雨	全县	51000	1	1	—	—	损失粮食1.53万吨
2006.8	台风	全县	76000	—	—	—	1.24	倒塌民房1350间
2007	台风	全县	69000	—	—	—	0.73	—
2008.2	雪冻	全县	48850	—	—	—	1.4	—
2009	台风	全县	65000	—	—	—	1.03	毁没民房675间
2013.10	台风	全县	8500	—	—	—	0.68	—
2014.6	暴雨	全县	2035	—	—	—	0.06	—
2015.8	台风	全县	12201	—	—	—	1.5	毁没民房56间

第二章 防汛(台)抗旱

中华人民共和国成立后，历届政府重视防汛（台）抗旱工作，相继成立了县防汛防旱指挥机构，制定防汛防台抗旱工作预案，健全防汛监测系统，建设山洪灾害防治非工程项目。

第一节 指挥机构

历史上景宁县未设防汛、防旱指挥机构，面对水旱灾害袭击，百姓祈神降雨，求龙息怒，徒劳一场。1955 年，成立防洪防旱指挥部，县长任指挥，互助合作部长任副指挥，成员由县农林科、邮电局、公安局、文化馆等单位负责人组成，下设办公室处理日常工作。此后，每年 4 月 15 日—10 月 15 日为汛期。防汛防旱工作贯彻执行“安全第一、预防为主”的方针，未雨绸缪、防重于抗，立足防重大洪涝干旱灾害。

1985 年后，县防洪防旱指挥部由县长或副县长任总指挥，县人武部、农经委、水利部门负责人任副指挥，成员由县人民政府办公室、农经委、计经委、财税局、县供销社、交通局、邮电局、公安局、交警大队、林业局、民政局、城建局、物资局、保险公司、鹤溪镇政府、水电局等单位负责人组成，由县人民政府任命，如遇主要成员工作变动，则又重新任命公布。指挥部下设办公室，办公室主任由水利部门领导兼任，主持日常工作。县防汛防旱办公室配专职干部 1 人，兼职 3 人，负责日常的防旱、防汛检查，机电排灌、水政监察、水资源管理等项工作。每年汛期县防汛防旱指挥部预先通知商业、供销、物资等部门储备必要数量的防汛抢险物资和器材。

1993 年起，防汛防旱指挥部成员单位增加到了 21 个。2004 年，调整了《景宁畲族自治县人民政府防汛防旱指挥部成员单位防汛防旱工作主要职责》，2009年起，县防汛防旱指挥部办公室主任高配副科，2011年，县安监局被列入县防指成员单位。

2014年2月26日，景宁畲族自治县人民政府防汛抗旱指挥部印发《景宁畲族自治县人民政府防汛抗旱指挥部成员单位职责》的通知，公布34个防汛防旱指挥部成员单位职责。

附：

景宁畲族自治县人民政府防汛防旱指挥部成员单位职责

按照《中华人民共和国防洪法》《中华人民共和国防汛条例》和《浙江省防汛防台抗旱条例》等法律法规规定，景宁畲族自治县人民政府防汛防旱指挥部（以下简称县防指）承担全县防汛防台抗旱工作的组织、指导、协调、监督等职能，各成员单位应切实履行防汛防台抗旱工作职责。为扎实做好全县防汛防台抗旱工作，根据各有关部门和单位职能分工，明确职责如下：

1.县府办：负责组织、协调、监督防汛抗旱指挥部成员单位、乡镇（街道）、有关成员的防汛抗旱工作；负责县领导参加防汛防台抗旱的联系落实工作。

2.县水利局（县渔业局）：承担县防指的日常工作，负责组织、协调、监督、指导全县防汛防台抗旱的日常工作；负责水工程安全的监督管理；重要江河和水工程的防汛调度，及时提供雨情、水情、旱情、灾情和水文预报；负责排涝、抗旱及水资源的调度工作；组织指导防汛防台抗旱和抢险、水毁工程修复。负责编制和实施全县农村饮用水供水应急预案。监督、指导渔业防汛防台保安工作；调查核实渔业灾情。

3.县人武部：负责执行全县抗洪抢险救灾工作，组织协调驻景部队和预备役部队、民兵参加抢险救灾；申请支援救灾部队；在重大汛情时向县防汛指挥部派驻联络员，并组织应急小分队待命，一旦发生险情，在指挥部统一调度指挥下，组织抢险队伍立即赶赴现场抢险救灾。

4.县气象局：负责暴雨、台风等灾害性天气的监测和预报；及时提供气象预报和有关实时气象信息，提供防汛防台抗旱有关气象资料，并参与防汛防台抗旱会商；负责气象灾害的调查评估，建立和完善预测预警体系；根据旱情的发展，组织实施人工增雨作业。

5.县武警中队：负责组织所属武警部队实施抗洪抢险、抗旱和救灾，参加重要工程和重大险情的抢险工作；协助当地公安部门维护抢险救灾秩序和灾区社会治安，协助当地政府转移危险地区的群众。

6.县消防中队：按照防指的要求，组织消防中队参与抗洪、抗台、抢险救灾工作，协助当地政府转移危险地带群众，营救受困人员；抗旱期间，组织运力为缺水群众送水。

7.县委宣传部：负责防汛防台抗旱宣传报道的组织协调和监督管理；根据县防指和气象部门提供的汛情和气象资料，及时向公众发布信息。

8.县发改局：负责防汛防旱基础设施规划、年度计划和重点项目建设工作，协调基础设施灾后复建。负责落实防灾救灾粮食储备、供应及调拨，做好市场物价稳定工作。

9.县经济商务局：负责归口管理企业防汛防旱工作的监督管理；负责灾区重要商品市场运行和供求形势的监控，负责协调防汛防旱救灾和灾后重建物资的组织供应；及时提供工业企业水旱灾害损失情况。

10.县教育局：负责全县各级教育行政部门和学校防汛防旱安全工作的监督管理，指导学校开展防灾减灾知识教育，提高师生防灾减灾意识和自救能力。

11.县公安局：维护社会治安秩序，依法打击盗窃、哄抢防汛防台抗旱物资和破坏水利工程设施的违法犯罪行为，协助市有关部门妥善处置因防汛防台抗旱引发的群体性治安事件；负责保障抢险救灾行动的道路通行；防汛防台抗旱紧急期间，协助组织群众撤离和转移。

12.县监察局：监督防汛防台抗旱纪律执行和工作效能。

13.县民政局：负责避灾安置场所的指导和监督；组织、协调全县水旱灾害的救助、救济和救灾工作，管理、分配救灾款物并监督检查其使用情况；组织指导和开展救灾捐赠等工作；组织核查灾情，及时向县防指提供水旱灾情信息；指导灾区做好群众的基本生活保障工作。

14.县财政局：负责筹措防汛防旱专项资金，及时下拨防汛防旱经费并监督资金使用；会同有关部门向上争取救灾资金。

15.县国土局：负责做好滑坡、山体崩塌、地面塌陷、泥石流等地质灾害防治的组织、协调、指导、监督工作，组织开展地质灾害防治方案和应急预案的编制和落实工作，及时向县防指报告地质灾害隐患点的动态情况，提供地质灾害监测预警信息。

16.县环保局：监督、指导、协调因洪涝台旱灾害引起的突发环境污染事件的应急处置；负责做好江河水质污染的监测和统一监督管理工作。

17.县建设局：负责城区设施、民用设施和除交通、水利工程之外的建筑工地的防汛防旱工作；负责城区内地下水排水管网管理维护和汛期应急排水、排涝工作，制定城区防洪排涝预案，确保城区排水系统的正常运行；负责全县危房鉴定和涉及建筑抢险时技术指导。负责编制和实施本系统防汛防台抗旱工作和城区应急供水预案；负责全县供排水设施的正常运行；在启动干旱应急预案时，做好应急供水工作，负责实施居民生活紧急供水。提供建设系统灾害损失情况

18.县交通运输局：组织协调公路、水路交通抢险救助工作；督促建设单位做好在建交通工程安全度汛工作；及时组织修复水毁交通设施；组织落实抢险救灾车辆、船舶和水上抢险救助工作；调查核实交通系统水旱灾害损失情况。

19.县农业局：负责农业防汛防台抗旱和灾后农业救灾恢复生产技术指导；参加灾情调查和核实，及时向县防指提供灾情信息。

20.县林业局：监督、指导林业防汛防台抗旱和灾后林业救灾恢复技术指导；调查核实林业灾情。

21.县望东垟管理局(林业总场)：负责防汛抢险、抗旱涉林土地政策处理，提供林场水、旱灾害损失情况；落实下属林场基层防汛防台体系建设任务。

22.县卫生局：负责灾区疾病预防控制、卫生监督和医疗救护工作；及时向县防指提供水旱灾区疫情与防治意见，组织医疗卫生人员赶赴灾区开展

防病治病，预防和控制疫病的发生和流行；负责水灾、干旱期饮用水质的检测、检疫工作。

23.县安监局：负责指挥、指导、协调防汛防台抗旱中安全生产事故的应急救援工作；监督、指导工矿商贸生产经营单位加强汛期、干旱期安全生产管理；督促企业落实危化品的生产、存储、经营和尾矿库等采矿区安全度汛措施；督促生产经营和使用无动力船单位落实无动力船防台风保安措施。

24.县旅游局：负责景区（旅游度假区）、农家乐防汛防旱安全监督管理，指导旅游系统开展防汛防台避洪安全知识宣传，提高从事旅游工作人员的防灾减灾意识。

25.县电力局：负责抗洪、抢险、排涝用电的供应；及时调度解决抗灾电力及重要水利工程设施的正常用电，及时抢修灾损电力设施，保障电力供应，供电安全，及时报送电力系统灾害损失和电力设施抢修情况。

26.县供销社：承担县防指委托储备的草袋、麻袋、编织袋等防汛抢险物资储备和供应。做好本系统的防汛防旱工作。

27.县农民创业园开发建设指挥部：负责辖区内的防汛防旱工作。

28.千峡湖开发建设管理处：做好本系统的防汛防旱工作，督促业主（建设单位）做好滩坑库区内在建工程安全度汛工作，做好紧急防汛防旱期间湖区范围内的预警工作，协助做好人员安全撤离工作，协助做好湖区内船只靠岸避险工作。

29.县电视台：按照县防指的要求，宣传防汛防台抗旱知识，及时向公众发布防汛防台抗旱信息；汛期内加大防汛知识宣传力度；县防指宣布启动三级以上应急响应时，电视要滚动播报，广播要增加播出次数。

30.县电信分公司、移动分公司、联通分公司：汛前对防汛系统的通讯设备进行大检查，发现问题，及时解决；组织抢修突击队，落实抗洪应急通讯设施及运用方案；在灾情出现时，确保重要防汛用户电话和邮路畅通，汛期应加强值班，确保重要防汛报汛通讯设备畅通和水情电报、电话迅速传递；灾后组织及时抢修，确保线路畅通。紧急情况下，提供县防指应急卫星通信电话。

31.县人寿保险公司、财产保险公司：负责做好灾区投保单位和居民的受灾损失理赔工作；督促投保单位和居民做好各类财产的防灾工作，并积极开展防洪保险工作。

第二节　防御措施

20世纪90年代以来，极端天气变化无常，防汛（台）抗旱工作形势严峻。按照“组织健全、责任落实、预案实用、预警及时、响应迅速、全民参与、救援有效、保障有力”的要求，着力构建基层防汛防台体系。

预案修编

1998年10月，县防指办抽调水利部门12名技术骨干，着手编制洪水风险图，将洪水特征信息、地理信息、社会经济信息融合在一起，通过资料调查、洪水计算和风险判别，以图表形式直观反映不同量级洪水可能造成的灾害风险以及对社会经济的损害程度，为防汛抗洪、抢险救灾、洪涝灾情评估提供决策基础依据。

1999年，制定《景宁畲族自治县防御洪水预案简表》，按百年一遇等5个级别，以表格方式简示指挥人员、部门单位、水利工程调度人员安全撤离，抢险物资到位等七方面规定。

2004年，编制《景宁畲族自治县县城防洪抢险方案》，由县人民政府转发执行。分别与24个乡镇及小（一）、小（二）型水库业主签订年度水库安全责任书，公布79个重点山塘、大坝安全管理责任人名单，做到职责到位，责任到人。

2014年，通过山洪灾害防治项目，委托浙江中水技术有限公司调查编制了21个乡镇和97个 村级《山洪灾害防御预案》。

2015年4月，县防指办对21个乡镇（街道）编制的《防汛防台抗旱应急预案》予以批复施行。全县260个行政村、社区编制了村级《防汛防台应级预案》，40座小（二）型以上水库电站编制了《水库运行控制计划和应级预案》，报县水利局批准和县防指备案。县、乡镇、村的山洪灾害防御预案，每年根据责任人的变动等情况及时修订。

同时，为90个存在山洪灾害隐患的自然村安装了紧急转移路线牌420

块。向居民发放明白卡8400张，防御灾害宣传手册6000份，防汛宣传围裙2800条。制作宣传栏97个，张贴海报5402张，安装人员转移标识牌2600块。

监测预警

民国20年(1931)起，先后共建雨量站9个、水情信息采集遥测站6个、水雨情遥测、监测站12座、水文站2座。

2008年，完成22个乡镇会商系统的设备安装和调试工作，实现省、市、县、乡镇四级实时会商功能，在汛期投入使用。

2010—2014年，通过山洪灾害防治县级非工程措施和山洪灾害防治项目建设，配置了简易雨量器178个，建立水位雨量河道遥测站95座，(其中雨量遥测站38座、河道水位雨量遥测站21座、水库水位雨量站36座)。全县监测预警的站网密度达到20平方千米/站，基本覆盖境内各大流域。同时，建成县级山洪灾害监测预警平台1个(包含21个乡镇街道分平台)，建立上标、白鹤、英川3座中型水库实时视频监控站，安装简易水尺桩10处，在炉西峡流域装置了5套无线预警广播。添置了对讲机25台、手摇警报器284个、柴油发电机22台、海事卫星电话2个等防汛设备。完成防汛抗旱指挥会商系统大屏幕和高清摄像头的改造，健全山洪灾害应急保障系统。

2015年7月，建成景宁畲族自治县山洪灾害监测预警系统(二期)，主要有综合信息查询、基础信息、气象信息服务、预警发布服务、应急响应服务、水情预报、统计报表、办公应用平台、后台管理等功能。21个乡镇及县防指成员单位可随时查询县级平台的相关信息，乡镇、村网络责任人能及时收到县级平台发送的预警信息。县防指办还可利用手机、电话通知、传真、电视滚动游字播报等各种先进技术传送重要预警信息，使城乡居民及时获悉汛情，做好避险救灾防范准备工作。

是年，在小溪流域毛垟港、英川港和梧桐坑安装了无线预警广播11套，鹤溪河城区段安装了视频监控15处、水雨情站、点3处、数字河道监控室1处，并将连接省、市视频会商系统的通信光迁通道从原2M升级为20M。

县防指办还与丽水市恒驰水利服务有限公司、景宁电信、移动公司、杭州钱江科技有限公司等单位签订协议，落实防汛视频会商系统、视频监测系统、监测预警等设施的日常维护和费用。县水文站与各雨量站代办员签订代办协议,确保监测预警系统设施维护到位,运行正常。

队伍建设

2015年,县防指调整充实了防指成员单位和乡镇、行政村抢险队成员。县水利局组建防汛抢险队32人,专家组11人,后勤保障组14人。乡镇组建以防汛防台、森林防火、消防、民兵治安巡逻为四合一的专业抢险队伍。全县共有县级抢险队32支796人,乡镇级抢险队308人,村级抢险队1270人,实行汛期战备值班,随时待命,应急救援抢险。

物资储备

2012年,县财政落实35万元的防汛专项资金,委托县供销社采购一批倒虹吸管、合金网兜等防汛物资发放各乡镇备用。

2015年,拨款33.8万元,为每个乡镇、行政村配发补充防汛物资。县级签订抢险救援物资代储协议5个,乡镇、行政村在储备日常防汛物资的基础上,分别与当地商户代销店签订协议,实行社会化储备防汛物资。至年底,县防指已储备或委托储备麻袋3500条、编织袋34300条、救生衣1049件、冲锋舟2艘、橡皮艇8艘、机动船16艘、铁锹1174把等防汛物资器材,总价值470多万元,为防汛抢险救援提供了可靠的后勤保障。

设施设备

县防指办有固定办公场所2个,会商所2个,配备计算机12台,电话5台,山洪灾害预警监测系统1套,省、市、县、乡镇四级会商视频系统1套,防汛办公网络专线2条,可与乡镇异地视频会商数量21个,抢险指挥救灾车1辆。机房配置UPS不间断电源和应急发电机,保证指挥中心办公场所设备24小时正常运行,各乡镇防指办配备电脑、传真机,打印一体机等办公设备。

宣传演练

2011年,以"世界水日"和"防汛防台日"为活动载体,利用广播、专栏、手册、图画等多种形式宣传防灾避灾知识,发放《防汛知识手册》1350本,通过县电视台摄制了2期防汛抗旱专题片,在交叶公路英川随道施工现场,组织300人次进行防汛和山洪灾害防治演练。

图为防灾减灾宣传活动

2012—2013 年，在沙湾、东坑镇等地举办 5 期计 550 人参加的山洪灾害监测预警系统和防汛基本知识培训班，通过县电视台摄制了 3 期防汛专题节目。在沙湾、东坑、郑坑、梧桐、标溪等乡镇组织基层防汛防台、水库抢险应急演练，旨在提高水利抢险队伍的应急能力。

2014 年 6 月，全县水库防汛抢险应急演练在英川一级电站水库进行。英川一级水电站、县防指办、英川镇政府、英川派出所及邻县龙泉瑞垟二级水电站、云和沙铺垄水电站等单位 80 人参加演练。

2015 年 6 月，县防指联合水利、气象、民政、国土、卫生、电力、武警中队、英川镇、鸬鹚乡等单位在英川港进行抗击山洪地质灾害大型演练。县防指各成员单位、乡镇及相关行政村防汛负责人参加观摩，参演 160 人，观摩 200 多人。

经费保障

2012 年起，县财政每年落实基层防汛巡查、预警经费 26 万元，日常防汛经费 20 万元，2013 年县财政安排 76 万元，2014 年安排 56 万元，2015 年安排 50 万元，确保防汛经费到位落实。根据县监察、人事劳动等部门联合出台关于《机关工作人员超时加班和夜餐补贴费处理意见的通知》的规定，县防办防汛值班补贴发放得以保障，年人均值班费 1800 元。年度防汛专项资金主要用于水库山塘巡查员手机定位、人身意外保险、防汛会商系统维护、山洪灾害非工程措施运行维护和防汛物资储备等经费支出。各乡镇防汛经费纳入年度乡镇财政经费预算，确保防汛经费正常支出。

第三节 调度决策

20世纪50年代以来，景宁在英川港、标溪港、北溪港、小溪等溪流上建有中小型水库43座，不仅起蓄水防旱作用，同时也起到调控洪水的作用。每年汛期之前，各级防汛防旱指挥部和水利部门，都对这些水利工程进行认真检查，排除隐患，及时抢修，落实措施。汛期来临时，由县防汛防旱指挥部坐镇调度，适时将水库水位降低到汛限水位以下，以调节和减轻大小溪流的行洪压力。

英川、上标、白鹤水库每年的水库控制运用计划，报市水利局审批。每当汛期来临，则由县防汛防旱指挥部下达指令进行调度。

水库管理单位要根据降水预报，提前腾出库容，缓减泄洪压力，预计可能泄洪时段，及早做好准备，并提前两小时将情况报告县防指办，服从县防指办的调度指令。同时做好泄洪预警工作，确保泄洪安全，要根据降水及洪水预报，通过发电等措施降低水位，提前腾出库容，缓减泄洪压力。并同时做好下游村庄的预警工作，确保下游人民群众的生命和财产安全。

第四节 抗灾救灾

民国时期，每逢遇灾，奉省发急赈款、面粉、棉衣等，以济灾民，瓯栝赈务会也常行善举。民国元年(1912)七月水灾，奉省发急赈银二千圆，又奉瓯栝赈务会发急赈银二千圆、米六百袋，奉华洋义赈会发米六百袋、棉衣十二大捆、面粉千余袋、苞米数百袋，小银圆由义赈会派员沿途直接散放，无案可查不知确数。

民国3年(1914)，奉省发工赈银七千六百圆、债票银三千二百余圆。民国九年(1920)六月水灾，奉省发冬赈银三千圆。以上两款由县委绅叶联芳疏浚府前河，修筑永平堤。

1953年6至8月大旱，8月16日大雨，17日大水冲毁石桥3座，木桥1

座，受水、旱灾农田3.5万亩，损失粮食100多万公斤。县人民政府组织抗旱救灾，发动民众生产自救，在抗旱中修复水利工程1710处，投工11万多工。

1955年，县防洪防旱指挥部成立，县长任指挥，每逢洪灾旱灾，亲临一线指挥抗灾救灾。

1967年5月1日下午，境内14个公社受龙卷风袭击，死亡11人，伤16人，倒塌民房仓库16间，受灾262户，倒塌牛栏、灰斗179间，压死耕牛4头，农具87件，损失惨重。其中鹤溪镇百塔村第四队社员在灰寮避风雨被压死10人，重伤4人。5月2日，云和县委、县人民政府领导到百塔村慰问在灾情中死亡的亲人家属和受伤人员，与鹤溪镇干部一起组织灾民抗灾重建家园。

同年7月起又遭遇特大干旱，连续100余天无雨，受旱农田1.4万亩，成灾1000亩，损失粮食390万公斤。在特大旱灾面前，云和县委、县人民政府及时派出工作组到各受灾严重的公社、大队、生产队蹲点指导抗旱救灾工作，各地用竹笕、松木槽等引水抗旱，开展生产自救。

1989年7月21日晚，连续44个小时大暴雨，受灾面积1000多平方千米。22日8时，县委三位正、副书记，人民政府四位正副县长分四路到五区一镇察看灾情，组织抗洪抢险救灾。县领导跑遍了三个重灾区，分别与三个区的领导共同研究抗灾工作，慰问了受灾最严重的标溪乡预章村10多户村民。7月23日下午，暴雨一停，洪水稍降，县机关100多名干部下乡和基层广干部奋战在抗灾救灾第一线，带领群众开展生产自救。

1992年8月30日凌晨4时，澄照乡岩下村发生特大泥石流，全村24户房屋被毁，死亡14人、重伤8人。清晨6时，乡党委立即组织乡干部冒着大雨急速赶到现场抢救。乡长杜小明母亲受重伤，父亲和弟弟也下落不明，他顾不上家里的亲人，和乡干部们一起，忙着疏散群众和伤员，附近村庄的村民也自发赶到岩下村，奋力抢救在倒塌房屋下的幸存者。县委、县人民政府领导带领300多名机关干部、武警、民兵迅速赶到岩下村抢险救灾，群众安全转移脱险后，马上做好灾民安置善后工作，并安排专人夜间值班，保护群众财产。

1994年8月21日，17号台风暴雨，县城鹤溪河上游暴雨倾盆，山洪咆哮，大片农田、堤坝、渠道、村庄被冲毁。县委、县人民政府领导连夜组织企业抢救物资，撤离居民，冒雨奔赴险要地段察看险情，组织群众抢险。

22日凌晨2时，县城防洪堤多处决口，县公安局领导带领武警中队的官兵赶到府前桥的防洪坝决口，官兵们背的背，扛的扛，将一袋袋砂石投入堤坝决口，在暴雨中奋力抗灾，经过3个多小时的奋力拼搏，终于堵住了决口。清晨4时左右，从县城上游的塔勘村传来告急电话，有4户居民被洪水围困在房屋里，随时都有被洪水淹没的危险。县委、县人民政府领导率公安干警赶赴现场，和鹤溪镇的干部一起冒着汹涌的洪水组织营救，及时把4户10多人转移到安全地带。

1998年6月12日—21日20时，累计降雨量569.5毫米。其中19日降雨149.1毫米，大暴雨造成小溪水位升高，水势凶猛，山体滑坡，公路主干线全部中断，沙湾、渤海两镇部分进水，县城鹤溪镇积水。县委、县人民政府紧急转移400多人，火速将抗灾抢险的六条措施通过电话传达到各乡镇和有关部门，并组织带领群众奋战在抗灾第一线。外舍乡石龙村、澄照乡翁边村发生泥石流，房子被毁，7人受伤。灾情发生后，当地政府、村委立即组织抢救，把伤员送到景宁医院治疗。县领导带领民政等部门干部赶赴灾区，组织援救，安置灾民，做好善后工作，共出动3万多名干部群众开沟排水、抢修水利设施等。

6月22日上午7时30分，毛垟乡新建垟村对岸的山体大面积滑坡，导致10万多立方米的泥石流冲向新建垟村，村中14幢房屋瞬间被毁，36户128人无家可归，19人死亡，4人失踪，54人受伤。

新建垟村重大灾情发生后，邻近村的村民立即赶到新建垟村，抢救被压在倒塌房屋下的幸存者。县委、县人民政府主要领导闻讯后，率公安、民政、交通、水利等部门人员前往救援，随后，200多名机关干部、民警、武警及民兵应急小分队也赶到灾区现场投入抢险。县委、县人民政府迅速组成抗灾抢险指挥部，召开紧急会议部署动员全县性抗灾救灾工作。6月23日，80条棉被、2000多件衣服、4000公斤大米和75公斤食用油等救灾物资迅速运到灾区，发放给128位灾民。县五大班子带头，全县及兄弟县市捐款147万元支持灾区重建家园。

在抗灾救灾中，共派出5000多人次进驻灾区，实施紧急救援，抢救受伤村民54人，挖出遇难村民尸体19具。

2003年7月，50年一遇的干旱，河流干涸，农田龟裂，庄稼枯死，人畜饮水困难，食用菌受灾严重，直接经济损失1.4亿元。县委、县人民政府联系片常委、分管县长下乡（镇）指导抗旱，县财政拨款90万元用于救灾，水利部门拨抗旱物资30万元，组织工作组30多人下乡服务。各地用竹笕、塑料筒袋、塑料管、塑料薄膜及黄泥等引水抗旱，根据“抗旱预案”，坚持执行“先生活，后生产，先节水，后调水，先地表，后地下”的取水用水原则，水利设施发挥了很大作用，如蒲垟水库确保了4000亩农田用水，白水漈水库缓和了鹤溪镇居民饮用水困难和1000亩农田的旱情。

2004年3—4月，正值春耕生产的关键时期，由于降雨偏少，各地出现旱情，受旱面积1.09万亩，缺水未播种的有1770亩。县水利局组织5支抗旱队伍深入灾区，帮助寻找水源，调处水事纠纷，并下拨10万元组织自救，维修了一批水源和引水工程，降低了旱灾损失。

8月12日20时，受14号台风“云娜”侵袭，降雨量达152.2毫米，溪水猛涨，民房倒塌、公路中断、电站冲毁、农田受淹、灾情惨重。抗灾中，县委、县人民政府果断开放民族中学、张村小学和鹤溪镇小等3所学校，动员1000多民工、菇民、菜农安全迁移；指导英川电站、白鹤电站10小时弃水2000万立方米，最大泄洪量达500立方米/秒 。县水利局迅速组织抢修水毁工程，发动群众开展生产自救重建家园。

2010年6月25日起，连日暴雨，葛山乡岭头行政村山后自然村，由于山体含水量饱和，随时都会发生山体滑坡的危险。25日早上8时30分，该村安全联络员刘传兴向村防汛工作组汇报隐患险情，村防汛工作组立即赶赴现场查看房屋裂痕情况和隐患涉及范围，落实预警员对隐患点进行24小时监测。同时，第一时间报告乡党委、政府，并及时会同乡、村网络管理人员把4户6人在家留守老人全部撤离安顿。6月26日凌晨4时30分，山后自然村29户105人的房屋被泥石流冲毁倒塌，变成废墟，幸转移及时，没有人员伤亡。

同月25日，郑坑乡吴布村通天凹发生泥石流，有6户30人的房屋被冲毁倒塌，村两委及时组织群众撤离，无人员伤亡。蓝叶陈是位 30 多年党龄的老党员，在泥石流爆发前，不顾危险主动通知住在山脚下的农户赶紧撤离，村党支部书记林家栋，不顾自家受损房子，组织群众撤离和抗灾抢险，妥善解决受灾 30 人的食宿困难。

2013 年 10 月 7 日 1 时 50 分，受台风“菲特”影响，鹤溪河左岸张村桥至周湖桥段的香菇棚面临受淹，县防指接警后，防指总指挥、副县长卢建国立即带领水利局等有关部门干部赶赴现场，紧急转移了 20 户 100 多名菇农。没过多久，暴涨的洪水将上张村鹤溪河防洪堤冲毁 80 米，大片菇棚受淹，由于撤离及时，人员安全无恙。

2014 年 8 月，受强降雨影响，英川镇黄谢圩、隆上村，鸬鹚乡葛山、岭头村，毛垟乡炉西村，渤海镇梅坑等村庄相继发生泥石流、小流域山洪、山体滑坡等地质灾害，造成交通中断，民房倒塌，堤防、渠道被毁。8 月 11 日 23 时 20 分，英川镇黄谢圩村毛师坑自然村发生泥石流，造成 18 幢民房受损，2 幢民房冲毁，正在熟睡的叶林科老两口被卷入泥石流中，所幸抢救及时并没有生命危险；英川坑下坑流域 2 座电站进水，渠道堤坝冲毁。灾情发生后，副县长郑建强迅速带领国土，水利，民政，城建，保险等部门赶赴现场，指导灾民抗灾。

2015 年 8 月 8 日—10 日，境内遭受第 13 号强台风“苏迪罗”袭击。8 日 5 时—10 日 10 时，全县平均面雨量 304 毫米，14 个站、点超过 400 毫米。其中，大漈金牛坑水库站 494 毫米，东坑镇杨斜站 492.5 毫米，景南乡东塘站 485.5 毫米。全县 21 个乡镇不同程度受灾，共造成 12159 人受灾，倒塌房屋 55 间，直接经济损失 1.52 亿元。

附：抢险纪实

新建垟村特大山体滑坡抢险救灾

1998 年 6 月 12 日以来，境内普降大暴雨，至 6 月 21 日，已降雨 569.5 毫米。6 月 22 日 7 时 30 分，距县城 65 千米的毛垟乡新建垟村发生特大山体滑坡，距村 160 余米外的一山头发生特大山体滑坡，泥石流一泻而下，越过小溪，扑向新建垟村，约 10 万立方米的泥石流淹埋了 14 幢房屋。数万方的泥石流阻断了小溪，瞬间形成巨大的堰塞湖，3 分钟后，“堤坝”溃决，夹裹着泥石的河水又汹涌奔腾而去。

山体滑坡发出的巨响，惊动了河对面的毛垟村、底垟村的村民，两村村民立即自发绕山路赶到新建垟村，抢救被压在房屋下的幸存者。同时，迅速派人赶赴 20 千米外的庆元县左溪乡，向县委、县人民政府报告灾情（因毛垟至景宁的电信线路已被冲毁中断）。

新建垟村支书吴世昌首先从被淹没的泥石流中钻出，面对巨大的灾难，吴世昌没顾及自己的家，立即组织村民自救。底垟村民吴芝华不顾危险钻入倒塌的房屋，同其他村民一起救出一名 14 岁的孤儿吴城，用竹子扎了一副“担架”，把吴城送往沙湾医院抢救。

县委书记金建新、县长蓝春土等领导接到灾情电话后，立即组织公安、水利、交通、民政等部门的 200 多人火速前往灾区抢救，汽车驶到大赤坑被山洪挡住了去路，他们徒步翻山，下午 1 时 05 分，终于赶到了新建垟村灾区现场。随后，公安干警、武警、消防官兵、人武部、民兵应急小分队、县机关干部、县人民医院、沙湾镇卫生院的医务人员相继赶到灾区，地委副书记焦光华也于当日下午赶到灾区指导抗灾救险。

在抢救现场，公安干警、消防、武警官兵冒着山体继续滑坡的危险，冲进倒塌的房屋，扒开残砖碎瓦，掀起断木折梁，工具断了，就用手扒、用脚踹，许多人手上、脚上、脸上被划出了血，全然不顾，连续奋战七八小时，连饭都顾不上吃。

22 日下午，浙江省委书记李泽民、省长柴松岳来电询问灾情，当晚省水利厅、民政厅领导到达景宁。22 日晚 8 时，县委、县人民政府召开紧急会议部署抗灾救灾和生产自救，县委办专门发出《关于认真做好抗灾救灾工作的紧急通知》，抗灾人员坚守灾区一线。同时，县委办等 3 家联合举办《抗洪救灾快讯》，第一时间报道灾区救灾情况。7 月 1 日，省长柴松岳、副省长章猛进带领省水利厅厅长张金如等有关部门领导赶赴灾区慰问指导救灾工作。

新建垟村灾情发生 4 天的时间里，县委、县人民政府共派出 5000 多人次进驻灾区，实施紧急救援，抢救出受伤村民 54 名，挖出遇难村民尸体 19

具。6月23日，80条棉被、2000多件衣服、4000公斤大米和75公斤食用油等救灾物资迅速运到灾区，发放给128位灾民。县五大班子带头，全县及兄弟县市共捐款147万元支援灾民重建家园。

“7·19”洪水营救

2005年7月，受5号台风“海棠”袭击，狂风暴雨、洪水泛滥。7月19日22时30分，梧桐乡金兰采砂场两名四川籍民工（李立春、男、28岁；陈桂花、女、24岁）在固定一艘铁制采砂船时不慎连人带船被洪水冲走。接到报告后，县委书记武昌、县长雷萍立即指示：必须以最快速度组织抢救工作，尽力抢救落水民工。时间就是生命，县委副书记郑耀汉、郑力平奔赴一线指挥抢救工作。23时零5分，县防指办紧急调动县救灾抢险应急小分队、公安、消防、水利、电力、交通、120急救中心、移动公司等部门180多人，派出22辆车赶赴小溪沿岸搜寻落水民工。同时，县委、县人民政府电令沿溪各乡镇组织人员在埠头和河湾回角处实施营救。23时10分，已组织救援人员400多人沿溪搜寻，分别在外舍、金钟火炮厂、绿草、渤海、大都、炉西坑口、大顺、陈村等地设卡营救，还有上百名滩坑电站库区移民干部和沿溪村干部、群众自发加入搜救队伍。

由于夜深，暴雨倾盆，施救人员很难在江面发现遇险漂流的民工，只是偶尔听到的呼救声，或看见若隐若现的救生衣。只要有一线生机，就要作百倍努力，所有施救人员都抱着这样一个信念。雨越下越大，水流越来越急，施救的难度也越来越大，外舍搜救点施救没有成功，金钟搜救点又没有成功，到渤海搜救点水流更急，根本看不到遇险者。为了民工的生命安危，“绝不放弃”施救工作，在现场指挥的县领导和施救人员迅速赶到大顺、陈村搜救点。

当了解到大顺乡炉西口河段有三个非常大的河湾回角，落水民工有可能在回角滞留的信息后，施救人员立即兵分三路赶赴三个回角实施搜救，正当在第一个回角搜寻时，突然传来消息，第二个回角发现落水民工。

20日1时35分，在几辆车灯的照射下，早有准备的施救人员跳入洪水中，对落水民工实施抢救。1时40分，被洪水冲出60多千米，在水中挣扎了2小时30分的女工陈桂花在大顺乡炉西坑口被成功解救，另一名民工李立春不幸遇难。

炉西峡搜救(一)

2009 年 8 月 15 日，上海驴友队 18 人自行组织徒步穿越郑坑乡炉西峡，进行探险活动。下午 3 时遇大暴雨，坑水暴涨，原路返回时，3 名上海“驴友”和 1 名当地向导被暴涨的河水冲走。

当日下午 4 时，县委、县政府立即启动应急预案，迅速调集公安、消防、武警、水利、旅游、海事、医务人员分成 8 个搜救小组连夜赶赴事发地点，与当地村民分别从炉西峡峡口、郑坑、梅岐三个源头向峡谷内开展搜救行动。晚 10 时，县委书记武昌、副书记严轶华、公安局长周光洪赶往一线指挥部署搜救工作。

图为 2009 年 8 月 15 日炉西峡大搜救

16 日凌晨 1 时，县委书记武昌从救援现场赶回县城，主持召开紧急会议，对“8·15”炉西峡意外事件进行情况通报和工作部署，会议决定成立以县长钟昌明为组长的“8·15”炉西峡意外事件处置领导小组。

炉西峡地形复杂，潭多水深，环境险恶，给搜救带来很大困难，搜救组不断调整方案与措施，采取石壁悬崖处攀爬探索，岸边丛林处细致搜寻，水潭处下水游泳探寻，深水处绳子牵引涉水寻找，水窝回旋处用竹杆探测，千峡湖水库入口处，水面轮渡全天候不间断搜索等措施尽力施救。

16 日凌晨 4 时 20 分，经过 11 个小时的搜救，4 名失踪人员中的当地向导陈剑超成功获救。20 日止，全县共先后组织了 13 批次 400 多人进入炉西峡流域，顶烈日，冒酷暑，跋山涉水，连续搜索 120 个小时，终于搜寻到了 3 名遇难的上海“驴友”张林、刘宇杰、刘诺的遗体，同时做好遇难人员的家属和后续保障工作。

炉西峡搜救(二)

2013年4月30日下午15时09分,县公安局110指挥中心接到求助电话,来自南京东南大学的33名大学生在户外“驴行”时,因山洪暴发,被困于县境内的原始峡谷炉西峡。接到情况汇报后,县委、县政府立即启动应急预案,组织公安干警、消防官兵、乡镇干部及有经验的“驴友”,组成应急救援队,在附近村民带领下,连夜进入峡谷开展搜救。县防汛办积极协调炉西峡上游文成县下垟乡的几个电站,停止发电放水,为救援创造有利条件。同时提供手电筒,抢险服装及两台卫星电话。搜救过程中,暴雨导致峡谷内溪流水位迅猛上涨,天色已黑,搜救工作难度加大,但救援队人员冒着山上滚石下落、毒蛇出没等危险,不顾个人安危,奋勇前行,为营救工作赢取了宝贵时间。由于救援及时,组织有序,历经19个小时,被困炉西峡的33名大学生成功获救。

抗击13号台风“苏迪罗”

2015年8月8日—10日,境内遭受百年一遇的13号强台风“苏迪罗”的袭击。8日5时—10日10时,全县平均面雨量304毫米, 14个雨量站、点超过400毫米,其中大漈金牛坑水库站494毫米,东坑镇杨斜站492.5毫米,景南乡东塘站485.5毫米。河流水势高涨,上标、白鹤、英川等3座中型水库分别开闸泄洪,山塘水库超警戒水位。全县21个乡镇不同程度受灾,倒塌房屋55间,受灾12159人,直接经济损失1.52亿元。

面对台风袭击,县广播电视台和畲乡报社一线记者,及时奔赴防台抗台一线。先后有25人次采播防御台风报道20余篇,使广大群众第一时间了解“苏迪罗”的最新动态,县电视台还采取文字游走的方式滚动发布预警信息120多条。

台风致县、乡道中断13条,村道中断153条。县交通部门派出4支公路抢险队伍182人,应急救援车辆13辆,抢险机械设备26台迅速投入抗灾,至11日16时,抢修恢复通车县乡道10条,村道84条。

台风造成19条10千伏配电线路停电,范围涉及大均、九龙、标溪等15个乡镇,停电区421个,低压用户29986户。景宁电力公司派出应急抢险抢修队伍11支,抢修车辆36辆次,抢修人员343人次。至11日16时,全县停电乡镇村恢复供电。

8月7日—10日10时，景宁供水水源地梅岐乡最大降雨量达到411.6毫米，造成供水源水质浑浊度达到1500~1600DTU，超出原供水水质浑浊度的100倍以上。9日9时起，景宁县城停止供水，为尽快恢复供水，景宁供排水公司邀请丽水、云和水质专家共同研究水质处理，在经过7次处理方案的尝试，于10日22时，县城恢复供水。停水期间，县建设局牵头组织县消防大队、环卫所、园林所，利用消防车和洒水车前往云和供排水公司取水。在县城的石印山小区、影城、建设银行、车站、正达小区设立5个临时取水点，供市民取水。

县经贸局及时摸清矿泉水储备情况（2万箱），提前与娃哈哈丽水分公司取得联系，商定确保2小时可以从丽水调运10万箱矿泉水。

8月9日7时46分，景宁消防大队接到报警：景宁双后降叶山头村一香菇棚遭遇泥石流，棚内父女被困。接警后，景宁消防大队迅速出动1辆消防救援车，8名消防官兵赶赴现场救援。经过1个多小时的紧张救援，于9时09分成功救出被困父女。

水利局组织6个防汛专家组，分赴各乡镇检查指导防汛防台工作。向山塘水库巡查员，山洪灾害巡查员、预警员发送短信1260条。县防指办储备编织袋22000个，合金网兜1500平方米，挖机30台，装载机5台，自卸车10辆，吊车1辆。9日凌晨1时左右，市水利局技术工作组2名工作人员连夜赶到景宁，协助景宁防汛指挥中心，全力抗击“苏迪罗”。

8月8日晚22时，梧桐乡金兰坑山洪暴发，危及原金兰工业区块危废物存放安全。接到报警后，梧桐乡政府迅速向县分管领导及县防办汇报，乡长王伟飞带领抢险组第一时间赶赴现场抢险。副县长雷应江闻讯后立即会同武警中队官兵一起赶往现场指导抢险。由于山洪迅猛，眼看单凭沙石袋填堵无效，抢险组立即采用挖机一边疏通河道，一边继续采用沙石袋垒堤。经武警官兵4个多小时的奋力拼搏，装填沙袋200余袋，封堵固定缺口40余米。于8月9日凌晨3时，险情得到了控制。为防止再次出现险情，预留人员在现场观察河道、水流、临时堤坝安全等情况，确保了危废物的存放安全。

8日深夜，梧桐坑流域山洪暴发，云和金坑口和沙铺砻电站泄洪，威胁傍岸自然村30余人的生命财产安全，通往该自然村的两条路因山体滑坡无法通行。9日凌晨0时—5时，梧桐乡党委书记柳晓杰带领机动组人员，分批次在河边观察水势情况，及时与河对岸进行信息沟通。

台风期间，大漈乡政府妥善安置了滞留在大漈的130余名游客。10日下午，一名怀孕两个月的永康游客在大漈村不慎摔倒，情况危急，由于道路被毁，县人民医院医生驱车40分钟后，徒步2小时到达大漈村及时抢救治疗，确保怀孕游客安然无恙。10日15时，大漈乡政府组织护送百余游客陆续抵达桃源村，县政府为游客提供食物，并调配4辆大巴将游客送回县城驻地。

8月9日0时，标溪乡运程口村进村的唯一通道——铁索桥被洪水冲毁，27名村民和5名电站职工被困，所幸食物充足，人员情绪稳定。

受洪水影响，千峡湖库区湖面漂浮物成堆，影响库区航运和环境卫生。8月10日，县千峡湖管理处派出垃圾清运车，连续三天，每天10小时作业，清理湖面漂浮物500多立方米。

全县卫生系统准备泡腾片930瓶、漂粉精片300瓶，复合季铵盐30瓶，高效残杀威80瓶，漂白粉400公斤等消杀物品。自8月10日起，对集中式供水单位水质连续监测一个星期，对农村饮用水监测3天，直至正常。同时，成立7支专业消杀组，前往灾情严重地区开展洪水消退区喷洒消毒和卫生处理指导，并在《畲乡报》刊登有关灾后防病应急健康教育宣传知识，在县电视台安排一期《健康随行》栏目宣传灾后防病知识，紧急印刷10000份灾后防病应急健康教育宣传手册发放至各乡镇。

台风期间，县委、县政府高度重视，提前介入，靠前指挥，县委书记林康、县长蓝伶俐亲自坐镇指挥，多次做出重要批示。9日15时30分，省长李强通过会商视频系统连线景宁，了解防台抗台工作情况。丽水市委书记王永康、市长黄志平、副市长任淑女多次通过会商视频系统连线景宁。10日上午，市委书记王永康专程赴景宁检查灾情，指导灾后恢复重建工作，要求全县上下各部门、乡镇街道齐心协力，科学防台抗灾，把灾害损失降到最低程度。

第三编 防洪治水

景宁山峦重叠，沟壑深邃，一遇暴雨，山洪暴发，据史料记载，自明景泰三年(1452)景宁设县至民国37年(1948)，发生特大洪水48次，沿河两岸，屡遭水患。为生存之计，先人承先启后，筑堤防洪，开田造地，历史悠久。1949年—2015年，发生特大洪灾30次，鹤溪河城防工程屡建屡毁，直到1995年，鹤溪河综合治理列入全省第一批小流域综合治理试点项目，景宁城防工作逐步走上科学规划，综合治理的轨道。

第一章 城乡防洪

景宁人依水生存，为建设、保护家园，历来在沿河两岸垒筑堤堰，以防洪涝之灾。

第一节 历代城镇防洪

鹤溪镇历代为景宁县治，是全县政治、经济、文化中心。鹤溪河自南至北贯穿整个县城，鹤溪源于海拔1519.1米的敕木山南麓，集雨面积47.84平方千米，主流长12.78千米，三枝树以上河床坡陡，有些地段坡度超过10%，三枝树至鸭卵坑，坡降平均为2.76%。上游山陡林稀，表土松散，一遇特大暴雨，洪灾频发。明万历十五年(1587)知县姜师闵在城西筑鹤溪永平、跨龙两堤。永平堤上接张村，下连跨龙堤，高8米，宽5米，全长451米，是保护鹤溪城和沿岸农田的主要水利工程，后毁于1911年特大洪灾，至1920年全堤荡然无存。1921年拨工账巨款，委董叶联芳经理修筑，1922年兴工疏筑。1939年春成立鹤溪水利防洪工程董事会，省农业改进所水利工程队工程师江成涛指导督工修筑鹤溪新田外防洪堤559米。1945年修筑工程280米，投工1660工。1947年1月发动城区7个乡镇民夫3730人利用赈济，筑渠350米，拦水坝1处长70米，筑防洪堤103米，受益农田800多亩。

第二节　当代城镇防洪

中华人民共和国成立后，鹤溪河防洪工程始修于1952年冬。1962年，县人民政府组织力量对鹤溪流域进行了全面勘察调查，讨论了全面治理方案，认为鹤溪河纵坡陡、弯曲大，淤积严重，尤其是上、下旁山、寨山的三处石屏，在特大洪水时洪水冲挡而反击东面何八公垟，南门外和下炉垟等地段。因此，对整条河道的防洪工程实行统一规划，分期实施的长远计划，当年县人民政府拨款9.7万元，发动城区七个人民公社抽调了3000多劳力，在李宅、南门外、下炉垟等3处筑防洪堤1100米，对下旁山、寨山2处石屏采取切割、爆破等方式碎石100多立方米，改变了洪水流向。

1963年冬，续建南门外、下炉垟二段工程计长200米，1964年，东岸筑堤400米，西岸筑堤200米。1962—1964年的三年中，共计筑堤1900多米，投劳30多万工，砌筑石方1.12万立方米，清基1950米。

1972年8月16日台风暴雨，山洪冲毁防洪堤3500米，河床改道严重，400多亩稻田受灾，寨山桥段河床淤积约1米左右，灾后实地踏勘作出修复工程计划，当年冬国家拨款8.4万元，组织劳力投工10万多工，修复防洪堤3600米，完成石方1.5万立方米。景宁造纸厂在鹤溪河西岸造纸厂段筑防洪堤297米，完成工程量8000多立方米，耗资1.3万元。

1973年2月—1974年11月，鹤溪镇投入劳动力3万多工，国家拨款10.5万元，在西岸筑防洪堤底宽6米，高3.5米(含坝基)，长3400米。之后，16个生产队投劳7500多工，围滩造田100多亩。

1980年7月，鹤溪河东岸自来水厂段采用钢筋混凝土筑防洪堤脚基础129米，1981年，续筑钢筋混凝土防洪堤脚基础178米，筑防洪堤50米。水利局干部周凤鸣、叶永达先后十多次深入工地测量、设计、施工，为修筑鹤溪防洪堤付出了艰辛。

1984年，景宁畲族自治县成立后，加快了城镇建设，昔日荒滩建成县城。为确保县城的安全，1985—1992年，三枝树至鸭卵坑，东西两岸抻直，旧堤外坡加固加宽和新筑浆砌块石防洪堤6723米，完成工程量6.44万立方米，耗资244.99万元。

1991年，建立鹤溪河道管理站。1992年1月14日制定4号《通告》，加强河道管理，用推土机清障河道1.35千米。

1994年8月21日，17号台风暴雨，日降雨320毫米，鹤溪上游山洪暴发，鹤溪河历年修建的防洪堤几乎毁于一旦。洪水肆虐，冲毁了大量房屋、农田、公路、桥梁，直接经济损失1.65亿元。

1995—2003年，鹤溪河进行了两次较大规模的治理。第一轮治理，始于1995年11月，县人民政府成立鹤溪河道综合治理指挥部，县委、县政府专题研究鹤溪河综合治理方案及措施，颁发了景政〔1995〕45号《关于开展"我为县城安全献爱心"活动的意见》的文件，要求全县所有从事生产、经营活动的单位、个体户及县城范围内的干部、职工、居民、农业人口都参加集资，副科以上干部每人100元，一般干部50元，职工40元，个体户50元，县城居民和农业人口10元。11月28日，在工地现场召开鹤溪河综合治理实施动员大会，县委书记陈铁雄作了题为《我为县城安全献爱心》的动员报告，号召机关、厂矿、企事业单位干部职工捐资支援鹤溪河治理工程建设，县五大班子领导和县机关部门负责人带头捐资，与会人员踊跃捐资。

一期工程投入资金793万元，完成封山1.8万亩，修建防洪堤8.5千米。其中浆砌块石防洪堤3893米，水下采用钢筋混凝土浇灌基础的有360米，截弯取直了商业局桥头至栋头段704米的防洪堤，并用浆砌块石加宽加固。新建堰坝3座，河道疏浚6.5千米，护林带2千米，完成工程量12万立方米，防洪标准20年一遇。保护农田5250亩，保障2.3万居民的安全。1996年6月经省水利厅组织验收合格，并列为全省第一批小流域综合治理试点项目。

第二轮治理始于2000年7月，编制完成《景宁畲族自治县城市防洪工程可行性方案》，全面启动城市防洪工程建设。2001—2013年先后组织实施了鹤溪河城区中心段、鸭卵坑、塔勘、青少年宫、城南段堤防工程的项目建设。

2002年，县委、县政府以滩坑电站建设为契机，决定利用千峡湖库区库尾外舍村1.5平方千米和王金垟村1.5平方千米可开发土地，在千峡湖水库蓄水前开工建设外舍防护工程，建成后可增加外舍新城区开发用地3平方千米，为景宁区域经济发展提供土地资源和发展空间，促进产业提升和人口集聚。2006年2月实施外舍防护堤工程，2008年12月完工，总投资4.8亿元。

其中一期工程投资2.5亿元，建设防护堤、新河道开挖和王金垟排洪渠道等项目，新建外舍村至杉树湾防护堤2198米。堤坝为碾压堆石体，坝顶高程为海拔164.9米，坝底部宽110米，平均堤坝高度为29米，堤坝顶部宽8米；堤坝迎水面坡比1:1.7，背水面坡比为1:1.4；迎水面在海拔高程160米以下，为C20混凝土面板，下部基础为C15混凝土大方脚和C20挡墙，外侧采用大块石护脚，按50年一遇洪水（相应洪水为163.81米）和3级堤防标准设计。开挖原外舍乡校至岭北村新河道1条（长1500米，河底宽172米，顶宽度250米，底高程138米），将原流经外舍区内河道截弯取直后沿小溪左岸延伸，改道后的河道转弯段左岸局部通过山体开挖拓宽，保证河道流势顺畅入库。开挖王金垟排洪渠1条2320米，沿原王金垟小溪右岸山脚开挖明渠改道，由干渠、支渠组成排洪渠道，渠底宽6~8米，渠顶部宽18米，土方开挖3.1万立方米，石方开挖2.6万立方米，石渣回填28.8万立方米，砼浇筑4200立方米，C10砼垫层2344立方米，钢筋制安150吨，按10年一遇洪水标准设计。

二期工程投资2.3亿元，建设通天门降坡和防护堤内侧低洼回填等项目。

2004年，建成鹤溪河城区中心段堤防工程，新建干堤2320米，加固干堤3500米，河道疏浚2270米，修建堰坝5座378米，投资450万元，防洪标准20年一遇。

2009年4月，鸭卵坑堤防工程（位于县城北部鹤溪河右岸）竣工，新建防洪堤410.8米，加高加固堤防255.7米，重建堤防104.3米，新建堰坝2座，疏浚河道1.8千米，投资1600万元，防洪标准20年一遇。

2010年10月，塔勘堤防一、二两期工程竣工。一期工程位于塔勘村鹤溪河右岸，新筑堤防1141米，堰坝5座，投资2099万元。二期工程位于塔勘村鹤溪河左岸，投资991万元，新筑堤防1149米，标准为20年一遇。

2012年8月，建成青少年宫段堤防工程，上起塔勘堤防工程（二期工程）尾端，下接老堤防，新筑堤防216.21米，投资208.16万元，防洪标准10年一遇。

2013年3月，实施城南段堤防工程，位于城南鹤溪河两岸，上起三枝树村桥路口，下至渔种场路口，新建堤防4645米（其中左岸堤防2141米，右岸堤防2504米），堰坝3座，投资7045万元。左岸堤防防洪标准20年一遇，建筑物级别为4级；右岸防洪标准为50年一遇，建筑物级别为3级；堰坝建筑物级别为4级。2014年10月竣工。至此，基本完成鹤溪河两岸防洪堤的建设。

第三节　历代乡村防洪

同治《景宁县志》载：一区大均堤，大均村头：新亭堤，新亭屋外；梧桐堤，梧桐村头；金钟堤，金钟屋外；三区沙湾堤，沙湾村头；仙姑堤，仙姑村头；七里堤，七里村头；预章堤，预章处衙；北岸坑堤：半坑堤，半坑屋外等防洪堤12处，堰坝52处。民国《景宁县续志》载：雍正九年至乾隆五十四年（1731—1789）开垦荒逋田一百三十三顷七十三亩七分七毫（折合1.38万亩），乾隆元年报垦田三顷十亩九分五毫，同年坍田五顷六十九亩七分五厘。

截至1949年，境内乡村防洪工程有高丰垟、金钟、坦背、殿下、北栏、马安石、王处垟潭、上源垟、张前坑、隔溪垟、水碓澳、中前、门前田、石砻、竹园下、竹鸡坪、垟坑头、黄村屋外、府前岭脚，接底仓角、王湾屋下、后斜屋下、屋斜屋底、王湾上步、高岩下、西峰坑岭脚、毛山坑潭、山降龙、斜坑口、高沈屋下、箬寮坑、木耳口、黄谢圩、英村村边、坑下、黄垟口、鸬鹚下村、路后殿、渡船头、碓村、沙湾街头、天雷泊、七里下垟、七里汇、道化村外、莲埠头、黄水坑、底垟、上沙湾、库头、下圩、伏岩口、秋炉、水溪新处、预章坑、窍岩、枫林口、庙圩、车前、梧桐村外、金竹口、半坑、大均街头、水碓垟、垟外垟、新亭村头、杨柳岸、岭北、油田源、桥头垟、上张村、下张村、塔勘、金山垟、东弄、永平、跨龙、栋底、漈头、大赤垟、滩前头、下圩栋头、柘湾、高宅、驮丘田、东坑上村、东坑村外、北溪、西岸底、白鹤、桃源等92处防洪堤。

第四节　当代乡村防洪

中华人民共和国成立后，全县各地大力开展兴修水利、治山治水运动。

20世纪50年代，以维护和修复原有防洪堤为主，新建七里、库头防洪堤2

处，长335米。

20世纪60年代，新建防洪堤13处2903米。1966年冬，鸬鹚村在中间圩筑防洪堤450米，砌石方1.26万立方米，投劳1.45万工，溪滩造田40多亩。1967年，毛垟村在驮降筑防洪堤1处600米，溪滩造田118亩，砌石方6800立方米，投工2万多工。1968年，沙湾、七里、仙姑、标溪乡4个村在仙姑垟圩筑防洪堤1处270米，溪圩造田70多亩，后改种柑橘。

20世纪70年代，筑防洪堤28处8121米，险要河段用浆砌块石建筑。1976年，毛垟公社上沙湾村，在上湖筑防洪堤1处165米，砌石方8000立方米，投劳1万多工。1977—1979年，外舍公社每天组织集中劳力1500多人在北岸圩围溪造田，筑防洪堤1处820米，工程量2.1万立方米，造田20亩，种蚕桑250亩14万株，投劳5.3万工，国家拨款支持5万元。

1980年，筑防洪堤23处9583米。1982—1983年，大顺公社岭里村，10个月投劳8900工，投资1.72万元，筑防洪堤1处1500米，高2.5米，保护农田200亩，保护村庄9070人。

1984年，新建、续建和修复堰坝、渠道、防洪堤85处4.71万米。1989年冬，外舍乡坑下自然村29户投4300工，自筹资金1.3万元，建成防洪堤1451米，造田23.5亩。1990年，北溪乡北溪村建成防洪堤1100米，保护农田50亩，保护村庄150人。是年，共建成防洪堤21处6316米。

1992年，外舍乡新建防洪堤55米，鹤溪镇新建防洪堤2处340米。年底，共建防洪堤184处35.35千米，保护村庄1.15万人，保护耕地6450亩，开垦荒田荒地与垦复坍毁田地2万亩。

1994年，水利工程开工154处，完工51处。其中，水毁工程开工82处，完工32处，累计投入37.52万工，日平均出勤人数5000人，投入水利建设资金75万元，完成土石方23.35万立方米，恢复灌溉面积6.5万亩。

1995—1998年，完成水利工程764处，投放劳动积累工574.85万工，工程量290.21万立方米，增加灌溉面积1.25万亩，改善灌溉面积5.42万亩，改造中低产田1.75万亩，增加旱涝保收面积1.05万亩。

1999—2001年，完成水利工程414处，投放劳动积累工582.6万工，工程量221.7万立方米，增加灌溉面积0.62万亩，改善灌溉面积3.1万亩，增加旱涝保收 1.5 万亩，改造中低产田 0.8 万亩；保护农田 2 万亩，保护村庄 2 万人，解决饮用水 1.5 万人；维修加固山塘水库 62 处，增加蓄水量 39.2 万立方米；维修加固堤防 13.03 千米，堰坝 15 处，河道疏浚 7.5 千米，小流域治理 3 条，治理水土流失 1.3 万亩，投资 1 亿元。

2002—2005 年，完成水利工程 362 处，修复水毁工程 93 处，加固堤防 8.1 千米，河道整治 8 千米，疏浚 11.8 千米，治理小流域 13 条（主要是鹤溪、梧桐、沙湾、毛垟、东坑、家地、雁溪、澄照等 8 个乡镇所在地的河道整治），治理水土流失 18.5 平方千米；新建、加固各类山塘水库 205 座，增加灌溉面积 6600 亩，改善灌溉面积 4600 亩，增加旱涝保收 4000 亩，改造中低产田 5100 亩。投资 6795 万元，投劳 300.2 万工，工程量 118.93 万立方米。

2007 年，建成梅岐、后溪、三枝树、毛垟防洪堤工程。其中，梅岐防洪堤 930 米；鹤溪后溪改河工程 630 米；三枝树防洪堤 142 米；毛垟防洪堤 548.1 米，投资 530 万元，防洪标准均 20 年一遇。

2008 年 10 月，建成景南乡东塘防洪堤工程，投资 93.55 万元。新建防洪堤 609.5 米，拆除重建老堤防 92.5 米，河道疏浚 430 米，新建堰坝 3 座。

2009 年，建成王木坑、沙湾、标溪、梅坑、大均防洪堤工程，投资 3844.26 万元。

其中：王木坑工程投资 79.16 万元，修建防洪堤 354.6 米，加固老堤防 15.2 米，防洪标准 10 年一遇。

沙湾堤防工程投资 231.94 万元，新建堤防 360.74 米，下河台阶 4 处，栏杆 823 米，防洪标准 20 年一遇。

标溪防洪堤工程投资 67.93 万元，新建护岸 152.31 米、堤防 25 米、丁坝 1 座，疏浚河道 318 米，防洪标准 20 年一遇。

梅坑堤防工程投资 3152.06 万元，新建防护堤 119 米，管道 560 米，桥梁 4 座，栏杆 1.1 千米。完成土石方开挖 56 万立方米，场地平整填筑 33 万立方米，碾压堆石体及过滤料 20 万立方米，弃渣 3 万立方米，边坡支护面积 2.3 万平方米，防洪标准 10 年一遇。

大均防洪堤工程投资 313.17 万元，新建防洪堤 396.51 米，加固堤防 94.34 米，新建 1 条下河道路 41.5 米，防洪标准 10 年一遇。

2010 年，建成西汇、马坑、双坑、林圩、三石、黄谢圩防洪堤工程，投资 7345.26 万元。

西汇堤防工程，位于原外舍乡西汇民族村。工程投资 642.27 万元，新建防洪堤 644.93 米，堤顶高程 163 米，堤后及场地填筑土石 21.5 万立方米，场地标高 163 米，场地增加面积 4.27 万平方米。新建排水渠 2 条，码头 1 座，防洪标准 20 年一遇。

马坑、坑底堤防工程，位于飞云江水系东坑镇马坑、坑底两村。工程投资 47.44 万元，修建防洪堤 414.79 米。其中，马坑村 156.13 米，坑底村 258.66 米，防洪标准 10 年一遇。

双坑堤防工程，位于原外舍乡岭北村河道左右岸。工程投资 4915.4 万元，修建汇合口护堤 118.52 米，高程 165 米；改造管道 1 条（长 1593 米、高 3 米、底宽 12.2 米、高程 169.34 米、坡度为 1%）；场地回填实方 108.28 万立方米，平整场地面积 225 亩，防洪标准 20 年一遇。

林圩堤防工程，位于炉西坑流域渤海镇林圩村。工程投资 1376.57 万元，新建防洪堤 638，04 米。其中，右岸堤 310.88 米，左岸堤 327.16 米，河道宽度 26~40 米，防洪标准 20 年一遇。

三石堤防工程，位于大赤坑流域澄照乡三石村。工程投资 138.86 万元，新建堤防及栏杆 436.19 米，人行桥 3 座，河道疏浚 200 米，防洪标准为 20年一遇。

黄谢圩堤防工程，位于英川港流域英川镇黄谢圩村。工程投资 224.59 万元，修建防洪堤 498.34 米，防洪标准 10 年一遇。

2011 年，建成王金垟、双后降防洪堤工程，投资 162.39 万元。

王金垟堤防工程，位于原外舍乡王金垟村。工程投资 49.34 万元，新建防洪堤 133.41 米、堰坝 1 座，防洪标准 10 年一遇。

双后降堤防工程，位于鹤溪流域鹤溪街道双后降村。工程投资 113.05 万元，新建防洪堤 1108.78 米，加固堤防 160.09 米，平整土地面积 8.68 万平方米，防洪标准 10 年一遇。

2012 年，建成梧桐坑、沙湾垟尾、梧桐防洪堤工程，投资 4557.18 万元。

梧桐坑堤防工程，位于小溪支流梧桐坑村。投资 1904.52 万元，工程涉及河段总长 581.36 米，土地整理面积 40305.91 平方米（为下山移民安置建设用地）。建成河道左、右岸防洪堤 987.6 米，左岸堤防从梧桐坑村石拱桥至梧桐坑与瓯江小溪汇合口，全长 439.44 米；右岸堤防从梧桐坑村头小桥下游 155 米处至梧桐坑与瓯江小溪汇合口，并延伸至梧桐大桥右岸，全长 548.16 米。工程设计等级 4 级，堤顶高程 209.09~205.15 米，清水平台顶高程 201.65 米，河道宽 50.0 米挡墙结构为重力式，基础底板素砼厚 1.0米、齿槽深 0.5 米挡墙墙身为 15 埋石 40%砼，迎水面为厚 40 浆砌卵石，二级式清水平台宽 3.0 米，护坡为干砌卵石，堤顶设置钢管栏杆，防洪标准 20 年一遇。

沙湾垟尾堤防工程，位于瓯江小溪沙湾镇沙湾、洪畈村左右两岸。工程分一期、二期总投资 2154.22 万元。其中，一期工程分 B、C 两段，新建堤防 996.18 米，B 堤（垟尾段）431.90 米，C 堤（洪畈段）564.28 米。堤防采用二阶复合式，下阶为重力式挡墙，挡墙顶延伸形成亲水平台，平台采用 20 厘米 C15 砼嵌卵石防护；堤身为 M7.5 浆砌块石，基础为 C15（20%）埋石砼，基础深 2 米；上阶为土质堤坝，迎水面边坡为 1:1.5，采用生态形式进行护岸，底下铺 200 克/米聚酯长纤无纺布进行反滤，背水面边坡为 1:1.5；二阶堤顶宽度为 4 米，防洪标准 20 年一遇。

二期工程位于沙湾镇七里村小溪右岸，新建七里段堤防 794.21 米，防洪标准 20 年一遇。

梧桐堤防工程，位于瓯江小溪梧桐乡，涉及梧桐、梧桐坑、金兰等村。工程投资 498.44 万元，新建防洪堤 1533.7 米。其中，梧桐村堤防 342.76 米，梧桐坑村堤防 582.89 米，金兰村堤防 608.05 米。梧桐村防洪标准 20 年一遇，梧桐坑、金兰、下渡村防洪标准 10 年一遇。

是年，又投资 4900 万元，完成林圩堤防工程 0.64 千米，大均水碓垟移民小区河道整治工程 0.46 千米，鸬鹚对村堤防工程 2.06 千米。投资 360 万元完成澄照张后山，大均泉坑、李宝，鹤溪严坑等村河道整治 20 千米。

2013 年 5 月，县水利重点项目包凤村下山移民安置点工程竣工。通过防洪堤建设和场地平整，为下山移民安置提供场地，共改造河道 248 米，新建防洪堤 1521 米，新建堰坝 3 座、交通桥 1 座、人行便桥 3 座，平整土地 8.8 万平方米，投资2180万元，防洪标准20年一遇。11月，大均乡伏叶村堤防水毁修复工程竣工。新建防洪堤401.52米，加高27.25米，加固53.9米，投资92.91万元，防洪标准10年一遇。

2014年5月，县水利重点项目双后降二期工程竣工，位于鹤溪街道张村与双后降区块，与已建成的双后降一期工程相邻。新建防洪堤848米，平整场地14.4万平方米，分A、C两个区块，修建交通桥6座，投资3501.84万元，防洪标准10年一遇。11月，景南堤防工程竣工，位于飞云江水系（三插溪）东坑镇和景南乡，涉及白鹤、景南、汤北、徐砻、章坑等村。工程投资2215万元，新建和加高防洪堤5100米，堰坝6座，综合治理河道4700米，防洪标准10年一遇。

2015年，全县河道综合治理工程项目15个，投资9875万元，河道治理工程总共完成34.5千米。

2003—2014年景宁建成（小流域河道）防洪堤

表3-1　　单位：万元

防洪堤名称	所在河流	所在位置	防洪标准	投资	建成时间
鹤溪中心段	鹤溪	县城	20年一遇	1243	2003
梅岐堤	小溪支流	梅岐村	10年一遇	49.34	2007.4
毛垟堤	毛垟港	毛垟村	20年一遇	150	2007.9
后溪堤	鹤溪河	后溪村	20年一遇	170	2007.8
三枝树堤	鹤溪河	三枝树村	20年一遇	30	2007.10
东塘堤	飞云江	东塘村	10年一遇	93.55	2008.10
外舍堤	小溪	外舍	50年一遇	25000	2008.12
王木坑堤	鹤溪河	王木坑村	10年一遇	79.16	2009.2
沙湾堤	小溪	沙湾村	20年一遇	231.94	2009.4
鸭卵坑段堤	鹤溪河	县城	20年一遇	1600	2009.4
标溪堤	标溪港	标溪村	20年一遇	67.93	2009.6

续表 3-1

防洪堤名称	所在河流	所在位置	防洪标准	投资	建成时间
梅坑堤	小溪	梅坑村	10 年一遇	3152.06	2009.10
大均堤	小溪	大均村	10 年一遇	313.17	2009.11
马坑、坑底堤	飞云江	马坑、坑底	10 年一遇	47.44	2010.7
西汇堤	小溪	西汇村	20 年一遇	642.27	2010.4
塔堪段堤	鹤溪河	县城	20 年一遇	3090	2010.10
双坑堤	瓯江支流	双坑村	20 年一遇	4915.4	2010.11
林圩堤	炉西坑	林圩村	20 年一遇	1376.57	2010.11
三石堤	大赤坑	三石村	20 年一遇	138.86	2010.12
王金垟堤	小溪支流	王金垟	10 年一遇	49.34	2011
黄谢圩堤	英川港	黄谢圩村	10 年一遇	224.59	2011
双后降(一期)	鹤溪河	双后降村	10 年一遇	113.05	2011
青少年宫堤	鹤溪河	县城	10 年一遇	208.16	2012.8
沙湾垟尾堤	小溪	沙湾村	20 年一遇	2154.22	2012
洪畈堤	小溪	洪畈村	10 年一遇	含沙湾堤	2012
七里堤	小溪	七里村	10 年一遇	含沙湾堤	2012
梧桐堤	小溪	梧桐村	10 年一遇	498.44	2012
下渡堤	小溪	下渡村	10 年一遇	含梧桐堤	2012
金兰堤	小溪	金兰村	10 年一遇	含梧桐堤	2012
梧桐坑堤	梧桐坑	梧桐坑村	20 年一遇	1904.52	2012
包凤堤	鹤溪支流	包凤村	20 年一遇	2180	2013.5
伏叶堤	小溪支流	伏叶村	10 年一遇	92.91	2013.11
双后降(二期)	鹤溪支流	双后降村	10 年一遇	3501.84	2014.5
城南段堤	鹤溪河	县城	20 年一遇	7045	2014.10
景南堤	飞云江	白鹤等村	10 年一遇	2215	2014.11

2015 年景宁河道综合治理情况

表 3–2

河流及项目名称	建设内容	实施单位	河流治理完工长度(千米)	项目完成投资(万元)	完工项目起止点
畲乡滨水休闲养生基地－休闲长廊项目	新建堤防、岸坡整治	景宁水利发展有限公司	13	8900	溪口–大均
大均乡新亭村河道整治工程	新建堤防、护栏	大均乡人民政府	1.5	40	村头–村尾
英川镇隆川村桥下段护岸工程	新建堤防、护栏	英川镇人民政府	2	75	村中桥–村尾
东坑镇深垟溪水毁修复工程(叶源垟村)	新建堤防、堰坝	东坑镇人民政府	2	50	村头–村尾
鹤溪河鹤苑桥－寨山桥右岸护堤工程	新建护堤、疏浚、护岸整治	景宁水利发展有限公司	1	162	鹤苑桥–寨山桥
鹤溪河鹤苑桥－寨山桥左岸护岸工程	新建护堤、疏浚、护岸整治	景宁水利发展有限公司	1	168	鹤苑桥–寨山桥
鹤溪河廊桥堰坝工程	新建堰坝、疏浚	景宁水利发展有限公司	2	220	永安桥–廊桥
景南乡景南村河道整治工程	新建堰坝	景南乡人民政府	1	33	村头–村尾
渤海镇梅坑村河道整治工程	新建堤防	渤海镇人民政府	1	20	村头–村尾
红星街道潘坑村李坑护岸工程	新建堤防	红星街道办事处	1	22	村头–村尾
澄照乡三石翁边村灌排河道整治工程	新建堤防、堰坝	澄照乡人民政府	2.5	35	村头–村尾
秋炉乡后坑村河道整治工程	新建堤防、堰坝	秋炉乡人民政府	2	30	村头–村尾
毛垟乡库头村库下护岸工程	新建堤防、护栏	毛垟乡人民政府	2	50	村头–村尾
鹤溪街道东弄水毁修复工程	新建堤防	鹤溪街道办事处	2	60	村头–村尾
鸬鹚山下村河道整治工程	新建堤防、护栏	鸬鹚乡人民政府	0.5	10	村头–村尾

第二章 水土保持

历届政府重视水土保持工作，采取绿化造林、流域治理等治理措施，有效遏制水土流失，2015 年县人民政府制定出台《景宁畲族自治县 2016—2020 年水土保持规划》。

第一节 水土流失

20 世纪 30 年代以前，境内茂林碧水，山川秀丽，房前屋后果树掩映，村头村尾"风水林"古木参天。20 世纪 50 年代起，境内森林破坏严重，水土流失严重。1953 年刮了一阵共产风，青田、瑞安、乐清等县组织木炭兵团到景宁大肆砍伐，提出"砍光景宁，建立新青田"的口号。据统计，1958 年 12 月 12 日，境内有 3494 人上山烧木炭，消耗木材 4 万多立方米。1959—1961 年经济困难时期，毁林种粮盛行。1966—1976 年"文化大革命"期间，木材自由市场交易混乱，一年贩运木材 3.5 万立方米。1967 年 1—3 月发生山林火灾 39 起，大片森林被毁。1981 年 6 月上旬以来，温州地区和福建省寿宁县有 1000 余人拥入东坑、大漈等地贩运木材，每天外流木材 100 余立方米。20 世纪 80 年代大量发展香菇、黑木耳、茯苓和木珠生产，大量阔叶林被毁。

1949—1989 年，全县造林 181.6 万亩，荒山面积 1989 年比 1957 年下降了 63.8%，但木材消耗量年却高达 35 万立方米，超过生长量一倍多，难以恢复群体性、掠夺性的过量砍伐，可谓"百把斧头砍树，一把锄头造林"。森林植被状况是幼林多，成熟林少，柴薪多，用材林少，杉木资源枯竭，珍贵林木稀有，山地植被遭受破坏，森林郁闭度下降，失去涵水保土性能，雨水不能就地消纳，冲刷愈演愈烈，水源不断枯竭，造成生态平衡失调，环境恶化，溪流泥砂淤积，河床抬高，山塘、水库淤填，稍遇水旱，导致成灾，不少堰坝被淤积与堰渠顶面齐平。根据沙湾水文站21年的资料分析，该站多年平均输砂量17.21万吨，每平方千米每年水土流失150.76吨（侵蚀模数）。1958年鹤溪镇半垟水库建成时水深4米，20世纪80年代末被淤积仅有2米深，降低灌溉和养鱼效益。

县城鹤溪河贯穿景宁县城，流经三枝树、张春、东弄、塔勘、鹤溪、岭脚、新城、学田等村。河道覆盖层厚度6~9米，以砂砾石为主，两岸山势陡峻，基岩裸露，岩层破碎。由于上游山林覆盖率减少，流域内植被破坏、水土流失严重，源短流急，河床切割严重，一遇洪水溪流走向东冲西撞，洪水夹带泥砂，淤积河道，堤坝倒塌危及县城。

20世纪90年代后期，乡村公路"村村通"，小水电、农田水利建设规模扩大，袋料香菇、黑木耳生产以及水干果基地开发等，为景宁社会发展带来巨大的经济效益。另一方面，筑路、开矿、香菇的种植及其他开发建设占用了大量的耕地，加剧了坡耕地的开垦，诱发了地质突变。由于取土、采石、修路、建厂大量占压土地，破坏周边地表植被，降低山体稳定，尤其白化开挖边坡，硬化地表等建设行为，造成青山白化，破坏水源涵养功能。随着水土逐年流失，不少山坡土层减薄，土壤质变粗，丘陵区荒山坡冲沟发育，蚕食地面，生态环境不断恶化。

城镇建设以及园区开发回填取石随意开坡、弃置废土、废石形成大量的弃渣，并直接倾入山谷或冲沟，引起水土流失下泄的泥砂淤积水库、河道，降低了水库、河道蓄水行洪能力，造成崩塌、泥石流等人为诱发地质灾害。同时，水土流失挟带的泥砂以及化学物质进入各种水体，造成水资源的二次污染。

据2014年9月统计，全县共有水土流失面积140.18平方千米，占土地总面积(1938.84平方千米)的7.23%。其中，轻度流失面积19.06平方千米，占水土流失面积的13.60%；中度流失面积69.92平方千米，占水土流失面积的49.88%；强度流失面积18.43平方千米，占水土流失面积的13.15%；极强度流失面积24.63平方千米，占水土流失面积的17.57%，剧烈流失面积8.14平方千米，占水土流失面积的5.80%。九龙乡的地质公园和千峡湖水库，岩石裸露和水库库区周边部分山体裸露造成水土流失面积达2.22万亩，东坑镇、红星街道分别为1.93万亩、1.79万亩。水土流失面积比例最高的是鹤溪街道，占全街道土地总面积的12.64%，鸬鹚和梧桐乡分别为12.18%、11.37%。

第二节 治理措施

绿化造林

中华人民共和国成立后，县人民政府三令五申禁止放火烧山，禁止乱砍滥伐，广泛开展植树造林、封山育林、护林防火等工作，促进了水土保持工作的落实。绿化造林形式各式各样，不同的历史时期有不同的形式，20世纪50—60年代以合作造林形式建起国有林场。1956年10月，始建景宁林业总场，下属5个分场，28个林区有林地面积10.13万亩，森林活立木蓄积32.03万立方米。1958年，建大漈、北溪、草鱼塘、金钟、大仰、荒田湖等国营林场。同年，全县做护林防火牌2.28万块，建立乡村护林防火组织516个，开设防火线1500多条。1958—1959年全县共挖矛坑5000多个、鱼鳞坑2.5万个，采用水平带种植茶、果、药等经济林6.77万亩，有利山地涵蓄水分，防止水土流失。20世纪60年代后期—80年代初以“社队办林场，林场管基地”的形式建成一批乡村用材林基地。

20世纪80年代中期，林业实行“三定”政策后，以“家庭联产承包责任制”的形式组织千家万户建造杉木速生丰产商品材基地9.46万亩。1989年，按照省政府十年绿化浙江的目标，大力开展“灭荒造林”工作，实现8年绿化景宁的目标。20世纪90年代后开展多种形式的绿化造林，1994年，实现“消灭荒山”达标县，同时开展国有与集体、国有与个人合作等多种形式造林，共造股份制林业基地8.6万亩。再是利用世界银行贷款建造用材林基地，多渠道资金投入林业建设，调整林种和树种结构，先后开展了林业特色基地建设，建成干水果基地2万多亩，中药材基地1万余亩，毛竹高效笋竹两用林基地5.5万亩。

1999年，景宁被列入全省21个生态公益林实施试点县。2001年，开展森林分类区划界定。2004年，根据国家和省林业厅的有关规定，对全县重点公益林进行界定和完善，界定重点生态公益林73.09万亩。其中，国家级重点生态公益林47.23万亩，省级重点公益林25.87万亩。

2004年，全县封山育林83.3万亩，绿化造林6.21万亩，林业用地239万亩，占县域国土面积的81.9%，森林覆盖率达79.1%，绿化率达96.38%。是年，望东垟高山湿地自然保护区列为县级自然保护区。

2010年以来，景宁完成了“十二五”林业发展、林地保护利用、森林可持续经营和森林城市建设总体规划等四项规划，建立省级高山湿地自然保护区2个，公布重要湿地6个，生态区位重要的森林资源得到了有效保护。

截至2015年，全县完成绿化造林6.2万亩，森林抚育3.46万亩，建成重点公益林优质林129.2万亩。加强对林业精品园、产业示范区和高效基地建设，促进林业产业转型升级，强化森林资源培育，深化集体林权制度改革，推进森林资源流转，促进林权抵押贷款增量扩面，实现林木火灾保险全覆盖，完善林权管理数据库。严格森林采伐限额和林地定额管理，强化森林防火和森林病虫害防治，积极调处山林纠纷，严厉打击各类破坏森林资源等违法犯罪活动。各级政府贯彻执行《中华人民共和国森林保护法》和“停垦还林”的一系列措施，使森林覆盖率渐趋回补，从源头上遏制了水土流失。

流域整治

鹤溪河屡遭水患，水土流失严重。据史料记载：明万历十五年（1587）就在两岸筑堤防洪。民国34—36年（1945—1947），修建鹤溪永平堤，由县政府会同县党部、参议会、农会成立鹤溪水利委员会，征集5400余民工，以工代赈。

中华人民共和国成立前后，鹤溪河曾数十次筑堤防洪，均未能免于灾害。1984年，景宁畲族自治县设立后，历届人民政府重视鹤溪河的治理。1985—1992年，先后组织实施鹤溪河水土流失治理工程，加固加宽三枝树至鸭卵坑旧堤外坡和新筑浆砌块石堤防6723米，完成工程量6.44万立方米，投资244.99万元。1994年8月21日，日降雨320毫米，鹤溪河上游山洪暴发，致鹤溪河历年修建的防洪堤几乎毁于一旦，一次水灾损失近亿元。

1995年，县人民政府邀请上级业务部门和水利专家制定综合治理方案，省、地有关专家经过实地勘察，批准景宁畲族自治县根治鹤溪河方案，并列入全省第一批小流域综合治理试点项目。

鹤溪河治理工程分流域植被、小（一）型调洪水库、配套防洪设施、河流疏浚四部分。突出治山与治水、疏浚与护堤、治理与开发、工程治河与依法治河“四个结合”，从1995年开始进行了两轮较大规模的水土流失治理。

第一轮治理始于1995年11月，投入资金793万元，完成封山1.8万亩，新建和修建防洪堤8.5千米，新建堰坝3座，河道疏浚6.5千米，护林带2千米，保护农田5250亩，保障2.3万居民的安全。1996年6月，经省水利厅组织验收合格，省人民政府肯定了鹤溪河治理的成功经验。

第二轮治理始于2000年7月，投资1.2亿元，先后组织实施了鹤溪河城区中心段、鸭卵坑、塔勘、青少年宫、城南段堤防工程的项目建设，新建堤防4.3千米，新建堰坝15座，河道疏浚6.5千米。

截至2013年，鹤溪河水土保持综合治理工程共投资1.28亿元，新建和修建堤防12.8千米，新建堰坝18座，疏浚河道13千米，有效地控制了鹤溪河水土流失状况。

小流域治理

2000年以后，景宁以小流域水土流失综合治理为重点，实行山、水、田、林、路统一规划，采取“综合布局、集中连片、规模治理、因害设防”的形式开展水土保持工作。

2002—2006年，实施完成鹤溪、梧桐、沙湾、毛垟、东坑、家地、雁溪、澄照等8个乡镇所在地的13条河道治理工程建设，共整治河道8千米，疏浚河道11.8千米，治理小流域水土流失面积18.5平方千米。

2007年，实施完成澄照乡岩下村水土保持综合治理工程，岩下村曾于1992年8月30日凌晨4时发生特大泥石流，全村24户房屋被毁。为修复重建岩下村村民家园，投资123万元，治理水土流失面积10.43平方千米。

2014年，实施完成鹤溪小流域水土保持综合治理工程，涉及鹤溪、浮丘、包凤、城北、城西、三枝树、周湖、双后降、张村、旱塔、惠明寺、东弄、滩岭、敕木山等14个行政村。工程包括水土保持林补植、经济林、封山育林、小型蓄排引水、钼矿渣场、沟道治理等，总投资997.76万元，治理水土流失面积24.41平方千米。

2015年，实施完成秋炉坑、龙潭桥水库上游小流域水土保持综合治理工程，总投资707万元，治理水土流失面积18.95平方千米。

秋炉坑小流域位于秋炉乡，属毛垟港主要支流，流域面积39.06平方千米。工程涉及秋炉、第一坑、梅花岗、后坑、万岱、新塘垟、坑口、半山、燕安（毛垟乡）、山头、坑边、凤口等12个行政村。共封山育林1.17万亩，其中水土保持林774亩，经济作物林553亩；修复护岸821米，坡面小型蓄排水及修建截水沟1800米，排水沟423米；新建拦沙坝3座，蓄水池2座，沉沙池7座，沉沙井14

座；裸露面治理 400 平方米，喷播植草 400 平方米，爬山虎 45 株，络石 45 株。投资 306 万元，治理水土流失面积 8.72 平方千米。

龙潭桥水库上游小流域位于梅岐乡，东坑镇和鹤溪街道区域，流域面积 56.86 平方千米。工程涉及砾头、底山、高闩、梁驮、潘坪、乌岩、茗源、留钱、石闩、王木坑、岗楼等 12 个行政村。共封山育林 1.45 万亩，水保林 872 亩，修复护岸 2223 米，新建拦砂坝 8 座。投资401 万元，治理水土流失面积 10.23 平方千米。

同年，投资 1500 万元，完成鹤溪河廊桥堰坝工程、景南村河道整治、三石翁边村灌排河道整治，库头村库下护岸、隆下村桥下段护岸、东弄村水毁修复、潘坑村李坑护岸、梅坑村河道整治、大地村河道整治（一期）、鹤溪城西村河道整治等 15 个河道治理项目。

截至 2015 年，全县共治理水土保持面积 87.56 万亩。其中，梯田 21.03 万亩，乔木林 50.36 万亩，灌木林 1.22 万亩，经济林 1.06 万亩，封禁治理 13.79 万亩，坡面水系工程控制面积 0.10 万亩；小型蓄水保土工程塘坝 31 个；沉砂池 5 个，蓄水池 13 个，拦砂坝 7 个；引水沟 63 千米，排洪沟 76.6 千米，挡土墙 48.5 千米，截水沟 88 千米 ，排水沟 259.8 千米，水土流失恶化趋势得到遏制。

第三节　水保规划

历史上景宁水土保持工作从未间断，但一直都没有制定过近、中期规划。2015 年，制定了《景宁小流域综合治理规划（2016—2020）》，对境内49 条小流域实施水土流失综合治理，治理水土流失面积 42.85 平方千米，涉及 71 个行政村，投资 5547.96 万元。

毛垟港流域

包括半岱、永库、沙村、黄坑、小地、赤岩 6 条小流域，涉及炉西、上坑头、董岭、小地、赤岩、莲川等 6 个行政村，水土流失面积 4.24 平方千米。

项目区水土流失现状主要为山区道路边坡多为裸露坡面，难以自然复绿，在降水作用下产生水土流失。其中，小地小流域南部、赤岩小流域位于小地（B-1）地质灾害中易发区，灾害类型为滑坡。《景宁畲族自治县地质灾害防治规划

(2012—2015)》中已通过搬迁避让方式排除险情。计划以封禁治理为主，并实施营造水土保持林、坡面径流调控、栽植经济林、农村人居环境绿化、裸露面治理等措施，治理水土流失面积3.61平方千米，投资305.67万元。

英川港(英川段)流域

包括木岱口、黄口、陈坑、陈田4条小流域，涉及木岱口、寨后、张川、凤垟、隆上、隆川、林坑、叶桥、流坑、东堡、李处、何处、陈田等13个行政村，水土流失面积4.99平方千米

项目区水土流失现状主要为山区道路边坡多为裸露坡面，难以自然复绿，在降水作用下边坡坍塌等时有发生，山高坡陡，陡坡耕地开发，破坏森林资源，生态环境减弱。计划以封禁治理为主，并实施营造水土保持林、坡面径流调控、栽植经济林、裸露面治理、农村人居环境绿化等措施，治理水土流失面积4.24平方千米，投资526.53万元。

英川港(鸬鹚段)流域

包括林胡、鸬鹚、驮戟、黄桑南、坑下5条小流域，涉及林胡、西山、坳根、葛山、仁字坑、南坑下、粗砻、岭头、董川、坑垟等10个行政村，水土流失面积6.06平方千米。

项目区水土流失现状主要为山区道路边坡多为裸露坡面，难以自然复绿，在降水作用下边坡坍塌等时有发生。其中坑下小流域南部、林胡、鸬鹚小流域西南部、黄桑南小流域位于英川至鸬鹚地质灾害高易发区(A1)，灾害类型为滑坡、崩塌，《景宁畲族自治县地质灾害防治规划(2012—2015)》中已通过搬迁避让方式排除险情。计划以封禁治理、坡面径流调控为主，并实施营造水土保持林、栽植经济林、裸露面治理等措施，治理水土流失面积5.15平方千米，投资695.68万元。

小溪(沙湾、梧桐段)流域

包括林斜、沙湾、七里汇、水碓、秋兰、半坑、林山下等7条小流域，涉及坑头、张庄、季庄、林斜、仙菇、严坑、丘兰、王山头、东源、金兰、林进等11个行政村，水土流失面积8.48平方千米。

项目区水土流失现状主要为山区道路建设，山体开挖边坡未及时恢复植被。计划以封禁治理为主，并实施栽植经济林、营造水土保持林、农村人居环境

绿化、坡面径流调控、河道护岸、裸露面治理等措施，治理水土流失面积 7.21 平方千米，投资 722.15 万元。

标溪港流域

包括雁溪、黄桐、高宅、坑尾 4 条小流域，涉及上东山、缪坑、程田、黄桐、石梯、谢坑等 6 个行政村，水土流失面积 4.06 平方千米。

项目区水土流失现状主要为山区道路边坡多为裸露坡面，难以自然复绿，在降水作用下产生水土流失，山高坡陡，陡坡耕地开发，破坏森林资源，生态环境减弱，集中连片的乔木林地，局部缺少植被覆盖。其中雁溪小流域位于雁溪(B-2)地质灾害中易发区，灾害类型为滑坡。计划以封禁治理、营造水土保持林为主，并实施河道护岸、栽植经济林、裸露面治理、坡面径流调控、农村人居环境绿化等措施，治理水土流失面积 3.45 平方千米，投资 588.99 万元。

大赤坑流域

包括三石、东升、十扒、张后山 4 条小流域，涉及三石、金丘、四格、东畔、东升、米岩山、漈头、张后山、仙山、炉西岭等 10 个行政村，水土流失面积 5.83 平方千米。

项目区基础建设项目较多，水土流失现状主要为开发建设项目的采石和取土等造成的裸露面和遗留场，开发园区产生的废弃土石方和泥浆等。三石小流域东南部、东升、张后山、十扒小流域位于白沙岱至鹤溪(B-3)地质灾害中易发区，灾害类型为滑坡、泥石流、崩塌，《景宁畲族自治县地质灾害防治规划(2012—2015)》中已通过搬迁避让方式排除险情。结合开发园区规划和城市规划，须通过建立废弃土石方和泥浆集中中转场，解决废弃土石方和泥浆的综合利用(废弃土石方和泥浆集中中转场地在开发园区水土保持方案中解决)。计划以封禁治理、坡面径流调控为主，并实施营造水土保持林、河道护岸、栽植经济林、裸露面治理、农村人居环境绿化等措施，治理水土流失面积 4.95 平方千米，投资 722.15 万元。

徐山小流域

位于红星街道，流域面积 23.92 平方千米，涉及岭根源、潘坑共 2 个行政村。水土流失面积 1.16 平方千米。

项目区水土流失现状主要为集中连片的乔木林地，局部缺少植被覆盖。其中，徐山小流域位于潘坑（B–5）地质灾害中易发区，监测和预防工作已列入《2012—2015景宁畲族自治县地质灾害防治规划》。计划以封禁治理、营造水土保持林为主，并实施栽植经济林、裸露面治理、坡面径流调控、农村人居环境绿化等措施，治理水土流失面积0.99平方千米，投资193.30万元。

东坑小流域

包括孙山、方徐、东坑、何村、徐砻、干演口、竹埠、蚊子岭等8条小流域，涉及方徐、罗山、马坑、何村、徐砻、章坑、北山、竹埠等8个行政村，水土流失面积5.99平方千米。

项目区水土流失现状主要为集中连片的乔木林地，局部缺少植被覆盖，山高坡陡，陡坡耕地开发，破坏森林资源，生态环境减弱。其中，东坑、何村、徐砻小流域位于东坑（B–4）地质灾害中易发区，灾害类型为滑坡、崩塌。《景宁畲族自治县地质灾害防治规划（2012—2015）》中已对东坑、何村、徐砻小流域进行监测和预防工作。计划以封禁治理为主，并实施营造水土保持林、栽植经济林、裸露面治理、坡面径流调控、农村人居环境绿化等措施，治理水土流失面积5.46平方千米投资722.42万元。

外垟小流域

位于九龙乡，包括外垟、底桃源、下朱山、后斜、大岭头、萍田、坳头、后坪、上杨梅垄、朱山等10条小流域。涉及岭里、鲍岸、顺利、后坪、下杨梅垄等5个行政村，水土流失面积8.27平方千米。

项目区水土流失现状主要为水库库区周边部分山体裸露，山区道路边坡多为裸露坡面，难以自然复绿，在降水作用下产生水土流失。流域内部分水土保持林大面积被砍伐，植被覆盖度较低，坡面泥砂随降雨进入坡底沟道，水土流失较为严重。同时，小流域内沟道比降较大，沟道两侧多为土质岸坡，河岸受雨水冲刷严重，局部区域甚至出现坍塌，沟道侧向侵蚀、沟底下切严重，河道两侧的泥砂随河水进入下游沟道，抬高河底高程，不仅影响行洪，还将造成水土流失，污染下游小溪水质。计划以封禁治理、营造水土保持林、坡面径流调控为主，并实施河道护岸、裸露面治理等措施，治理水土流失面积7.80平方千米，投资679.06万元。

水土保持

水资源管理

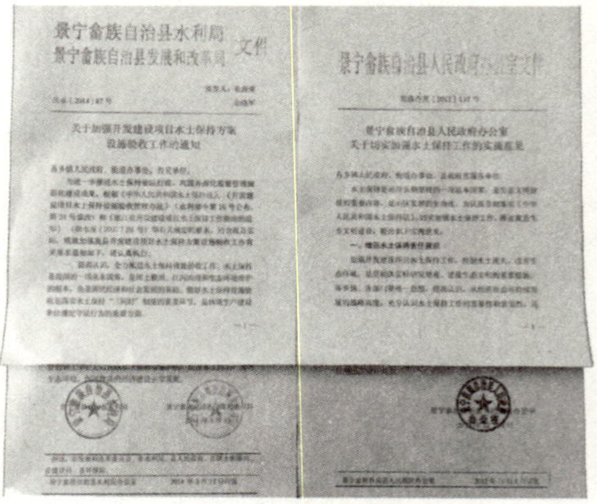

水土保持相关文件

第四编 水利建设

同治《景宁县志》载："景宁自附廓之外，地无旷野，凡同麓有水处，即治为田，砌石成丘，如阶之级，所谓磴也。山气高寒，水冽土薄，霖潦最易崩塌，雨必决之。旱暵则农人衣棕藉草，夜卧塍间，以守田水，虽豺虎虺蜴之与伍，不复畏矣。"景宁全县有耕地10.50万亩，农田9,08万亩，大多属山砻梯田，丘小坎高，田片分散。灌溉方式主要依山涧之势，筑堰、修渠或用竹木笕引泉入田。坡岗田易旱，低洼田易涝，一遇久旱，人力无法抗拒，只能祈祷龙神天公赐雨。

前人曾为农田水利建设作过不懈努力，明代毛垟村人在离村十华里的(岱头亭下)山坑筑堰、开渠，灌溉农田195亩；同治八年(1869)景宁县志记载，有防洪堤12处，堰坝52处；乾隆癸酉年始用水碓轮式水车翻水。古云："乾隆乾隆处处叠岩砻，嘉庆嘉庆家家端饭甑"。民国期间，政府以工代赈曾6次修复鹤溪防洪堤，因未统一规划，缺乏科学治理，屡筑屡毁。

中华人民共和国成立后，人民政府重视农田水利建设，提倡治山治水相结合，以治山为主，蓄水、引水、筑堤相结合；以蓄水为主，发挥水利工程一水多用。21世纪以来，国家加大对水利建设的扶持力度，全县水利工程通过统一规划，科学治理，农田灌溉、流域治理、抗旱防洪、人畜饮水等方面成效显著。

第一章　蓄水工程

景宁人沿溪坑筑堤堰、开凿渠道，灌溉农田始于明代，中华人民共和国成立后，人民政府重视农田水利建设，提倡治山治水、蓄水、引水、筑堤相结合，以蓄水为主，确保农业灌溉、生活饮用、电力运行，发挥水利工程一水多用。

第一节　发展概况

景宁蓄水工程始于1955年冬季，标溪乡何庄村、梧桐乡东源村、沙湾乡道化村农民开始筑坝挖塘兴修水利，至次年春末相继建成天竹岙、东源湖和漈山头3处山塘水库，蓄水量1.25万立方米，灌溉农田155亩。共投劳7000多工，完成土石方8180立方米。

1956年，漈山头水库坝高增至10.8米，蓄水1.14万立方米，水库蓄水缓解了新庄垟53亩稻田的旱情。是年冬至次年春，红星高级社组织300多劳动力，投入6000多工，建成驮毛砻、汤山、山后、手工业塘等4处山塘水库，蓄水3000立方米，解决了60亩山垄田的灌溉。同时，渤海乡旦水村寺岙门、旱塘降两处水库开工，当年建成受益。1957年水库开工6处，建成2处。

1958年，计划建造水库184处，山塘1284处，其中蓄水10万立方米以上的蔡湖垟、白水漈、上标漈水库和蓄水1万立方米以上的缸窑湖、风箱岱、五叶莲花、太坪垟、木岱后、日砻湾、月日湾、小垟山等水库动工兴建。

1959年，蓄水量10万立方米以上的三枝树、大赤垟水库，10万立方米以下的企岩、牛七坪等水库山塘开工695处。红星人民公社抽调2100多个劳力，分别投放在三枝树和大赤垟水库工地；沙溪人民公社抽调各管理区1500多个劳力，分别投放在蔡湖垟水库和七里汇筑堰工地；英川人民公社抽调600多劳动力投放在企岩水库工地。沙湾管理区仰天湖、外舍管理区月日湾等13处水库及部分山塘蓄水受益。

1960年，景宁撤县并入丽水县之后，抽调3000多名民工前往云和雾溪水库参加雾溪水库工程建设。坚持“集中力量、保证重点”和“投资少、受益大、效益好”的基本原则，蔡湖垟、白水漈、上标漈、三枝树、大赤垟等5处水库停工缓建，其中白水漈水库续建于1972年，历时16年，于1988年建成。

1966年，陈村乡后坪村高山水库竣工，坝高18米，蓄水2万立方米。奋战8年，投劳21万工，修复和建成黄坑等8个山塘水库，蓄水10万立方米，灌溉农田345亩。

20世纪70年代，掀起全民治水热潮，莲川公社率先兴建山塘水库。然后白水漈、蒲垟、坦岱、黄坑、上白田等42座水库和山塘先后开工和续建，其间，建成水库37座，蓄水量115.5万立方米，建成山塘200多处。

20世纪80年代，建成上标一级中型电站水库，蓄水2159万立方米。建成鲤鱼塘、安平、朱方坑、毛圩、坑头等5座山塘。蒲垟、白水漈、白坦3座小（二）

型水库和潦山头、五叶莲花、太平垟、天堂湖、金钟后、梅岭、八角岭、小垟等8座山塘先后续建和除险加固。

20世纪90年代，以挖潜配套、除险加固为主，挖潜塘库39处。陈村乡金山村新建山塘1口，蓄水0.7万立方米，受益农田105亩。

2000年后，相继建成白鹤电站、英川一级2座中型电站水库，蓄水5334万立方米。三枝树、景润等小（一）型电站水库9座，蓄水2987.15万立方米。

2004年4月，加强推进病险水库和千库保安工程建设，把病险水库、山塘除险加固列入“强塘固防”工程之一，对94座山塘、水库进行检查，先后完成了蒲垟等6座小（二）型水库的除险加固工程。

由于长时间未能发挥作用，一批小型山塘逐渐废弃，截至2015年，全县共有小(2)型以上水库43座，山塘89座，堰塘121座，蓄水量1.21亿立方米（未含千峡湖水库）。其中，上标、英川、白鹤等3座中型电站水库，蓄水量7493万立方米（上标水库2159万立方米、白鹤水库1603万立方米、英川水库3731万立方米）；小（一）型水库9座，蓄水量3041.84万立方米；小（二）型水库31座，蓄水量1379.17万立方米；1~10万立方米的山塘89座，蓄水量172.7万立方米；1万立方米以下的堰塘121座，蓄水量67.71万立方米。分布在19个乡镇和2个街道。其中沙湾镇有山塘29座、堰塘30座，主要功能为农村农业灌溉和人畜饮用水水源。

第二节 大中型水库

滩坑电站水库

滩坑电站水库（又名千峡湖），位于瓯江流域小溪支流中段，上至景宁鹤溪，下至青田滩坑水电站大坝，呈峡谷型，故取名“千峡湖”，为全省第二大人工湖。坝址以上集雨面积3330平方千米，总库容41.90亿立方米，正常库容35.20亿立方米，调节库容21.26亿立方米，防洪库容3.5亿立方米。正常蓄水位160米，死水位120米，设计洪水位165.87米，校核洪水位169.15米，台汛期限制水位156.50米，是集发电、生态、旅游、防洪、供水、灌溉为一体的多功能大型水库。水库面积70.93平方千米，景宁区域面积39平方千米，干流回水长度80公里，占比51%，广阔的库区水面为景宁的渔业、旅游事业发展提供了得天独厚的自然条件。滩坑水电站水库以发电为主，是全省最大的水电站之一，电站具有多年调节性能，设计装机容量60.4万千瓦（3×20+0.4万），保证出力8.775万千瓦，年发电量10.23亿千瓦时，年利用小时数1694小时。

拦河坝为钢筋混凝土面板堆石坝，坝顶高程171米，最大坝高162米，坝顶长507米，坝顶宽12米。溢洪道位于左岸垭口，采用开敞式溢洪道，总长1500米，溢流堰坝高程148米，设有6个闸孔，最大泄流量14335立方米/秒。泄洪洞由施工导流洞改建而成，位于左岸，洞内设有1个闸孔，最大泄流量1729立方米/秒。

滩坑水库淹没涉及青田、景宁两县11个乡镇81个行政村，共移民近5万人，其中景宁有鹤溪、外舍、金钟、渤海、大顺、陈村等4个乡2个镇共移民20992人。水库影响区征收园耕地25262亩，其中耕地22735亩，水田200亩，园地2327亩。工程于2004年10月31日开工，2005年10月13日截流，2008年4月29日下闸蓄水，2009年竣工发电，2010年7月达到正常蓄水位。

蓄水后的滩坑水库（千峡湖），坝锁瓯江小溪，高峡出平湖，库区出现众多岛屿、半岛、岬角、港湾、湖峡等自然景观和大坝、电站、大桥等人文景观，集峰、湖、岛、岩、林等多种独特景观于一体，形成“秀、幽、奇、神”的特色，犹如一幅绚丽多彩的美丽画卷，令人赏心悦目。

上标电站水库

位于景宁南部的景南乡上标盆地内，四周环山，山体雄厚，库岸岸坡平缓，离县城68千米。上游与泰顺县和福建省寿宁县边界相连，水库上游集雨面积25.7平方千米，主流长度9.78千米，并跨流域引水入库集雨面积4.4平方千米（无压拱形隧洞长2860米），多年平均年径流深1280毫米。水库总库容2159万立方米，正常库容1763万立方米，属多年调节中型水库。校核洪水位991.35米，正常蓄水位987米，发电死水位962米，汛期限制水位986米。上标电站水库于1985年8月正式动工兴建，1989年2月28日截流蓄水工程，1990年7月21日两台机组相继投产发电，2012年电站通过增效扩容改造，电站增容为2×9500千瓦（原装机容量为2×8000千瓦），2015年11月通过省发改委组织的竣工验收。

上标电站水库以发电为主，兼顾防洪、供水和农田灌溉。坝址区为峡谷地段，河流深切成多处跌水，两岸地形对称。坝址基岩广泛出露，为肉红、浅灰色流纹斑岩，岩性坚硬完整。大坝为非溢流双曲混凝土拱坝，坝顶高程991.71米，坝顶弧长105.0米，坝顶宽5.0米，最大坝高50.7米。副坝位于大坝左岸的垭口处，垭口高程986.0米，坝型为均质土坝，坝顶高程为991.7米，坝顶宽5.0米，最大坝高5.0米。

溢洪道布置在大坝和副坝左侧另一垭口处(垭口高程986.0米)，溢洪道为开敞式，现状堰顶高程986米，堰宽20.0米，溢流堰长16.85米，最大下泄流量339立方米/秒，自由出游、挑流消能。堰上设单跨公路桥1座，桥面高程992.78米。

白鹤一级电站水库

位于飞云江水系的北溪港，水库坝址在东坑镇北面约4千米处，集雨面积149.4平方千米，多年平均降雨量1906.5毫米。水库总库容1603万立方米，正常库容1419万立方米，正常蓄水位560米，死水位532米，汛期限制水位560米。水库工程于1998年5月开工，2000年5月23日下闸蓄水。水库以发电为主，兼顾防洪功能。白鹤电站总装机容量为2.5万千瓦。

水库大坝为混凝土双曲拱坝，拱坝体型为抛物线变厚拱。坝顶高程562.5米，防浪墙顶高程563.7米，坝底高程497.5米，最大坝高65米，坝顶长193米，坝顶宽4.3米。

水库泄洪方式为坝顶表孔溢流，共6孔，每孔净宽8米，总净宽48米，堰顶高程554米，上设弧形工作闸门，固定式卷扬机启闭，泄洪消能方式为挑流，辅以二道坝水垫。表孔最大单宽流量47.98立方米/秒，最大挑距61.3米，最大冲坑深18.6米。二道坝为单圆筒拱坝，高12米，距大坝170米。

英川一级电站水库

位于瓯江小溪上游的英川港距景宁县城58千米，水库坝址设英川镇木耳口与鲍岱村交汇处的西坑口，集雨面积199平方千米。坝址以上集雨面积199平方千米，主流长度4.0千米，河道比降28.6%，多年平均降雨量1990.7毫米。水库总库容3731万立方米，正常库容3038万立方米，正常蓄水位555米，死水位513米，设计洪水位557.66米，校核洪水位560.81米，按50年一遇洪水设计，100年一遇洪水校核。设计下泄流量1451立方米/秒，校核下泄流量为2314立方米/秒。水库以发电为主，兼顾防洪等其他综合功能。英川一级电站总装机容量为4万千瓦。

大坝采用混凝土面板堆石坝，坝顶高程561.0米，防浪墙顶高程562.1米，最大坝高87.0米，坝顶长度250米，坝顶宽6.0米，上下游坡均为1:1.3。

大坝左岸布置正堰溢洪道，堰顶高程549米，上建3孔宽8米，高6.5米的泄洪闸，弧形钢闸门挡水高度6米，末端建挑流鼻坎，泄洪挑出后顺山坡进入老河道。

英川一级电站水库于1998年8月动工建造，2002年4月投产发电运行，总体工程于2002年底完工。

第三节　小(一)型水库

小(一)型水库有三枝树、龙川、景润等9座，蓄水量3041.84万立方米。

三枝树电站水库

位于鹤溪上游三枝树村，是一座集发电和供水于一体的股份制水电站。发电用水引自相邻支流炉西坑上游的龙潭桥水库，水库坝址建于炉西坑主流茗源坑和支流半排坑汇合口下游800米处，集水面积31.2平方千米，引水面积24.7平方千米，多年平均入库径流量6800万立方米，其中引水径流量1950万立方米。水库总库容794.3万立方米，正常库容600万立方米，正常蓄水位630米，设计最大下泄流量215.9立方米/秒，校核洪水位时最大下泄流量256.1立方米/秒。水库供水设计日供水4万吨，为景宁县城的饮用水水源，供景宁县城居民的饮用水和生产用水。

拦河坝采用砼砌石堆石坝，坝顶高程635.8米，坝顶宽5.1米，坝底高程573米，最大坝高62.8米。水库泄洪采用开敞式侧槽自流溢洪道，侧堰长26.8米，堰顶高程630米。

工程于2003年9月动工兴建，2005年7月竣工投产。工程建设移民19人，房屋拆迁772平方米，淹没耕地15亩、山林375亩，永久占用耕地山林90亩、旱地57亩，淹没岭根400千瓦电站1座。

景润电站水库

位于景宁县西南约56千米，属黄水坑流域水电梯级开发规划中的第三级电站。黄水坑发源于庆元县东北部的石龙山，溪水东流黄水、新桥头、柳州等地至莲川村后与毛垟港汇合，集雨面积 84.8 平方千米，主河长 24.8 千米，河道比降 2.97%。电站水库坝址建在黄水坑蚊绛上游约 500 米处，坝址以上集雨面积 62.3 平方千米。水库总库容 247 万立方米，正常库容 178 万立方米，正常蓄水位 400 米，设计洪水位 403.21 米，校核洪水位 404.19 米。

拦河坝坝址处河道断面“V”字形，河床宽度 50 米，采用砼双曲拱坝，抛物线型变厚拱圈。坝顶高程 404.5 米，坝底高程 366 米，最大坝高 38.5 米，坝顶长 150 米，坝顶宽 3.9 米。坝顶中部设宽 50 米的开敞式坝顶溢流，溢流堰顶净宽 50 米，堰顶高程 400 米，堰面采用 WES 曲线挑流消能。

工程淹没耕地 15 亩、山林 130.5 亩，民房 1 幢 596 平方米，移民 2 户 9 人。于 2000 年开工，2004 年 8 月建成，以发电为主。

苛岱楼电站水库

位于标溪港上游家地溪支流，坝址建在家地乡上游 1.7 千米处的河道上，距景宁县城 67 千米。水库总库容 389.5 万立方米，正常库容 281.4 万立方米，正常蓄水位 468.8 米，设计洪水位 473.06 米，校核洪水位 474.3 米。

拦河坝采用砼混合线型拱坝，坝顶高程 474.3 米，坝底高程 424 米，最大坝高 50.3 米，泄水建筑物在河床段坝顶设开敞式溢洪道，为自由流溢，溢流剖面为 WES 由线，挑流消能。

水库工程于 2003 年 6 月 6 日开工，2007 年 8 月发电并网，以发电为主。

龙川电站水库

位于龙泉市龙南乡和景宁畲族自治县英川镇境内，坐落在瓯江水系小溪干流英川港上游的岱根坑支流上，距景宁县城 105 千米。水库坝址以上集水面积 28.15 平方千米，集雨面积 35.05 平方千米。水库总库容 185 万立方米，正常库容 154.2 万立方米，正常蓄水位 900 米，死水位 875 米，设计洪水位 902.97 米，校核洪水位 903.6 米。设计洪水位时最大下泄流量 381 立方米/秒，校核洪水位时最大下泄流量 494 立方米/秒。

拦河坝址位于桌案漈村双龙桥下游 0.5 千米的峡谷河段之中，分主坝和副坝。主坝型为单拱坝，坝顶高程 903.6 米，建基面高程 826 米，最大坝高 56.6 米，坝顶弧长长 167 米，宽 2 米；副坝为硬壳坝，最大坝高 10 米，长 20 米，坝顶高程 900.4 米。溢流式泄洪道堰顶宽 35 米，高程 900 米。

工程于 2001 年 3 月动工，2004 年 6 月发电并网，以发电为主。

上标二级电站水库

位于标溪港，水库总库容 316 万立方米，正常库容 218 万立方米，死库容 44 万立方米，正常蓄水位 460 米，死水位 442 米，设计洪水流量 389 立方米/秒，校核洪水量 558 立方米/秒，设计洪水位 463.66 米，校核洪水位 464.67 米，抗震设计烈度 VI。

拦河坝为变圆心变半径双曲拱坝，最大坝高 43 米，坝顶高程 465 米，坝顶长度 115.93 米，坝顶宽 7.5 米。设计开敞式溢洪道，堰顶宽 3.11 米，堰顶高程 460 米。

工程于 1994 年开工，1997 年 7 月机组并网发电，以发电为主。

高岩下电站水库

位于九龙乡大顺源，坝址以上流域面积 104.7 平方千米，多年平均降雨量 1652 毫米。水库总库容 525.29 万立方米，正常库容 330 万立方米，死库容 116.35 万立方米，正常蓄水位 258 米，死水位 245 米。设计洪水位时最大下泄流量 875 立方米/秒，校核洪水位时最大下泄流量 1230 立方米/秒。

拦河主坝为双曲拱型混泥土坝，最大坝高 46 米，坝顶高程 265.5 米，坝顶长度 106.9 米，坝顶宽 2.1 米。副坝为砼重力坝，坝顶高程 265.5 米，坝顶长 42.9 米。设计开敞式正槽溢洪道，堰顶宽 40 米。

工程于 1998 年 11 月开工，2000 年 6 月下闸蓄水，2003 年 6 月竣工投产，以发电为主兼顾农田灌溉。

白鹤二级电站水库

位于飞云江源头三插溪支流，水库总库容 216 万立方米，正常库容 138 万立方米，正常蓄水位 390 米，设计洪水位 392.55 米，校核洪水位 394.37 米。

水库大坝为砼砌石重力坝，最大坝高 35.4 米，坝顶高程 394.4 米，坝顶长度 86.93 米，坝顶宽 4 米。设计开敞式溢洪道，堰顶宽 48 米。

工程于 2004 年开工，2008 年投入试运行，以发电为主。

温头口电站水库

位于标溪港上游家地溪支流，水库总库容 303.75 万立方米，正常库容

259.32 万立方米，死库容 29 万立方米，正常蓄水位 650 米，死水位 625.5 米，设计洪水位 650.7 米，校核洪水位 652.85 米。

拦河坝为砼面板堆石坝，最大坝高 48.85 米，坝顶高程 652.85 米，坝轴线长度 141.78 米，坝顶宽 5.8 米，设计岸坡式正槽溢洪道，堰顶宽 8 米，堰顶高程 645.5 米。工程于 2002 年 9 月开工，2004 年 9 月下闸蓄水，12 月竣工投运，以发电为主。

毛垟电站水库

位于小溪支流毛垟港毛垟村，坝址以上流域面积 556.8 平方千米，水库总库容 171 万立方米，正常库容 69 万立方米，死库容 36 万立方米，正常蓄水位 342 米，设计洪水位 344.7 米，校核洪水位 346.69 米，设计洪水位时最大下泄流量 3010 立方米/秒，校核洪水位时最大下泄流量 4250 立方米/秒。

拦河坝为砼重力堰水力自控翻板坝，最大坝高 18.5 米，坝顶长度 123 米，坝顶高程 347.5 米。开敞式水力自控翻板泄流，堰顶高程 337 米，堰顶宽 88 米。

工程于 2003 年 3 月开工，2005 年 8 月竣工，以发电为主。

景宁小(一)型水库

表 4-1

名称	总库容(万立方米)	正常库容(万立方米)	坝顶高程(米)	最大坝高(米)	正常水位(米)	所在流域
高岩下	525.29	330	265.5	49.5	258	大顺源
上标二级	316	218	465	43	459	标溪港
龙　川	185	154.2	903.6	56.6	900	英川港
景　润	243	178	404.5	38.5	400	黄水坑
苎岱楼	389.5	281.4	474.3	50.3	468.8	家地溪
白鹤二级	216	138	383	35.4	390	飞云江
温头口	303.75	259.32	652.85	48.85	650	家地溪
毛　垟	171	69	337	18.5	342	毛垟港
三枝树	794.3	600	635.8	62.8	630	小溪支流
合　计	3041.84					

第四节 小（二）型水库

小（二）型电站水库有蒲垟一级、坦袋、黄坑、白坦、企岩、金峰、鱼漈坑、白水漈、南坑源一级、金牛坑、石银一级、漈头、粗砻、大粗、东公一级、顺利一级、顺利二级、陈潭、陶山、桃源库下，五垟一级、五垟二级、白殿坑、北溪、双银坑、岭头桥、银库、三条漈、大地黄坑、石洞门、均垟等31座，蓄水量1379.17万立方米。

蒲垟水库

位于县城南面澄照乡，属瓯江流域小溪水系，所在河道为小溪右岸二级支流——下村坑（大赤坑的支流）。在海拔1519.1米的敕木山南坡，距县城30千米，从草鱼塘林场公路接至蒲垟水库简易运输公路3.5千米，水库坝址海拔1040米，集雨面积2.1平方千米。水库总库容65万立方米，正常库容57万立方米，设计洪水位1063米，校核洪水位1063.4米，正常蓄水位1061.4米。蒲垟水库以灌溉为主、兼顾发电、防洪和供水等综合利用。

大坝坝型为黏土心墙坝，坝高33米，坝顶高程为1064米，坝顶长209米，坝顶宽3.7米至5.2米，坝顶设有1米高的C20浆砌石防浪墙。溢洪道位于大坝左侧，为开敞式正槽式溢洪道，溢洪道两侧采用浆砌块石衬砌，底板为现浇C20砼底板，溢洪道底板高程为1060.4米，净宽12米，中部开挖引水隧洞10米，洞径2.4米，衬砌后洞径1.6米。末端为自由跌落式消能。

2003年，按省水利厅的千库保安要求开展安全普查，并实施千库保安加固工程。2015年，按水库管理规范再次进行安全鉴定，结论为二类坝，计划于十三五期间对大坝黏土心墙进行防渗加固处理。

附：蒲垟水库工程小记

蒲垟水库始建于1971年，成建于1984年8月。是澄照乡（公社）在农业学大寨期间兴修的水利工程。为确保水库工程的顺利开展，专门成立水库工程指挥部，指挥部下设政工组、施工组、后勤组。工程建设期间，采取常年施工和突击施工相结合的方式，每个生产队常年抽调2—3名民工，确保水库工地每天有80至100人正常施工，全公社受益村每个农民摊派10个劳动义务工，农闲时突击到工地履行义务劳动，采取定工定量计酬，加快工程建设进度。截至1980年8月，先后9年累计投入29.84万工，完成土石方21.94万立方米，建成配套渠道5条计15.5千米，支渠36条。1981年起由国家拨款支持，1984年7月封堵导流底孔，开始蓄水受益。澄照人民为建设蒲垟水库改变山区农田灌溉条件付出了辛勤的汗水和艰辛，使后山、漈头、米岩山、大赤垟、东畔、四格、叶源、金丘等8个行政村4000亩农田达到稳产高产。

工程由云和县水利电力局负责设计施工，当时条件很差，采取边测量边放样边施工的办法，技术干部胡庆圯放弃春节假日，爬山越岭深入工地，加班加点搞好勘测设计工作，李鹤松经常和民工风餐露宿，度过了10个冬春，直至水库建成。

白水漈水库

位于鹤溪街道张村东南面，距县城12千米，海拔1200多米，水库集雨面积1.07平方千米，引水入库集雨面积0.5平方千米，主流长1.3千米。水库总库容34万立方米，正常库容28.6万立方米，正常蓄水位1137.4米，设计洪水位1138.73米，校核洪水位1139.14米。白水漈水库以灌溉为主，兼顾供水、发电、防洪和供水等综合利用，灌溉面积4000亩，向县城居民提供生活用水。

1971年9月水库动工兴建，1979年因资金短缺致工程停工。1984年获省级补助扶贫资金25万元，实施续建工程，于1988年完工投入运行。2003年开展安全普查，实施千库保安工程，2004年3月完工。2015年水库安全鉴定，大坝心墙黏土抽心检测，压实度、渗透系数不满足现行规范要求，结论为二类坝，“十三五”期间计划安排治理。

拦河坝采用黏土心墙坝，大坝坝型为黏土心墙堆石坝，坝高30米，坝顶长105.5米，坝顶宽4米，坝顶高程1140.3米，坝顶设有高0.4米的浆砌块石防浪墙。

泄洪设施为分别位于大坝左右坝头的两条泄洪隧洞。左坝头泄洪隧洞进口为陡坡收缩型进口，进口长度7.8米。陡坡收缩型进口首端宽6米，净宽5.4米，底板顶高程为1137.40米；陡坡收缩型进口末端净宽3.0米，底板顶高程为1136.30米。陡坡收缩型进口后接纵坡为30‰的泄洪隧洞，泄洪隧洞为2.6米(宽)×2.6米(高)拱顶直墙式。

右坝头泄洪隧洞进口逆坡明渠进口，明渠进口首端底板顶高程1137.25

米，末端底板顶高程 1137.57 米，进口长度为 30 米。渠道后接纵坡为 6‰的泄洪隧洞，泄洪隧洞为 2.5 米（宽）×3.0 米（高）拱顶直墙式。

放水隧洞为 2 米（宽）×2.2 米（高）拱顶直墙式，拱顶半径为 1.0 米，进水涵管为直径 30 厘米铁管，手动螺杆式启闭机控制。

附：白水漈水库工程小记

1971 年 9 月 23 日，突然降暴雨，水库上游不到 1 平方千米范围内两侧山上，有 20 多处崩塌。片刻间，水库工地民工住宿的草棚和林场住房均被泥石流淹没，荒田湖林场小学 8 个学生被洪水围困，危在旦夕。正在工地测量的云和县水利电力局干部胡庆圯、周凤鸣、李鹤松、任知富、叶永达等人立即组织现场抢险，学生们脱险后，才绕道撤回张村。十天后天气好转，又背仪器，爬山越岭上水库工地继续搞好测量设计工作。周凤鸣、李鹤松长年累月和张村的民工住草棚、睡稻草、受冰冻、冒酷暑，自始至终把水库建成。水库的砂石料和水泥从张村到水库工地，要爬 5 千米的山路。工地上，没有交通运输，靠肩挑背运，没有机械操作靠锄头挖畚箕挑，靠张村人民的坚韧不拔的精神建成水库。

1988 年 6 月 23 日工程验收蓄水，工程历时 18 年，共计投入劳动力 26.67 万工，完成土石方 17.76 万立方米，张村人民为建设白水漈水库付出了汗水和艰辛。

企岩水库

位于英川镇西南面凤垟村上游的山坳中，属瓯江流域小溪主流毛垟港水系，所在河道为毛垟港的二级支流——金坑。水库集雨面积 0.28 平方千米，总库容万 10.2 万立方米，校核水位 1219.35 米，正常库容 8.65 万立方米，正常蓄水位 1218.5 米。企岩水库以灌溉为主，灌溉面积 800 亩。

大坝为黏土心墙坝，最大坝高 13 米，坝顶长 58.2 米，坝顶宽 4 米，坝顶高程 1220.3 米。坝顶设有高 1.0 米的 C20 砼防浪墙。大坝迎水坡在高程 1218.50 米处分为两级变坡，上部坡比 1:1.9，下部坡比 1:2.7~2.02，迎水坡为干砌块石护坡；大坝背水坡 1215.30 米高程处设一级马道，马道宽 2 米，马道以上、以下坡比均为 1:2.0，背水坡为干砌块石护坡，背水坡坝脚设排水棱体，排水棱体外设排水沟，大坝下游坝脚存在软弱土层。

水库总库容 10 万立方米，正常库容 8 万立方米，正常蓄水位 1300 米，设计洪水位 130.18 米，校核洪水位 1301.46 米。

溢洪道位于大坝右侧，为正槽式溢洪道，溢洪道两侧采用浆砌块石衬砌，底板为现浇 C20 砼底板。溢洪道进口为平底明渠式，渠底高程 1218.50 米，进口宽度约为 5 米，泄槽末端采用自由跌落式消能。

水库始建之时为坝下埋管，1997 年对原坝下涵管进行封堵处理，封堵不严，涵管处漏水；现状放水设施为大坝左侧放水隧洞，隧洞断面形式为 0.6米×1.0 米方形，放水设施进水口采用手动螺杆式启闭机插板闸门控制。

工程于 1959 年冬开工，1962 年建成。投劳 1.89 万工，完成土石方 1.4 万立方米，开挖东南 2 条渠道 2456 米与水库相配，灌溉凤垟、张坑村农田 220 亩。水库建设时正值人民公社化实行大兵团作战时期，英川镇（公社）抽调干部和社员 600 多人上工地，社员们风餐露宿、脚踩冰霜，下水作业，民工毛呈瑞在实施爆破时，不幸受伤身亡。

2003 年安全普查，2007 年实施千库保安工程，2015 年安全鉴定，大坝心墙黏土的压实度、渗透系数、边坡抗滑稳定均不满足规范要求；坝体与坝基的接触部位常年湿润；原涵管封堵不严、右侧坝脚原涵管处漏水，定为三类坝，计划于 2016 年至 2017 年实施除险加固处理。

坦岱水库

位于渤海镇北面的后砻村，所在河道为小溪支流山前坑。水库坝址以上集雨面积 0.76 平方千米，总库容 12.97 万立方米，正常库容 9 万立方米，校核水位 787.42 米，正常蓄水位 785.82 米。库区内山高林密，海拔 800 余米，植被良好。坦岱水库以灌溉为主，灌溉面积 400 亩。

主坝坝型为黏土心墙坝，坝高 18.5 米，坝顶长 47.6 米，坝顶宽 3.3 米。迎水坡高程 781.81 米处设一级马道，马道宽 2.6 米，马道以上坡比 1:1.6，马道以下坡比 1:2，均为干砌块石护坡。背水坡高程 779.17 米处设一级马道，马道宽 0.8 米，马道以上坡比 1:1.5，马道以下坡比 1:2.2，均为干砌块石护坡。下游坝脚设堆石排水棱体，边坡 1:1.6。坝体坐落于岩基上。

副坝坝型为黏土心墙坝，位于主坝右侧的山谷内，坝高 10.2 米，坝顶长 42.7 米，坝顶宽 4.0 米。迎水坡坡比 1:1.7，背水坡坡比 1:1.5，均为干砌块石护坡。下游坝脚设堆石排水棱体，边坡 1:1。坝体坐落于岩基上。

溢洪道位于副坝左坝头垭口内，进口段呈喇叭口形，进口明槽底高程785.82米，明槽宽8.6~5.7米，溢洪道两侧用干砌块石衬护。

水库始建时，主坝放水涵管为瓦管，管径30厘米，埋设于主坝体左侧，进口设置手动螺杆启闭机及闸门。2005年，水库保安加固对坝下涵管进行封堵，并在主坝左岸新建输水隧洞作为放水设施。

工程于1968年动工兴建，1975年竣工投入运行。开挖渠道1040米，投劳3.74万工，完成土石方1.8万立方米。国家支持资金2.89万元，自筹资金2.89万元，经5个冬春的艰苦劳动，使后砻村73%的农田得到灌溉。水库未建前，农田缺水干旱，粮食产量低，年年要吃国家返销粮。水库建成后，灌溉农田380亩，年年高产稳产，向国家交售商品粮2.5万公斤。水库蓄水流入山前坑，经60米渠道和4020米水管，补渤海自来水之水源，解决了渤海村3000多人口饮用水。

2003年安全普查，2005年9月—2006年3月，对水库进行保安加固。2013年8月，启闭机位置发生滑坡，隧洞进口被堵塞，以PE管、PVC虹吸管作为临时导洪设施。2015年6月，对隧洞进口和隧洞进行整体维修，维修后运行良好，经安全鉴定，结论为二类坝。

白坦水库

位于九龙乡西南面的岳口村，所在河道为小溪右岸支流龙王坑，水库集雨面积1.24平方千米，总库容11.03万立方米，正常库容8.5万立方米，校核水位627.54米，正常蓄水位625.8米。白坦水库以灌溉为主，灌溉面积250亩。

水库大坝为黏土心墙坝，坝顶高程627.11米，坝高16.36米，坝顶长52.3米，坝顶宽4.2米，坝顶防浪墙高1.0米。

溢洪道位于大坝左侧，为侧槽式溢洪道，溢洪道两侧及底采用浆砌块石衬砌。溢流堰为宽顶堰，堰顶高程625.80米，进口宽度约为11.5米，溢洪道长51.5米。

水库有放水涵管（Φ0.3米）、隧洞（2×2米）两套放水设施，以隧洞为主。

工程始建于1966年，成建于1982年。2003年安全普查鉴定为三类坝，2004年12月—2005年7月实施千库保安项目施工。2015年再次安全鉴定，大坝左坝脚涵管和大坝中部坝脚存在2处明显渗流，隧洞出口有少量渗水，鉴定为三类坝，空库运行。

黄坑水库

位于九龙乡东北面的后坪村，所在河道为小溪左岸支流龙龙坑，集雨面积 0.67 平方千米，总库容 10.4 万立方米，正常库容 8.49 万立方米，校核水位 478.26 米，正常蓄水位 476.7 米。黄坑水库以灌溉为主、结合防洪、发电等综合利用，灌溉面积 300 亩。

大坝坝型为黏土心墙坝，坝顶高程 478.05 米，坝高 14.2 米，坝顶长 74.8 米，坝顶宽 4.7 米，坝顶防浪墙高 1.0 米。大坝迎水坡高程 470.82 米处设一级马道，马道宽 1.0 米，马道以上坡比 1:1.7，马道以下坡比 1:2.0，采用干砌块石护坡；大坝背水坡高程 470.5 米处设一级马道，马道宽 3.2 米，马道以上坡比 1:1.8，马道以下坡比 1:1.0，采用干砌块石护坡，大坝下游设有堆石排水体。

溢洪道位于大坝右侧，为正槽式溢洪道，溢洪道两侧及底采用浆砌块石衬砌。溢流堰为宽顶堰，堰顶高程 476.70 米，进口宽度约为 7.2 米，末端采用跌落式消能。

水库放水设施为隧洞，隧洞为拱顶直墙式（2×2 米）无压隧洞，进口采用 1 套手动螺杆式启闭机。

1982 年，黄坑水库竣工投入运行使用。2003 年，对黄坑水库进行水利安全普查，确定为病危（三类）水库，列入省千库保安工程，2004 年 12 月—2007 年 8 月，黄坑水库进行除险加固治理施工。2015 年安全鉴定，结论为二类坝。

漈头水库（在建）

2014 年 10 月 10 日，县发改局对漈头水库工程，完成可研审批，并于当年完成初步设计审批。漈头水库主要功能为澄照副城（农民创业园）生活与工业供水水源，水库规划日供水量为 6500 吨/日，多年平均供水量 237.3 万立方米。2015 年 5 月正式动工，计划于 2017 年完工蓄水。工程概算静态投资 12270.13 万元，其中工程部分静态投资 8840.33 元，征地和环境部分静态投资 3429.80 万元。

水库位于瓯江小溪支流大赤坑流域漈头村上游，集水面积为 10.26 平方千米，坝址以上河长 4.72 千米，河道坡降 62.5‰。坝址控制流域多年平均降水量为 1777.6 毫米，漈头水库多年平均流量为 0.38 立方米/秒，多年平均径流量

1203.9 万立方米，多年平均径流深 1173 米，径流系数为 0.66。水库总库容 99.7 万立方米，正常库容 76.7 万立方米，兴利库容 65.9 万立方米，死库容 10.8 万立方米，相应校核水位 570.52 米，设计洪水位 569.86 米，正常蓄水位 567.58 米，供水死水位 551.3 米。工程属小(二)型水库，防洪标准按照 30 年一遇洪水设计，200 年一遇洪水校核。

大坝采用混凝土重力坝，大坝总长134 米，坝顶高程 571.40 米，防浪墙顶高程 572.60 米，坝顶宽 5 米，净宽 4.2 米。河床段建基面最低高程为 533.50 米，最大坝高 37.90 米，非溢流坝段坝底最大宽度 30.35 米，溢流坝段坝底最大宽度 30.50 米。溢流坝段设 2 孔净宽均为 10 米的开敞式溢洪道，堰顶高程 567.58 米。输水建筑物采用 DN600 镀锌钢管，布置在右岸，进口中心高程为 550.30 米。放空管采用 DN1000 镀锌钢板管，布置在右岸，进口中心高程 540.00 米。

景宁小(二)型水库

表 4-2

	所在地	集雨面积(平方千米)	坝　型	坝高(米)	坝顶高程(米)	总库容(万立方米)	正常水位(米)	建成年份
企岩	英川	0.28	黏土心墙坝	13	1219.35	10.2	1218.5	1958
大地黄坑	大地	30	砼重力坝	23.45	577.2	15.95	573.5	1970
坦岱	渤海	0.76	黏土心墙坝	18.5	787.42	12.97	785.82	1975
黄坑	九龙	0.67	黏土心墙坝	14.2	478.05	10.4	476.7	1982
白坦	九龙	1.24	黏土心墙坝	16.36	627.11	11.03	625.8	1982
蒲垟	澄照	2.1	黏土心墙坝	33	1064	65	1061.4	1984
白水漈	鹤溪	1.07	黏土心墙坝	30	1140.3	34	1137.4	1988
金牛坑二级	大漈	4.2	砌石拱坝	16.95	797.5	13.32	795.15	1998
石银一级	标溪	37	砼拱坝	54	474	63.2	474	1999
顺利一级	九龙	42	砼拱坝	35	263.9	98	261	1999
北溪(东方电站)	东坑	38.3	砼重力坝	17	454	44.2	450	2000
渔漈坑	景南	9.8	砼拱坝	29.3	813.3	45	811.8	2000
金峰	沙湾	41.75	砼拱坝	44	409	95	404.5	2000

续表 4-2

	所在地	集雨面积(平方千米)	坝　型	坝高(米)	坝顶高程(米)	总库容(万立方米)	正常水位(米)	建成年份
白殿坑	九龙	14	埋石重力坝	22.5	495	23	490	2000
桃园库下	东坑	27.52	砼拱坝	30	738.12	30	734	2000
石洞门	梧桐	21.8	双典拱坝	39	360.5	80.4	356	2003
漈头电站水库	澄照	3.8	拱坝	18	837	11	835	2003
南坑源	鸬鹚	17	砼拱坝	35	789	95	785	2003
陶山	红星	15	砼拱坝	37.6	307.5	83	305	2004
大粗	红星	10.45	砼拱坝	27	320	35	318	2004
陈潭	东坑	13.2	砼拱坝	27	621.62	23	617.5	2004
粗垄	英川	8.5	砼拱坝	18.7	1058.4	42.5	1057.2	2004
五垟一级	秋炉	24	砼重力坝	32	518.5	90	515	2005
岭头桥	家地	145.6	砼重力坝	26.5	376.5	44.6	370.95	2005
东公一级	鹤溪	16	砌石砼重力坝	25	405	40	402	2005
三条漈	家地	15.9	砼拱坝	42.5	881.5	89.3	878	2006
均垟	大均	22	砼重力坝	21	372	15.3	369	2007
五垟二级	秋炉	32	单曲拱坝	16.3	433.3	25.7	430	2007
银库	毛垟	638	翻板坝	13.4	286.4	60.6	281	2008
双银坑	东坑	8.08	砌石砼双曲拱坝	25	1111	32	1108	2009
顺利二级	九龙	61.4	砼拱坝	25.8	238.8	40.5	233	2010
合计	31 座					1379.17		

景宁 1～10 万方山塘基础信息

表 4-3

山塘名称	山塘编码	山塘类别	所在地	总库容(万立方米)	集雨面积(平方千米)	保护人口(人)	受益村庄(个)	坝型	坝高(米)	坝顶长度(米)	溢流宽度(米)	加固年份	管理单位	管理单位电话
日隆湾山塘	B3311270000018	屋顶山塘	景宁县梧桐乡角耳湾村	3.2	0.3	0	1	土石坝	10.5	33	1.6	—	角耳湾村委	13857097957
山头后(外)山塘	B3311270000028	屋顶山塘	景宁县梧桐乡山前村	1	0.15	55	1	土石坝	5.2	44	2.3	—	山前村委	13884332335
上洋山塘	B3311270000038	屋顶山塘	景宁县梧桐乡李庄村	3.4	0.3	115	1	土石坝	9.2	50.4	20.8	—	李庄村委	13967052177
双坑山塘	B3311270000048	屋顶山塘	景宁县梧桐乡山前村	1	2	0	1	土石坝	14	33	1.2	—	山前村委	13884332335
牛七坪山塘	B3311270000058	屋顶山塘	景宁县英川镇张村村	4.3	0.12	510	1	土石坝	11.9	41	17	—	张村村委	13666573137
梅七坪山塘	B3311270000068	屋顶山塘	景宁县英川镇张村村	2.5	0.6	510	1	土石坝	7	25	1	—	张村村委	13666573137
上斜山塘	B3311270000078	屋顶山塘	景宁县渤海镇鲍山头村	1	0.5	110	1	土坝	7.2	35	1	—	鲍山头村村委	13615846524
朱方坑山塘	B3311270000088	屋顶山塘	景宁县渤海镇旦水村	1.9	0.81	200	1	土坝	45	53.5	2.5	2014	旦水村委	15057889842
垟降山塘	B3311270000099	其他山塘	景宁县渤海镇鲍山头村	1.3	1.2	0	1	土坝	6.4	32	4	—	鲍山头村村委	13575371757
外坑山塘	B3311270000109	其他山塘	景宁县渤海镇石塘山村	1.1	1	5	1	土石坝	12.1	35	1.8	—	石塘山村委	15215768150
牛塘湾山塘	B3311270000118	屋顶山塘	景宁县渤海镇大都村	1.2	0.5	20	1	土坝	6	23.5	0.6	2014	大都村委	13567639223
西山下山塘	B3311270000129	其他山塘	景宁县渤海镇大都村	1.3	0.03	0	1	土石坝	6	27	2.2	—	大都村委	13567639223
天堂湖山塘	B3311270000136	屋顶山塘	景宁县澄照乡三石村	5	0.5	120	1	土坝	8	42	2.2	—	三石村委	13735989020
翁边山塘	B3311270000148	屋顶山塘	景宁县澄照乡三石村	2	0.5	200	1	土坝	22.8	36.3	2.9	—	三石村委	13757827062
三石坝山塘	B3311270000156	屋顶山塘	景宁县澄照乡三石村	5	17.5	0	1	土坝	15	41.5	4	—	三石村委	13957041473
长潭后山塘	B3311270000168	屋顶山塘	景宁县大地乡驮垟村	1	2.5	560	1	土石坝	7.2	21.5	2.2	—	驮垟村委	15857848605

续表4-5

山塘名称	山塘编码	山塘类别	所在地	总库容(万立方米)	集雨面积(平方千米)	保护人口(人)	受益村庄(个)	坝型	坝高(米)	坝顶长度(米)	溢流宽度(米)	加固年份	管理单位	管理单位电话
后斜底山塘	B3311270000338	屋顶山塘及饮用水水源山塘	景宁县红星街道杨绿湖村	2.1	0.5	50	1	土石坝	8.1	34.5	8	—	杨绿湖村委	15057859548
深隆山塘	B3311270000348	屋顶山塘及饮用水水源山塘	景宁县红星街道王金垟村	2	1.5	380	1	土石坝	11	33	3.2	—	王金垟村委	18358824674
和尚垟山塘	B3311270000358	屋顶山塘及饮用水水源山塘	景宁县红星街道岗石村	1.5	0.5	136	1	土坝	14.8	58.3	1	—	岗石村委	13757835950
汇下坑山塘	B3311270000368	屋顶山塘及饮用水水源山塘	景宁县红星街道岚头村	2.8	1.5	138	1	土石坝	13.7	43.6	2	—	岚头村委	13567630653
大后头山塘	B3311270000378	屋顶山塘及饮用水水源山塘	景宁县红星街道岗石村	1.5	1	1560	1	土坝	15.1	41.5	3.3	—	岗石村委	13735930871
树坤山塘	B3311270000388	屋顶山塘	景宁县梧桐乡东源村	2.1	0.1	30	1	土石坝	3.5	34	0.2	—	东源村委	15906433053
傍隆山塘	B3311270000398	屋顶山塘	景宁县梧桐乡林进村	1	0.3	0	1	土石坝	9.1	44	1	—	林进村委	13957041020
陈念山塘	B3311270000408	屋顶山塘及饮用水水源山塘	景宁县梧桐乡李庄村	1.2	0.3	58	1	土石坝	7.1	39	1.5	—	李庄村委	13957069560
东源湖山塘	B3311270000418	屋顶山塘	景宁县梧桐乡王山头村、东源湖村	1.2	0.8	85	1	土坝	8.6	41	1	—	梧桐乡政府	13735931383
山头后(内)山塘	B3311270000428	屋顶山塘	景宁县梧桐乡山前村	3.1	0.2	0	1	土石坝	11.6	54.7	3.4	—	山前村委	13884332335
吊砚山塘	B3311270000526	屋顶山塘	景宁县秋炉乡新塘垟村	5.7	1.6	809	1	土坝	12.2	32.3	0.8	—	新塘垟村委	13735953819
有岘田坪山塘	B3311270000538	屋顶山塘	景宁县沙湾镇水井村	2.5	0.6	551	1	土坝	9.6	31.7	1.2	—	水井村委	13754279649
虎下山塘	B3311270000548	屋顶山塘	景宁县沙湾镇陈司坑村	3	0.1	391	1	土坝	12.2	48.3	1.2	—	陈司坑村委	13645889595
粗草湾山塘	B3311270000558	屋顶山塘	景宁县沙湾镇何处村	1	0.2	379	1	土石坝	20.1	51.7	1.8	—	何处村委	15925760995
五虎团垟上库山塘	B3311270000568	屋顶山塘	景宁县沙湾镇东堡村	3.8	0.1	411	1	土坝	17.9	51.5	2	—	东堡村委	15268789059
树林头山塘	B3311270000578	屋顶山塘	景宁县沙湾镇林斜村	1	0.2	414	1	土坝	8	31	1.7	—	林斜村委	15058686472
湖坪头山塘	B3311270000588	屋顶山塘	景宁县沙湾镇上处垟村	1.1	0.5	120	1	土石坝	9	45	1.2	—	上处垟村委	13735927996

续表 4-3

山塘名称	山塘编码	山塘类别	所在地	总库容（万立方米）	集雨面积(平方千米)	保护人口(人)	受益村庄(个)	坝型	坝高（米）	坝顶长度(米)	溢流宽度(米)	加固年份	管理单位	管理单位电话
五虎团垟下库山塘	B3311270000598	屋顶山塘	景宁县沙湾镇东堡村	2	0.15	411	1	土坝	9.1	41	1	—	东堡村委	13587135817
三八山塘	B3311270000608	屋顶山塘	景宁县沙湾镇李处村	1	0.1	437	1	土石坝	6	25	9.5	—	李处村委	13587135245
黄公外库山塘	B3311270000618	屋顶山塘	景宁县沙湾镇叶桥村	1	0.1	809	1	土坝	8	36.6	1	—	叶桥村委	13645787284
桥标坑头山塘	B3311270000628	屋顶山塘	景宁县沙湾镇林坑村	1.1	0.1	574	1	土坝	12.2	34	1.5	—	林坑村委	15957838949
仰天湖山塘	B3311270000638	屋顶山塘	景宁县沙湾镇蔡湖垟村	1	0.2	205	1	土石坝	8.1	28	1	—	蔡湖垟村委	15990873855
山脚下山塘	B3311270000648	屋顶山塘	景宁县沙湾镇叶桥村	1	0.2	809	1	土石坝	6	35	1.5	—	叶桥村委	0578-5070238
光头湖山塘	B3311270000658	屋顶山塘	景宁县沙湾镇张庄村	1	0.9	294	1	土石坝	5.5	55	2	—	张庄村委	13567613371
上牛塘山塘	B3311270000668	屋顶山塘	景宁县沙湾镇小地村	2.5	1.5	1011	1	土石坝	12.8	42	4	2013	小地村委	13857066546
太坪垟山塘	B3311270000678	屋顶山塘	景宁县沙湾镇何处村	1	0.1	574	1	土石坝	8	28	1	—	何处村委	15024621073
黄公下库山塘	B3311270000688	屋顶山塘	景宁县沙湾镇流坑村	1	0.1	230	1	土坝	15	41	2	—	流坑村委	13645787284
八角垟山塘	B3311270000698	屋顶山塘	景宁县沙湾镇莲川村	1.3	1.5	220	1	土坝	11.3	38	14	—	莲川村委	15925705428
漈山头山塘	B3311270000708	屋顶山塘	景宁县沙湾镇道化村	1	0.15	285	1	土石坝	9.7	25	1.5	—	道化村委	15990852258
水坪湖山塘	B3311270000718	屋顶山塘	景宁县沙湾镇林坑村	1.2	0.3	574	1	土坝	6.5	33.3	14.5	—	林坑村委	15990825398
五叶莲花山塘	B3311270000728	屋顶山塘	景宁县沙湾镇张庄村	1	0.2	294	1	土坝	6.8	33.5	0.8	—	张庄村委	13757859903
黄公上库山塘	B3311270000738	屋顶山塘及饮用水水源山塘	景宁县沙湾镇流坑村	1	0.1	562	1	土坝	22.2	36.8	1.5	—	流坑村委	13735953962
东瓜垄山塘	B3311270000748	屋顶山塘	景宁县沙湾镇本岱村	1	0.1	314	1	土石坝	7.4	37	13	—	本岱村委	15990843926
柿丘岙山塘	B3311270000758	屋顶山塘及饮用水水源山塘	景宁县沙湾镇本岱村	1	0.3	314	1	土石坝	10	35	1.5	—	本岱村委	13587187519

续表 4-3

山塘名称	山塘编码	山塘类别	所在地	总库容(万立方米)	集雨面积(平方千米)	保护人口(人)	受益村庄(个)	坝型	坝高(米)	坝顶长度(米)	溢流宽度(米)	加固年份	管理单位	管理单位电话
岭头湖山塘	B3311270000768	屋顶山塘	景宁县沙湾镇季庄村	2.4	0.4	214	1	土坝	6.5	32	0.3	—	季庄村委	15990875591
张坑岙山塘	B3311270000778	屋顶山塘	景宁县沙湾镇上处坪村	1	0.3	230	1	土坝	7	42	0.8	—	上处坪村委	13967050493
大降湖山塘	B3311270000788	屋顶山塘及饮用水水源山塘	景宁县沙湾镇旺水村	1.5	0.2	753	1	土坝	7.5	38	1.8	—	旺水村委	13884320098（690098）
迁丘山塘	B3311270000798	屋顶山塘	景宁县沙湾镇本岱村	1	0.3	314	1	土石坝	7.5	38	0.6	—	本岱村委	15869236279
庙隆山塘	B3311270000808	屋顶山塘	景宁县沙湾镇季庄村	1.2	1	436	1	土石坝	6	36	2	—	季庄村委	13906789458
四格山塘	B3311270000818	屋顶山塘	景宁县沙湾镇流坑村	1	0.1	562	1	土坝	8	80	1.8	—	流坑村委	13735989299
杨梅隆山塘	B3311270000919	其他山塘	景宁县九龙乡岳口村	3.3	0.25	5	1	土坝	13.5	50	1.6	—	岳口村委	13757817870
上朱山山塘	B3311270000928	屋顶山塘	景宁县九龙乡鲍岸村	1	0.2	75	1	土坝	3	38	2	—	鲍岸村委	15057859883
岭头(上朱上)山塘	B3311270000939	其他山塘	景宁县九龙乡徐垟村	1	0.5	104	1	土石坝	9.3	35.9	1.5	—	徐垟村委	15157488016
安塘狭山塘	B3311270000949	其他山塘	景宁县九龙乡后坪村	1.1	0.2	66	1	土石坝	6.6	26.2	3.4	—	后坪村委	15869235079
高金山塘	B3311270000958	屋顶山塘	景宁县九龙乡金山村	1	0.09	74	1	土石坝	3.5	12	1.5	—	金山村委	13646780895
光耀湖山塘	B3311270000968	屋顶山塘	景宁县鸬鹚乡徐崇村	2	0.5	600	1	土石坝	6	27	0.7	—	徐崇村委	525980
风箱袋山塘	B3311270000978	屋顶山塘	景宁县鸬鹚乡夏山头村	1.4	0.5	680	1	土坝	13.9	25.8	0.7	—	夏山头村委	15957823587
坟岙山塘	B3311270000988	屋顶山塘	景宁县鸬鹚乡山下村	1.9	0.5	480	1	土坝	15.1	49.3	0.6	—	山下村委	15157833628
竹山山塘	B3311270000998	屋顶山塘	景宁县梅岐乡竹山村	1	0.1	310	1	土坝	5	49.5	1.5	—	竹山村委	15058695892
张山山塘	B3311270001008	屋顶山塘	景宁县梅岐乡桂远村	1	0.58	153	1	土坝	11.5	30	8.5	—	桂远村委	15157874302
官磄坳山塘	B3311270001018	屋顶山塘	景宁县大漈乡琴山村	1.1	0.2	0	1	土石坝	9.4	31.5	1.3	—	琴山村委	15906433535

续表 4-3

山塘名称	山塘编码	山塘类别	所在地	总库容(万立方米)	集雨面积(平方千米)	保护人口(人)	受益村庄(个)	坝型	坝高(米)	坝顶长度(米)	溢流宽度(米)	加固年份	管理单位	管理单位电话
上塘山塘	B3311270001026	屋顶山塘	景宁县大漈乡西二村	9.8	0.3	1300	1	土石坝	8.3	45.9	3.5	—	西二村委	15990432296
口赤山塘	B3311270001038	屋顶山塘	景宁县大均乡伏叶村	1	0.2	86	1	土坝	6	35.7	13	—	伏叶村委	13587199514
田清塘山塘	B3311270001046	屋顶山塘及饮用水水源山塘	景宁县东坑镇东坑上村	5	1.5	2300	1	土石坝	20	47.6	3	—	东坑上村村委	13567630244
潭垳山塘	B3311270001058	屋顶山塘	景宁县景南乡鱼漈村	1.2	0.7	5	1	土坝	12	29	2	—	鱼漈村委	13857061244
温枫垟山塘	B3311270001066	屋顶山塘	景宁县景南乡鱼际村	9.5	0.16	51	1	土石坝	10	25	1	—	鱼漈村委	13757835513
水口山塘	B3311270001079	其他山塘	景宁县九龙乡田坑村	2.5	1.5	0	1	土石坝	7.8	30.2	3	—	田坑村委	13567095032
堂弯底山塘	B3311270001088	屋顶山塘	景宁县九龙乡后坪村	1.5	0.5	96	1	土石坝	15.9	48	2.4	—	后坪村委	15157896438
堂头墩山塘	B3311270001098	屋顶山塘	景宁县九龙乡后坪村	1.2	0.1	105	1	土坝	10.5	21.7	3.5	—	后坪村委	13884324105
小垟山塘	B3311270001108	屋顶山塘	景宁县九龙乡徐垟村	4.5	1	230	1	土坝	15	31.8	0.6	—	徐垟村委	13867089956
岙头岙山塘	B3311270001118	屋顶山塘及饮用水水源山塘	景宁县标溪乡东车村	1.1	1.3	135	1	土坝	8	20	1.7	—	东车村委	13587135215
祠堂湾山塘	B3311270001128	屋顶山塘	景宁县标溪乡处基村	1	0.06	210	1	土坝	5.5	15	0.5	—	处基黄山头村委	13575371499
驮毛砻山塘	B3311270001138	屋顶山塘	景宁县标溪乡处基村	1	0.7	110	1	土坝	3	35	1.5	—	处基村委	13957051964
底疗湖山塘	B3311270001148	屋顶山塘	景宁县标溪乡处基村	1.4	1.3	120	1	土坝	4	80	1.3	—	处基村委	15990439387
苏岙山塘	B3311270001158	屋顶山塘	景宁县标溪乡何庄村	3	2	0	1	土坝	30	40	2.7	—	何庄村委	15157896065
长佰田山塘	B3311270001168	屋顶山塘	景宁县标溪乡何庄村	2.7	0.05	0	1	浆砌石坝	17	47	30	—	何庄村委	13735930572
山昌隆山塘	B3311270001178	屋顶山塘	景宁县标溪乡马山村	1.2	1.1	0	1	土坝	35	80	2.2	—	马山村委	13735927800
无底凹山塘	B3311270001188	屋顶山塘	景宁县标溪乡何庄村	2	1.5	0	1	土坝	4	40	1.6	—	何庄村委	15906433986

续表 4-3

山塘名称	山塘编码	山塘类别	所在地	总库容（万立方米）	集雨面积(平方千米)	保护人口(人)	受益村庄(个)	坝型	坝高(米)	坝顶长度(米)	溢流宽度(米)	加固年份	管理单位	管理单位电话
外塘降山塘	B3311270001199	其他山塘	景宁县渤海镇鲍山头村	2	0.1	0	1	土坝	8.9	31.5	1.5	—	鲍山头村委	13615846524
西山上山塘	B3311270001208	屋顶山塘	景宁县渤海镇大都村	1	0.8	100	1	土石坝	3.5	20	1.6	—	大都村委	15990809847
大地村尾山塘	B3311270001238	屋顶山塘	景宁县大地乡大地村	1	3.9	645	1	心墙坝	5.8	23	8	—	大地村委	13967057974
胡里岙山塘	B3311270001308	屋顶山塘	景宁县鸬鹚乡金岱村	1	0.03	350	1	均质土坝	12.25	46.94	1	—	金岱村委	13059619042
草鱼塘山塘	B3311270001318	屋顶山塘	景宁县东坑镇大张坑村	1	0.13	245	1	心墙坝	6.1	53.8	2.3	—	大张坑村委	13587187847

景宁 1 万立方米以下堰塘

表 4-4

所在乡镇	堰　塘　名　称
沙湾镇	天头降、山后、培磨岙、后岙、瓦窑坪、处下弯、尖山头、庙垄头、马岩、开树下弯、坳头、黄泥丘、新隆、大隆、外隆、垟心、殿凸、岩潦、桂六、桂六凹门、坟林、乌凹、下秋林、槽球岭、大圩背、瓦窑、新垄、上坪桥、大坪丘、横降
英川镇	叶坪头、垟堂处门、孟虎林、岸塘、水玉老屋、犁壁岩、水井湾北、水井湾南、黄伍、上村垟、犁突圻、驮突、隆上、乌山棚、外处头、月圻、半山后、伍架、湖坪头、湖塘、黄泥岙、金竹湾、岭头、田岙
九龙乡	大坟前、枫树弄、钥匙袋子上、钥匙袋子下、中根、高斜岙、石柱、岭头、小垟、八角岭头、朱岭头屋前、朱岭头水蒸笼、门前岗、门前、坟湾、坦背处后、杨梅垄、田坑
梧桐乡	处下湖、水磨湾、旱塘、新建、枫树田、雨坦岗、交湾、交湾排路、驮岚岙、八称科、双坑上、岭边坑、高隆湾、大尖湾、白麻湾、坦坑、下庄水磨湾、高山、桃树隆、山后大隆、下庄下坑头、八称湾、凹丘、坦坑上塘、枫树田
大地乡	庙下、村尾、桥墩、西坑水尾、湖尾、道后
鹤溪街道	半垟、
澄照乡	黄湖、木团恩、泡山
东坑镇	处湾、上樟
红星街道	老景中后
鸬鹚乡	黄山岙、狐狸岙、岙头
郑坑乡	庙垟、外山屋后
秋炉乡	白云山
毛垟乡	山后垟
大均乡	新亭
雁溪乡	交溪口
标溪乡	庙溪、泥岱
合　计	121 座　蓄水 67.71 万立方米

附 1:蓄水办电典范乡村

莲川公社　位于县城西南,距县城 50 千米(1984 年分为莲川、叶桥两乡,1992 年并入沙湾镇)。1970 年,共有农田 3450 亩。其中,3195 亩处在海拔 500 米以上的中高山地带。山高坡陡,坑涧短少,农田易旱。1971 年,全社 525 亩农田受旱颗粒无收,95%的村庄未通电,人民生活相当困难。

为摆脱贫困,1971 年冬,开展农业学大寨,全民治水运动。因地制宜,兴建山塘、水库。冬春期间,每天有 1200 多男女劳动力,起早摸黑,踏冰踩雪,奋战在水利工地上。公社党委、政府所有脱产干部,驻村负责水利工程建设。党委书记吴少青以身作则,深入水利工程一线,经常参与抬岩挑泥。为加快进度,公社广播站每日清晨 4 时,用喇叭声催醒妇女早起做饭,以便统一出工。一个冬春投入水利二程 28 万工。全社 7 个大队、30 个自然村、69 个生产队(除个别自然村外)均有建塘库、开渠道水利工程。截至 1975 年,全社共建成蓄水 1 万立方米以上水库 13 座,1 万立方米以下山塘、堰塘 36 处,总蓄水量 44.24 万立方米,人均蓄水量 59 立方米。开挖渠道 10 处 17860 米,人均 2.3 米,做到塘库相连,蓄灌配套。小地村地势陡,既缺水源也无适合挖塘建库之地。于是,来到大地公社驮垟村海拔 900 米的上泥塘,异地择址,兴建水库。蓄水 14 万立方米,开挖 3000 米长的幸福渠,将向东流的水翻山转向南流,灌溉农田 480 亩。叶桥大队建成渠道 6 条 1.25 万米,塘库相连,蓄灌配套,灌溉农田 1300 亩。同时,莲川公社还发动叶桥、林坑大队兴建峡桥一级水电站,于 1971 年 9 月建成,装机 75 千瓦。1972 年 10 月,莲川公社又发动小地、莲和、上处垟、旺水、何处等 5 个大队兴建峡桥二级水电站,于 1976 年 7 月建成,装机 200 千瓦。形成峡桥一、二两级电站电网延伸各大队、自然村(除少数偏角自然村外),基本满足了全社 7000 多人口的照明和动力用电。20 世纪 70 年代中期,率先告别了“火蔑当灯草”的时代。1975 年 11 月,云和县委、县政府先后组织了县、区、公社、大队、生产队数千名干部到莲川公社水利现场参观。党委书记吴少青通过县人民广播站,介绍了莲川人民治山治水的成功经验。水库水塘的兴建使莲川公社 2355 亩农田改善了灌溉条件,1500 亩农田成了旱涝保收田。生产条件的变化,改变了耕作制度,粮食产量逐年增加,人民生活得以提高,莲川公社是全县蓄水脱贫,兴建小水电的典范。

标溪公社何庄村　位于县城西南，距县城40.5千米，是全县闻名的易旱村。全村375亩农田分布在海拔800~1000米的山岗上，只靠山泉自流灌溉。1955年12月，何庄人始建天竹岙山塘，坝长32米，蓄水2500立方米，为全县第一口山塘。之后，水塘下方的15亩农田，泉水常流，不再怕干旱。1970年始，艰苦奋战二十多个冬春，建成西岙、庙下、后斜、庙基、栗树坪、上岙和上百田等8口塘库，蓄水6.53万多立方米，挖渠道1千米，做到塘库相连，蓄灌配套，使全村285亩农田改善了灌溉条件。1990年粮食产量比1951年增长了3倍多，彻底改变了"晒死何庄"的历史，开辟了一条蓄水防旱、蓄水致富的新路子。

附2：金村水库

金村水库位于小溪支流石门楼坑流域金村下游，坝址位于金村下游（东官一级电站厂址下游约2.5千米处），坝址以上集水面积21.3平方千米，坝址河道高程约250米。

水库工程主要建筑物为拦河坝、引水隧洞、景宁水厂扩建、城区管网提升及相关配套设施。

大坝采用砌石重力坝，最大坝高90米，坝顶长198米。引水线路总长9.78千米，其中主洞2.3千米、水厂支洞4.67千米、外舍支洞1.62千米、压力钢管1.09千米。

水库总库容937.4万立方米，正常库容833.4万立方米，兴利库容808.5万立方米，正常蓄水位332米，校核洪水位335.33米。

金村水库是为解决景宁县城供水水源单一、供水能力不足而建造。目前景宁城区供水水源为龙潭桥水库，日供水规模为2万吨，是全省只有单一供水水源的县级城市之一，对景宁保障城区供水和支撑区域经济发展带来较大制约。为解决景宁县城供水单一问题，在金村下游建设小（一）型水库1座，为县城供水主水源，原龙潭桥水库调整为备用水源和鹤溪河生态用水水源。水库工程通过布置在大坝左岸的隧洞引水至县城第二水厂，向鹤溪老城区和外舍新城区实行全重力自流供水，日供水规模4万吨，同时考虑外舍新城景观用水1.6万吨/日。工程总投资5.3亿元。其中，水库大坝、引水隧洞及政策处理等投资4.1亿元，水厂扩建和城区管网提升等投资0.7亿元，石门楼流域村庄整体迁移及水源地保护等投资0.5亿元。

2015年，金村水库工程已列入《浙江省小型水库工程建设实施方案》及浙江省“十三五”重大水利项目（引调水）。12月31日，省发改委发文《关于景宁畲族自治县金村水库及供水工程项目建议书的批复》，对金村水库及供水工程予以立项，项目建设期为2016—2019年，总工期36个月。

第二章 引水工程

境内修筑堰坝引水灌溉农田历史悠久。1949年后，人民政府号召建造水库、水塘、开凿渠道，有效地解决了农田灌溉。20世纪90年代后，因公路、水电站施工建设致部分堰渠相继报废。

第一节 堰 坝

历代城镇堤堰

永乐堤（又名永平堤） 上起张村，下接跨龙堤。明朝万历十五年知县姜师闵主政时建造，典史杨翰监督工程。堤坝南边的田地得以灌溉，北边的居住地得以保护，将沙砾之地围成田地十余顷。后来被洪水淹没，自行春门至南门，田地房屋屡次遭水害淹没。

跨龙堤 起自旧承恩门外攀桂桥头，下达莘田。始建之年不可考，当时把沙砾之地变为肥沃之地四五顷，后被淹没而堤坝损坏，田地也屡次被淹没和修复，现在其址有曰乌（左石右东）、曰上武（左石右东）。

县前堰 建于鹤溪河，由行春门外直到西门，灌溉贫瘠的田地并且使其更加肥沃。

汤村堰 在县东半里，灌溉敬山宫垟田。

梅庄堰 约在县东三里，灌溉本庄田又叫官堰。

千工堰 在县东十里，建于矿坑水，灌东衕田，堰长五里，相传建造时耗费

雁溪堰坝

千名人力，故得此名。

钓台堰　有两处，在县西一里，都建于尘溪水。一处由溪东灌溉金锡庵下田，一处由溪灌溉叶府前下田。

乌衕堰　约在县南四里，与乌衕桥一起建于苞凤山麓，灌溉桥外垟田。

尘溪堰　在县南三四千米，建于尘溪水，灌溉乌衕桥底垟田。省志、郡志等皆称之为墺头堰。

分水坳堰　在县南十里，灌溉大畈四格田。

破炉寨堰　在县西豸山下，建于鹤溪水灌溉金仙寺垟田。

西村堰　在县西金仙寺下，建于鹤溪水灌溉寺尾垟田。现今已被水淹没，据郡志补录。

塘衕堰　在县北，建于县前溪水，由司前桥头入北流至城隍庙前出，灌溉田垟田。

后司堰　在县北旧布政分司后，故名。上下共有两条并流至三角(左石右亶)小石桥合出，灌溉下冶炉田。

前路堰　在县北，源出鸦峰书院后，俗名坑衕底，流过武庙西出灌溉上冶炉田，据省志和郡志补录。

鸦鹊巢堰　在县北今乌(左石右东)上武(左石右东)外，建于鹤溪水灌溉下坊田，兴废无常。

莘田堰　在县北玄壇庙后，西流出钱山宫，转北过玉泉井，灌溉本庄上下垟田，俗名“庵堂”，即旧《志》所载泗洲堂堰。

历代乡村堤堰

明宣德四年(1429)，三都道化村筑堰坝拦水造流碓，堰坝长115米，毛垟村岱头亭下筑堰开渠，引水灌田200余亩，还有毛垟白象堰坝长110米，上沙湾村栋头堰坝长70米筑水灌田。

一都 旦水堰灌溉内堡田;大豬堰灌溉三源田;小顺堰灌溉赤垟田。

二都 北岸堰灌溉三源田;油田堰灌溉金村田;独山堰灌溉枫林田;金钟堰灌溉五源田;大赤口堰灌下场田溉;竹滩堰灌溉大均田;豫章堰灌溉大均田;仙姑堰灌溉东岸田;七里垟堰灌溉四源田。

三都 道化堰灌溉田头田;卢山堰灌溉下垟内堡田。木排头堰灌季店田;徐崇堰灌源村田;英川堰灌下垟田,旧作灌北岸田;砻山堰灌外垟田;箓漈堰灌高垟田。

四都 库下堰灌内村田;秋炉堰灌源下田,旧作灌源头田;张村堰灌南垟田;小地堰灌外村田;赤岩堰灌西畔田;龙集漈头堰灌漈下田;柳山头堰灌林下田,旧列五都。

五都 慕岭头堰灌翁边田;张源漈头堰灌小源田;大漈堰灌垟头田;东溪堰灌垟尾田;东坑堰灌坑下田;章垟堰(今章坑)灌中村田。

六都 大赤垟堰灌垟尾田,旧列五都;均坑漈头堰灌坑底田;深垟林源堰灌垟边田;岱根堰灌铁场田;梅岐堰灌村头田。

农民普遍以筑堰拦水、开渠引水和挖掘泉水自流灌溉农田。堰筑于溪坑,广泛利用卵石筑坎,亦有开采块石砌筑,截流拦水入澳。前人筑技精湛,巨石干砌,衔叠密实,历经冲击,多数仍存。不少因河卵石覆盖尽深不易开挖,采用松木段搭安稳定河床基础(俗称基盘架),堰渠相连,环山开渠;有的堰顶上设石汀埠以利行人往来;有的澳渠地段采用竹笕或木槽架空引水过坑涧;有的采用竹木筒以倒虹吸原理接水过坑涧、竹木槽以土藤度度捆扎;有的在乱石山坡开澳以黏土填塞,解决渗透、漏水。过去以简单办法解决农田灌溉,但一遇久晴干旱,或洪水泛滥灾害,损坏设施经常修复。

当代乡村堤堰

截至1949年,景宁修筑大小堰坝、渠道共272处,其中有234处为灌溉和水碓并用,或单用于水碓,主要分布在英川、梅崇、坑下、底垟、王宅、下垟、叶坪头、坑根、黄垟口、隆下村头、隆下村尾、凤垟、张坑、白坦、里坑、水碓坑、里岙、鸬鹚上村、南坑下、和尚庵岭脚、花桥头、茶亭、徐崇、山下、底寮、碓村、黄谢圩、木耳口、洪源、后坑、驮坑头、黄坦、郑源、粗砻、岭头、降头、山茶坑、处后降、秋炉、后坑、新塘垟、第三坑、第五坑、第一坑、伏岩口、仙岩垟、炉西坑、上沙湾、库下、库头、黄水坑、叶桥、峡桥、流坑、东堡、后村、道化、新庄、天师坦、七里、上坪、七里汇、何庄、水溪、驮畔垟、西坑殿、大地、半垟、叶坑下、黄坑、蔡放、预章、枫林口、东车、独石丘、处基、运程口、驮湾、庙圩、处基前、金竹口、半坑、丘兰口、坑底垟、水碓垟、大赤坑、大均坑、新亭、伏坑、沙罗坑、油田口、北岸宫、岭北、坑下、三石、大畈、吴石垟，石壁、湾外、大赤垟、坦头岭、底垟、山后、溪下、朱坑、大东岱、小东岱、佃源、水碓头、叶源、朱排、双港、梅枫、米岩山、漈头、仙山、后山、东岸、根漈、黄坦坑、培发、德堂、油车、念文上、念文下、司前、上水碓、下水碓、下炉、新田、叶府前、石牛山、潘山岭、徐山、下张村、上张村、三枝树、东弄、双后降、粗滩、岭脚、上店、岭根、交坑、水碓头店、庙圩垟、高山、石闩、栋头、鹤崇村头、鹤崇村尾、梁驮伯、潘山、绿桐村头、茶园村外、西岸底、鱼塘外、水齿桥、漈头殿、彭村、半山、坑下、潘宅水口、茶园村头、小佐、小岭坑、东坑、东坑上村、何村、徐砻、章坑、桃源、白鹤、深垟、黄山头、叶源垟、谢坑、家地、驮丘田、雁溪、半溪、黄桐、柘湾、渔漈、南垟、下垟、东垟、程田、马岭、廖坑、东溪、东塘、北溪、罗山、死人坦、江心寺、张寮、龙须坦、大吴山、西坑、上湖、陶洲、绿草、道化、和尚垟、下山、马山根、林村、古传、杨坑、岭根、东湖、潘处、上源、梅坑、渤海坑、渤海村头、王处、东畈、叶处、安亭、张坑下村尾、张坑下村头、郑坑桥下、龙头宫、半岭、半岭村头、半岭村尾、门潭底车、坑口、底垟、大都宫、胡坑、大都下坑、翁坑、底岸、外垟、半岭、大顺底、田坑、外垟、小顺、金田、黄寮、库坪、陈村、松潭、高塘坑、长汀垟、岭根、驮垟圩、高演、叶湾上步、后斜等村。

1950—1951年，县人民政府号召农民群众修复旧时失修的一批堰渠工程和水毁田坎，新建渠道33处4.54万米。1952年，修复堰坝渠道和防洪堤1835处，投劳2.66万工。

1953年，始建开渠引水工程，人民政府派员下乡，帮助乡、村干部和农民实地踏勘，土法上马，组织施工，历尽艰险。在悬崖陡壁处，测量与施工人员置生死于度外，人系保险索，或用篮子把人吊在悬崖上，或用野藤捆绑木头吊挂凌空测量、爆破，在悬崖陡壁上凿渠砌筑引水工程，挖了一座座小山岗，填筑了一处处小山湾，依靠农民自己动手，开渠引水。全年修复和新建渠道1710处，投劳 2.25 万工。

1955 年始建山塘、水库，从小到大，从少到多，年年兴修水利。1956 年夏秋，在抗旱中抢修渠道 6833 条，4000 亩稻田解除或减轻了旱情。1957 年，修建堰坝 440 处，1958 年秋，黄湖乡鲍岱村在碓坑岩 7 米多高的悬崖峭壁上凿开一条 500 米长的石渠道，灌溉农田 45 亩。

20 世纪 60 年代新建堰坝 10 处 350 米，渠道 32 处计 5.15 万米。

20 世纪 70 年代农业学大寨，全民治水，建成堰坝 6 处计 204 米，渠道 79 处计 13.24 万米。1971 年，黄湖公社外处岙大队自己动手，土法上马，开挖渠道 3100 米，灌溉农田 52.5 亩，1972 年又开挖渠道长 1000 多米。1973 年，黄湖公社周占生产队 14 户人，立下"愚公移山"志，苦战两个冬春，投劳 4500 工，每个劳力投 200 工，自筹资金 1270 元，开挖 1 条 3270 米的渠道。1974 年，大均公社叶坑生产队 19 户，两个冬春投劳 1500 工，劈开了人称"山羊跳不过"的悬崖陡壁，开通了 1600 米的石渠。莲川公社叶桥大队建成渠道 6 条 1.25 万米，塘库相连，蓄灌配套，灌溉农田 1300 亩。东坑公社先后修建了后坑源、马塘、雷洞库、门前坑、神潭坑、四垟坑、罗坑、后坑等渠道计 3.96 万米，灌溉农田 765 亩。梧桐公社驮隆生产队 5 户人，7 个劳力奋战 8 个冬春，终于炸通了宽 80 多米的悬崖陡壁鬼洞岩，开挖渠道 1850 米，引水后新开农田 10 亩，户均2 亩。

20 世纪 80 年代，全县建成堰坝 10 处计 194 米，渠道 40 处计 4.26 万米。澄照乡修建渠道 15.5 千米，与蒲垟水库相配套，灌溉农田 2100 亩。

1990 年，修复堰坝 92 处计 2.22 万米，新建渠道 12 处计 8580 米。

1992 年底，有大小堰坝 1663 条，灌溉农田 5.8 万亩，其中主要堰坝渠道 1193 条，渠道 260 条计 4.4 万米，灌溉农田 105 亩以上的堰坝 11 条计 7592 米，灌溉农田 105 亩以上的渠道 66 条计 14.96 万米。

中华人民共和国成立后，全县新建堰坝 30 处 857 米，渠道 895 处 27.19 万米，其中堰坝渠道相连 18 处，从 1955 始建蓄水工程后，部分农田由引坑涧水改引山塘水库灌溉。同时因公路、水电站施工建设致部分堰渠相继报废。

1992 年景宁主要堰坝渠道

表 4-5

镇	主要堰渠（条）	其中渠道		灌溉面积（亩）	乡镇	主要堰渠（条）	其中渠道		灌溉面积（亩）
		条	长（米）				条	长（米）	
英川	66	10	17861	1313	雁溪	32	9	21500	1133
葛山	7	2	3600	130	大漈	51	5	11100	1384
鸬鹚	27	3	8100	251	鹤溪	83	26	7060	2998
沙湾	32	18	30710	3440	大均	41	16	28460	902
毛垟	15	3	1560	160	澄照	101	29	56416	2393
秋炉	12	2	800	260	外舍	46	11	15100	885
大地	24	15	17895	1290	梅岐	82	6	6860	2286
标溪	22	10	9800	660	渤海	141	14	11840	2682
梧桐	23	8	6130	630	金钟	37	11	6558	559
家地	13	—	—	240	大顺	66	11	10195	1255
东坑	86	16	49560	2495	陈村	82	12	10080	916
景南	73	5	5740	1486	郑坑	25	7	8740	652

第二节　渠　道

幸福渠道

位于雁溪乡东山村，地处海拔 730 米，自上标漈头引水至东山村后，渠道长 3500 米。从上标漈头起，沿标底岘的石渠穿过深 14 米的东标降岙，经人迹稀少、乱石嶙峋、霾阴古董的牛栏降、牛栏湾降、驮毛降、石龙坪、山茶园的悬崖陡壁。尤其标底岘段 150 米的石渠，开挖时身系保险索，脚踩工作板，先开人行道，再凿横断面，人立渠上，仰不见天，俯不见底。工程地处险要，施工艰难，迄今不少人路过渠岸仍望而止步。

东山村 400 多人口，农田缺水易旱，生活饮水困难。1957—1959 年，投劳 3000 多工，投资 8 万多元建成石渠，引水入渠，基本解决了全村 315 亩和邻村

135 亩农田的灌溉，并在渠尾建造 1 座 30 千瓦的水电站。开渠引水，一水多用，灌溉、饮水、照明、碾米一概解决，粮食稳产高产，为子孙后代创造了幸福，故称“幸福渠”。

小佐渠道

位于大漈乡西南的小佐村，1964 年动工，1967 年建成引水，总投工 1.7 万工，完成石方 2 万多立方米，土方 0.6 万立方米，沿山开渠 7500 米，引水流量 0.2/秒立方米，灌溉农田 290 亩。

渠道地势险恶，怪石嶙峋，全渠经大漈雪花漈、狐狸壁、金线吊、马翘、泽岩下、石亭、石柱坑、炭窑岗、桐树湾、大坑底、黄泥缝、粮驮丘等地段。渠道由云和县农业水利局勘测设计，农水局技术干部胡庆圯、夏励置生死于度外，和社员一起爬悬崖、攀险壁，进行极其冒险艰苦的勘测设计工作，经受了风风雨雨，付出了艰辛的劳动。在国家资金与技术支持下，村民们以蚂蚁啃骨头精神，经过 4 年实干苦干，终于建成闻名全县的沿山开渠工程，从此，粮食稳产高产，素有“银渠金谷”之称。

北山渠道

位于东坑镇北山村，地处深山偏僻，海拔 660 米，山陡人稀，农民耕种农田历来缺水受旱。1976 年冬农业学大寨高潮中，北山人总结了山陡难蓄水，找水源走开渠引水之路，县水利局干部叶永达亲临工程帮助测量，至 1979 年建成神潭坑渠 2500 米，雷洞库渠 5500 米，门前降坑渠 1200 米，门后降坑渠道 5150 米，共 4 条渠道计 1.43 万米，受益面积 360 亩。共投劳 4.6 万工，开挖土石方 2 万立方米，投资 6.1 万元，其中自筹 4.4 万元。

木栒弯、竹儿岗、入门弯等地段悬崖绝壁，地势险要，开挖方量大，难不倒村民的“愚公移山”精神，在距村 7.5 千米的深山老林搭草棚，吃住在工地，坚持常年治水，开渠引水灌田，从而改变了北山村缺水易旱的历史面貌。

西垟坑渠道

位于东坑镇杨斜村，与文成县临界。1973—1976 年，全村男女劳力 200 人，投劳 7400 工，投资 1 万元，建成西垟坑渠道 6500 米，解决了全村 500 人口的饮用水和 135 亩农田灌溉。

垟佑渠道

位于大顺乡高沈村后，莲都区边界。1977—1982年，先后投劳3万工，投资3.8万元。其中，自筹1.3万元，完成土石方1.3万立方米。其中，石方占40%。建成渠道3712米，渠底宽0.4米，受益农田285亩。其中，566米渠岸兼作机耕路。垟佑渠道在测量和施工中，遇悬崖陡坡都要绳索绑捆搭木架、木桥来往测量和施工，地势险峻。凿通了长70米、高15米宽的马平沿；长15米、高10米的雷头底；长50米、高50米寨王降柱底等悬崖陡壁；砌筑了赤岩坑、寮降坑、白坦坑3处长5米、宽3.5米的石拱渡槽。

高沈村住宅密集，水源奇缺，干旱季节水贵如油。1977年冬，该村组织20多名村干部群众，到外地学习开渠引水经验，回来后发动群众开渠引水，自筹资金3458元，加上国家补助，土法上马开通了渠道。垟佑渠的开通，不仅保证了农田灌溉和农民饮用水，还利用自然落差建造一座12千瓦水电站，村民生产生活条件大改变。

愚公渠道

位于沙湾镇小地村东侧，跨流域建成愚公水库，打通引水隧洞118米，洞径高1.8米，宽1.3米，沿山开渠经赤岩、小地两村后高山坡上，渠道全长3500米。1973—1976年，先后共投劳1.2万工，投资6万元(其中自筹2万元)，水渠建成，可灌溉农田450亩。

小地干部群众在大寨精神鼓舞下，以愚公移山的劲头，为找寻水源，解决农田缺水，在远离灌区7.5千米的大地乡驮垟村上泥塘找到库址，经两乡、村干部协商，同意小地村在上泥塘建造水库。小地村干部群众为寻找水源、开渠引水、建坝蓄水经历千辛万苦，有一股愚公移山的精神，故名“愚公渠道”。

赤岩渠道

位于澄照乡东南蒲垟水库下游，全长4650米，海拔850米，为蒲垟水库的配套渠系。工程于1963年12月开工，由澄照乡大赤垟、东畔村、米岩山、漈头、后山等受益村统一组织，抽调劳力，合理负担，投劳投资。1971—1972年春，投劳1.5万工，国家拨款1.35万元，从蒲垟水库二级电站渠道中段建成东、南两渠道，东渠又分金丘灌区和四格、田源至东畔灌区。金丘灌区渠长3100米，灌溉农田855亩；四格、田源至东畔灌区渠长1550米，灌溉农田360亩；南渠至后山、漈头、米岩山、大赤垟等村灌溉农田315亩。1988年,国家以扶贫以工代赈资金2万元,对渠系进行了全面整修,渠道工程历经26年后才全部竣工。

大面降渠道

位于雁溪乡浮亭降村旁,1974年开工，经三个冬春，全村34户人，投劳2000工,集资6000多元,建成大面降渠道6500米。渠道大部在林木茂盛,乱石嶙峋,岩石山坡开挖,工程艰难,拦堵山涧水入渠,灌溉农田122亩。

坟岙渠道

位于鸬鹚乡山下村,系坟岙水库配套渠道,1971年,渠道与水库同时建设。从坟岙沿白岩下山降,环山开渠,经坑底窟至驮降亭,全线山地坡陡,乱石嶙峋,有的地段悬崖峭壁,工程艰难。山下人在党支部书记许承养的带领下,全村男女劳力早出晚归,艰苦劳动,十个冬春投劳1.5万工,投资3万元,完成土石方1.3万立方米,开挖渠道4600米,灌溉农田300亩。

犁砣坑渠道

位于葛山乡葛山村,地处海拔956米的山岗上,无一坑涧,全村700人饮用水仅靠两口深约3米的小井,465亩农田大都分以山泉流灌。一遇久旱,村妇井旁排队提水,秋旱时要到1千米外取水。1949年前,曾在犁砣坑将土方开挖至横坑砻,因巨石悬崖无法开采致半途而废。1958年用木笕引水,木笕引水线路长,木头易烂,引水量小,同时难以管理,不久即废。20世纪70年代农业学大寨,葛山人再次组织开挖犁砣坑渠道,从犁砣坑沿横降、横坑砻、箬田下、寨后田三湾四岗,堵截坑涧水,引西水向南流。1971—1982年,投劳2万工,投资2万元,完成土石方3800立方米,开挖渠道2700米,在村后建自来水池1处,蓄水量226立方米,解决了全村700人口的饮用水和700亩农田灌溉问题。

白水漈渠道

位于大均乡的北面山岗上,距大均4千米,由口尺、南林、叶坑三个自然村合建。1957年冬,三个村90个劳力共同开挖白水漈渠道,从老炉坑起,沿白水漈、凿通了宽100米、高100多米的猢狲寨悬崖绝壁,穿过长山岙至口尺,分流南林、叶坑村。全线山陡悬崖、古木阴森,三个冬春,三个村投劳1.26万工,平均每劳力投工130工,投资2.4万元,自筹2万元,建成渠道6500米,受益农田300亩。

1992年景宁(灌溉100亩以上)堰坝

表4-6

所在乡村	堰坝名称	堰坝长(米)	灌溉田(亩)	建造时间
澄照乡叶八弄村	叶八弄沟	20	150	1959
红星街道绿草村	死人坦	36	120	1949年前
红星街道金钟村	江心寺	27.3	110	1972
九龙乡西山村	驮　坑	3	110	1975
九龙乡门潭村	驮　坑	6	110	1949年前
九龙乡朱背村	道　元	13	150	1975
九龙乡朱背村	龙　井	11	110	
郑坑乡张坑下村	岙门驮澳	5	150	1949年前
景南乡东垟村	耕头门	20	100	1962
东坑镇深垟村	黄山头	8	100	1972
鹤溪街道浮丘村	浮　丘	15	160	1988
毛垟乡毛垟村	白　象	110	—	1968
毛垟乡上沙湾村	栋　头	70	—	1964
鹤溪街道双后降村	双后降	63.5	—	1986
梧桐乡梧桐村	山岗头	51.4	60	1990
沙湾镇道化村	道　化	115	—	1949年前
毛垟乡毛垟村	樟树脑	185	80	1967

1992年景宁(灌溉100亩以上)渠道

表4-7

所在乡镇	堰坝名称	堰道(米)	灌溉面积(亩)	建造时间	所在乡镇	渠道名称	渠道长(米)	灌溉面积(亩)	建造时间
外舍	油田	750	200	1989	鹤溪	余山派旋垟	800	100	1958
白岸	汇下处后	2500	100	建国前	大都	张坑岙门	1000	150	
大均	新庄派庄	4000	150	1975	大都	后砻坦岱	1240	300	1975
大均	口尺白水際	6500	300	1979	九龙	西山驮坑	2300	110	1976

续表 4-7

所在乡镇	堰坝名称	堰道（米）	灌溉面积（亩）	建造时间	所在乡镇	渠道名称	渠道长（米）	灌溉面积（亩）	建造时间
鹤溪	塔勘	700	500	1986	九龙	朱背道元	770	150	1977
鹤溪	王木坑	2500	130	1967	九龙	田坑徐坑岭	1000	200	1989
鹤溪	周湖	1000	100	1972	九龙	高沈垟佑	3680	360	1985
梅岐	石门大沟	3000	300	1978	郑坑	张坑下岙门驮沟	2000	150	1949年前
澄照	叶八弄	1500	150	1990	郑坑	张坑下松树坪	2000	100	建国前
澄照	金丘坑头	2650	200	1990	郑坑	张坑下坟岙澳	1500	110	建国前
澄照	派水岙	3100	850	1990	郑坑	吴布赤豆田	220	150	建国前
澄照	四格派水岙	4500	260	1990	梧桐	高演马竹坪	1500	200	1967
澄照	赤岩	3000	300	1989	景南	忠溪官澳	1500	115	1958
澄照	白沙岱岩下	2600	165	1989	景南	东坪耕头门	3000	200	1963
澄照	毛丰坑	2680	200	1989	景南	渔漈温枫坪	300	280	1976
澄照	仙山驮沟	300	140	1976	雁溪	幸福渠	3500	290	1959
鹤溪	车道边	1500	300	1957	雁溪	黄糊大	1400	120	1976
鹤溪	学田垟心	800	100	1978	雁溪	大密降	6500	122	1976
鹤溪	岭脚栋底	1000	100	1958	大漈	小佐渠	7500	250	1967
隆川	凤垟企岩	1150	100	1961	大漈	潘宅大坟路	300	0	建国前
隆川	张坑企岩	1306	120	1961	大漈	彭村坑底	400	150	建国前
鸬鹚	山下坟岙	4600	300	1971	白鹤	深垟黄山头	1500	100	1973
沙湾	叶桥五虎团垟	2500	250	1973	北溪	吴山头梅山	1000	100	建国前
沙湾	叶桥黄公	2000	250	1974	东坑	茗源上垟沟	1500	100	建国前
沙湾	流坑黄公	2300	240	1974	东坑	汤北西垟山	500	160	建国前
沙湾	林坑马扎	2400	100	1973	东坑	竹埠马湾	2500	160	1978
沙湾	林坑水坪头	1500	300	1974	东坑	北山神潭坑	7500	120	1979
沙湾	何处粗草湾	2000	450	1973	东坑	杨斜西垟坑	6500	100	1976
沙湾	小地愚公	3500	210	1973	东坑	东坑山沟	1600	220	1989
沙湾	旺水大降湖		250	1973	红星	王金垟黄泥山	200	200	建国前

续表 4-7

所在乡镇	堰坝名称	堰道（米）	灌溉面积（亩）	建造时间	所在乡镇	渠道名称	渠道长（米）	灌溉面积（亩）	建造时间
沙湾	道化鱼仓坑	3000	400	1974	大地	桃垟驮坪处后	1200	120	1974
沙湾	水井有蚬坪	2500	150	1975	大地	东家坪	3500	120	1974
标溪	何庄上百田	1500	150	1972	大地	张坑处后	1800	160	1986
标溪	预章上沟	1500	220	1972	大地	叶坑下瓦丘笕下	555	100	1973

注：堰坝、渠道资料，统计到 1992 年止，之后无资料可查。

第三章　提水工程

清乾隆八年（1743 年），毛垟村仙岩垟首用木制水碓轮式水车。中华人民共和国成立后，鹤溪镇使用木制龙骨水车抗旱，然后各地相继利用机电、水轮泵灌溉农田。

第一节　木制水车

清乾隆八年（1743），三都毛垟村贡生毛大昂，任金华浦江训导回乡时，指导村民在村对面的仙岩垟仿造水碓轮式水车 10 座，将溪圩旱地改成水田，在溪边筑堰开渠引水，利用流冲木制水轮机转动，轮周系有 16~24 个盛水竹筒，竹筒盛水后附轮转至上方，轮向下转，竹筒水倒入特制的竹木槽笕内，再流入农田灌溉。仙岩垟 10 门水车，灌溉农田 50 亩，后毛垟村人历代相传，修造使用至 60 年代。后推广至鸬鹚水车港建水车 1 门，灌溉农田 45 亩。1949 年，仙岩垟、鸬鹚水车是景宁唯一利用水力提水的灌溉设施。1974 年后，鸬鹚水车港以鸬鹚电站渠道设流水孔灌溉，仙岩垟水车于 80 年代机电提水灌溉后不再使用。

1956 年夏，人民政府在抗旱中提倡推广使用龙骨水车，龙骨水车由木制支架、转轮叶片、槽管、戽板等部件组成，槽管长度依提水高度而定，提水高度2至3米，由人工操作。鹤溪、外舍、沙湾、七里、渤海、梅岐、梅崇等地曾使用龙骨水车抗旱。20世纪50—60年代，景宁不少地方仍用竹筒吸水，挑水保苗，割草盖田等原始方法抗旱。

第二节 机电提水

20世纪60年代，始用柴油机作动力带动水泵抽水。1962年夏旱，鹤溪镇从外舍锯板厂借来抽水设备，在漈垟头抽水抗旱，属景宁第一次使用机械提水工具，随后有鹤溪镇梅庄亭、外舍、外舍垟、岗石、沙湾、沙湾垟、七里垟、毛垟上沙湾、渤海梅坑吴布等地相继使用机电提水抗旱。

20世纪70年代机电提水，有英川镇村头垟、金头切、桥头垟、梅崇；鸬鹚乡隔溪船、处下村垟、路后殿、牛迹库垟、上店垟、普和寺；沙湾镇新庄、七里上垟、沙湾垟、洪畈、七里下垟、降北、黄泥、岱根垟、黄水坑、七庆；标溪乡处基桥下、枫林口、岱头、马山、预章；梧桐乡梧桐坑、兰头圩、丘兰；大均乡新寮、齐桶、梅花圩、沙罗坑、水碓垟、伏坑；鹤溪镇梅钟亭、学田银墩、仙童界排；外舍乡岭北、岗石、外舍垟、白岸圩头；金钟乡湖边、绿草、岗头；渤海镇下湖、渤海三、四队、隔溪、下渡垟、石堂口、旦水街头、黄岩寮、垟潭、北岸、大都、白马宫、林圩水车后、大都隔溪；大顺乡官渡圩、下爱、官圩、外垟、圭北官圩坑口；陈村乡鲍岸、朱村、朱村下村、岳口；东坑乡垟桥头等69处使用。20世纪80年代又发展了英川底垟、枫树滩、鸬鹚牛迹库头、沙湾七里丁埠头、标溪马焦滩、标溪自来水厂、叶桥东堡、梧桐下渡；秋炉；毛垟底垟、大都坑口、顺利金田、金钟绿草、大漈漈头、大均大赤坑、大门坑、张春张村等17处。随着县电网的延伸和普及，乡村利用电动机带动水泵灌溉，在小溪两岸地带逐步增多。金钟上圩、旦水、街头岭、门潭珠垟滩、门潭机灌站、岳口机灌站、毛垟降后、东堡水碓坑、预章马焦滩、七里汀埠头、仙姑隔溪、仙姑垟圩、鹤溪梅庄亭、寨山桥头、外舍外舍垟、岭北桥头等15处有机埠。以潜水泵提水灌溉，小巧玲珑，搬运方便，操作灵活。20世纪90年代后全县共有柴油机、电动机、潜水泵等提水机128台1134千瓦，灌溉农田2595亩。

大均电灌站

位于大均乡大均村东南面大均潭旁，1967 年建成，安装 13 千瓦电动机 1 台，浙农 36-18 水泵 1 台，扬程 12 米，配套渠道 200 米，翻过村后小山岙，灌溉大均垟农田 30 亩，1986 年因大沙公路建设而报废。

新寮电灌站

位于大均乡新寮自然村，1971 年 8 月开工建站，新寮、麻垟、底垟 3 个村 10 户人，11 个正半劳力，5 年投劳 1142 工，每个劳力平均投工 100 天，于 1975 年建成。在大溪边砌筑 1 条 340 米的进水渠道，安装浙农 3-6 型水泵 1 台，扬程 45 米，电动机 1 台，型号 JD-L-42-2，灌溉丘小、坎高、砂土山砻田和旱地改水田共 22.5 亩。

白马芎电灌站

位于渤海镇门潭村旁，1977 年 3 月开工，同年 7 月建成。安装电动机 15 千瓦 1 台，水泵 1 台，型号 TB-100-80-160，扬程 11.9 米，工程投工 3500 工，新开和修复渠道 620 米，灌溉农田 75 亩，国家补助资金 1.3 万元，自筹资金 2000 元。

上圩电灌站

位于金钟乡绿草村，绿草圩是景宁较大的溪滩圩地之一，地势平坦开阔，砂圩地易旱。1987 年 9 月开始建电灌站，1989 年建成，投劳 3000 工，耗资 2.5 万元。安装电动机 1 台 11 千瓦，水泵 1 台，型号 LB-100-80-125，扬程 18 米，灌溉农田 165 亩，

包山矿山电灌站

位于鹤溪镇西面 3 千米的下场村，小溪东岸，1984 年建成水泵站，建有水泵房，安装水泵 3 台各 40 千瓦，吸水高程 5 米，扬程 120 米，每小时提水 50 至 60 立方米，供矿山工人生活用水。

第三节　水轮泵站

水轮泵是不用油、不用电的水力机械设施，不仅能抽水灌溉，而且能带动发电机发电，带动碾米机、磨粉机等综合利用。1968 年，建成朱岭下水轮泵站后，相继建成家地、横滩、柘湾、湖后、上沙湾、东风、预章、金田等 8 处水泵站，

安装40型水轮泵，功率11.4千瓦7台、75千瓦1台，40型水轮泵2台串联，配套发电机138千瓦，灌溉农田375亩，旱地改水田150亩，并兼发电、农产品加工。80年代以后，电力并入大电网和公路等建设，有的停用，有的报废。

朱岭下水轮泵站

位于县城东北27千米的大顺乡朱岭下自然村，于1968年建成。有水轮泵机房，安装旋浆式40型水轮泵1台，功率11.4千瓦，安装8千瓦发电机1台，安装照明灯100盏，灌溉农田82.5亩。

家地水轮泵站

位于县城西南31千米的家地村，在家地溪旁，于1972年建成。有机房，安装40型水轮泵1台，功率11.4千瓦，型号TSMN，发电机1台12千瓦，年发电量2700千瓦时。水轮泵上游集雨面积65平方千米，水资源丰富，受益面积10亩，工程投工3500工，投资1万元。

预章水轮泵站

位于标溪乡东西1.5千米处的预章垟有105亩低山三熟的田畈，耕作制度的改变，原有的水利设施不能满足灌溉。1970年12月开工，1971年冬建成。全村140多个男女劳力，经过8个多月的艰苦劳动（经常夜里出工），投劳2.1万工，完成土石方1.2万立方米，过水流量为1.5立方米/秒，水头4.5米，渠道长900米，有两台40型综合利用水轮泵串联，扬程高达37米，渠道绕过小山岙、灌溉农田75亩，1986年因公路建设停废。1989年以工代赈，改建为电灌站，装机66千瓦。

横滩水轮泵站

位于家地乡北面3.6千米处金岙朱下，提标溪港水，开渠道底宽1.6米，水深2米，长800米，有水轮泵机房，安装40型（型号JS），水轮泵1台11.4千瓦，发电机1台18千瓦，年发电量2200千瓦时，灌溉农田10亩，旱地改成水田15亩。投劳5000多工，投资3万多元，1975年10月建成。

柘湾水轮泵站

位于雁溪乡拓湾村旁，有机房，安装40型（型号JS），水轮泵1台11.4千瓦，安装发电机1台8千瓦，灌溉农田105亩，旱地改水田75亩，投劳6000工，投资2.5万元。

第四章　城乡供水

井泉取水为景宁人民解决生活用水的古老方式。20世纪末，景宁通过实施“八七扶贫攻坚计划”“农村饮水解困”“千万农民饮用水”等工程，使人畜生活、工业、生态用水基本得到保障，实现城乡供水一体化。

第一节　井泉取水

旧时景宁的生活用水，取于溪水和井水，水井颇多。据同治十一年（1872）《景宁县志》记载，鹤溪有县前井、上桥井、桥儿井、上叶井、塘弄井、武庙井、钱山井、玉泉井等八口古井。

县前井，位于旧时县衙大门对面坑面上，与县衙同建于明景泰年间，原井口呈畚箕状，取水时沿着石台阶而下，井壁大卵石砌筑，井深2米，伏流源于敕木山麓，山洪暴发时，井水仍清澈如镜，水味甘冽，是古时县衙官员提取饮用水之井，故又称为“官井”。20世纪60年代，河道整治时，井口修圆。2009年，在旧城改造拓宽道路时被填埋；上桥井，位于城东后坑石桥头，与县衙井同建于明景泰年间，井口畚箕形，井口设有护栏，三面卵石砌筑，东侧九级石梯，便于提水；上叶井，位于叶府前叶氏家庙墙外坑旁，与家庙同建于清嘉庆二十二年，井口呈畚箕状，井三面岩石砌筑，水深2.5米，南面七级石梯，是叶氏家人饮用水源；桥儿井，位于桥底弄口，傍坑而建，井圆形，卵石砌筑，井深5米，可供当年塔头街与桥底弄居

上叶井　　潘作仁／摄

民饮用；塘弄井，位于城北城隍庙内，建于明景泰年间（1450~1457年），井深8米，附身下视，清澈如镜，井内壁圆形，卵石砌筑，井口圆形，石板护栏；武庙井，与武庄同建于清顺

钱山井

治年间（1644~1661年），井深8米，大旱不竭。当年景宁一中迁建前师生曾饮此井水。1949年后，围栏和地面作了修缮，抬升了井圈，如今保留在县职业高中校园内，并立有“武庙古井”石碑；钱山井，位于城北玄坛殿旁，供当年僧人、香客和当地居民取水，建造年代不详，卵石砌筑，井口方形，四周石板铺盖，并加护栏；玉泉井，位于县北五里玉泉山麓，古有僧人建亭于道侧，以憩行人，辟地得泉故凿井，水色清沌如玉，味甘，今井已毁。

民国29年（1940），县卫生院在鹤溪镇实行井水消毒和改良水井。

中华人民共和国成立后，人民政府把改良饮水卫生列为爱国卫生运动的重要内容，1952年起发动群众加高井沿，改善井水水质。20世纪60年代后期，工业生产用水，大多采用机井电动提水。1992年底，全县有水井174口，其中电动提水水井23口，动力28台233.9千瓦，民井151口，供1.8万人生活用水和消防用水。

鹤溪镇使用民井、机井早且数量多，1992年有水井58口，占全县近1/3。鹤溪镇张村，古代传说有九口十八曲，今存7口民井，下村后井，方形，长宽各2米，四面石砌，久经淤积仍水深3米，水质清味，冬暖夏凉，村民喜饮。上村双隔井，方形，长宽各2米，水深3米，其余5口，方形，长宽各1.5米，水深约1米，可用水桶直接提水。

1949年后，景宁造纸厂、良种场、酿酒厂、纺织器材厂、邮电局、医疗厂、林业仓库、木器厂、钢铁厂、医院、自来水厂等厂矿、企事业单位新挖井21口，安装水泵26台222.4千瓦。景宁钢铁厂水井位于自来水厂内，深9米，圆形直径5米，安装电动机1台13千瓦，曾为鹤溪镇敬山宫垟抗旱时供水。

境内农村水井约占总数的2/3，以澄照、渤海、景南三乡居多。大地乡张坑村上下两口古井，上村井深6米，圆形直径1.5米，水质清味，大旱之年，井水不涸，下村井深5米，直径2.2米圆形，供全村300多人饮用外，还可供农田灌溉。1988年后，城乡居民逐渐用上自来水，井水只用于牲畜饮水、工业及消防用水等。截至2015年，全县多数水井已废弃，鹤溪8口古井中，仅有上桥井、上叶井仍在使用，武庙井作为古遗保护，其余井都已废弃。

1992年景宁主要机井与民井

表4-8　　单位：立方米

乡镇	机电井				民井		备注
	处数	配套动力		生活用水	处数	生活用水	
		台	千瓦				
黄湖	—	—	—	—	7	910	—
葛山	—	—	—	—	6	1170	—
沙湾	—	—	—	—	6	250	—
大地	—	—	—	—	10	300	—
大漈	—	—	—	—	5	350	—
标溪	—	—	—	—	2	450	—
梧桐	—	—	—	—	4	420	—
大均	1	1	4	—	5	435	—
澄照	—	—	—	—	18	776	—
鹤溪	21	26	222.4	5500	37	3300	包括生产用水，抗旱时曾用于灌溉100亩
外舍	—	—	—	—	1	1050	—
景南	—	—	—	—	21	407	—
金钟	—	—	—	—	2	260	—
渤海	1	1	7.5	1000	25	2034	—
大顺	—	—	—	—	1	50	—
陈村	—	—	—	—	1	90	—
合计	23	28	233.9	6500	151	12252	—

第二节 城镇供水

鹤溪水厂建于1976年，位于县城东南面敕木山路与环城南路交叉东侧，属鹤溪镇集体所有制企业。时有职工5人，日供水500吨，年供水18万吨。1984年后，县城用水量快速增加，1988年改建扩大为全民所有制企业，组并为景宁畲族自治县自来水厂。水厂引鹤溪梅庄亭以上溪水，建拦坝渠，引溪水入厂内蓄水池，安装水泵2台18.5千瓦提水至水塔，由5台水泵(其中11千瓦3台，1.7千瓦2台)，提水压送至用户。共安装水泵7台85千瓦，供水管道21千米，日供水1万吨左右。水厂兼营管道安装、维修，人员增至25人。1993年县城1.8万人口，年供饮用水154.95万吨。

2004年，始建县第二自来水厂，供水源头来自龙潭桥水库。水质经丽水地区环境监测站监测，硫化物为II类水质，其余均为地面水I类，库区被划分为II类水质多功能区，库区植被达63%。

县第二水厂工程于2006年1月建成，7月投入运行。设计日供水能力4万吨，一期日供水2万吨，年供水720万吨，向县城4.52万居民提供饮用水和生活生产用水。同时，彻底改善了县城区供水量不足和水质污染的问题，城区输水主管线长达33千米，利用自然压力，重流式供水，供水普及率达98%。

2009年11月，在原景宁畲族自治县自来水有限公司、景宁溪口污水处理有限公司的基础上组建景宁县供排水有限公司，为国有独资企业。公司坐落于县城人民南路998号，新建厂区占地面积2.25万平方米。2015年，公司设6部1所，共有职工75人。

第三节 乡村供水

20世纪80年代前，全县乡镇、村都是直接饮用河水、井水、山泉水，部分乡村自筹资金建水池，引山泉水进村入户。1980年，县政府开始重视农村人畜饮用水工作。10月，英川公社王宅大队首建农村简易自来水站。1982年建成渤海水泵站，渤海村622户1270人，不再用肩挑水。1990年1月，兴建渤海自来水站。饮用水源引自坦岱水库尾水的山前坑水，建引水渠道长60米和蓄水池、压力前池、调节池，从压力池至调节池饮水管道长4.03千米，工程完成土石方3852立方米，总投资20万元。其中，由县扶贫办、民政局、爱卫会支持17.64万元。2009年，滩坑电站水库淹没，渤海村迁移，渤海自来水站自然消失。

截至1992年，全县以个人、集体投资和国家适当补贴方式，投入改水资金118.5万元，建成农村简易自来水站410处，有14.23万人饮用卫生自来水，占乡村总人口88.99%。其中畲族村建自来水站15处，830户畲民装上自来水。有2260户用塑管或竹管从过滤池引水入户，单家独户居住的308户仍用肩挑水。1991年，浙江省爱国卫生运动委员会命名景宁为“七五”农村自来水建设艰苦创业县。

1994年后，国家开始实施“八七扶贫攻坚计划”，景宁逐步解决农村人畜饮用水难题。截至1997年，解决了67个村的人畜饮水困难问题，受益2.95万人，牲畜1.35万头。2000年，国家决定“十五”期间利用国债资金实施“农村饮水解困”工程，景宁启动“农民饮用水工程”，改善解决了1.25万人的饮水条件和困难。

2003年，浙江省开始实施“千万农民饮用水工程”。同年，景宁开始实施千万农民饮用水工程。8月，兴建沙湾、东坑自来水工程。

沙湾镇原饮用水源受污染，水质变差，影响居民健康。经论证，以潘庄坑、七里坑、长潭等3处的山泉作为新水源，新建一个300立方米的高位水池，解决了居民饮水问题。

东坑饮用水水源，取自田青塘水库，水源足，水质好。从水库通过150砼管过滤、消毒后进入住户。

沙湾、东坑自来水工程投资340万元。其中，省级财政资金100万元，地方配套资金240万元，供水4个行政村8500人，供水规模0.17万立方米/日，于2004年9月竣工。

2004年，建成英川镇、毛垟、徐垟、岚头等乡村的饮用水工程。投资485.6万元。其中，省级财政资金120万元，地方配套资金365.6万元，新增供水规模0.16万立方米/日，供水17个行政村13541人。

2005年，建成鸬鹚、大地、徐山等乡村的饮用水工程，投资603万元。其中，省级财政资金240万元，地方配套资金363万元，新增供水规模0.16万立方米/日，供水22个行政村受益11573人。

2006年，建成澄照、九龙、梧桐、郑坑等乡村饮用水工程。投资742万元。其中，省级财攻资金207万元，地方配套资金535万元，新增供水规模0.38万立方米/日，供水19个行政村17583人。同时，修复被“桑美”台风冲毁的毛垟、秋炉、沙湾、家地等乡、村饮用水设施。

2007年，实施中央投资的农村饮用水安全工程，资金分别由中央、省级补助、县级财政配套和农户自筹4块组成(每农户收取200元，主要用于安装到各农户厨房间的水表、管道、水龙头等部件)。是年，建成景南，秋炉，大漈、雁溪、标溪、周湖等乡村的饮用水工程。投资1559万元。其中，中央投资111万元，省级补助资金535万元，县财政和农民自筹资金913万元，供水42个行政村20920人。

2008年，建成葛山、大均、滩坑库区、白沙岱等乡村的饮用水工程，投资2273万元。其中，中央投资210万元，省级补助资金877万元，县级财政和农民自筹资金1186万元，供水69个行政村32186人。

2009年，建成家地、梅岐、汤北等乡村的饮用水工程，投资1093万元。其中，中央财政346万元，省级补助384万元，县级财政和农民自筹资金363万元，供水47个行政村21567人。

2010年，针对全县居住高山地区的4.71万农村人口仍存在饮水不安全问题，规划制定《景宁畲族自治县农村饮水工程2010—2013年目标任务》，分别于2010年解困2.95万人；2011年解困6652人；2012年解困1.09万人；2013年基本解决全县14万农村人口的饮水安全问题。规划2010—2013年期间新建集中供水工程106处，解决农村4.71万人饮水不安全问题，总投资5883.5万元。其中，城郊区块26处，投资1444.13万元，解困1.16万人；东坑区块12处，投资632.75万元，解困5062人；沙湾区块35处，投资1901.88万元，解困1.52万人；英川区块10处，投资741.25万元，解困5930人；渤海区块23处，投资1163.5万元，解困9308人。

2012年景宁各分区乡镇规划水平年供水总体分布

表4-9　　单位：人

区号	乡镇名称	解决人口	分区合计人口	水　源	实施年度
Ⅰ区	鹤溪街道	1120	11553	小溪支流、大赤坑支流、山塘水库	2010—2012
	红星街道	6048			
	大均乡	—			
	澄照乡	1880			
	梅岐乡	2505			
Ⅱ区	东坑镇	2134	5062	飞云江支流、标溪港支流、河道、小坑、山塘水库	2010—2011
	大漈乡				
	景南乡	1785			
	雁溪乡	1143			
Ⅲ区	沙湾镇	3552	15215	小溪支流、毛垟港支流、标溪港支流、河道、小坑、山塘水库	2010—2012
	大地乡	4956			
	梧桐乡	1178			
	标溪乡	300			
	家地乡	1383			
	毛垟乡	3746			
	秋炉乡	100			
Ⅳ区	英川镇	5057	5930	英川港支流、河道、小坑、山塘水库	2010—2011
	鸬鹚乡	873			
Ⅴ区	渤海镇	4240	9308	小溪支流、大顺溪、小坑、山塘水库	2010—2012
	郑坑乡	1015			
	九龙乡	4053			
合计		47068	47068		

2010—2013年景宁农村饮水安全工程分期计划

表4-10

区块名称	乡镇名称	受益村	受益人口(人)	投资(万元)	实施年度
城郊区	鹤溪镇	鹤溪等2村	1000	125.00	2010
		城北村	120	15.00	2012
	澄照乡	叶源等7村	1880	235.00	2010
	红星街道	陶山等2村	952	119.00	2010
		徐山等4村	1566	195.75	2011
		岭北等4村	3530	441.25	2012
	梅岐乡	古楼等4村	1850	231.25	2010
		栋头等2村	655	81.88	2011
	小计		11553	1444.13	—
东坑区	东坑镇	马坑等5村	2134	266.75	2010
	景南乡	东塘等4村	1785	223.13	2010
	雁溪乡	大丘田	650	81.25	2010
		黄桐等2村	493	61.63	2011
	小计		5062	632.76	—
沙湾区	沙湾镇	季庄等6村	3552	444.00	2010
	梧桐乡	梧桐等4村	1178	147.25	2010
	大地乡	净水等4村	1891	236.38	2010
		张坑等9村	3065	383.13	2011
	毛垟乡	沙垟等6村	3746	468.25	2010
	标溪乡	何 庄	300	37.50	2012
	秋炉乡	田 寮	100	12.50	2012
	家地乡	坪坑等4村	1383	172.88	2010
	小计		15215	1901.89	—
英川区	英川镇	新村等8村	5057	632.13	2010
	鸬鹚乡	仁字坑等2村	873	109.13	2011
	小计		5930	741.26	—

续表 4-10

区块名称	乡镇名称	受益村	受益人口(人)	投资(万元)	实施年度
渤海区	渤海镇	曼段村	259	32.38	2010
		东山等 8 村	3981	497.63	2012
	九龙乡	王湾等 4 村	2212	276.50	2010
		塘保等 9 村	1841	230.13	2012
	郑坑乡	吴布村	1015	126.88	2012
	小计		9308	1163.52	—
合　计			47068	5883.56	—

2010 年，建成鹤溪镇、季庄等村镇的饮用水工程，投资 701 万元。其中，中央财政资金 208 万元，省级财政资金 243 万元，地方配套资金 250 万元，供水 27 个行政村 12825 人。

2011—2013 年，建成旦水、吴布、洪畈、七里、渔漈、滩岭、旱塔、茶亭、王金垟、拓湾、西坳、龙湾等 48 个行政村的饮用水工程，投资 1757 万元，受益 28714 人。

截至 2013 年，景宁县共建成了 19 个乡镇、2 个街道、254 个村的饮用水工程，投资 9554 万元。其中，中央财政资金 1335 万元，省级财政资金 3467 万元，地方配套资金 4752 万元，基本上解决了全县 14 万农村人口安全饮用水问题。

2014—2015 年，提升农村饮饮用水工程建设，提高水资源配置能力。投资 1500 万元，完成大漈、沙湾、梅岐、澄照、渤海、大地、郑坑、大均、红星街道、九龙等乡镇 88 个行政村的饮用水管网改造工程，提升改善了部分农村饮用水条件。同时，采取集中式供水的水厂已覆盖各乡、镇、中心村，城乡生活、生产、生态用水基本得到保障，总供水规模达 29926 吨/日，供水保证率达到 95%。通过水资源统一调度、入河排污口监督管理、水质水量监测、节水技术改造等措施，规范水资源日常管理，水质质量达标，用水总量得到控制，水资源配置总体格局基本形成。实现城乡供水一体化，免费检测水厂水质，服务到水龙头，提高供水安全保障水平。

附记：九龙乡金山行政村农村饮用水工程概况

九龙乡金山行政村分为金山、朱岭头2个自然村，有2个供水点。

金山村人口384人。水源点取距离村1千米外的一个山塘（高程450米），山塘以上集雨面积0.43平方千米，主要建筑物施工为山塘取水口改建，新建1个滤池和1座清水池。滤池采用面积4平方米普通快滤池，双层滤料过滤，过滤水进入清水池。双层滤料为竹炭和粗砂，厚度分别为300、400毫米，中间用滤网和毛棕片隔开，滤料膨胀率取45%。滤池采用C25砼浇筑，底部垫层采用C10砂浆，渗体抗渗标号为S6，水厂采用二氧化氯消毒，消毒剂投加点设在清水池进水口处。

高位水池根据最大日用水量的30%设计，考虑备用容量，根据日水量变化系数取1.3。金山供水点供水规模为69.12立方米/日，即高位水池有效容积为14.65米，考虑备用容量，采用清水池总容积为25立方米。水池采用钢筋砼圆形清水池，水池内壁直径3.1米，净高3.5米，水池顶覆土50厘米，装有水位传示器。

朱岭头村人口100人。水源点取距离村0.4千米外的一条冲沟，堰坝以上集雨面积0.23平方千米，主要建筑物为新建1座取水堰坝，1个滤池和1座清水池。滤池采用面积2平方米普通快滤池，双层滤料过滤，过滤水进入清水池。双层滤料为竹炭和粗砂，厚度分别为300毫米、400毫米，中间用滤网和毛棕片隔开，滤料膨胀率取为45%。滤料池体位C25砼，底部垫层砼C10，渗体抗渗标号为S6，水厂采用二氧化氯消毒，消毒剂投加点设在清水池进水口处。

高位水池根据最大日用水量的30%设计，考虑备用容量，根据日水量变化系数取1.3。朱岭头供水点供水规模为18立方米/日，即高位水池有效容积为8.84米，考虑备用容量，采用清水池总容积为10立方米。水池采用钢筋砼圆形清水池，水池内壁直径2.1米，净高3米，水池顶覆土50厘米，装有水位传示器。

金山行政村饮用水工程投资60.94万元，受益484人，人均投资1259元。

第四节　工业用水

中华人民共和国成立前，景宁县城无工业用水。

中华人民共和国成立后，由于景宁县制几经撤并、交通不便、基础设施落后等原因，20 世纪 70 年代中期，县城鹤溪镇尚未安装自来水。居民的生活生产用水都是直接饮用井水、鹤溪河水。工业用水都是挖井，安装水泵取水。如景宁造纸厂安装水泵从鹤溪包凤小坑抽水解决生产用水，在厂区内深挖水井提水解决职工生活用水；景宁钢铁厂挖井深 9 米，圆形直径 5 米，装设电动机 1 台 13 千瓦，在解决本厂生产生活用水后，曾为鹤溪镇敬山宫垟抗旱供水。

1976 年，鹤溪镇建立自来水厂，部分居民用上了自来水。由于水厂规模小供水不足，厂矿企事业单位的生产用水仍以河水、井水为主。

1984 年后，县城基础设施建设加大，生产生活用水需求增加。1988 年改建扩大自来水厂供水规模，普及到户，城镇居民及厂矿企事业单位多数用上了自来水，但工业用水仍然有限，年用水量仅 500 吨左右。

2006 年，县第二水厂建成投入供水后，供水量从 1982 年日供水 500 吨上升为日供水 2 万吨。随着县城规模不断地扩大，各行企事业，开发公司、私营个体业等相继落户景宁，用水量也随着大量增加。据统计，2010 年全县工业用水量 4.58 万吨，其中浙江景宁大自然食品有限公司年用水量 2.05 万吨，占全县工业用水的 42.4%，年用水量超过 1000 吨以上的企业、工厂、公司有 10 家。其中，景宁瓯江胶囊有限公司用水 8991 吨；景宁信达泵阀制造有限公司用水 4576 吨；景宁石油公司用水 2159 吨；景宁上海华山香水厂用水 2135 吨等。2014—2015 年工业用水分别为 25651 吨和 26751 吨。

第五节　供水规划

水资源配置规划

根据现状工况条件下 2010 年与 2020 年，各分区和重点缺水乡镇政府所在地供需情况进行平衡计算，对现状工况条件下不满足保证率的分区及乡镇政府所在地进行分析，提出水资源配置方案，使其达到分质供水保证率要求。

配置原则

境内各乡镇政府所在地已建有水库的，应充分利用水库发挥供水、灌溉效益，现在发电水库可调整其功能为供水、发电兼顾灌溉；分区内或乡镇政府所在地，径流能满足保证率要求的，不设调节水库(已规划水库除外)，为减少大规模施工污染环境，破坏植被，确保水质，只在各取水断面设低矮堰坝聚集径流，便于取用；径流不能满足保证率要求的，建设调节水库蓄水；在干流取水设取水泵房，不设堰坝；在规划工况下进一步作乡镇政府所在地优质用水供需分析，尤其是几个重点缺水集镇，如葛山、大地、澄照、大漈、规划库南镇。

水资源配置方案

鹤溪镇　根据供需平衡分析计算，现状工况下即可满足该区规划水平年95%保证率优质用水和90%保证率一般用水要求。

建设滩坑水库将淹没外舍乡和金钟乡，规划这两个乡的移民迁移至县城鹤溪镇，且由于经济发展，农村人口大量涌入城镇，2020年，鹤溪镇规划城镇常住人口约7.0万人。为了给县城鹤溪镇提供更优质和更充足的水源，专门对三个可行的供水水源(小溪，鹤溪和三枝树水电站尾水)进行分析比较。鹤溪水量不能满足规划要求，小溪和龙潭桥水库都可以满足水量要求，相比而言三枝树水电站尾水水质较好，且可以实现自流引水，发电尾水流经县城，可增加鹤溪的枯水期径流，增大水环境容量，改善县城河道水质，美化城市环境，同时还可提高鹤溪两岸农田灌溉保证率。因此规划水平年鹤溪镇的用水将由三枝树水库发电尾水供水，2010年、2020年水库必需库容分别为95万立方米、290万立方米，水量水质均可满足95%优质用水要求。

沙湾区　根据供需平衡分析计算，现状工况下即可满足该区规划水平年95%保证率优质用水和90%保证率一般用水要求。随着城乡供水一体化的进一步实现，沙湾镇所在地的优质需水量倍增。本次规划设取水泵站继续从小溪取水，泵站规模0.041立方米/秒，提水水质完全满足用水要求。根据长系列水量供需平衡分析计算，供水保证率可以达到规划95%保证率的要求。因此沙湾镇所在地2020年水平年可继续从小溪取水供给优质用水。

英川区　由英川水库调整现有功能，设置供水、灌溉库容，完全可以满足95%保证率优质用水和一般用水要求。

毛垟区　根据供需平衡分析计算，现状工况下即可满足该区规划水平年95%保证率优质用水和90%保证率一般用水要求。规划集镇水源为炉西坑，引水口以上集水面积21.4平方千米，引水线路长1.3千米，引水水质满足要求。根据供需平衡分析计算可以满足95%保证率城镇优质用水要求。

鸬鹚区　根据供需平衡分析计算，现状工况下即可满足该区规划水平年95%保证率优质用水和80%保证率一般用水要求。规划从南坑下溪引水为集镇供水之用，引水口以上集水面积67.9平方千米，引水线路长2.0千米，途中需打隧洞，引水水质满足要求。根据供需平衡分析计算，即可以满足95%保证率城镇优质用水要求。

秋炉区　根据供需平衡分析计算，现状工况下即可满足该区规划水平年95%保证率优质用水和90%保证率一般用水要求。考虑到秋炉乡政府上游集水面积不大，约41.6平方千米，仅占秋炉区的20%，且上游生活、灌溉等用水耗水。规划从百花突引水，引水口以上集水面积34.6平方千米，引水线路长1.0千米，引水水质满足要求。根据供需平衡分析计算可以满足95%保证率城镇优质用水要求。

澄照区　根据供需平衡分析计算，现状工况下即可满足该区规划水平年95%保证率优质用水要求，规划在坪坦处建一堰坝，并选址于十八漈处和蒲垟水库下游枫树降尾端新建两座水库，分别要求调节库容25万立方米、4万立方米。根据供需平衡分析计算，规划工程建成后可以同时满足澄照区80%灌溉保证率和规划水平年95%保证率供水要求。

梧桐区　根据供需平衡分析计算，现状工况下即可满足该区规划水平年95%保证率优质用水和90%保证率一般用水要求，规划设取水泵站从小溪干流提水，泵站规模为0.01立方米/秒，提水水质满足要求。根据供需平衡分析计算可以满足95%保证率城镇优质要求。

大漈区　根据供需平衡分析计算，现状工况下即可满足该区规划水平年95%保证率优质用水要求。考虑大漈乡政府所在地为西岸底，所处位置海拔较高，集水面积小，现状工况不能满足规划水平年用水要求。规划从老婆丘坑上引水，引水口以上集水面积1.53平方千米，需建水库才能满足供水要求。该水库规划调节库容6.0万立方米，引水线路长3.1千米，途中还一并引3.23平方千米小支流水。根据供需平衡分析计算，现状工况下不能满足该区规划水平年80%以上保证率一般用水要求。规划调整分区内的石银水库功能，使之从单一发电水库转换为发电为主兼顾灌溉的多功能水库。根据供需平衡分析计算，水库功能调整后可满足大漈区90%灌以上溉保证率要求。

标溪区 根据供需平衡分析计算，现状工况下即可满足该区规划水平年95%保证率优质用水和90%保证率一般用水要求，规划设取水泵站从小溪干流提水，泵站规模为0.006立方米/秒，提水水质满足要求。根据供需平衡分析计算可以满足95%保证率城镇优质用水要求。

雁溪区 根据供需平衡分析计算，现状工况下即可满足该区规划水平年95%保证率优质用水和90%保证率一般用水要求，为满足乡镇府所在地95%保证率城镇优质用水要求。规划雁溪乡取水水源分别可以从雁溪干流，引水口以上集水面积20.9平方千米，无须铺设管路，直接水泵抽取；从高坪引水口引水，集水面积3.4平方千米，需铺设管道1.2千米。

以上两方案，据供需平衡分析计算，可以满足95%保证率要求。高坪引水水质比雁溪干流好，且输水线路较短，而泵站抽水运行成本较高，则选择高坪引水方案作为规划城镇优质供水水源。

大均区 根据供需平衡分析计算，现状工况下即可满足该区规划水平年95%保证率优质用水和90%保证率一般用水要求，规划水源从小溪干流设水泵站从提水，泵站规模为0.005立方米/秒，提水水质满足要求。根据供需平衡分析计算可以满足95%保证率城镇优质用水要求。

梅岐区 根据供需平衡分析计算，现状工况下即可满足该区规划水平年95%保证率优质用水要求，规划在梅岐乡下游梅树圩处新建一堰坝，集水面积34平方千米，同时在上游新建一水库用于灌溉，规划建设水库1座，调节库容4.0万立方米。经过供需平衡分析计算，规划工程建成后可通水满足该区规划水平年90%以上保证率一般用水和梅岐乡集镇优质用水要求。

大地区 根据供需平衡分析计算，现状工况下即可满足该区规划水平年95%保证率优质用水要求，考虑大地乡政府所在地建设高程高，无法从外流域引水，本流域取水口以上集水面积 1.75 平方千米，规划建设水库 1 座，调节库容 7.0 万立方米。引水管道长 1.0 千米。经过供需平衡分析计算，建库后可同时满足该区规划水平年 85%保证率一般用水和大地乡政府所在地 95%保证率用水要求。

家地区　根据供需平衡分析计算，现状工况下即可满足该区规划水平年 95%保证率优质用水和 90%保证率一般用水要求，规划从春岱坑取水，引水口以上集水面积 107 平方千米，引水管道长 2.0 千米。根据供需平衡分析计算可以满足 95%保证率和家地乡优质用水要求。

东坑区　根据供需平衡分析计算，现状工况下即可满足该区规划水平年 95%保证率优质用水和 90%保证率一般用水要求，考虑东坑镇政府所在地上游集水面积小，仅 4 平方千米。规划建设水库 1 座，调节库容 8.0 万立方米。引水管道长 1.0 千米。经过供需平衡分析计算，建库后可同时满足该集镇规划水平年 95%保证率用水要求。

渤海镇　根据移民安置规划将郑坑乡合并到渤海镇，迁址于鲍山头，2020 年规划镇区人口为 2700 人。考虑渤海镇所在地高程高，无法从外流域引水，如从库尾取水需要提水 200 米以上，供水成本太高。规划从相邻流域八旦设取水口，集水面积 3.94 平方千米，建设水库 1 座，调节库容 9 万立方米，引水管道长 3 千米。由于镇区积水面积很小，农田灌溉用水难以达到 80%以上保证率供水要求，分布在河道附近或在千峡湖库区边上的农田，可依靠堰坝取水或在千峡湖提水解决，另外还建议调整种植结构以减小灌溉用水需求。

九龙乡　根据移民安置规划将陈村、大顺两个乡合并后，在库区以北的新四村建立九龙乡，2020 年规划镇区人口为 3000 人。九龙乡位于大顺溪干流畔，乡址以上集水面积大于 89 平方千米，规划调整其上游高岩下水库功能，设置一定灌溉库容，优质用水规划从干流取水。经过水量平衡，水量和水质可以满足该区规划水平年 95%保证率优质用水和 90%保证率一般用水要求。

景南乡　根据供需平衡分析计算，现状工况条件下景南乡水资源无法满足 95%保证率供水要求，规划在景南乡上游建设水库，坝址以上集水面积 2.65 平方千米，建设水库 1 座，调节库容 5.0 万立方米，引水线路长 1.0 千米。根据供需平衡分析计算可以满足95%保证率供水要求。

葛山乡　葛山乡位于海拔950米左右的马鞍形山坳，由于建设高程高，只能从邻近的铁汤湾950米高程以上引水，铁汤湾950米高程以上集水面积仅0.68平方千米，如采用无调蓄引水不能达到95%保证率要求。规划建设1座调节库容6万立方米的水库，满足95%保证率优质生活供水要求。

供需平衡分析

对规划工况规划近期水平年(2010)进行供需平衡计算，规划工程可以满足景宁各分区及乡政府所在地2010年优质用水保证率95%以上要求，一般用水保证率80%以上；对规划工况规划远期水平年(2020)进行供需平衡计算，规划工程可以满足景宁各分区及乡政府所在地远期2020水平年分质供水保证率要求。

第五章　农田水利

20世纪60年代始，景宁各地相继开展农田水利基本建设，通过开山造田，改造烂湖田、冷水田、提高粮食亩产量。2006年起，实施“小型农田水利重点县建设”、十万亩千亿方节水和高效节水微喷灌系列工程，境内初步实现基本农田“旱能灌、涝能排”，增强了农业综合生产能力和抗御自然灾害能力。

第一节　农田建设工程

全县9万多亩水田，大多数是小梯田。其中，有2.19万亩阳光少、水温低的烂糊田。中华人民共和国成立后，人们采取在田头边做避冷水沟，以提高水温，促使水稻生长，在烂糊田底埋设松木段，防止耕牛陷入。20世纪60年代，开始开展大规模改水工程。开沟排冷水，对大片农田实行排、灌系统化，提高水温，促使农作物生长。1991—1992年，改造中低产田400亩。截至1992年，全县改水面积1.09万亩，占冷水田总数49.5%。

1994年，水利工程开工154处，竣工51处，其中水毁工程82处，完工32处，累计投入37.52万工，日平均出勤人数达5000人，投入水利建设资金75万元，完成土石方23.35万立方米，恢复灌溉面积6.5万亩。是年冬，梧桐乡梧桐坑、下渡两个村开展农田水利工程建设，规定每个村民必须投足15个劳动积累工，按老田亩面积，每亩筹集资金20元，不投工和不投资者，不得参加新修水利工程的粮田承包。两村每天投入劳力100多工，共修复水毁工程6处，粮田10亩，累计投工5000余工，投资1.2万元。

1995—1996年，农田水利开工278处，完工132处(其中水毁工程修复28处，完工11处)。投入劳动积累工107.85万工，完成土石方量70.04万立方米。

1997年，农田水利工程开工285处，完工280处，投工124.3万工，完成土石方量76.2万立方米。新增灌溉面积7200亩，恢复改善灌溉面积1.45万亩，新增排涝面积8500亩，改造中低产田4000亩，维修加固堤防14.3千米，水库10座，增加蓄水量58万立方米，解决29个村1.17万人饮用水问题，总投资155万元。

截至1998年，全县建成农田水利基本建设工程3038处。其中，投入劳动积累工254万工，完成土石方152.8万立方米。新增灌溉面积2.35万亩，恢复改善灌溉面积4.35万亩，改造中低产田1.42万亩，加固山塘水库80处，新建山塘7处，增加蓄水量158万立方米，受益灌溉农田面积1.45万亩。解决了156个村8.06万人和4.03万头牲畜的饮用水困难。

1999—2001年，完成水利工程414处，投入劳动积累工582.6万工，工程量221.7万立方米。增加灌溉面积6200亩，改善灌溉面积3100亩，增加旱涝保收1.5万亩，改造中低产田8000亩，保护农田2万亩，受益2万人，解决饮用水1.5万人，维修加固山塘水库62处，增加蓄水量39.2万立方米，总投资1亿元。

2002—2006年，共投入水利建设资金7230万元，完成水利工程465处，投工305.2万工，工程量118.93万立方米。修复水毁工程93处，加固堤防8.1公里，加固各类山塘水库205座，增加灌溉面积6600亩，改善灌溉面积8100亩，增加旱涝保收4000亩，改造中低产田5100亩。

第二节 开山造田

1977年冬，大都公社通天岙畲族村13户49个村民，在全国人大代表、村党支部书记蓝盛花率领下，决心在海拔900米高的双尖岗开山造田，改变全村只有56亩冷水山垄田，难以解决温饱的贫困局面。然而，开山造田需搬掉1座山岗，开挖3000多立方米的泥石方，全村仅有17个劳动力，工程繁重。时任云和县水利电力局副局长严瑜和技术员张乃民经实地勘测后，决定在双尖岗采用定向大爆破的办法，解决通天岙村人工开挖土石方的难题。大爆破开挖导洞长29米，再拐转3米，开挖装置炸药室长、宽、高各2.1米，装炸药1.5吨，雷管150只，于1978年3月2日下午2时52分安全爆破。大爆破把双尖岗周围约30米的山坡强烈震动，被震动松散土石约3500立方米。

经过一个冬春的艰苦劳动，通天岙人开山造田9亩。同时，在金交椅开引水渠道4千米，开挖拦山洪水沟3条，沟宽0.5米，沟深0.4米，长680米，开排水沟5条520米，还在12个不同土名共30亩的冷水田后坎做冷水沟，沟宽0.3米，深0.2米，长4591米。经改造的低产田变为“山洪不进田，冷水排出田，肥水不出田，温水灌稻田”的高产稳产田。

第三节 改造烂糊田

鹤溪镇城东城北有1000亩的低产冷水田、烂糊田。1964年，鹤溪大队一、二两个生产队将梅庄亭255亩烂糊田进行改水，改串灌为丘灌，在每丘田坎边砌1条排冷水沟，排水沟总长1500米，投劳1000多工，改水后能排能灌，水温提高，改单季种双季。

1977年，鹤溪镇红星大队在县城北的下炉垟进行大规模的改水。17个生产队集中2200多劳力，将小丘并大丘，开排水沟纵2条，横3条，总长5000多米，开机耕路3条3000多米。一冬春投劳1.3万工，把495亩高低不平、田岸不直、丘小坎多、常年积水，无法使用拖拉机耕作的烂糊田，改为三熟丰产田。

1978年，鹤溪大队一、二两队在梅庄垟进行改水。从东南向西北深挖1条排水沟500多米，暗沟挖沟深1米、宽1.2米，沟两旁砌石坎高0.6米，顶面覆盖长1米、宽0.8米的水泥板，水泥板上面盖土还田，下面为排水沟，排水沟0.6×0.6米，整个改水工程开挖1千多立方米，投劳4000多工。经改水沟，水温提高，改高秆种矮秆，改低产田为三熟丰产田。

是年，张村大队在梅庄亭（化工厂）进行了改水，平整土地。8个生产队集中400多劳力，突击半个月，投劳5000多工，开挖排水沟700多米，在烂糊田中加黄砂土100多吨，把45亩常年积水、酸性土壤、面积小田岸多的低产田，改造为8大丘能灌能排的三熟丰产田。

第四节　改造冷水田

1975—1978年，北溪公社深垟大队投劳4万工，分别在450亩冷水田、烂糊田边开挖了围山拦洪沟、冷水沟和排水沟，改串灌为丘灌，改水后稻田水温普遍提高了3~8℃。在改水的同时进行平整土地，1977年，在水喷头挖通了1条深3米、宽10米、长210米的坑道，砌筑防洪堤、拦河坝，把左岸老坑水改道流向右岸新开坑道，并将公路改线伸直240米，干砌石坎4000米，搬动土石方2万立方米，造田11亩。4年来先后在汤坑、端头、脑护林等处把水温低、土质差的30亩低产田改成高产稳产田，粮食产量增加1倍多。

大漈公社位于县城南面，是全县最大的高山台地，海拔1010米，大漈垟四面环山，水田平坦，俗称七子十三垟（七座狮子形小山、十三片田畈）。全公社7个大队有5个大队社员居住在这块台地上，故有“云中桃源之称”，台地2100亩农田系泉水灌溉的冷水田、烂糊田。常言“大漈好垟畈，代代儿孙好担罐”；“晒死何庄，大漈建仓，晒死大漈，何庄吃屁”；“上丘流下丘，肥水流温州”；“上垟冲下垟，村村半年粮”。1959年改水未成，教训尤深，1980年前各村粮食亩产量280公斤。

1982—1983年两个冬春，全公社投劳32398工，完成土石方2.4万立方米，筑防洪堤兼顾机耕路，排水灌田渠系配套，建成堤、渠沟总长8837米，以能灌能排方式改造冷水田，水田普遍提高水温 4~5℃。两冬春共改造冷水田、烂糊田 1755 亩，粮食稳产高产，每亩增产 78 公斤。1983 年 11 月，丽水地区水电局在云和召开全地区水利建设会议，与会代表莅临大漈参观学习取经。

1982 年，景南公社北垟、西垟大队在冷水田畈开挖排水沟 4 条 1380 米，开挖灌溉水渠 1200 多米，开挖机耕路 200 多米，两村投劳 2.5 万工，由国家补助资金 3 万元，改造冷水田 210 亩。

1989 年春，景南乡忠溪村开排水沟 324 米，改造冷水田 90 亩。

第五节 筑堤造田

梧桐坑筑堤造田

梧桐公社梧桐坑大队，11 个自然村居住 70 户人家，南北相距 5 千米，常言："山陡水急梧桐坑，村前荒滩荆棘生，田少难种一年粮，无奈爬山种杂粮。"历史以来，全村 100 多个劳力跋山涉水耕作 75 亩泥薄土瘦、丘小坎高的山砻田，1962 年，只收粮食 4.14 万公斤，人均 100 公斤，因此靠毁林种玉米、番薯过日子。1963 冬，全村男女老少投入溪圩造田工程，苦干两冬春，在山降头垟、处基圩、旁岸圩筑防洪堤和引水堰坝各 3 处 861 米，完成土石方 1.5 万立方米，投劳 3 万工，溪滩造田 60 亩。一年种三熟，产量高，全村 1988 年粮食产量比 1962 年增加了 1.7 倍。

油田源筑堤还田

油田源位于外舍公社东面，距外舍村 2 千米的沿溪谷地，1912 年山洪暴发，油田源 400 亩农田毁于一旦，一直荒芜了 58 年。1969 年冬，外舍公社降石、王金垟、外舍三个大队社员共同努力，筑成防洪堤 11 段 2996 米，护坦 1251 米，引水堰坝 8 处，溪滩造田 98 亩。建造长 80 米，深 3.2 米，有过水廊道的拦截地下水工程 1 处，共投劳 7.55 万工，完成石方、浆砌块石和混凝土 3.36 万立方米，改变了过去"油田源里不见田，只有荒滩一大片，天晴半月水断流，一场大雨水满垟"的落后面貌。

第六节　喷灌工程

1967年，鹤溪镇学田蔬菜队安装3台4.5千瓦电动喷灌机，受益菜田105亩。1983年，先后建成沙湾镇仙菇村垟圩，隔溪喷灌站。2012年起，建成农业园区、水果、蔬菜、金银花、油茶、柿子基地等11个高效节水微喷灌工程，新增和改善高效节水灌溉面积7498亩。

垟圩喷灌站　沙湾公社仙菇垟圩与隔溪圩是小溪两岸土肥缺水的砂圩地，过去一部分圩地除种植旱地杂粮外，大部荒芜。1968年筑防洪堤270米，1972年开始种柑橘，套种西瓜，时有柑橘300亩，但砂地缺水干旱，产量不高，曾利用东风电站渠道吸水喷灌。1985年建造定式电动水泵喷灌站，泵房面积12平方米，安装6SA-6A型水泵1台，40千瓦电动机1台，出水量65立方米/小时，埋设管道8703米。其中，钢丝水泥主管1条320米，镀锌干管、支管19条8383米，装设喷头50只，喷灌时分段轮灌，周期2天，每次3至8只喷头同时启用，于1986年春建成受益，可灌溉面积105亩。工程投劳6000工，投资10万元，其中自筹1.1万元。1987年建成隔溪圩喷灌站，安装17千瓦电动机1台，灌溉柑橘120亩，柑橘年产量175吨，农民增加了收入，改善了生活，活跃了市场经济。

三石喷灌站　位于县城10千米的澄照乡，海拔550米，云寿公路边，交通方便，有优质惠明茶园510亩。1983年7月开工建站，因灌区高差较大，采用两级泵串联机压喷灌，原设计一级65K-6型泵，二级4B54型泵各1台，配套功率55千瓦和30千瓦电动机各1台，扬程134米。经一年多时间施工安装，大部分工程已完工。1984年，云和景宁两县分设，人员变动，修改设计，将两级串联灌改为一级灌。安装4B-91型水泵1台，配套功率55千瓦电动机1台，安装主管1条300米，干管3条531米，分干管2条78米，支管33条2969米，全灌区共有喷头115只，投资10多万元。后因资金短缺，造成工程有始无终，未能完工使用。

2012年，投资405.01万元，完成鹤溪现代农业园区、红星街道岭根源水果蔬菜基地、澄照乡蔬菜茶叶基地一期和九龙乡高沈蔬菜基地等4个高效节水

图为九龙乡高沈蔬菜基地微灌工程

微喷灌工程，新增和改善灌溉面积 2090 亩。

2013 年，投资 455.01 万元，完成澄照乡茶叶基地二期喷灌、雁溪乡金银花、茶叶、油茶、基地微喷灌、渤海镇石塘峡茶叶基地喷灌和郑坑乡秋林柿子基地微喷灌等 4 个工程，新增和改造高效节水灌溉面积 2302 亩。

至 2014 年，共投资 1479.97 万元，建成农业园区、水果、蔬菜、金银花、油茶、柿子基地等 11 个高效节水微喷灌工程，新增和改善高效节水灌溉面积 7498 亩。

第七节 自流灌区工程

2006 年，中央、省级财政拨专项资金支持景宁小型农田水利基础设施建设，县财政每年调拨资金以"以奖代补"的方式用于农村水利设施维修。2007 年开始，实施"十万亩千亿方节水（小型自流灌区改造）工程"建设，小型灌区工程主要由管道和堰坝组成，采用三面光管道流经配水到田块。主要小型灌区有澄梅灌区、沙湾灌区、鸬黄灌区、鹤溪灌区 4 个。

鹤溪灌区

2007 年 11 月，完成鹤溪灌区自流改造工程。工程涉及鹤溪、外舍、大均、澄照、梅岐等 5 个乡镇，总投资 202.74 万元。新建管道 5 千米，改造管道 33.6 千米，新建水源工程 3 处，改造水源工程 9 处。灌区改造后，农田灌溉水利用系数由 0.45 提高到 0.75，灌溉保证率从 50%提高到 78%，新增耕地灌溉面积 645 亩，改善耕地灌溉面积 5595 亩，年增产粮食 7.52 万公斤，增收 112.8 万元。

澄梅灌区

2007 年12 月，完成澄梅灌区自流改造工程。工程分为澄照、梅岐两个片区施工，改建干渠 15 千米，支渠 14.2 千米，衬砌防渗管道 15 千米，铺设 U 形

郑岐灌区(郑坑片)

槽14.2千米，新建拦水坝2座、分支渠分水闸8个、进水闸2个、退水闸6个、汇流入水渠5处、涵洞5处。灌区改造后，灌溉水利用系数从0.56提高到0.72，保证率从70%提高到75%，改善耕地灌溉面积5010亩，新增耕地灌溉面积3795亩，年粮食增产185万公斤，经济作物增产85万公斤，工程总投资569.8万元。

沙湾灌区

2010年7月，完成沙湾灌区自流改造工程。工程分为标溪、叶桥两个片区施工，改建干渠17.4千米，支渠14.4千米，改造放水口4处(安装手动螺杆启闭机)，新建引水堰坝4座。灌区改造后，灌溉水利用系数从0.56提高到0.72，保证率从52%提高到75%，改善耕地灌溉面积6495亩，新增耕地灌溉面积1500亩，年粮食增产160万公斤，经济作物增产68万公斤，节水35万立方米，工程总投资536.7万元。

鸬黄灌区

2011年6月，完成鸬黄灌区自流改造工程。工程分鸬鹚、葛山、英川三个片区施工，新建和维修灌渠42.34千米，新建取水建筑物20座287.6米。灌区改造后，灌溉水利用系数从0.55提高到0.8，新增耕地灌溉面积2200亩，改善耕地灌溉面积4500亩，年农业增收117万元，节水54万立方米，工程投资479.46万元。

是年，还投资800万元完成澄照、东坑两个小型灌区自流改造工程，新建管道35千米，扩大灌溉面积1950亩，新增旱涝保收面积2800亩。

2007—2011年，通过“十万亩千亿方节水工程”建设，新增农田灌溉面积10090亩，改善农田灌溉面积24400亩，总投资2588.7万元，改善了区域小型农田的灌溉条件，为农民增收节支奠定了坚实基础。

第八节 小型农田水利工程

2012年5月，景宁成功申报中央财政小型农田水利重点县，实施为期3年的重要小型农田水利设施建设任务。通过三年（2012—2014）建设，基本完成全县范围内重要小型农田水利设施建设任务，初步实现基本农田“旱能灌、涝能排”，使农业生产条件、综合生产能力和抗御自然灾害能力明显提高增强。三年总计投入6664.68余万元，新建改造渠道250.51千米，渠系建筑物83座，新建高效节水灌溉面积7498亩，完成座重点山塘综合整治51座，工程涉及11个乡镇、街道、69个行政村、200多个点。

是年，中央财政小型农田水利重点县水利专项投资2214.6万元。其中，投资575.84万元，完成梧桐双坑、东源湖、日隆湾、山头后（内）、山头后（外）、沙湾树林头、迁丘、东瓜垄、太平洋、大降湖、景南潭秋、渤海上斜、澄照翁边、天堂湖、鸬鹚坟岙等15座山塘综合整治工程。投资1233.75万元，完成雁大（雁溪、大漈）和鹤桐（鹤溪街道、大均、梧桐）等2个灌区改造工程，新建改造灌溉渠道

图为2013年度中央财政小农水重点县项目——沙湾镇五叶莲花山塘完成

102.51 千米，新建渠系建筑物 34 座。

2013 年，中央财政小型农田水利重点县水利专项投资 2222.88 万元。其中，投资 746.04 万元，完成红星街道深隆、大后头、和尚垟、汇下坑、沙湾黄公外库、水坪湖、柿秋岙、四格、潒山头、五叶莲花、大均官塘坳、口赤、大地长潭后、梧桐上垟、梅岐张山、渤海外坑、标溪底寮湖、驮毛垄、英川梅七坪、鸬鹚风箱岱等 20 座山塘综合整治工程。投资 1021.83 万元，完成鸬英（鸬鹚、英川）大垟（大地、毛垟、秋炉）、郑岐（郑坑、梅岐、家地）等 3 个灌区的改造工程，新建改造灌溉渠道 81 千米，新建渠系建筑物 27 座。

2014 年，中央财政小型农田水利重点县水利专项投资 2227.2 万元。其中，投资 721.4 万元，完成渤海朱方坑、牛塘湾、九龙岭头、安塘峡、高金、上朱山、堂头墩、小垟、杨梅隆、沙湾山脚下、岭头湖、桥标坑头、东坑田清塘、草鱼塘、鸬鹚呼里岙、大地村尾等 16 座山塘综合整治工程。投资 885.85 万元，完成星海（九龙、渤海）、东景澄（东坑、景南、澄照）、沙溪（沙湾、标溪）等 3 个灌区改造工程，新建改造灌溉渠道 67 千米，新建渠系建筑物 22 座。投资 619.95 万元，完成渤海，红星、东坑，英川、毛垟、标溪等 3 个高效节水灌溉工程，新增和改造灌溉面积 3106 亩，并顺利通过省级重点县项目建设绩效考评。

第五编　水力发电

景宁水力资源得天独厚，境内有瓯江、飞云江两大水系，流域面积1950平方千米，理论蕴藏量66.62万千瓦，年电能18.56亿千瓦时，可开发水力资源173处，装机53.04万千瓦，占浙江省水力资源可开发量的十分之一。

境内水能利用历史悠久，前人利用水力建造水碓、筒车进行舂米、磨粉、榨油、捣竹制纸及提水灌溉。常言道："进村看水碓"，水碓是村庄生活程度的标志，40年代末境内有水碓237座，截至1992年，237座水碓先后废停。

1957—1964年，建成了11座微型照明水电站。1965年后，小水电建设有了较快发展，先后建成一批国营、集体、股份制水电站。1957—2015年全县共建电站360座。随着全民所有制电站的发展和县电网的不断延伸，全县有198座微小型水电站废停。2015年运行电站162座。

第一章 水电建设

景宁小水电建设从零起步，从无到有，从小到大，从低水头到高水头，从单级开发到全流域梯级开发，从径流向有调节性能电站发展，从独立电源到联网运行，投资体制，从民办到公助到股份合作，从依靠县内自己建设，到引进外资、外商共同开发，经历了艰难曲折的道路。2004年9月，水利部授予景宁为全国第一个"中国农村水电之乡"。

第一节 发展历程

景宁小水电建设发展历程可分为三个阶段：

第一阶段（1957—1979）

20世纪50年代初，景宁始用火力发电。1957年5月，张村高级农业社试用水碓轮带动1.2千瓦的小电机发电照明，7月鹤溪镇红星高级社用木制水轮机建成境内第一座径流式电站，装机12千瓦，安装电灯300盏。随后沙湾、英川、东坑、大漈、叶桥、黄谢圩分别利用水碓轮或水碓港水建成微型水电站11座，装机56.1千瓦。水电站建设以群众集资为主，低水头微型向以国家投资高水头小型发展，1958—1959年，水利水电建设总投工198万工。有时，全县一天出工近万人。大跃进时代，工程计划贪多求大，思想上急躁冒进，时值撤县，为保证丽水县雾溪（中型）水库重点工程，盲目上马的三枝树、蔡湖垟等工程半途停工，损失劳力20多万工，毁坏农田21亩，拆毁廊桥1座。

1965年2月，大赤坑一级水电站动工兴建，1967年3月建成，装机400千瓦，为景宁第一座国营水电站。是年6月，建成社办雪花漈水电站75千瓦。1968年建成国营大赤坑二级水电站150千瓦、社办大赤垟水电站75千瓦。20世纪60年代末，相继建成下垟水电站55千瓦、郑源水电站55千瓦、大顺圩水电站40千瓦、湖后水电站30千瓦、梧桐坑水电站18千瓦、伏岩水电站18千瓦、黄垟口水电站18千瓦、东塘水电站18千瓦、黄谢圩水电站12千瓦、道化水电站12千瓦、张村水电站12千瓦、库头水电站12千瓦、第一坑水电站12千瓦、库下水电站12千瓦、草鱼塘水电站12千瓦等38座。20世纪60年代共建成水电站42座。其中，国营2座550千瓦，社办2座150千瓦，队办38座522千瓦，共计装机44台1222千瓦。

20世纪60年代建造的电站，多数是75千瓦以下的径流式电站，没有库水调节，受洪水与枯水径流量的节制，利用率低，人称“蓑衣电”。20世纪60年代中、后期，根据山区特点开始选用高水头建设电站，其中最高水头为46米的雪花漈电站。

1970—1971年，建成国营东风水电站150千瓦、南坑下水电站650千瓦。1970年1月，鸬鹚水电站开工，1974年建成。总投资677.5万元，总投工40万工，完成土石方78万立方米，装机容量4100千瓦，设计年发电量2075万千瓦时。20世纪70年代适逢“文化大革命”，国民经济建设遭受严重破坏和干扰，但全县干部群众力排干扰，开展“农业学大寨”，大规模地掀起治山治水新高潮。为早日改变农村“火笼当棉袄、火篾当灯草”的落后面貌，一批社队自发筹集资金、投工投劳兴建小、微型水电站，并相继建成章坑水电站320千瓦、峡桥二级

200千瓦、梅坑水电站175千瓦、坑下水电站200千瓦、泉坑水电站140千瓦、漈门水电站200千瓦、白水漈水电站125千瓦、桥头垟水电站215千瓦、屏风岭水电站150千瓦、炉西坑水电站110千瓦等100千瓦以上的小型水电站。同时，各地充分利用本地水利资源，因地制宜，自力更生、艰苦办电，兴建了55千瓦以下的微型水电站126座。这批电站虽容量小，设备简陋，效益不高，但也解决了部分农村用户照明问题，开启了部分农村"点灯不用油"的时代。据统计，70年代全县年共建成水电站140座，装机容量8862千瓦。

第二阶段（1980—1992）

随着工农业生产的发展，人民生活水平的不断提高，用电量不断增多，仅靠农村小、微型径流电站供电，已远不能适应。20世纪80年代，农村小水电建设得到国家扶持、补助以及银行贷款的优惠政策，故重点建设75千瓦以上的小型水电站，并从径流向调节性发展，水电建设规模逐步扩大，采取县、乡、村办或联办等多种形式办电站。1980—1992年，建成中央与地方合办上标中型电站1座16000千瓦、乡办黄垟口电站500千瓦、茶园电站250千瓦、岭头电站150千瓦、枫林口电站155千瓦、金坑电站400千瓦、柘湾电站250千瓦、蒲垟一级150千瓦、新亭电站250千瓦、红旗电站200千瓦、高演电站200千瓦、三重漈电站150千瓦等11座装机2655千瓦。村办蒲垟二级等100千瓦以上电站4座，75千瓦以下的电站22座，合计26座总装机1049千瓦。县办峡桥三级电站1座装机800千瓦、大仰林场电站1座装机100千瓦，共计40座总装机20604千瓦。

1957年，上标电站开始筹建，1990年投入运行，从论证至建成发电历时34年。

20世纪80年代后期，按照农村电气化初级阶段标准，景宁以小水电为主，建管统一，发、供、用统一的模式已初具规模，基本满足了工农业生产和人民生活用电的需要，1989年12月，通过省人民政府组织验收，基本达到水电部颁发的农村电气化试点县所规定的各项标准，成为全省第十一个农村电气化县。

截至1992年，景宁共建中、小、微型水电站233座，装机266台、容量30744.1千瓦，总发电量48003.6千瓦时。其中，191座75千瓦以下的农村径流电站先后停运报废，装机192台2958.1千瓦，总耗资647万元（其中含炉西坑装机 110 千瓦小型电站 1 座)。运行水电站 42 座,装机 74 台,总容量 27786 千瓦,年实发电量 8326.41 万千瓦时,平均利用小时 5915 小时。

是年,建成 110 千伏升压站与变电所 1 座,主变器 1 台 31500 千伏安,35 千伏变电所 5 座,主变器 8 台 20850 千伏安,10 千伏配电变压器 395 台 20620 千伏安,输电线路 670 条 1596.05 千米,电站升压变压器 45 台 50375 千伏安。水电总投资 0.68 亿元,其中国家投资和拨款补助 6259 万元,乡村自筹(含国家贷款)538.5 万元,总投工 433.15 万工。全县 283 个行政村(含居民委员会),城乡 42083 户通电,占总户数 99%。畲族居民除 103 户因单家独户居住分散暂未通电外,其余 3296 户都通电,告别了点灯用煤油的时代。

第三阶段(1993—2015)

景宁畲族自治县设立后,历届政府把水电建设作为山区发展经济的重要组成部分,20 世纪 90 年代,县政府把水电建设提高到绿色经济来抓。

20 世纪 80 年代中、后期,国家对小水电建设给予了必要的扶持政策,放宽市场准入,积极引导民间资本进入小水电行业。县政府提出了"以电兴县"的发展经济战略,把小水电产业当作支柱产业来培植,先后出台了《关于加快开发我县小水电资源的意见》《关于小水电建设与管理暂行办法》和《关于小水电建设征用土地、移民、建筑物拆迁、林木青苗等补偿的办法》等优惠政策。动员全社会办电,鼓励外商来景办电,形成了"政府给政策,部门来服务,业主来投资"的办电氛围。

"八五"期间,县政府又提出"创建中国水电之乡"的发展目标,在办电的实践中始终坚持贯彻"多家办电"的方针,实行"多渠道、多层次、多形式"的办法,坚持"谁投资、谁所有、谁受益"的原则,坚持自愿合股合伙、风险共担、利益共享,允许电站所在地农村、农民以土地、山林、劳力折资入股,走出了一条成功的股份制办电路径。

1992 年冬,鹤溪镇三枝树村民张小宝和滩岭村民雷光来合股投资 54 万元创办滩岭水电站,装机 200 千瓦,年发电量 70 万千瓦时,开创了股份制建造水电站的先河。

1993—1997 年,建成岭头电站 1150 千瓦、坑下电站 2100 千瓦、粗砻二级电站 1270 千瓦、桥银坑电站 1260 千瓦、上标三级 1000 千瓦、大白坑电站 1430

千瓦、鱼潦坑电站 1040 千瓦、上标二级 10000 千瓦、石银二级 1890 千瓦、金峰一级 2400 千瓦、雁湖电站 4520 千瓦、高沈电站 2400 千瓦等 45 座水电站，总投资 2.8 亿元，装机 84 台，容量 47430 千瓦，年发电量 1.42 亿千瓦时。

1993 年后，上标一级电站增容 3000 千瓦、国营鸬鹚、南坑下、东风 3 座电站增容 2660 千瓦，有县办集体 2 座、乡办集体 9 座、村办集体 15 座水电站增容 9255 千瓦。全县共计增容 14915 千瓦，其中有 18 座增容后改为股份制水电站。

1998—2004 年，建成雪花漈二级 2500 千瓦、永库电站 3750 千瓦、高岩下电站 5000 千瓦、白鹤电站 25000 千瓦、上标五级 2520 千瓦、英川一级 40000 千瓦、南坑源一级 3200 千瓦、英川三级 7500 千瓦、新桥头电站 3200 千瓦、景润电站 6400 千瓦、金田电站 3200 千瓦、龙川电站 10000 千瓦、黄坑电站 3200 千瓦等 40 座水电站。总投资 10.7 亿元，装机 108 台，容量 143665 千瓦，年发电量 3.87 亿千瓦时。

1990—2004 年，景宁有 70 多位小水电业主，参与中西部小水电开发，足迹遍及云南、贵州、广西、陕西、青海、江西、湖南等 10 个省，47 个市县。 2003 年 8 月，林建华投资 2 亿元组建了云南中大盐津发电有限公司，收购了上清河、普洱等 6 个总装机容量 1.85 万千瓦的国有电站。总装机 7.8 万千瓦的白水江流域一、二、三级电站已建成投产。

2004 年，因新建电站等原因，有章坑、大仰、柘湾、高演、黄麻漈、炉西、田坪共等 7 座水电站停废。其中，林场国有 1 座，乡办集体 3 座，村办集体 3 座，装机 13 台 946 千瓦，年减少发电量 525.6 万千瓦时。

是年底，全县在运行水电站 120 座，装机 238 台，容量 226220 千瓦，总投资 14.95 亿元，年发电量 6.45 亿千瓦时。

2005—2015 年，建成毛垟电站 6400 千瓦、交溪口电站 2520 千瓦、三枝树电站 13240 千瓦、岭头桥电站 6400 千瓦、梧桐坑电站 3750 千瓦、大白坑电站 2400 千瓦、金坑三级 4000 千瓦、张春电站 4400 千瓦、洪水岭电站 3200 千瓦、茶园电站 3200 千瓦、芎岱楼电站 4000 千瓦、龙石潭电站 2400 千瓦、银库电站 2500 千瓦、三条漈电站 5000 千瓦、白鹤二级 8000 千瓦、温头口电站 8000 千瓦、上标六级 3200 千瓦、坑边电站 2500 千瓦等 42 座水电站，装机 95 台，容量 112615 千瓦，总投资 10.03 亿元，年发电量 2.93 亿千瓦时。

截至2015年，境内共建水电站162座，总装机333台33.86万千瓦，年发电量9.63亿千瓦时，总投资25.77亿元，年产值4.71亿元，拥有固定资产20.15亿元。

景宁小水电已成为景宁社会经济发展的支柱产业，为景宁地方财政收入作出了重大贡献。2014年，上缴国税4056万元，地税3111万元、水资源费729万元、社保养老金等1703万元，共计年上缴税费金额9699.5万元。2015年7月1日起，税费减少。其中，增值税减3%征收。2015年，上缴税费共计5834.4万元。其中，上缴国税2449万元，地税2275.4万元（含费征）。

第二节　电站选介

上标水电站

位于雁溪乡雁溪村，距县城68千米，属小溪水系标溪港，是标溪流域梯级开发的第一期工程，为中央与地方合资电站。设计水头477米，最大净水头499.55米，最小水头448米，设计流量4.4立方米/秒，单机流量2.2立方米/秒。装机容量16000千瓦（2×8000千瓦），设计多年平均发电量3626万千瓦时，年平均利用小时3017小时，保证出力2855万千瓦时。

电站水库坝址以上集雨面积25.7平方千米，主流长度9.78千米，跨流引水鱼漈坑流域集雨面积4.4平方千米，总库容2159万立方米，正常库容1763万立方米，死库容265万立方米，调节库容1498万立方米。

电站工程主要建筑除水库部分外，有发电输水隧洞、压力管道、发电厂房、升压站、输电线路等。

发电输水隧洞：全长504米，有压圆形，衬砌段直径1.8米，未衬砌段直径2.6米，最大过水流量4.4立方米/秒。输水压力明钢管1根，长1.31米，管径上段1米，下段0.9米，管壁厚度最小12毫米，最大28毫米，总重440吨，引水钢管五号跨越斜洞长140米，共13个镇墩，最大坡度46度，最小坡度0度，13号镇墩以下分为2支叉管进入厂房，叉管管径0.66米。

发电厂主、副厂房在压力管右侧，主厂房全部采用钢筋混凝土结构，架结构长27.82米，宽12.1米，高22.87米，共分4层，建筑面积396平方米。主厂房安装2台立轴水斗式水轮发电机组（双喷嘴），每台8000千瓦。水机型号C20-C-140/X12.5、电机型号FK800-2600、调速器型号VT-1800。

升压站：在厂房上侧，设主变压器1台31500千伏安，电压等级110/35/6.3三圈变。

输电线路：110千伏线路一回，全长58千米，线径（CJJ-170），线名1073线。输送雁溪、景宁，110千伏云和变电所，35千伏2回，1回3824线，雁溪—东坑—景宁，全长40.3千米，1回3825线。

电站房屋建筑总面积3596平方米，其中办公用房和宿舍等生活设施用房建筑面积3200平方米。

电站自1957年开始，各级水利电力部门对标溪港全流域的梯级开发做了大量工作。水电部规划司、设计院、计划司、十二工程局、省地领导均曾先后到上标进行规划指导。1966年开始测量，1978年9月由云和县委向省委具文报告要求批准兴建上标电站工程，同年12月14日省水利局以浙水计（78）第473号文件批复，同意兴建上标水电站。1979年开始地质勘探，1982年国家计委批准立项，1984年10月2日上标电站工程指挥部成立，县长雷明亮任总指挥。1985年8月动工，1989年2月28日水库下闸蓄水，1990年7月21日两台机组相继投产发电，同时并入丽水地区110千伏电网运行。总投资4271万元，其中国家能源部投资公司投入1000万元，其余为省经济建设投资公司投入。工程总投工86.45万工，完成土石方39.27万立方米，石方22.47万立方米（包括浆砌块石2.36万立方米，洞挖石方3.51万立方米，钢筋混凝土和混凝土3.51万立方米），耗水泥1.11万吨，钢材1540吨，木材1093立方米。

电站设运行、抢修、水工3个分场，经营管理设厂长室、党群办、厂部办公室、行政科、财供科、生技科、保卫科等科室。

2012年8月，投资1139万元，实施电站增效扩容改造项目，主要为机组增容和主变更新，电站规模从2×8000千瓦增容为2×9500千瓦。2015年11月通过省发改委组织竣工验收，12月通过县水利局组织的增效扩容竣工验收，设计多年平均发电量4328万千瓦时。

上标一级电站原工程由浙江省水利水电勘测设计院设计，金华市水电工程处负责主体工程施工安装。改造工程由浙江省水利水电勘测设计院设计，浙江天汇水电机械科技有限公司负责工程总承包，浙江新华工程监理有限公司负责监理，中国水利水电第十二工程局有限公司负责机电设备安装。

鸬鹚水电站

位于沙湾镇交见圩村，距县城40千米，属小溪水系英川港。1970年10月动工，1974年1月竣工投产，历时3年零3个月，1982年1月并入县电网运行。

水电站开发形式为引水式，集雨面积284平方千米，跨流域引水流量1.2立方米/秒，设计水头48米，设计流量11.5立方米/秒，装机容量2×1250+1×1600千瓦。选用杭州发电设备厂产混流式水轮机3台（型号HC702-W-J71:220-WJ-71），配同厂产发电机3台（型号TSW143/61-10：SFW-K1430/8），安装江山变压器厂产变压器2台，容量为6300千伏安、3200千伏安，设计年平均发电量1340千瓦时。

电站主要建筑物有拦水堰、引水渠道、压力前池、压力管、厂房、升压站、尾水渠等。拦水堰建在鸬鹚村西北面青潭尾，采用坝顶溢流浆砌石重力坝，堰长60米，平均高3米，最高处4.5米。引水渠道拦水堰右岸山坡布置，长7280米，底宽3.2米，深3.8米，沿途涵洞1处，大小洞糟3处，总长30米，沉砂池1处，溢洪道4处；压力前池容量7000立方米，采用钢板焊接压力管，长63米，内径165厘米；厂房为二层混凝土结构形式，建筑面积644平方米，下层为主厂房；升压站建在厂房右侧，电压等级35千伏，输电线路长28.42千米，尾水渠道长10米，尾水排入英川港。电站办公房占地面积3650平方米，职工宿舍等生活设施建筑面积3800平方米。

电站自投运以来，机组运行性能稳定，出力超过标准。为充分利用水源，增加季节性发电能力，1986年3月至1989年7月进行挖潜扩容工程，新增装机1600千瓦，水轮发电机组1台，3150千伏安主变器更换成6300千伏安，增容后装机容量为4100千瓦，年发电量2075万千瓦时，年平均利用5062小时。

电站由省水电勘测设计院勘测设计，省水电安装队承担机电设备安装和土建设施。建站时总投工40万工，完成总工程量78万立方米，总投资457.5万元，1986年增容后总投资677.5万元。

鸬鹚电站为全民所有制企业，隶属县水电局，1987年、1988年连续被评为丽水地区优秀电站。

建站时条件很差，原云和县委领导李金尧和电站指挥吴友庆、胡克铎、技术人员张乃民、胡荣舟等人长期不顾劳累，深入工地。春节期间冒严寒，踩冰雪坚持施工，广大民工风餐露宿，忘我劳动，每天只领4角钱生活费，以坚强的毅力战胜了各种困难，建成了当时全县最大骨干电站，在建站中牺牲了14人。

蒲垟一级水电站

位于赤木山南坡，距金丘村4千米，以蒲垟水库得名，属小溪水系大赤坑。1981年7月动工，1984年9月建成，同时并入县电网运行。

水电站开发形式为混流式，电站上游有蓄水65万立方米的蒲垟水库调节，集雨面积2.1平方千米，设计水头119米，设计流量0.34立方米/秒，装机容量2×75千瓦。选用乐清农机修造厂产混流式水轮机2台（型号LJ-W-48/1），配临海电机厂产发电机2台（型号TSWN/2-6），安装主变压器1台100千伏安，江山电工器材厂产配电盘1台（型号HF-S-1），设计年发电量40万千瓦时。

主要建筑除水库部分外有引水涵洞、引水渠道、闸阀、压力前池、压力管、厂房、升压站等。引水涵洞长8米；引水渠道长450米，宽1米，深0.8米，最大水头119米，闸阀型号PG10；压力前池容量500立方米；压力管为自应力钢丝水泥管，长180米，内径35厘米；厂房建筑面积90平方米，块石小青瓦结构；升压站在厂房外后侧；10千伏输电机线路25千米、0.4千伏线路12千米；尾水排入蒲垟二级电站，土木结构职工宿舍建筑面积80平方米。

建站总投资15.5万元，其中国家补助7万元，社队自筹3.5万元，国家贷款5万元，社员投工0.5万工。为乡办集体所有制企业，隶属澄照乡人民政府。2010年改为股份制电站，总投资160万元，总装机160千瓦，年发电量400万千瓦时。

白鹤一级水电站

位于飞云江源头北溪上，坝址在东坑镇北面约4千米处，厂址在瑞东公路章坑桥上游约650米处，距离坝址约9千米，设计水头140米，设计流量22立方米/秒。

电站装机容量25000千瓦，装机年利用数2425小时，保证出力2550千瓦时，设计年发电量6067万千瓦时。电站设计水头148米，设计流量19.4立方米/秒，最大水头169.50米，最小水头141.20米，平均水头156.30米。

电站防洪标准按50年一遇设计，500年一遇校核；发电引水隧洞（包括进水口）、厂房、升压站为4级建筑物，防洪标准按50年一遇设计，100年一遇校核。

电站工程于1998年5月正式开工，主体工程建筑除水库部分外由引水系统、厂房及机电设备安装等3大部分组成。

引水系统由进水口、隧洞、管桥、调压井及斜洞等组成，全长2802米。进水口位于左岸距大坝160米，为竖井式，底高程525米，前端斜坡设钢质拦污栅1道；调压井为圆筒型，分上室及竖井段，压力管道为竖井加下平洞，均为直径2.4米钢管内衬，进行固结和回填灌浆，其后与岔管及支管接入厂房。

发电厂房及升压站发电厂房紧靠北溪右岸，为地面引水式厂房，平面上呈一字形布置。主厂房面积471.54平方米。升压站为屋外布置，位于副厂房右侧，面积648平方米，地面高程395米。厂区公路顺尾水渠下游与瑞东公路相连，长度650米。厂区内布置必需的生活管理设施，兴建“白鹤电站综合楼”1幢，建筑面积2400平方米。

机电设备装机HL2053-LJ-110型水轮机2台、配SF-JI2.5-8/2600型发电机2台，机组间距9米，机组安装高程387米，水轮机层高程388.8米，发电机高程395米。厂区布置的辅助机械设备有起重、机修设备、供水、排水、气、油系统等。

电站工程实行项目业主负责制、工程建设监理制、工程建设招投标制及合同管理制。由浙江省水利水电勘测设计院设计、浙江大学建设监理公司监理，浙江腾达市政工程公司、浙江第三地矿公司、丽水水电工程处、中水十二局、丽水中立建筑工程公司承建，机电设备由江南水电建筑设备安装公司安装。工程于2000年4月25日通过蓄水阶段验收，2005年5月23日下闸蓄水，2000年5月30日通过机组启动验收，2000年6月并网投产。

白鹤电站由丽水南方水电投资有限公司、景宁飞云江流域投资公司、广源水电开发有限公司、广兴投资开发有限公司、广宁水电发展有限公司、景宁金祥科技有限公司等6家企业联合兴建，工程投资1.89亿元，装机2.5万千瓦，设计年发电量6067万千瓦时，在县内电网起骨干调峰作用。

英川水电站

位于小溪上游的英川港，坝址建于英川镇茶堂村附近，距离景宁县城65千米。设计水头192米，设计流量26.7立方米/秒，是景宁迄今库容最大、装机最大、投资最多、年发电量最多的1座混合式股份制水电站。

电站工程于1999年开始动工，主要工程建筑除水库拦河大坝外有输水隧洞、压力管道、发电厂房和跨流域引水工程等4部分组成。电站规模属中(3)型工程。其主要建筑物级别是：砼面板堆石坝、溢洪道为3级，发电厂房、引水隧洞和西坑源引水系统为4级。设计洪水标准为重现期50年，校核洪水标准为重现期1000年。

发电引水系统位于大坝右岸，由进水口、发电引水隧洞、管桥、调压井、压力管道及钢岔管等组成。进水口在大坝右坝头上游约300米处，进水口后长为6831米的发电引水隧洞，再经调压井、压力管道和钢岔管后接入电站厂房。在跨越西坑源处设支墩式明管钢管管桥，长89.6米。

输水隧洞从水库坝址西坑口开凿输水隧洞一条贯穿直达黄垟口，位于英川港右岸，自进水口渐变段末端至调压井中心长6831米，洞径4.4米，衬砌后洞径3.6米，最大流量达21.6立方米/秒。

压力管道由上平洞、斜洞及下平洞三部分组成，其中上平洞长15米，斜洞水平距离123米，下平洞长187米。由于洞线布置需穿越西坑溪，在西坑溪上设一管桥跨越，管桥长89.6米。

跨流域引水分别从西坑源和墙底坑两地引水，为电站增加发电量。

西坑源引水工程由引水堰和引水隧洞两部分组成，引水堰堰址位于西坑源干流漈下村下游约400米处，集雨面积15.6平方千米，设计引水流量4.7立方米/秒，最大引水流量7立方米/秒。坝高6米，堰顶长30米，堰体采用#100细骨科砼砌块石，引水隧洞全长1742米，引入英川水库。洞型采用无压城门洞型，开挖断面2.6米×3.6米(宽×高)。

墙底坑引水工程包括引水堰2座和连接隧洞、引水隧洞各1条。引水堰分别位于墙底坑干流和旁侧支流上，控制集雨面积分别为10平方千米和3.5平方千米，共13.5平方千米，设计引水流量4立方米/秒，最大流量5立方米/秒。

干流引水堰堰高6米，堰顶长度25米，支流引水堰堰高8米，堰顶长度40米。两座引水堰均采用#100细骨料砼砌块石，引水隧洞分为两段全长1050米，其中连接干支流引水堰的引水隧洞400米，支流引水堰至水库厂房引水隧洞650米，隧洞采用城门洞型。

发电厂为引水地面式，位于黄垟口村前大桥200米处，英川港右岸，距坝址13千米。厂房地面高程348.5米，主、副厂房和升压站自右向左呈一字形布置。主厂房建筑面积522.46平方米，分为发电机层、管道电缆层、水轮机层等三层，发电机层高程为348.3米。副厂房在主厂房左侧，建筑面积372.24平方米，分三层布置中控室、励磁变室、厂变室、载波室等，中层地面高程348.3米，上层地面高程353.9米,下层地面高程345.0米

升压站位于副厂房左侧，为户外式，建筑面积948平方米。地面高程348.15米，高于厂址处校核洪水位347.75米。厂区通过新建的黄垟口桥与景宁至英川公路相连。

电站装机2×20000千瓦，保证出力5320千瓦，年设计发电量10867万千瓦时。机组设计流量25.52立方米/秒，水量利用系数88.83%,发电正常尾水位342.00米。

电站工程总投资3.2亿元，于1999年开工，2002年5月竣工投产并网，征用土地609亩，补偿213.5万元，征用山林1840亩，补偿184万元，移民874人，补偿475万元，以及公路、10千伏线路、广播、通讯线、墓穴等8项合计补偿1040.27万元。

英川一级电站由中国广厦集团和丽水南方水电开发公司投资建造，是迄今景宁最大的股份制和骨干水电站，对保护生态、促进生产、发展经济具有重要作用，而且在旱时蓄水，汛时弃水发挥巨大的作用。2004年在抗击台风“云娜”时，和白鹤电站一起泄洪弃水2000多万立方米，减轻了下游防洪抗灾的压力。

三枝树水电站

位于小溪上游右侧鹤溪支流的三枝树村，是一座集发电和供水于一体的股份制水电站。发电用水引自相邻支流炉西坑上游的龙潭桥水库，水库坝址建于炉西坑主流茗源坑和支流半排坑汇合口下游800米处，集水面积31.2平方

千米，引水面积24.7平方千米，多年平均入库径流量5286万立方米，其中引水1950万立方米。设计水头268.5米，设计流量5.59立方米/秒。

电站主要枢纽建筑除水库大坝外由泄洪建筑物、发电引水隧洞、跨流域引水隧洞和发电厂等四大部分组成。

发电引水系统由进水口、引水隧洞、调压井和压力管道等组成。

进水口为竖井式，位于左岸距坝轴线上游500米处。底高程593米，设3.5×2.5米斜拉活洞式拦污栅和2×2米事故闸门各1道，检修平台635.5米，启闭机平台高程639.5米。

引水隧洞为有压圆形洞，自进水口至调压井长5571米，隧洞坡降3.5‰。隧洞开挖直径2.6米，衬后洞径2米，衬砌厚度30厘米。隧洞衬砌段采用固结灌浆，并在洞顶120度范围进行回填灌浆。

调压井为水室式，上室直径8米，底高程638米，顶高程644米，竖井高72.47米，衬后直径2米，衬厚度40厘米。调压井最大涌浪高程642.71米，最低涌浪高程583.2米。

压力管道布置斜洞方式，斜洞高差220.87米，衬厚洞径2米，倾角48度，下平洞段设埋管，钢衬直径1.6米，长370.5米，管后接钢岔管，分岔角60度，支管直径1.2米和0.8米碟阀相接。

发电厂房为引水地面式，主、副厂房呈一字型布置。主厂房面积344.5平方米，内装水轮机HL–LJ–97型2台，发电机SF–J6300–62150型2台。机组间距7.5米，装机高程350.5米，发电机层高程357.5米。副厂房面积255平方米，位于主厂房左侧，厂内主要布置中控室、35千伏室内开关站等。电厂的主要生活区设在景宁县城，厂区范围只布置少量的生活及管理设施。

跨流域引水系统由吴四桥、梅岐2处堰坝和引水隧洞组成。

吴四桥引水堰坝采用滚水堰型式，堰体材料为C10细石砼砌块石，堰坝长度18米。堰顶高程716.3米，最大堰高5.8米，堰底宽4.48米，下游边坡1:0.6。

引水洞采用城门型无压隧洞，开挖断面1.8×2.14米，边墙高度1.5米，顶拱中心角90度。隧洞衬砌长度520米，衬后宽度1.3米，C15砼衬砌厚度25厘米。隧洞进口底高程715米，出口底高程635米，总长2635米，坡降3.04%。

梅岐引水堰坝采用滚水堰型式，堰体材料为C19细石砼砌块石，溢流段长50米，非溢流段长42米。溢流堰顶高程652.5米，最大堰高7米，堰底宽5.2米，下游边坡1∶0.6；非溢流段采用砼截水墙型式，墙顶高程656米，最大墙高10.5米，墙底宽1.5米，顶宽0.5米。

引水洞采用城门型无压隧洞，开挖断面2×2.95米，边墙高度2.2米，顶拱中心角90度。隧洞衬砌长度470米，衬后宽度1.5米，C15砼衬砌厚度25厘米。隧洞进口底高程650米，出口底高程635米，总长2350米，坡降0.63%。

电站总投资1.44亿元，装机2×6300千瓦，多年平均发电量3021万千瓦时。工程建设移民19人、房屋拆迁772平方米、淹没耕地15亩、淹没山林377亩；永久占用耕地山林90亩、旱地56亩；淹没岭根400千瓦电站1座。于2003年5月动工兴建，2005年7月竣工投产。

张春水电站

位于鹤溪镇境内，拦河坝和厂房坐落在小溪上游的鹤溪支流上。坝址建在张春村上方的河谷，通过3.2千米的输水隧洞形成92米落差，在旱降村下方的河床边建厂发电。坝址以上集雨面积66.6平方千米，多年平均径流深1069毫米，多年平均流量2.25立方米/秒。设计水头88米，设计流量6.74立方米/秒。电站工程由拦河坝、输水隧洞、压力管道、发电厂和升压站等四部分组成。

拦河坝为浆砌块石重力坝，坝体材料为80#砂浆砌块石，最大坝高17米，坝顶高程357米，坝顶长170米，坝顶宽3米，坝顶厚2.5米，坝顶高程340米，河床宽20米。

发电输水隧洞为无压城门洞型，进水口设在右岸，隧洞进口中心高程353米，长3.2千米，洞底坡1%，开挖洞径2.6×2.6米，衬砌高度0.3I米，全长衬砌以1/6计，喷浆以1/5计。隧洞末端设一容积为3000立方米的压力前池，接压力明钢管，钢管直径1.5米，水平长度350米，斜长425米，压力明管末端接2根分岔直径1米的钢管入厂房。

发电厂房建旱降村上游侧，厂区由主、副厂房，升压站和尾水渠组成。

张春电站由景宁三枝树张春水电开发有限公司建造，总投资3500万元，装机4400千瓦，年发电量1109万千瓦时，于2007年11月建成发电并网。

2015底景宁运行电站

表 5-1

序号	单位名称	电站名称	地址	流域	集雨面积(平方千米)	库容(万立方米)	水头(米)	流量(立方米/秒)	现装机(千瓦)	原装机(千瓦)	并网时间	改造并网	设备(台)	年发电量万(千瓦时)	总投资(万元)	电站性质	输送网络
1	上标水力发电厂	上标一级	雁溪	标溪港	31.1	2159	447	4.4	19000	16000	1989.1	2012.12 增	2	6350	7959	国营	市网
2	景宁电力公司鸬鹚电站	鸬鹚	沙湾交见圩村	英川港	374	—	48	11.5	4100	4100	1974.1	—	3	2000	1640	股份制(集体)	县网
3	县电力公司南坑下电站	南坑下	鸬鹚	南坑源	76	—	70	3.3	1800	650	1971.1	—	4	600	660	股份制(集体)	县网
4	县电力公司东风电站	东风	沙湾仙菇村	小溪	1140	—	6	5.2	445	385	1968.5	—	3	210	154	股份制(集体)	县网
5	县电力公司大赤坑电站	大赤坑一级	大均	大赤坑	84	—	47	1.2	720	720	1967.4	—	3	400	288	股份制(集体)	县网
6	县电力公司大赤坑电站	大赤坑二级	大均	大赤坑	83	—	13	1.2	150	150	1969.1	—	2	80	60	股份制(集体)	县网
7	大西垟水电发展公司	泉坑	大均泉坑村	小溪	24.6	—	50	0.5	200	140	1975.2	—	2	55	56	乡办	县网
8	景龙水电开发有限公司	坑下	英川坑下村	英川港	20	—	130	2.04	2100	500	1994.6	—	2	480	1040	镇办	县网
9	景宁三重漈水电站	三重漈	金钟三重漈漈下	小溪	6.5	—	124	0.4	520	350	1981.3	2010.7	2	130	208	股份制	县网
10	景宁岭头水电站	岭头	葛山	英川港	19	—	120	1.3	1150	400	1993	—	2	350	747.5	股份制(集体)	县网

续表 5-1

序号	单位名称	电站名称	地址	流域	集雨面积(平方千米)	库容(万立方米)	水头(米)	流量(立方米/秒)	现装机(千瓦)	原装机(千瓦)	并网时间	改造并网	设备(台)	年发电量万(千瓦时)	总投资(万元)	电站性质	输送网络
11		枫林口	标溪	标溪港	20	—	67	0.7	650	350	1982.6	—	2	100	140	股份制	市网
12	景宁蒲垟一级水电站	蒲垟一级	蒲垟判水岙	大赤坑	2.2	61.4	119	0.34	160	150	1984.9	—	2	40	60	乡办	县网
13	景宁大均水电站	新亭	大均新亭村	小溪	7.8	1.5	164	0.22	925	250	1984.12	—	2	285	445	乡办	县网
14	金泰水电开发有限公司	白水漈	鹤溪三枝树村	飞云江	2.2	32.4	568	0.15	1200	125	2004.4	—	1	268	780	股份制	县网
15	景宁峡桥水电站	峡桥三级	沙湾黄水坑村	黄水坑	11	—	168	0.64	1200	800	1986.12	—	2	276	520	水利局	县网
16		春岱	家地	标溪港	23	—	68	0.64	320	320	1987.12	—	2	90	128	股份制	县网
17	景宁梅坑水电站	梅坑二级	渤海梅坑村	小溪	7.2	—	138	0.3	285	275	1982	—	2	70	142.5	股份制	县网
18	景宁郑坑下圩水电站	郑坑下圩	郑坑下圩村	小溪	5	—	65	0.22	80	80	1991.4	—	1	25	40	股份制	县网
19		七里	沙湾	小溪	7.3	—	87	0.22	640	125	1982.12	—	1	35	62.5	股份制(集体部分)	县网
20	景宁漈门水电站	漈门	东坑桃源村	飞云江	15	—	85	0.75	720	150	2000	—	2	185	360	股份制	县网

续表 5-1

序号	单位名称	电站名称	地址	流域	集雨面积（平方千米）	库容（万立方米）	水头（米）	流量（立方米/秒）	现装机（千瓦）	原装机（千瓦）	并网时间	改造并网	设备（台）	年发电量万（千瓦时）	总投资（万元）	电站性质	输送网络
21	景宁红旗水电站	红旗	梅岐乡横坪村	炉西坑	26	—	94	0.5	325	325	1992.5(增)	—	2	140	130	股份制	县网
22	景宁金标水电站	金标（后坪）	九龙	小溪	0.8	10	96	0.15	55	55	1972	1992.8	1	20	27.5	股份制（集体）	市网
23	浙江三川水电有限公司	桥头垟	英川	英川港	12	—	94	0.4	410	285	1992.12(增)	—	2	120	205	股份制	县网
24	景宁吴布水电站	吴布	郑坑半岭村	小溪	4	—	75	0.39	115	75	1992.12	—	2	40	57.5	股份制	县网
25	景宁草鱼塘水电站	草鱼塘	东坑草鱼塘林场	飞云江	5	4	80	0.23	100	50	1978.3	—	1	40	50	（集体）	县网
26		峡桥一级半	沙湾峡桥村	黄水坑	7.6	—	25	0.7	125	125	2003.1	—	1	15	62.5	股份制	县网
27	浙江三川水电有限公司	炉西坑	毛垟	炉西坑	26	4	67	1	650	250	1993.8(增)	—	2	162.5	325	股份制（集体）	县网
28	景宁滩岭水电站	滩岭	鹤溪三枝树村	飞云江	10.9	—	94	0.34	200	200	1993.9	—	1	70	100	股份制	县网
29		梅崇	英川	英川港	23	—	22	0.7	125	125	1994.1(增)	—	1	50	75	股份制	县网
30	景宁大地水尾电站	大地水尾	大地	小溪	4	1	76	0.15	75	40	1994.2	—	1	18	24	股份制	县网

续表 5-1

序号	单位名称	电站名称	地址	流域	集雨面积(平方千米)	库容(万立方米)	水头(米)	流量(立方米/秒)	现装机(千瓦)	原装机(千瓦)	并网时间	改造并网	设备(台)	年发电量万(千瓦时)	总投资(万元)	电站性质	输送网络
31	景宁景龙水力发电有限公司	粗砻一级	英川	英川港	9	42	140	0.8	925	800	1994.2	—	3	270	601	股份制	县网
32	景宁英川镇茶园水电站	茶园(老)	英川茶园村	英川港	46	1	43	0.7	325	250	1987	—	2	135	162.5	股份制	县网
33	景宁大赤垟水电站	大赤垟	澄照大赤垟村	大赤垟	36	—	24	0.7	200	75	1987.6	—	2	55	100	股份制	市网
34	景宁梧桐乡金坑水电站	金坑一级	梧桐	梧桐坑	153	—	56	2	1200	400	1982.6	—	5	340	720	股份制(集体400)	县网
35		垟溪	澄照下库村	大赤垟	38	—	38	1.2	400	400	1994.6	—	2	150	240	股份制	县网
36	景宁金坑二级电站	金坑二级	梧桐	梧桐坑	163	—	12	6	410	410	1994.6	—	3	90	246	股份制	县网
37	浙江三川水电有限公司	华发	英川	英川港	9.3	1.5	58	0.32	325	325	1994.1(增)	—	1	25	75	股份制	县网
38		蒲垟二级	澄照乡金丘村	大赤垟	2.2	—	230	0.4	400	400	1995.4	—	1	120	240	股份制	县网
39	景宁蒲垟三级水电站	蒲垟三级	澄照乡三石村	大赤垟	15	5	86	0.55	720	360	1995.5	2010.7	2	202	385	集体	县网
40	景宁禾川水电发展公司	黄谢圩	英川	英川港	59	—	18	1.1	160	160	1995.5	—	1	65	96	股份制	县网

续表 5-1

序号	单位名称	电站名称	地址	流域	集雨面积(平方千米)	库容(万立方米)	水头(米)	流量(立方米/秒)	现装机(千瓦)	原装机(千瓦)	并网时间	改造并网	设备(台)	年发电量万(千瓦时)	总投资(万元)	电站性质	输送网络
41	景宁景龙水力发电有限公司	库下翘	毛垟乡库下村	毛垟港	590	—	6.5	6	320	320	1995.6	—	2	135	192	股份制	县网
42	景宁英川镇茶园水电站	粗砻二级	英川	英川港	9.3	—	205	1.06	1270	1270	1995.6	—	4	340	630	股份制	市网
43	景宁大赤垟水电站	南坑源三级	鸬鹚	南坑源	39	—	18.4	0.98	640	640	2003.5	—	2	200	320	股份制	县网
44	景宁梧桐乡金坑水电站	金牛坑三级(沙坑)	大漈坑下村	金岚坑	8.5	—	44	0.35	125	125	1995.6	—	1	38	75	股份制	县网
45		夕垟坑	东坑西垟坑	飞云江	5	6	210	0.22	320	320	1995.6	—	1	100	192	股份制	县网
46	景宁金坑二级电站	双银坑	梅歧留钱村	炉西坑	11.3	—	90	0.75	900	320	1995.6	—	2	122	312	股份制	县网
47	浙江三川水电有限公司	华发二级(隆下)	英川	英川港	9.3	1.5	65	0.5	200	200	1996.11	—	1	83	120	股份制	县网
48		桥银坑	东坑杨斜村	飞云江	16	—	120	1.54	1260	400	1995.11	—	4	169.6	756	股份制	县网
49	景宁蒲垟三级水电站	大　垟	澄照石瓦隆村	大赤垟	20	—	44	0.9	720	320	1996.1	—	2	120	192	股份制	县网
50	景宁禾川水电发展公司	银水漈	梅岐横坪村	炉西坑	28	—	53	0.7	950	250	1996.3	—	2	250	570	股份制	县网

续表 5-1

序号	单位名称	电站名称	地址	流域	集雨面积(平方千米)	库容(万立方米)	水头(米)	流量(立方米/秒)	现装机(千瓦)	原装机(千瓦)	并网时间	改造并网	设备(台)	年发电量万(千瓦时)	总投资(万元)	电站性质	输送网络
51	景宁五峰水电开发公司	洪源	英川洪源村	英川港	38	—	58	1	500	500	1996.5	—	2	190	300	股份制	县网
52	景宁猢狲坪水电站	猢狲坪	鸬鹚南坑下村	南坑源	39	—	120	0.7	840	840	1996.5	—	3	320	504	股份制	云和
53	景宁扫口水电站	扫口	鹤溪扫口村	小溪支流	10.3	5	130	0.54	500	500	1996.5	—	2	180	310	股份制	县网
54		景埠	大地丁埠头	标溪港	8	—	44	0.45	125	125	1996.6	—	1	35	75	股份制	县网
55	景宁新川水电开发公司	新村	英川	英川港	220	—	10	43.3	360	285	1996.8	2002	2	110	171	股份制	县网
56	景宁溪下坑水电站	溪下坑	大均梅山溪下坑	小溪支流	56	—	58	2	800	800	1996.9	—	4	306	480	股份制	县网
57	景宁东叶坑水电站	东叶坑	标溪乡东叶坑村	标溪港	10.2	—	80	0.32	200	200	1996.6	—	2	88	120	股份制	县网
58		外垟	郑坑安亭	小溪支流	9	—	59	0.35	125	75	1996.1	—	1	45	45	股份制	县网
59	景宁蚊虫岭水电站	蚊虫岭	景南东塘村	飞云江	21	—	80	0.93	500	500	1997.1	—	2	251	325	股份制	县网
60		坑垟	英川	英川港	19	—	23.8	0.95	160	160	1996.7	—	1	68	85	股份制	县网

续表 5-1

序号	单位名称	电站名称	地址	流域	集雨面积（平方千米）	库容（万立方米）	水头（米）	流量（立方米/秒）	现装机（千瓦）	原装机（千瓦）	并网时间	改造并网	设备（台）	年发电量万（千瓦时）	总投资（万元）	电站性质	输送网络
61	景宁金牛坑二级水电站	金牛坑二级	大漈犁头尖村	小溪	3.5	11	253	0.28	500	500	1997.1	—	2	185	350	股份制	县网
62	景宁上标三级水电站	上标三级	标溪若要村	标溪港	278	—	12.6	10.8	1000	1000	1997.2	—	2	518	650	股份制	市网
63		富仁坑	鸬鹚	其他坑	6.2	5	290	0.33	500	500	1997.7	—	2	248	326	股份制	云和
64	景宁古传水电站	古传	红星古传村	小溪支流	13.8	3	90	0.514	400	400	1997.3	—	2	157	245	股份制	县网
65	景宁岭根水电站	岭根	梅岐岗楼村	小溪支流	12	—	126	0.55	650	400	1996.9	—	2	189	240	股份制	县网
66	景宁龙潭电站有限公司	龙潭	澄照三石村	小溪支流	8.4	4	105	3.35	480	480	1997.5	—	2	117	312	股份制	县网
67		大白坑	东坑	飞云江	39	3.3	58	1.5	1430	800	1997.7	—	3	448	925.5	股份制	县网
68	景宁鱼漈坑水电站	鱼漈坑	景南上标垟村	小溪支流	11	42	200	0.7	1040	1040	1996.7	—	3	350	624	股份制	市网
69	景宁嘉鸿水电开发公司	家地	家地谢家斗村	标溪港	96	—	27	3.22	890	890	1996.12	—	3	320	504	股份制	市网
70	惠宁电力公司	上标二级	雁溪	标溪港	56.3	217	141	9	10000	10000	1997.6	—	2	2530	7000	股份制	市网

续表 5-1

序号	单位名称	电站名称	地址	流域	集雨面积(平方千米)	库容(万立方米)	水头(米)	流量(立方米/秒)	现装机(千瓦)	原装机(千瓦)	并网时间	改造并网	设备(台)	年发电量万(千瓦时)	总投资(万元)	电站性质	输送网络
71	浙江正明水电集团公司	石银二级	标溪	小佐坑	37	60	130	1.5	1890	1890	1997.8	—	3	650	1228.5	股份制	县网
72	景宁峡桥一级水电站	峡桥一级	沙湾叶桥村	黄水坑	4	—	76	0.4	200	75	1998.7	—	2	55	75	股份制	市网
73	惠宁电力公司	上标一级半	雁溪	标溪港	42	—	28	4.5	1260	1260	1998.1	—	2	430	819	股份制	县网
74	浙江三川水电有限公司	雁湖	英川	英川港	280	—	18.5	9.93	4520	4520	1997.8	—	5	1200	2980	股份制	县网
75	景宁金峰水电站	金锋一级	沙湾大地桥村	毛垟港支流	41.75	90	97	3	2400	2400	1997.8	—	3	750	1560	股份制	市网
76	景宁上标四级水电站有限公司	上标四级	标溪桃树村	标溪港	280	10	12.5	10.8	1500	1500	1998.12	—	3	550	975	股份制	市网
77	景宁恒发能源开发公司	大源坑	九龙	大顺源	6.5	10	290	0.36	800	800	1999.2	—	2	229	513	股份制	市网
78		猢狲坪二级	鸬鹚	南坑源	39	—	45	0.9	400	400	1999.4	—	2	150	230	股份制	县网
79	景宁雪花漈水电开发公司	雪花漈二级	大漈	小溪支流	14.8	—	408	0.75	2500	2500	1999.5	—	2	800	1625	股份制	市网
80	景宁鱼漈坑水电站	鱼漈坑一级	景南上标垟村	飞云江	9.8	—	85	0.68	400	400	1999.7	—	1	150	415	股份制	县网

续表 5-1

序号	单位名称	电站名称	地址	流域	集雨面积(平方千米)	库容(万立方米)	水头(米)	流量(立方米/秒)	现装机(千瓦)	原装机(千瓦)	并网时间	改造并网	设备(台)	年发电量万(千瓦时)	总投资(万元)	电站性质	输送网络
81	景标水电站有限公司	景标	标溪毛圩村	标溪港	350		12.6	13.9	1890	1890	1999.7	—	3	600	1230	股份制	市网
82	景宁景华水电开发公司	顺利一级	九龙库坪(沙坑)	大顺源	41.5	89	55	2.3	1000	1000	1999.8	—	2	357	700	股份制	市网
83	浙江正明水电集团公司	石银一级	标溪	标溪港	37	60	45	1.5	600	600	1999.8	—	2	204	500	股份制	市网
84	景宁雪花漈水电开发公司	雪花漈一级	大漈	小佐坑	10	—	46	0.6	250	250	1999.1	—	2	88	162	股份制	市网
85	景宁鱼漈坑水电站	鱼漈坑	景南	飞云江	18	—	18	0.87	125	125	1999.11	—	1	30	70.5	股份制	县网
86	景宁东方水电站	北溪一级	东坑自岳村	飞云江	38.3	44.2	50	2.4	960	960	2000.1	—	3	307	960	股份制	县网
87	景宁水电开发有限公司	永库	毛垟	毛垟港	571.6	8	29.1	15.2	3750	3750	2000.6	—	3	1400	2437.5	股份制	县网
88	景宁顺利二级水电公司	顺利二级	九龙库坪村	小顺源	61.4	—	57	3.37	1890	1890	2000.8	—	3	628.8	1500	股份制	市网
89	景宁恒发能源开发公司	高岩下	九龙高岩下村	大顺源	105	512	68	7.7	5000	5000	2000.7	—	2	1280	3300	股份制	市网
90	景宁垟下水电站	垟下	大均垟下村	小溪支流	1846	—	4.2	10.5	625	625	2000.5	—	5	286	406.5	股份制	县网

续表 5-1

序号	单位名称	电站名称	地址	流域	集雨面积(平方千米)	库容(万立方米)	水头(米)	流量(立方米/秒)	现装机(千瓦)	原装机(千瓦)	并网时间	改造并网	设备(台)	年发电量万(千瓦时)	总投资(万元)	电站性质	输送网络
91	景宁白鹤水电发展公司	白鹤	东坑章坑村	飞云江	150	1603	140	22	25000	25000	2000.6	—	2	5925	18000	股份制	市网
92	南坑源水电开发公司	南坑源二级	鸬鹚南坑下村	南坑源	25	—	98	1.85	1500	1500	2000.1	—	3	315	875	股份制	县网
93	景宁恒发能源开发公司	高沈	渤海	大顺源	64	—	112	3.1	2400	2400	1997.8	—	3	660	1360	股份制	市网
94		双坑	金钟	小溪支流	11	—	150	0.7	800	800	1997.8	—	2	220	420	股份制	市网
95	景宁恒发能源开发公司	王湾	九龙王湾村	大顺源	112.7	—	17	8	1000	1000	1998.12	—	2	350	650	股份制	市网
96	景宁高沈水电开发公司	垟佑坑	九龙	大顺源	6.15	—	165.5	0.16	400	400	1999.2	—	1	100	300	股份制	市网
97	景宁上标四级电站公司	上标五级	标溪	标溪港	300	—	12	18	2520	2520	1999.4	—	4	650	1400	股份制	市网
98	景宁英川水电开发公司	英川一级	英川黄垟口村	英川港	199	3731	192	26.7	40000	40000	2002.5	—	2	11000	32000	股份制	市网
99	南坑源水电开发公司	南坑源一级	鸬鹚南坑下村	南坑源	17	102	244.8	1.74	3200	3200	2003.3	—	2	869.1	2400	股份制	市网
100	景宁英川三级水电站	英川三级	鸬鹚村	南坑源	292.1	27	29.1	—	7500	7500	2003.1	—	4	1890	5410	股份制	市网

续表 5-1

序号	单位名称	电站名称	地址	流域	集雨面积(平方千米)	库容(万立方米)	水头(米)	流量(立方米/秒)	现装机(千瓦)	原装机(千瓦)	并网时间	改造并网	设备(台)	年发电量万(千瓦时)	总投资(万元)	电站性质	输送网络
101		蒲坑	澄照	飞云江	3	—	144	0.32	500	500	2003.5	—	2	96	261	股份制	县网
102	景宁大垟水电开发公司	新桥头	沙湾新桥头	黄水坑	43.73	2.8	100	3.8	3200	3200	2004.6	——	2	630	2400	股份制	市网
103	景宁漈头水电站	漈头	澄照漈头村	大赤垟	5	10	320	0.26	950	950	2003.9	——	1	180	442	股份制	县网
104	景宁石柱口水电站	石柱口	大漈	小佐坑	29.2	—	51	1.89	640	640	2004.11	—	2	245	410	股份制	县网
105		蒲垟四级	澄照	大赤垟	18.2	—	49	1.5	400	400	2004.1	—	2	130	280	股份制	县网
106	景宁底垟水电开发公司	底垟	英川底垟村	英川港	37	5	43	2.7	800	800	2004.6	—	2	230.8	506	股份制	县网
107	浙江三川水电有限公司	黄垟口	英川黄垟口村	英川港	10.5	—	239	0.6	1600	1600	2003.8	—	2	496	1120	股份制	县网
108	景润水电开发有限公司	景润	毛垟库下村	黄水坑	62.3	178	115.3	6	6400	6400	2004.8	—	4	1546	5050	股份制	庆元
109	景宁金田水电开发公司	金田	九龙金田村	小顺源	24.5	9	225	1.5	3200	3200	2004.12	—	2	928	2410	股份制	莲都
110	景宁江能水电开发公司	陶山	红星街道	小溪支流	15	83	150	1.5	1600	1600	2004.7	—	2	411	1750	股份制	县网

续表 5-1

序号	单位名称	电站名称	地址	流域	集雨面积(平方千米)	库容(万立方米)	水头(米)	流量(立方米/秒)	现装机(千瓦)	原装机(千瓦)	并网时间	改造并网	设备(台)	年发电量万(千瓦时)	总投资(万元)	电站性质	输送网络
111	景宁龙川水电发展公司	龙川	英川半岭村	英川港	35.05	185	313	3.8	10000	10000	2004.6	—	2	2526	7169	股份制	市网
112	景宁西垟坑二级水电站	西垟坑	东坑大仰村	飞云江	10	13.5	170	0.74	1000	1000	2004.8	—	2	242	626	股份制	县网
113		黄坑圩二级	鸬鹚乡	其他坑	28	—	17	50	200		2004.3	—	—	50	80	股份制	
114	景宁大隆水电站	大隆	家地	标溪港	7.8	9	160	0.53	640	640	2004.1	—	2	124.4	480	股份制	惠宁
115	景宁蚊子岭一级水电站	蚊子岭一级	景南东塘村	飞云江	18.75	8	45	1.54	530	530	2004.1	—	2	154.6	426	股份制	县网
116		金锋二级	沙湾	毛垟港	44.5	—	17	3.77	500	500	2004.8	—	2	135.2	410	股份制	县网
117	景宁黄坑水电站	黄坑	大地黄坑村	毛垟港	30	—	162	2.96	3200	3200	2004.12	—	2	990	2400	股份制	县网
118	景宁金兰水电开发公司	石洞门	梧桐高演村	金兰坑	35	—	84	2.1	1600	1000	2004.4	—	2	379.8	1200	股份制	县网
119	景宁丰水发电有限公司	丰水二级(东公)	鹤溪	小溪支流	18	—	127.8	1.06	1600	1600	2004.12	—	2	400	1120	股份制	县网
120	景宁大垟水电开发公司	毛垟	毛垟	毛垟港	556.8	181(zc69)	16.43	47	6400	6400	2005.9	—	2	1837	4800	股份制	庆元

续表 5-1

序号	单位名称	电站名称	地址	流域	集雨面积(平方千米)	库容(万立方米)	水头(米)	流量(立方米/秒)	现装机(千瓦)	原装机(千瓦)	并网时间	改造并网	设备(台)	年发电量万(千瓦时)	总投资(万元)	电站性质	输送网络
121	景宁桂坪水力发电公司	桂竹三级	梅岐横坪村	炉西坑			90	3	1500	1500	2005.8	—	3	500	1228	股份制	文成
122	景青水电站	景青(旦水)	渤海旦水村	小溪支流	7.5	11.48	245	0.6	1260	1260	2005.1	—	2	274	945	股份制	县网
123	景宁交溪口水电发展有限公司	交溪口	鹤溪	小溪支流	138.6	25.1	13	22	2520	2520	2005.1	—	4	750	1450	股份制	市网
124	三枝树水电开发公司	三枝树	鹤溪三枝树村	小溪支流	54	627	268.5	5.59	13240	12600	2005.8	—	2	2974	11348	股份制	市网
125	景宁大垟水电开发公司	金坑垟	沙湾茅坑头村	黄水坑	2.35	5.45	230	0.52	1000	1000	2005.8	—	2	285	750	股份制	庆元
126	景宁大粗水电有限公司	大 粗	红星大粗村	小溪支流	10.45	24	158	0.8	1000	1000	2005.7	—	2	260	728	股份制	县网
127	景宁江源水电开发公司	岭头桥	雁溪	标溪港	134	134	68	12.56	6400	6400	2005.11	—	2	1715	4968	股份制	市网
128	景宁丰水发电有限公司	丰水一级(东公)	鹤溪	小溪支流	16	45	44	1.75	630	630	2005.7	—	1	207	630	股份制	县网
129	景宁白水漈二级水电站	白水漈二级	鹤溪三枝树村	小溪支流	2.2		135	0.2	400	400	2005.3	—	2	95	300	股份制	县网
130	景宁梅岭水电站	梅坑一级	渤海梅岭村	小溪支流	2.5	3.8	33	0.23	75	75	1993.3	—	1	16	25	股份制	县网

续表 5-1

序号	单位名称	电站名称	地址	流域	集雨面积(平方千米)	库容(万立方米)	水头(米)	流量(立方米/秒)	现装机(千瓦)	原装机(千瓦)	并网时间	改造并网	设备(台)	年发电量万(千瓦时)	总投资(万元)	电站性质	输送网络
131	景宁梧桐坑水电站	梧桐坑	梧桐	梧桐坑	138	—	62	7	3750	3750	2006.1	—	3	640	2550	股份制	市网
132	景宁金丝坑水电开发有限公司	金丝坑	梧桐	梧桐坑	7.7	9	340	0.6	1600	1600	2006.2	—	2	370	1200	股份制	县网
133	景宁陈潭水电开发公司	陈潭	东坑杨斜村	飞云江	13.2	23	115	1	1260	1000	2006.7	—	2	330	1008	股份制	县网
134		桃源库下(大白坑)	东坑白鹤水库边	飞云江	36	50	89	3.2	3200	3200	2006.8	—	3	800	1920	股份制	县网
135	景宁金秋水电站	金秋	梧桐隔溪村	梧桐坑	143	—	39.6	7.5	4000	4000	2006.12	—	2	800	2800	股份制	县网
136	景宁三枝树张春水电开发有限公司	张春	鹤溪旱降村	炉西坑	5.8(三枝树55.9)	—	88	6.74	4400	4400	2007.11	—	2	1050	4400	股份制	县网
137	景宁五峰水电开发公司	洪水岭	英川镇	英川港	32.5	1	160	—	3200	3200	2007.11	—	2	825	2789	股份制	市网
138	景宁景民水电开发公司	茶园(新)	英川镇	英川港	24.5	5	160	2.78	3200	3200	2007.11	—	2	820	3500	股份制	市网
139	浙江景宁大西垟水电发展有限公司	均垟	大均泉坑村水堆垟	小溪支流	—	—	200	1.42	1890	—	2007.6	—	3	700	2200	股份制	县网
140	景宁半岭水电站	半岭	英川镇	英川港	58	8.9	13	5.96	800	—	2007.6	—	2	200	775	股份制	县网

续表 5-1

序号	单位名称	电站名称	地址	流域	集雨面积(平方十米)	库容(万立方米)	水头(米)	流量(立方米/秒)	现装机(千瓦)	原装机(千瓦)	并网时间	改造并网	设备(台)	年发电量万(千瓦时)	总投资(万元)	电站性质	输送网络
141	景宁金垟水电开发公司	炉西	毛垟	毛垟港	5.8	—	450	1.3	1890	—	2007.3	—	3	400	1964	股份制	县网
142	景宁金垟水电开发公司	新坑	毛垟	毛垟港	15.5	—	48	0.6	500	—	2007.3	—	2	100	416	股份制	县网
143	景宁佳力水电开发公司	苎岱楼	家地家地村	标溪港	82.43	49.7	389.5	9.4	4000	—	2007.8	—	2	1168	3130	股份制	
144	景宁秋炉坑水电开发公司	五垟一级	秋炉坑	毛垟港支流	24	99.5(ZC80.5)	74	2.84	1600	—	2007.7.6	—	2	430	1633	股份制	
145	景宁秋炉坑水电开发公司	五垟二级	秋炉坑	毛垟港支流	32	25.7	64	4.29	1890	—	2007.7.7	—	2	518	1859	股份制	
146	景宁龙潭库水电站	龙潭库	梅歧古楼岭脚	其他坑	24.7	—	88	1.6	1260	—	2008.4	—	3	178	834	股份制	
147	景宁丽垟水电开发公司	预章	标溪	标溪港	—	5.25	220	0.4	800	—	2008.2.24	—	2	249	660	股份制	县网
148	景宁龙石潭水电发展公司	龙石潭	英川	英川港	410.8	6	11.15	19.5	2400	—	2008.3	—	3	680	1930	股份制	
149	景宁银库水电发展公司	银库	毛垟库下村	毛垟港	638	62	9.35	45	3200	—	2008.8.8	—	2	1070	4425	股份制	
150	景宁三条漈水电站	三条漈	家地乡岭脚桥	标溪港	10.5+引水5.4	89.3	386	1.56	5000	—	2008.1	—	—	1332	5000	股份制	
151	景宁白鹤二级水电发展有限公司	白鹤二级	东坑镇	飞云江	179.2	136	45	20.64	8000	—	2008.9	—	—	2120	7500	股份制	

续表 5-1

序号	单位名称	电站名称	地址	流域	集雨面积(平方千米)	库容(万立方米)	水头(米)	流量(立方米/秒)	现装机(千瓦)	原装机(千瓦)	并网时间	改造并网	设备(台)	年发电量万(千瓦时)	总投资(万元)	电站性质	输送网络
152	景宁科富水电开发公司	双银坑一级	梅歧乡	其他坑	—	—	174	0.73	1000	—	2009.2	—	—	281	1150	股份制	县网
153	景宁佳力水电开发公司	温头口	家地岭脚村	标溪港	41.82 (3.74)	259.3	164.5	5.66	8000	—	2009.1	—	—	2110	7600	股份制	市网
154		屏风岭		小溪	6	—	150	0.3	150	150	1979.4	—	2	40	25	集体	县网
155	景宁顺发能源开发公司	白殿坑	九龙高沈村	大顺源	20.48 (15.19)	16	200	0.55	1890	—	2009.2	—	—	540	1190	股份制	莲都
156	景宁毛坑口水电站			英川港	4.7	—	90	0.261	200	—	2013.10	—	—	45	120		县网
157	景宁景岳水电开发公司	北溪二级	东坑白鹤村	飞云江	4.5	2	34.1	3.014	820	—	2011.6	—	2	256	1200	股份制	县网
158		峡桥二级		黄水坑	7.9	3	124	1.04	800	—	2014.6	—	—	200	800		县网
159	驼梁溪电站	驼梁溪	梅岐村	炉西坑	6.83	6.5	230	0.34	1260	—	2012	—	—	330	836	股份制	县网
160		引井口	标溪预章村	标溪港	7	2	310	0.55	1260	—	2011.12	—	2	350	1200	股份制	县网
161		上标六级	标溪枫林口	标溪港	315.5	6	18	26	3200	—	2013.2	—	4	912	3800	股份制	县网
162		坑边电站		毛垟港	—	27.48	11	52	2500	—	2014	—	2	637.5	2776.13		

第三节 水电之乡

景宁水资源开发利用，历史悠久。20世纪80年代，全县大力兴建小水电，截至1983年，小水电装机容量达14627.1千瓦，占全县可开发装机容量的1.29%，年发电量2711万千瓦时。

1984年，云和、景宁两县分设，经批准景宁成为农村电气化试点县。1989年12月，景宁通过全国第一批农村初级电气化试点县验收。

1993年，县政府下发〔1993〕12号《关于加快发展我县小水电资源的意见》的文件。1994年，又下发〔1994〕100号《关于加快发展我县小水电事业的若干规定》的文件，推行多渠道、多层次、多形式、股份制合作、“谁投资、谁所有、谁受益”的办电原则，免征地方税5年。政府重视，政策优惠，吸引了外资来景办电，更加鼓励了全县人民群众办小水电的积极性，农民融资以山林、土地、劳动力等形式折资入股，在实践中走出一条股份制办小水电的新路子，使景宁的小水电事业得以快速发展。

2003年底，全县已建小水电106座，装机17.84万千瓦。小水电产业迅速发展，不仅积累了资金资本，还培养了一批办电能人，有70多位小水电股东响应国家开发中西部战略号召，到中西部10个省47个县收购、合资、独资开发小水电。“以电兴县”目标基本实现，具备申报“中国水电之乡”的基本条件。2004年1月4日县水电局向县人民政府报送《关于要求申报“中国小水电之

雁湖电站

上标二级电站

乡”的请示》，引起县委、县政府重视，组成申报班子，着手编制申报资料。同年4月9日向浙江省水利厅报送了《关于要求转报国家水利部命名景宁“中国小水电之乡”的请示》，同年9月3日，水利部授予景宁全国第一个“中国农村水电之乡”的称号，当年10月18日，在庆祝建县20周年时，国家水利部农村水电和电气化发展局局长程回洲亲自到景宁授牌。

第四节 水电协会

随着小水电发展规模的日益壮大，为更好维护行业权益，各电站业主对成立小水电协会呼声很高。经认真筹备，报经县民政局批准，于2000年7月5日成立景宁小水电协会，及时召开会员代表大会，选举产生协会班子，2016年11月30，水电行业协会第五届第一次会员大会选举产生新一届理事会,至此，协会已历时五届。

小水电行业协会成立后，围绕遵照《章程》、认真履职；依法维权、争取利益；加强协调、服务会员；完善制度、从严自律等方面有效开展工作。

维护合法权益 根据《章程》赋予的职责，协会服从主管局的指导，认真宣传党的方针政策，执行国家法律法规，制订行业规章制度，配合抓好各电站经营管理和安全生产，协调水电企业与电力部门关系，搭建企业与政府的桥梁，发挥纽带作用，依法维护小水电企业的合法权益。2002年，金福500千伏线路施工时，影响到小水电企业利益，经多次商量无果，并引发了冲突，造成4名会员单位代表致伤。协会立即组织会员单位出面协调，得到县政府和司法部门的重视，肇事方最终赔偿经济损失和医疗费70万元。问题得到妥善解决，充分体现了协会维权作用，也增强了小水电协会会员单位的凝聚力。

争取企业利益 1994年后，小水电产业快速发展，出现电量输出难、上网难和电价低的问题，影响小水电企业的效益。协会向电力部门多次书面报告，并多方协调，要求再架设一条景宁至云和110千伏输电线路，以解决电量送出难瓶颈。向电力部门争取输出负荷，建议采取先建后限、分摊电量损失的办法，平衡县网小水电企业内部利益。通过多年努力，2007年电力部门架设了景宁至云和第二条110千伏输电线路，动员部分电站就近向邻县电网输出，初步解决电量送出难问题。2009年12月鹤溪220千伏变电路建成投入运行，终于解决小水电送出难的问题。此外，协会根据小水电上网电价过低的实际，一方面积极向县政府反映，一方面书面报告和直接到省市物价部门要求，得到政府和上级物价部门支持，适时调升了上网电价。

强素质树形象 景宁县小水电协会已成为全省唯一的省价格协会理事单位、省水电行业协会副理事长单位、国际小水电联合会会员单位，在全国全省都有一定知名度。2004年4月15日—27日，副会长任启年、办公室主任刘福云出席了在湖南召开的《第二届联合国国际小水电南南合作会议》，并提交了题为《农村水电成为景宁经济社会发展顶梁柱》的论文。

协会成立十五年来，在实践中坚持依章办事，加强自身建设，诚恳服务会员单位，不断完善工作制度，广泛听取意见，集思广益，及时研究工作，充分发挥了协会自我管理自我服务的作用。

景宁历届小水电协会组成人员名单

表5-2

届　数	会　长	秘书长	副　会　长
第一届	林建华　任启年	余芳银	吴成法　张小宝
第二届	吴成法	任知富	任知富　任启年　林建华 吴向前　蓝秋美　张小宝
第三届	吴成法	任知富	任知富　任启年　柳晓峰 毛慧琴　张小宝　王小明
第四届	吴成法　沈必武(代)	毛慧琴	毛慧琴　任启年　任知富 柳晓峰　张小宝　王小明
第五届	沈必武	舒勤伟	舒勤伟　柳晓峰　张小宝 王小明

第五节　停废电站

境内早期建造的电站多数为径流电站，普遍存在设备简陋、工艺落后、容量小、效益低，有的遭受水害毁没，机组严重损坏，无法维修。随着全民所有制电站的发展和县电网的不断延伸，绝大多数的微小型水电站先后被县网所取代而淘汰，截至1998年，有198座微小型电站废停。

为了铭记停止运行与报废水电站在水电事业发展进程中的历史作用，现将这批停废电站列表记述，以资查考。

1961—1998年景宁停废电站

表5-3　　单位：千瓦

乡　镇	电站名称	装机容量	水机型号	建成年月	停废年月
毛　垟	炉西坑	2×55	XJ-W-25/7	1976	1988
毛　垟	毛　垟	1×5	旋30型	1964	1979
毛　垟	上沙湾	1×5	旋30型	1970	1990
毛　垟	库　头	1×12	水轮泵40型	1966	1989
毛　垟	陈　坪	1×8	SJ-W-25/7	1967.5	1971
毛　垟	库　下	1×12	40-6-15	1967.12	1971
秋　炉	下　圩	1×12	40-6-15	1967.12	1989
秋　炉	伏　岩	1×18	XJ-W-20/5	1980.8	1989
秋　炉	湖　后	1×30	XJ-W-70/5	1969.6	1989
秋　炉	后　坑	1×12	10-6-15	1966	1989
秋　炉	第一坑	1×12	XJ-W-20/5	1975	1989
沙　湾	道　化	1×12	水轮泵40型	1969.12	1975
沙　湾	水　井	1×18	SJ-W-24/8	1973.1	1978
沙　湾	季　庄	1×18	SJ-W-20/5	1981.7	1985

续表 5-3

乡 镇	电站名称	装机容量	水机型号	建成年月	停废年月
沙 湾	张 庄	1×12	SJ-W-24/7	1973	1985
沙 湾	坑 头	1×30	SJ-W-20/5	1982.5	1985
沙 湾	严 坑	1×18	XJ-W-25/7	1978.10	1991
沙 湾	七里汇	1×16	木制旋桨式	1959	1960.6
沙 湾	黄水坑	1×3	水轮泵 40 型	1971	1978
沙 湾	叶 桥	1×1.5	水 碓 轮	1958	1961
沙 湾	叶 桥	1×1.5	木制旋桨式	1961	1975
英 川	水碓垟	1×12	旋 40 型	1959.3	1961
英 川	梅 崇	1×18	HC210-W-20B	1973.10	1977
英 川	张 坑	1×18	SJ-W-25/20	1973.10	1983
英 川	寨 后	1×18	SJ-W-25/20	1972.11	1976
英 川	凤 坪	1×18	SJ-W-25/20	1972.9	1976
英 川	黄垟口	1×18	KJ-W-20/5	1974.3	1983
英 川	隆 下	1×10	旋 30 型	1965.11	1976
英 川	黄垟口	1×10	旋 30 型	1965.10	1974
英 川	黄谢圩	1×1.2	水 碓 头	1958.4	1961
英 川	黄谢圩	1×12	旋 40 型	1961.11	1976
英 川	湖 后	1×30	XJ-W-20/25	1979.5	1991
英 川	郑 源	1×55	BJ661-HJ-60	1969.3	1987
英 川	温 堆	1×8	SJ-W-25/20	1975.11	1991
英 川	洪 源	1×18	HL210-W-20B	1975.7	1987
英 川	木岱根	1×12	HL210-W-20B	1978.3	1987
英 川	黄谢圩	1×40	HL210-W-20B	1976.10	1987
鸬 鹚	茶 亭	1×18	XJ-W-25/5	1979.3	1981

续表 5-3

乡　镇	电站名称	装机容量	水机型号	建成年月	停废年月
鸬　鹚	夏山头	1×30	XJ-W-25/5	1978.12	1980
鸬　鹚	徐　崇	1×18	XJ-W-25/5	1979.7	1983
鸬　鹚	为　民	1×36	半 流 量	1972.8	1979
鸬　鹚	南坑下	1×30	HJ210-W-20B	1972.10	1979
葛　山	降　头	1×12	XJ-W-20/5	1974.2	1982
葛　山	金　岱	1×18	XJ-W-20/7	1978.10	1980
葛　山	粗　砻	1×18	AC210-W8-24	1982	1991
葛　山	苦马漈	1×30	A210-W-25/7	1971.8	1980
东　坑	章坑桥	1×55	旋 60 型	1970.1	1979
东　坑	坦　岩	1×1.2	水 碓 轮	1958.11	1961
东　坑	石　挑	1×12	景宁电厂自制	1976.3	1979
东　坑	吴山头	1×12	XJ-W-20/5	1977.11	1981
东　坑	方　徐	1×18	XJ-W-20/5	1978.11	1981
东　坑	深　垟	1×5	旋 30 型	1965.11	1976
东　坑	桃　源	1×5	旋 30 型	1966.11	1976
东　坑	吴山头	1×8	旋 30 型	1966.11	1976
东　坑	大张坑	1×3	旋 30 型	1966.11	1976
东　坑	茗　源	1×8	XJ-W-20/5	1972.4	1976
东　坑	孙　山	1×5	XJ-W-20/5	1978.11	1980
东　坑	北溪垟	1×8	旋 30 型	1971.4	1976
东　坑	草鱼塘	1×55	XJ-W-20/5	1971.3	1989
东　坑	桃树铺	1×2	旋 30 型	1978.11	1981
东　坑	草鱼塘	1×5	旋 30 型	1962.3	1969
东　坑	草鱼塘	1×12	旋 30 型	1969.10	1971

续表 5-3

乡 镇	电站名称	装机容量	水机型号	建成年月	停废年月
东 坑	白 鹤	1×8	旋 30 型	1966.10	1976
大 均	新 亭	1×5	旋 30 型	1969.3	1979
澄 照	米岩山	1×5	旋 30 型	1965.3	1969
澄 照	大赤垟	1×3	旋 桨 式	1958.11	1969
澄 照	黄 山	1×5	柴 油 机	1976.10	1984
澄 照	坑 头	1×5	柴 油 机	1976.3	1984
澄 照	白沙岱	1×40	XJ2–W–20/5	1981.3	1984
澄 照	梅 坑	1×12	SJ–W–24/8	1974.3	1984
澄 照	大东岱	1×12	SJ–W–24/8	1973.1	1984
澄 照	漈 头	1×30	HI218–Wa–76	1978.10	1984
澄 照	后 山	1×12	HI210–Wa–20	1973.11	1984
澄 照	红 光	1×12	XI–W–20/5	1973.2	1984
外 舍	降 石	1×5	景宁电厂制	1974.5	1989
外 舍	王金垟	1×30	XJ–W–20/5	1977.5	1989
外 舍	坑山后	1×18	HI210–W–70B	1981.10	1989
外 舍	坑 下	1×3	旋 30 型	1966.10	1980.3
外 舍	坑 下	1×18	aJ–W20A	1980.3	1989
外 舍	汇下坑	1×18	XJ–W–20/5	1977.1	1989
梅 岐	梅 岐	1×8	旋 30 型	1966.10	1992
梅 岐	鹤 崇	1×5	旋 30 型	1966.3	1990
梅 岐	下 圩	1×5	旋 30 型	1966.3	1990
梅 岐	鹤崇桥头	1×18	XJ–W–20/5	1980.5	1990
大 漈	雪花漈	1×1.2	旋 桨 式	1958.11	1964
大 漈	雪花漈	1×5	旋 30 型	1964.2	1967

续表 5-3

乡　镇	电站名称	装机容量	水机型号	建成年月	停废年月
大　漈	苦　麻	1×18	XJ-W-20/5	1982.1	1991
大　漈	坑　下	1×30	XJ-W-20/5	1980.6	1989
家　地	春　岱	1×18	QJ-W-62/26	1971.4	1987
家　地	家　地	1×12	旋 40 型	1971.4	1989
家　地	山　头	1×18	40 型水轮泵	1972.3	1989
家　地	石　碧	1×30	40 型水轮泵	1978.10	1989
家　地	平　坑	1×18	SJ-W-25/20	1973.10	1989
家　地	上漈坑	1×5	旋 30 型	1971.12	1989
家　地	下漈坑	1×5	旋 30 型	1972.3	1989
家　地	家地四队	1×8	旋 30 型	1978.7	1989
家　地	谢坑八一	1×10	SJ-W-25/20	1972.12	1989
景　南	东　塘	1×18	HL216W-20/5	1966.11	1980
景　南	下　垟	1×55	HL12W-35	1968.3	1985
景　南	东　塘	1×30	XJ-W-25/7	1980.6	1985
雁　溪	柘　湾	1×18	40 型水轮泵	1975	1981
雁　溪	龙　井	1×18	H-W-20B	1976	1981
雁　溪	东　山	1×30	SJ-W-25/20	1971.12	1985
鹤　溪	学　田	1×12	旋 40 型	1957.7	1960
鹤　溪	潘山岭	1×5	旋 30 型	1981.12	1984
鹤　溪	包　凤	1×12	XJ-W-20/5	1974.4	1984
鹤　溪	余　山	1×12	SJ-W-24/8	1974.12	1984
鹤　溪	张　村	1×1.5	水 碓 轮	1957.4	1966
鹤　溪	三枝树	1×1.5	水 碓 轮	1958.10	1961

续表 5-3

乡 镇	电站名称	装机容量	水机型号	建成年月	停废年月
鹤 溪	坑 头	1×3	旋 30 型	1970.4	1976
鹤 溪	岭 脚	1×12	景宁电厂自制	1971.12	1976
鹤 溪	张 村	1×12	木制旋 30 型	1966.3	1976
鹤 溪	白水漈	1×5	旋 30 型	1966.11	1976
鹤 溪	严 坑	1×3	木制水轮机	1973.1	1976
鹤 溪	敕木山	1×18	AL210-W-20B	1973.10	1976
鹤 溪	双后降	1×18	XJ-W-20/5	1975.1	1981
鹤 溪	周 湖	1×8	景宁电厂制	1975.1	1981
鹤 溪	王木坑	1×12	XJ-W-20/5	1977.11	1984
鹤 溪	九重垟	1×12	XJ-W-20/5	1978.1	1984
鹤 溪	粗 滩	1×3	旋 30 型	1966.3	1975.11
鹤 溪	粗 滩	1×24	XJ-W-20/5	1975.11	1984
鹤 溪	东 弄	1×12	S-W-25/20	1971.1	1976
大 均	梅 山	1×12	XJ-W-20/5	1976.1	1984
大 均	泉 坑	1×12	旋 40 型	1966.7	1971
大 均	泉 坑	1×40	XJ-WJ-25/7	1971.1	1975
大 均	香菇厂	1×12	XJ-W-20/5	1978.11	1980
梅 岐	石 闩	1×5	XJ-W-20/5	1976.12	1991
渤 海	王 处	1×12	HI210-W-20A	1967.8	1974
渤 海	旦 水	1×8	XJ-W-20/5	1974.5	1987
渤 海	渤海坑	1×18	aJ-W-25/20	1975.10	1987
渤 海	外 垟	1×18	XJ-W-20/5	1973.11	1987
渤 海	梅坑根	1×18	SJ-W-25/20	1974.5	1987

续表 5-3

乡 镇	电站名称	装机容量	水机型号	建成年月	停废年月
渤 海	下 圩	1×40	SJ-W-25/20	1975	1989
渤 海	大 都	1×18	HI210-W-20B	1976.7	1987
渤 海	湖 坑	1×5.5	XJB-1-14/4.5	1976.10	1987
渤 海	底 垟	1×18	HI210-W-20/125	1972.2	1987
渤 海	东山岗	1×18	XJ02-W-20/1X5	1973.11	1987
渤 海	坦 岱	1×18	XJ02-W-20/1X5	1976.10	1987
渤 海	外 湾	1×8	XJ02-W-20/1X5	1980.5	1987
大 顺	朱岭下	1×12	旋 30 型	1976	1979
大 顺	田 坑	1×18	XJ02-W-20/1X5	1975.5	1991
大 顺	岭 里	1×8	SJ-W-24/8	1975.11	1979
大 顺	大顺圩	1×40	旋 30 型	1966	1979
大 顺	徐 垟	1×12	HI210-W-20B	1973	1979
大 顺	高 沈	1×12	旋 30 型	1967	1984
大 顺	王 湾	1×12	HI210-W-20B	1971	1984
大 顺	垟 佑	1×12	利用水碓	1971.5	1984
大 顺	长 汀	1×5	旋 30 型	1971	1984
大 顺	斜 坑	1×5	XI20IK	1979	1984
大 顺	后 斜	1×5	XI-IK	1970	1984
陈 村	龙 坑	1×18	X-W-20/5	1981.2	1992
陈 村	水碓坑	1×1.5	XJ13	1976.11	1991
陈 村	陈 村	1×18	XJ-W-20/5	1979.12	1991
陈 村	胡坑底	1×12	SJ-W-20/8	1974.12	1991
陈 村	金 山	1×8	SJ-W-20/8	1975.11	1991
陈 村	五坑底	1×8	XJ-IK	1976.3	1991

续表 5-3

乡 镇	电站名称	装机容量	水机型号	建成年月	停废年月
陈 村	小 顺	1×30	HI360-W-30	1976.5	1991
陈 村	朱岭头	1×12	SJ-W-20/8	1973.4	1991
陈 村	黄 寮	1×5	XJ20IK-40/30	1968.7	1990
金 钟	垟 坑	1×12	SJ-W-25/20	1976	1981
金 钟	林 村	1×3	木制	1978	1981
金 钟	小 粗	1×8	X-W-20/5	1975	1981
金 钟	大吴山	1×12	SJ-W-25/20	1974.12	1991
金 钟	张 寮	1×12	SJ-W-25/20	1981.3	1991
金 钟	马山根	1×10	HI21aW-20A	1972	1981
金 钟	库 坑	1×1.5	XJ13	1978	1983
金 钟	包 山	1×8	SJ-W-25/20	1972	1981
金 钟	绿 草	1×18	SJ-W-25/20	1975	1981
郑 坑	郑 坑	1×18	SJ-W-25/20	1972	1989
郑 坑	吴 布	1×40	SJ-W-25/20	1973.7	1989
东 坑	大 仰	100	XJ-W-48/1	1985.5	1993
东 坑	章 坑	320	HI300-WJ-42	1979.5	1993
雁 溪	柘 湾	250	HI110-WJ-50	1981.5	1998
大 顺	高 演	200	HI300-WJ-35	1984.2	1998
标 溪	黄麻漈	40	TSwN-40-6	1972.5	1996
毛 垟	炉 西	18	XJ-W-20/5	1980.10	1994
大 漈	田坪共	18	XJ-W-20/5	1983.10	1994

第二章 电力网络

20世纪50年代，相继建成独立的低压电网就近供电，60年代中期，首建大赤坑一级电站至景宁电厂10千伏线路，后相继建成上云线、云景线等35千伏、110千伏线路、变电所6座、升压站1座。20世纪80年代末，全县通电村率100%，通电用户达99%，基本满足了城乡工农业生产和人民生活用电的需要。1993年后，景宁畲族自治县水利电力局分设为水利局和电力工业局，电力网络归口电力工业局管理，本章编写电力网络史实下限1992年止。

第一节 电网建设

1953年月10月，景宁电力碾米锯板厂利用24匹马力煤气机带动12千瓦发电机发电，直配220~380伏低压线路，供县机关和部分城镇居民照明，年发电量4.66万千瓦时。1956年7月成立景宁电厂，220~380伏低压电网逐步伸延至全城。1957年1月，首次利用水力带动1.5千瓦发电机发电。1958—1959年，沙湾、英川、黄谢圩、叶桥、渤海、东坑建成微型火电厂与水电站，相继建成独立的低压电网就近供电，电压等级220~380伏，三相四线制，线路均采用裸铜线、铁线、橡皮绝缘线。电杆均为木杆，至1960年底共有低压直配线路17.9千米。

1966年6月，建成境内首条大赤坑一级电站至景宁电厂10千伏线路10千米；1968年4月，建成东坑、英川2.3千伏线路7千米；6月，建成大赤垟电站至澄照叶源10千伏线路3千米；11月，建成景宁电厂至外舍10千伏线路3.5千米；年底，景宁电厂与大赤坑一、二级电站10千伏线路联网运行，初步形成郊区片10千伏配电网络。

1970年，建成东风电站至沙湾、南坑下、交见圩电站10千伏配电线路15千米；1974年4月，建成鸬鹚电站至沙湾、南坑下电站等5回10千伏配电线路，初步形成沙湾10千伏配电网络。5月，35千伏景宁变电所建成投运。同时，先后建成东坑、渤海、英川等一批乡、村集体电站，形成以本地电站为中心电源的10千伏独立配电网。1978年底，全县有10千伏线路493千米，配电变压器189台9895千伏安。

1981年7月，景宁电网经35千伏云景线联入华东大电网运行。1984年10月成立景宁电力公司，电力生产建设和经营管理步入一个崭新的发展时期，全县先后有27座乡村集体小型水电站联入县网，电力余缺进行调剂，电网电能质量提高，周波、电压稳定，丰水期多余电量向大电网倒送，枯水期大电网供电输送。1986年，35千伏东坑变电所投运，城郊变电所场地扩建投运，新增加10千伏出线14回，1989年12月达到农村电气化初级阶段标准。

1990年7月，装机容量16000千瓦的上标电站建成投运，35千伏英川变电所建成投运。1992年底，全县并网电站36座，装机容量27455千瓦，其中乡村集体电站27座，装机容量4130千瓦。供电变压站(所)110千伏以上1座，主变压器1台，容量31500千伏安；35千伏5座，主变压器8台，容量20850千伏安；配电变压器390台，容量20620千伏安；电站升压变压器45台，容量50375千伏安。电网覆盖24个乡镇、278个行政村，覆盖率分别为100%和99.5%。

第二节　电力线路

1992年，景宁境内共有输电线路670条1664.75千米。其中，110千伏1条58.78千米，35千伏8条188.94千米，10千伏安64条662.03千米，不足6千伏597条755千米。

220~380伏线

1953年月10月，景宁电力碾米锯板厂架设直配220~380伏低压线路3.5千米，立木杆11档。1958—1959年，沙湾、英川、黄谢圩、叶桥、渤海、东坑建成微型火电厂与水电站，相继建成独立的低压电网就近供电，电压等级220~380伏，三相四线制，线路均采用裸铜线、铁线、橡皮绝缘线。电杆均为木杆，至1960

年底共架设直配低压线路17.9千米。1967—1968年，大赤坑一、二水电站建成10千伏配电线路开始投运，沿线农村架设低压线路照明用电。同时，先后建成20余座社、队电站也陆续架设低压线路。20世纪70年代，10千伏线、35千伏线路相继投运，扩大低压电网覆盖，1978年达519.3千米。1984年后，10千伏、35千伏电网迅速延伸并开始整改陈旧低压线路，架设水泥杆、铝绞线。至1992年，共整改和新建220~380伏低压线路602千米。

10千伏线

1966年6月，首建大赤坑一级电站至景宁电厂10千伏线路10千米，配变压器2台500千伏安。1968年6—11月，建成大赤垟电站、大赤坑一、二级电站至景宁造纸厂、包山铁矿、叶源、外舍10千伏工业用电线路73千米，立水泥杆564根，配变压器5台240千伏安。

1970年，建成东风电站至沙湾、南坑下、交见圩、道化、毛山头等6回10千伏配电线路15千米。1974年4月，建成鸬鹚电站至沙湾、南坑下电站等5回10千伏配电线路，初步形成沙湾10千伏配电网络。同时，先后建成东坑、渤海、英川等一批乡、村集体电站，形成以本地电站为中心电源的10千伏独立配电网。1978年底，全县有10千伏线路493千米，配电变压器189台9895千伏安。1986—1990年，雁溪、渤海、东坑、城关英川变电所增加10千伏出线23回，输电至23个乡、厂矿、电站。1992年底，共建10千伏主配电线路26条，联接搭线、支线共1410.33千米，配3~10千伏变压器395台20620千伏安。

35千伏线

云景线 始于景宁城关变电所，止于云和瓦窑变电所，总长18.64千米，为输送鸬鹚水电站电力至云和而建。工程由云和县水电局勘测设计，云和县供电所施工，1978年9月建成，投资19.53万元，架设等径水泥杆76根，导线型号LGJ—70，地线型号GJ—25。

1983年3月，云景线与云和瓦窑变电所脱开，从9号杆起架设4.48千米线路连接至110千伏云和变电所，线路延长23.12千米，水泥杆107根。

1984年设县后，云景线运行管理由景宁电力公司负责。1988年12月景宁变电所移址重建，投资75.97万元，架设线路21.63千米，杆塔93基，沿线地形复杂，95%线路架设在崇山峻岭之上，多处跨越溪流、公路，最大跨度462米，工程施工难度大。

鸬景线　始于鸬鹚电站，止于景宁变电所，长28.42千米，为配合鸬鹚电站输电兴建，1974年5月建成投运。工程由省水利水电勘测设计院设计，省送变电工程公司施工，全线立水泥钢杆塔103基，最大跨度864米，导线型号LGJ—70，地线型号GJ—25。

1988年12月，景宁变电所移址重建，投资307.5万元，架设线路29.56千米，杆塔63基。沿线地形复杂，线路大部架设在溪河两岸僻址，地坡山陡，悬崖险峻，全线7处跨溪架设，从林斜至梅坦头悬空400多米，相距864米，施工人员悬空冒险操作，置生死于度外。

上景线　始于上标电站升压站，止于景宁城关变电所，为配合上标电站输电兴建。工程投资59.85万元，架设线路39.90千米，属境内最长的35千伏输电线路，于1986年7月建成投运。工程由省水利水电勘测设计院设计，省水电安装公司施工。全线立杆塔184基，导线型号LGJ—70，地线型号GJ—25，线路沿途峰峦叠嶂，沟壑纵横，13处跨溪架线，隔山相连，工程艰难，施工人员常置身悬崖陡壁，人工肩抬电杆克服险境完成工程。

景渤线　始于城关变电所，止于渤海变电所，全长23.93千米，1986年12月建成投运，使渤海等5乡镇电网联入县网。工程由县水利电力局勘测设计，县电力公司施工安装，全线均用等径水泥杆计94根，导线型号LGJ—70，地线型号GJ—25，投资35.9万元。

鸬英线　始于鸬鹚电站升压站，止于英川变电所，全长12.35千米，1990年12月建成投运，使英川镇和葛山乡配电网联入县网。工程由县水利电力局勘测设计，县电力公司施工安装，全线均用等径水泥杆51根，导线型号LGJ—70，地线型号GJ—25，线路架设于崇山峻岭之上，多处跨越溪流、公路，最大跨度375米，工程投资40.88万元。

景南变进线　从上景线至景山建材厂变电所，长500米，1986年3月建成投运，由县水利电力局勘测设计，县电力公司施工安装，立杆2根，工程投资2500元。

东坑线　从上景线至东坑变电所，长300米，1988年2月建成投运，由县水利电力局勘测设计，县电力公司施工安装，立杆3根，工程投资6000元。

上雁线　从上标电站升压站至雁溪变电所，长500米，1990年7月建成投运，由县水利电力局勘测设计，县电力公司施工安装，立杆2根，工程投资3000元。

110千伏线

上云线　始于上标变电站，止于云和变电所，全长58.78千米（景宁境内51.34千米），1990年7月建成投运，投资792万元，为境内首条110千伏输电线路。工程由丽水电业局设计室设计，青海省送变电工程公司施工。全线竖装铁杆塔142基。其中，转角耐张塔33基，直线塔109基。导线型号LGJ—150，地线型号CTJ—35，部分地段安装加强型钢芯铝绞线。沿线地形复杂，施工条件差，高山峻岭地段达48.13千米，线路产权、运行管理归属丽水电业局。

景宁35千伏以上电力线

表5-4

输电线路	线路代号	起点	终点	杆路长度（千米）	设计电压（千伏）	导线型号	杆塔基数	投产日期
云景线	322	云和变电所	景宁变电所	21.63	35	LGJ–70	93	1978.9
鸬景线	3822	鸬鹚升压站	景宁变电所	29.56	35	LGJ–70	101	1974.5
景渤线	3823	景宁变电所	渤海变电所	23.93	35	LGJ–70	94	1986.12
上景线	3824	上标升压站	景宁变电所	39.90	35	LGJ–70	182	1986.7
上雁线	3825	上标升压站	雁溪变电所	0.05	35	LGJ–70	2	1990.7
鸬英线	3826	鸬鹚升压站	英川变电所	12.35	35	LGJ–70	51	1990.12
上云线		上标变电所	云和变电所	58.78	110	LGJ–150	142	1990.7

第三节　变电设施

1992年，境内共建变电所6座，升压站1座。其中，110千伏变电所1座，35千伏变电所5座。

城关变电所

址于鹤溪镇学田村东侧，原系景宁变电所，在鹤溪镇水碓港，于1974年4月建成，占地面积2000平方米，属境内首座10千伏变电所。工程由云和县电力总厂设计、安装3150千伏安变压器1台，35千伏鸬鹚电站进线1回，10千伏出线至钢铁厂、城镇、张春3回。

1984年6月，新建城关变电所，工程按110千伏输变电所规划，35千伏变电所建设，为适应工农业生产、生活用电，上标电站110千伏输电线路开口环入的需要，1987年9月动工，安装3150千伏安主变压器2台，35千伏出线6回，分别送电至110千伏云和变电所、鸬鹚升压站、雁溪、渤海变电所及备用间隔2回。10千伏采用单母线结线方式出线至白岸、钢铁厂、张春、蒲垟、大赤坑、造纸厂、新城、包山铁矿、外舍等10回。

工程由县水利电力局勘测设计室设计，县电力公司施工安装。城关变电所占地面积9367平方米，工程投资180万元，于1988年12月建成投运，系景宁中心枢纽变电所，隶属县电力局。

东坑变电所

址于东坑镇，以镇得名，占地面积2770平方米，1988年2月建成，投资40万元。工程由县电力公司设计、施工安装变压器2台14000千伏安（主变型号SJ—1800/35），35千伏出线1回，10千伏高压天关室采用GG—1A开关柜，单母线结线方式，出线5回，已投运4回，10千伏系统采用就地中控制，35千伏系统采用集中保护和控制，直流电源采用镉镍蓄电池，东坑变电所隶属县电力局调度管理。

渤海变电所

址于渤海镇东面2千米的旦水村，以镇得名，占地面积1200平方米，1987年2月建成，投资19万元。工程由县水利电力勘测设计室设计，县电力公司施工安装变压器1台1250千伏安（型号SI7—1250/35），35千伏出线1回，10千伏出线4回，已投运2回，主开开关操作采用硅流合闸电容储能跳闸的方式，10千伏系统采用就地控制和就地保护集中计量的方式，渤海变电所隶属县电力局调度管理。

雁溪变电所

址于雁溪乡上标电站上侧，以村得名，占地面积2500平方米，1986年7

月建成,投资13万元。工程由遂昌县电力工业局设计、安装1000千伏出线2回,35千伏出线1回至上标电站升压站,10千伏出线2回。解决了上标电站工程施工用电和景南、雁溪两乡的供电及小水电站联网难题,雁溪变电所隶属县电力局调度管理。

英川变电所

址于英川镇梅崇村,占地1180平方米,1991年2月建成,投资54万元。工程由丽水电业局设计室设计,景宁电力公司施工安装1600千伏安主变器1台,35千伏出线1回,10千伏出线4回,系浙江省首座农电小型化变电所。具有造价低、占地少、建设周期短的特点,属县电力局调度管理。

图为1991年3月投产的35千伏英川变电站

景山变电所

址于景宁县景南村,占地面积700平方米,1986年11月建成,投资11万元。由遂昌电力工业局设计、安装1250千伏安主变压器1台,35千伏出线1回梯接于上景线。变电所为解决景山建材厂用电负荷大,提高电能质量而建,主变压器低压侧出线电压为400伏。

鸬鹚电站升压站

1974年1月,建成鸬鹚电站升压站,址于鸬鹚电站厂房右前侧。安装3150千伏安变压器1台,为周围乡村电站群联入县网。1978年5月,增加1800千伏安变压器1台,9月,35千伏出线增加至云和瓦窑变电所1回。1981年6月扩建鸬鹚电站升压站,安装3150、3200千伏安主变压器各1台;35千伏出线1回至景宁;10千伏出线4回分送到鸬鹚、莲川、梧桐、南坑下电站,投资16万元，1982年7月建成。扩建工程由云和县电力公司设计、安装。1989年7月，更换3150千伏安主变压器为6300千伏安主变压器。

第四节 电力运行

线路维护

20世纪50年代，供电线路短，电压低，负荷轻，故障少，景宁电厂兼职电工仅2人。1953年月10月，景宁电力碾米锯板厂发电，白天供碾米厂锯板，晚上7至12时供照明。因设备旧，负荷重，电压低，不能正常供电，用户需常备煤油灯或蜡烛。1966年配线路工1名，1974年增设35千伏、10千伏线路维修组工人5名。1979年，建立景宁、沙湾供电业务处，职工12人。1982年，改建为供电所，增设两个线路班，职工17人。1984年10月，县电力公司成立，增设东坑、渤海、英川供电所，实行定人、定线、定杆塔及线路巡检维护岗位责任制。各所配线路工3~10人维护线路。1992年，全县线路工53人，维护电力线路1060千米。

1992年，全县电网总装机容量27786千瓦，供电范围普及全县24个乡镇，283个行政村，通电村率100%，通电用户达99%。

电力调度 1956年，景宁火电厂供应镇内300多盏照明灯。70年代增建大赤坑等5个国营水电站后，由鸬鹚电站和景宁电厂调度。1975年9月后，35千伏云景线投运，联入景宁电网的鸬鹚、南坑下、东风和大赤坑一、二级国营电站，农村小水电群、景宁电厂火电车间、景宁变电所及所属35千伏、10千伏输、供电设备，均由云和县调度。1984年10月，建立景宁电网调度。1992年，配置35千伏变电所及所属35千伏、10千伏电气设备。乡村12座水电站装机3895千瓦亦纳入县网调度。35千伏云景线接地闸刀，消弧线圈属地区电力调度范围，未并网的乡村电站电力由各站管理调度。至1992年，县电力调度范围有：国营水电站5座，75千瓦以上乡村水电站34座，总装机容量11836千瓦；35千伏变电所（升压站）7座；主变压器总容量16350千伏安；35千伏输电线路8条，10千伏主杆配电线路26条，调度电力线路496.8千米。

第五节 电力供应

1953—1955年，用电再高负荷4.5千瓦，年均用电量0.3万千瓦时。1956年，最高负荷8千瓦，用电量1.05万千瓦时。1958年，照明和工业用电最高负荷60千瓦，用电量5.2万千瓦时，1960年增加到16万千瓦时，其中城镇用电占81.3%。1969年，景宁片用电量增加到72万千瓦时，人均6千瓦时。1978年，最高负荷2900千瓦，用电量554.99万千瓦时，人均36.44千瓦时。1984年后，用电量递增27.43%。1989年，全县通电户40090户，占总户数96.36%，通电村占98.18%，年发电量3474万千瓦时，年供电量2789.8万千瓦时，年用电量2704.2万千瓦时，基本满足了城乡工农业生产和人民生活用电的需要。1990年，最高负荷8200千瓦，用电量3007.18万千瓦时，人均174.58千瓦时，比1978年增加3.79倍，1992年总用电量4530.79万千瓦时。其中，县城用电3791.36万千瓦时，农村用电739.43万千瓦时。供电最高负荷8900千瓦，4月份负荷达9900千瓦。

工业用电

1958年，工业用电2.1万千瓦时，占用电量40.39%。60年代，造纸、铁矿、纺织、森工、机械等厂矿企业投产，比例占高，1969年工业用电46.8千瓦时，占总用电量65%。70年代工业用电量递增15%，1978年工业用电508.10千瓦时，占全社会用电量91%，其中金属加工业占首位，造纸业居次。1988年工业用电1841.13万千瓦时，比1978年增加2.62倍，1990年工业用电厂矿513家，设备容量11507千瓦，用电量2010.45万千瓦时，占用总电量66.86%，其中重工业占60.77%，轻工业占39.23%。每千瓦时电能为工业创产值3.03元。1992年，工业用电3344.84万千瓦时，其中乡镇企业用电144.23万千瓦时。

农业用电

1958年，农用电0.92千瓦时，占总用电量17.75%。1968年，大均、家地公社建立电灌站，农村推广电力加工农副产品，农用电增加到14.49万千瓦时。1974年发展乡村工业，农用电88.55万千瓦时，占全社会用电量23%。1978年后，农村经济发展加快，至1988年，农用电增至649.77万千瓦时，占全社会用电量 21.6%，农业人均用电 30.78 千瓦时。

生活用电

1953 年，生活用电量 0.25 万千瓦时，1957 年用电量 1.3 万千瓦时。1969 年，城乡生活用电量 21.6 万千瓦时，占全社会用电量 30%。1978 年，增加到 210.89 万千瓦时。1988 年，增至 527.73 万千瓦时，占总用电量 20.21%。1990 年，城乡居民拥有电视机 5239 台，拥有电冰箱、洗衣机、收录机、电风扇、电炊具等家用电器 2.26 万台（件），用电设备容量 7180 千瓦。1992 年用电量 909.75 万千瓦时，占总用电量 30.25%，其中城镇用电 53.35%。

电价

1953 年，电价表计每千瓦时 1200 元（旧币），动力用电每千瓦时 1700 元（旧币），灯泡每盏 15 瓦，月价 1700 元（旧币）。收费实行包干制，每盏 15 瓦，月收费 1.75 元，年发电量 4.66 万千瓦时。1992 年，生活用电每千瓦时 0.24 元，营业性 0.27 元，事业性 0.25 元，工业用电每千瓦时峰电时段：上午 8 时至晚 10 时 0.212 元，谷电时段晚 10 时至早 8 时 0.112 元，农业用电每千瓦时 0.05 元。

第三章　农村电气化县建设

1984 年，经批准景宁为农村电气化试点县。1989 年，已基本建立起电源，用电相配套，高度灵活，通讯畅通的县电网，全县农村已满足加工和机电排灌等农业用电的需要，建立了以县为经济实体的管电机构，实行以“建管统一、发供用统一”的管理机制，达到了《验收条例》所规定的各项要求。

第一节　初级电气化县

国务院〔1983〕190 号文件批准云和县为全国一百个农村电气化试点县，

1984年，云、景两县分设，经批准景宁亦为农村电气化试点县。1985年，成立县农村电气化领导小组，按照农村电气化初级阶段标准，加速发展小水电，景宁农村电气化水平有了进一步提升，建立了“建管统一、发供用统一”，以县为经济集体的管电机构。在水电资源的开发利用上，截至1989年11月底，全县已建成水电站231座，装机容量14627.1千瓦，多年平均年发电量3153万千瓦时，通过与大电网互补余缺，正常年份枯水期基本能满足用电需要，达到电力电量的大体平衡。

根据设备评级标准，经对32座75千瓦以上水电站173台机件设备的考评，主要设备完好率为95.4%，布局合理的县电网已初具规模,电站建设与电网发展相配套，全县用电水平、经营管理和经济效益均已达到了实现农村初级电气化县标准之规定。1988年5月，县水电局组织力量进行自验。年底，由县人民政府向省人民政府、省计经委、省水利厅申请关于要求对景宁畲族自治县农村水电初级电气化县验收报告。1989年12月25日，省验收工作组到达景宁，首先听取了景宁农村初级电气化建设的情况汇报。参加会议人员有：水利部农电司高级工程师白林、省水利厅长陈绍、省水利厅副厅长周慧兰、省水利厅副总工程师言隽达、水利部农电研究所魏恩赐、省民族事务局副局长蓝惠洪、丽水地区行政公署副专员李治华、县委书记贾荣芳、县长钟小毛等代表，来宾及与会人员共136人。

26日上午，宣布通过验收委员会名单，县委书记贾荣芳致辞，县长钟小毛汇报景宁农村电气化初级阶段实施情况，验收委员会工作组组长、省水电开发管理中心副主任、高级工程师吴玄言汇报复查意见，认为景宁畲族自治县电气化建设已达到农村电气化初级阶段标准，提请大会验收委员审议。

大会组织代表、来宾分组去鸬鹚电站、峡桥三级电站、城关变电所、县电力调度室、张春乡农电站、双后降试点合格村验收。

27日下午，验收委员会主任、省水利厅副厅长周慧兰报告了验收意见。验收小组认为：景宁已基本达到原水电部颁发的《一百个农村电气化试点县初级阶段验收条例》所规定的各项标准，成为我省第十一个农村电气化县。

附 1：

验收委员会组成人员：周慧兰、李治华、白林、魏恩赐、王靖、章国梁、吴功坚、吴玄言、苏孝标、陈中藩、黄金根、高平生、钟小毛。

验收工作组人员：吴玄言、魏恩赐、陈一麟、施新友、陈智园、陈中藩、程德飞、吴兴宝、叶岩明、周发斌。

附 2：

为大会发来贺电的有：省人民政府办公厅、水利部农村水电司、台州地区水电局、云和县人大、政府、政协、松阳县人民政府、泰顺县人民政府、仙居县人民政府、仙居县水电局、电气化办公室、嵊县电气化办公室、省城乡建设厅、天台县人民政府、龙泉县人民政府。

第二节　电气化实施

农村初级电气化的实施是一个系统工程，1985 年始，景宁针对国家标准，科学筹划，精心组织，就体制机构、电源、电网、用电水平、经济效益等方面，采取措施，逐一落实。

体制机构

建立了以县为经济实体的管电机构，实行以“建管统一、发供用统一”的管理机制，水电站及其配套电网的日常工作由县水利水电勘测设计室、电力公司和小水电建设服务公司具体实施。县水电勘测设计室负责电源的规划设计，县电力公司负责发、供、用电管理、电网建设和直属电站的改造和管理，乡村电站由县小水电管理站负责乡村电站的管理和指导。

为加强农村电气建设的领导，由县长任农村电气化领导小组组长，一位副县长任副组长，县人大副主任、县政协主席为顾问，成员由水电、农经委、计经委、商业、林业、城建、物资、供销、二轻、工业、交通等部门负责人组成，下设办公室，抽调专职人员负责具体工作。

全县各个区、镇、乡均成立了电气化领导小组，由区、镇、乡长任组长，一名副职干部专门负责日常工作。1988 年建立县农电总站，37 个乡镇也相继成立农电管理站或农电管理小组，具体负责农村用电管理工作。

1984年11月，县小水电建设服务公司成立，负责小水电工程的建设，电力公司建立健全了县电力调度中心，修试队、线路队、农电服务公司等机构，负责电站、变电所、高低压线路、电气设备以及家用电器的安装、调试、维修等。1989年，成立了县水利电力物资站，负责电气化专用物资和设备材料采购调运和供应工作。开展职工技术培训，五年来共培训水电系统职工261人次，农村电工和乡村电站运行工349人次，其中有216人获得了合格证书。

电源

截至1989年11月，全县已建成水电站231座，装机容量14627.1千瓦，多年平均年发电量3153万千瓦时，通过与大电网互补余缺，正常年份枯水期基本能满足用电需要，达到电力电量的大体平衡。

根据设备评级标准，经对32座75千瓦以上水电站173台机件设备的考评，主要设备完好率为95.4%。

电网

全县已基本建立起电源，用电相配套，高度灵活，通讯畅通的县电网。建成35千伏变电所5座，主变总容量19850千伏安；10千伏配电变压器404台23080千伏安；35千伏、10千伏、0.4千伏线路分别为114.7千米、826.8千米和907.7千米。

网络布局浙趋合理，线路维护不断加强，1989年线损率为11.18%，35千伏主要输变电设备完好率为98.5%，均达到初级阶段农村电气化验收条例规定的标准。

用电水平

全县37个乡、镇全部由县网供电，283个行政村通电272个，占总村数的98.4%；40090户用电，占总户数98.6%。其中，用电保证率高于85%的有37550户，占全县总户数90.2%，实际用电保证率为97.1%。除照明外，还拥有电视机9046台、收录机4158台、电冰箱477台、电扇8636台、洗衣机316台。

全县拥有各种电炊具11408只，其中电饭煲5236只、电水壶3410只、电炒锅1795只、电磁炉967只。电炊户已达8875户，占全县总产数的21.3%，较好地利用丰水期季节电能。

全县农村已满足碾米、磨粉、饲料加工和机电排灌等农业用电的需要。

1989年，全县总用电量2704.2万千瓦时，其中生活用电量936.33万千瓦时，人均用电156.8千瓦时，户均生活用电224.9千瓦，达到了《验收条例》所规定的要求。1989年，全县工业用电量1641.8万千瓦时，占全县用电量的60.71%，基本适应工业用电增长的需要。

经营管理

1984年，建立县电力公司调度室，采用载波通讯和有线电话进行生产调度，基本做到通讯畅通，调度灵活。电力公司对全县的国营电站，乡村并网电站和调度室、变电所、农电站均建立了岗位责任制和各种规章制度，做到有章可循，有章必依，确保电站电网经济安全运行。同时，建立了一支能适应电气化发展的勘测设计、施工安装和运行管理的技术队伍（工程师、助理工程师和技术员40人）和一支能吃苦耐劳、战斗力强的职工队伍，并在生产工作和抗洪抗旱、救灾抢险中起骨干作用。同时，坚持把安全生产放在首位，普及安全用电知识，抓好水电系统职工的《电业安全工作规程》考试，建立了以安全责任制为中心的各种规章制度，定期开展安全大检查活动，使发、供、用电的安全水平有了较大提高。

经济效益

电气化建设促进了工农业生产的发展，财政收入不断增长，城乡居民的物质、文化生活有了较大的改善，工业从无到有，从小到大，逐步形成了电力、钢铁、机械、化工、机电、造纸、轻纺和玩具等一定规模的工业体系。1989年，全县工农业总产值7330万元，比1984年5106万元增长43.55%，其中工业产值3377万元，比1984年1224万元增长171.9%。县电力企业也随着发供电量的增长和管理水平的提高，线损率逐年下降，利润逐年增加。截止1989年11月底，县电力公司产值176.2万元，实现利润74万元，全年产值188万元，实现利润76.06万元。

经过五年的努力，水电事业有了快速发展，截至1989年，全县兴建小水电站231座，装机263台14627.1千瓦。其中，在运行47座，装机78台11729千瓦，占可开发容量的2.2%，年平均电能3153万千瓦时，在运行电站中国营电站5座，装机5450千瓦，乡村办电站42座，装机6279千瓦。75千瓦以上共

32座，装机11140千瓦，并入县电网的29座，装机10775千瓦。1985—1989年，新建水电站3座，装机1100千瓦，挖潜扩容电站3座增容1720千瓦，电站技术改造2座200千瓦。同时，新建东坑、渤海、雁溪、英川35千伏变电所4座，主变总容量10350千伏安；扩建35千伏变电所1座，增容3150千伏安；新建35千伏线路两条66.93千米；整改10千伏线路425.2千米，0.4千伏线路547.3千米，增加10千伏配变250台，累计增容量8750千伏安。五年共投入农村电气化建设资金1723.5万元。其中，国家补助(含拨改贷573.5万元)，占33.2%；县内自筹950万元，占55.12%；银行贷款200万元，占11.6%，新增通电户9854户，使通电户率从原有的85.8%增加到96.3%，并利用季节性电能发展电炊户8875户，占总户数的21.3%。

全县电气化初级水平已达到，可以申请验收。

附3：浙江省景宁畲族自治县农村电气化初级阶段验收工作组复验意见

验收委员会：

验收工作组一行10人，于1989年12月16日—18日在景宁现场进行了复验工作。

工作组首先听取了副县长刘世书关于景宁畲族自治县农村电气化初级阶段工作实施情况的介绍，然后到鸬鹚、南坑下、峡桥三级、黄垟口、章坑5座电站，城郊、东坑、渤海3座变电所，以及电力调度室、城郊供电所、张春乡农电站、双后降畲族电气化试点村等12个点分别对电源、电网、用电等项内容进行抽查，认真地查核了有资料数据，对照原水电部颁发的SD178-86《一百个农村电气化试点县初级阶段验收条例》(以下简称《验收条例》)和水利部水电〔1988〕12号文件《关于农村电气化试点县验收工作有关问题的通知》的规定，提出以下复验意见：

体制机构

1985年，成立了县农村电气化领导小组，由县政府主要领导和各有关部门负责人组成，下设办公室，具体负责实施。并相继建立区、镇、乡电气化领导小组和农电管理站或农电管理小组，落实农电建设任务和管理工作。同时，按“四化”要求，调整充实县水电局和所属发供电企业的领导班子，以适应农村电气化建设需要。

景宁对小水电站及其县电网实行建管统一、发供用统一，建立了以县为经济实体的管电机构。电力设施和家用电器的安装、修试，以及安全宣传监察和职工培训，由水电局、电力公司和电气化办公室等单位分工负责协同配合。

电源

景宁水电资源丰富，其中可开发的小水电资源有15万千瓦，年电能4.8亿千瓦时，现有电站92座，装机12182千瓦，多年平均发电量为3153万千瓦，通过与大电网互补余缺，在较枯年份基本上达到县内电力和电量的平衡。

多年来，景宁加强小水电站的维护工作，逐年完善管理制度，使设备的综合完好率有较大的提高，达到《验收条例》规定高于95%的要求。

电网

景宁现有35千伏变电所5座（含兼有近区10千伏供电的鸬鹚电站升压站）、主变总容量19850千伏安，其中有4座为近几年新建和迁移改建。同时新建的35千伏、10千伏和0.4千伏线路分别为66，93千米、425.2千米和547千米，均比1984年翻了一番多，使县电网的覆盖面成倍扩展。目前全县网络布局基本合理，做到与电源和用电负荷相配套。由于电网的发展完善和发供用电管理的加强，1989年的线损率11.18%，达到《验收条例》线损率低于12%的要求，主要输变电设备的完好率也符合《验收条例》高于95%以上的规定。

用电水平

全县37个乡镇均并入县电网，通电户数已占总户数的96.3%，其中供电保证率高于85%的户数占总户数的90.2%，达到《验收条例》对通电户和供电保证率的要求。

电力供应能满足农业生产和农副产品加工用电，并基本满足县办工业、乡镇企业和专业户用电的需求，达到《验收条例》对边远山区县用电的要求。

经营管理

1984年以来，逐步完善了县电力调度室的通讯调度，对骨干电站和各变电所实行载波通讯，各变电所和并网农村小水电站均有有线电话联络，基本达到通讯畅通、调度灵活。

各发供电单位和农电站建立了以岗位责任制为中心的各种规章制度，并逐步得到了完善。同时在电气化实施中，从勘测设计到施工、安装和运行管理等方面，锻炼培养了一批人才，建立了一支能适应农村电气化发展的技术队伍和职工队伍，电力企业在开展优质服务工作中也取得很大的成绩。

景宁发供用电安全工作抓得比较扎实，坚持安全用电宣传检查和水电系统职工的《电业安全工作规程》考核，连续四年无重大伤亡事故。

经济效益

电气化建设推动了全县工农业生产的发展和人民生活的改善，工业产值比1984年增长了171.9%，农村人均收入和文化生活都有了较大的提高。发供电利润逐年增长，1989年国营发供电单位利润达74万元，增强了“以电养电”的能力。

验收工作组认为景宁畲族自治县委、县人民政府对农村电气化建设十分重视，经过全县人民的共同努力，水电系统干部职工的艰苦奋斗，电气化试点县工作取得了可喜的成果，达到了《验收条例》所规定的各项要求，建议验收委员会予以验收。希望景宁继续加快水电资源的开发，调整目前的电源结构，搞好现有电站、电网的挖潜配套工程，完善运行管理和经营管理机制，提高全网的安全经济运行水平，推进电价改革，增强小水电的自身巩固和自我发展的能力。同时，进一步提高水电职工的技术文化素质，采用多种形式加强人才培养，以适应电气化事业的发展，加快景宁脱贫致富的步伐。

请验收委员会审议。

浙江省景宁畲族自治县农村电气化初级阶段验收工作组

一九八九年十二月十八日

第六编 渔业生产

景宁为瓯江、飞云江之源，渔业资源较为丰富，历史上沿溪乡镇所需的水产品，主要来自渔民小规模捕捞及挖塘引水养鱼，而山区农民，自古以来，有稻田养鱼的传统，方法原始，技术落后，产量很低，难以自给。

中华人民共和国成立后，建立了集体渔业合作社。1972年，首次向溪坑放养鱼苗，通过向外地调入夏花鱼苗以及罗非鱼种温泉越冬试验成功，水产养殖产量有了大幅度提高。20世纪70年代，随着中小型水库的建设，养殖水面增加，渔业由溪中捕捞，开始向山塘水库养殖发展。

改革开放以来，通过推广科学养鱼技术、引进新品种等一系列措施，全县水面养殖很快形成热潮。21世纪以来，在调整生产结构，优化养殖品种的同时，不断地挖掘潜力，拓宽新的养殖渠道，大力推广科技兴渔，着力创建稻田生态种养示范区、上标水库鲢鳙精品园、高山水库生态养殖特色精品园、千峡湖洁水渔业示范区等现代渔业精品园区，发展特色水产。为加强水产资源的保护，进一步强化渔政管理，实现依法治渔，以法兴渔，确保全县渔业生产快速稳定发展。

第一章　水产资源

境内水产资源十分丰富，瓯江小溪、千峡湖水库、上标水库、英川水库、白鹤水库水质好，为淡水养殖提供了得天独厚的自然条件，稻田养鱼遍及全县各乡镇。水生动物（鱼类）上百品种，被列为国家二级重点保护的水生动物有大鲵（娃娃鱼）、鹰嘴龟、水獭和花鳗鲡等。

第一节　水面资源

景宁可利用渔业养殖水面5.78万亩（未含千峡湖水域），水面资源主要是瓯江小溪和千峡湖水库。其中，可利用稻田养鱼4.5万亩，瓯江小溪可利用水面8355亩，上标水库1200亩，英川、白鹤水库2595亩，山塘水库600亩，坑塘和稻田改塘90亩，鱼种场18亩。全县水产资源十分丰富，水质好，尤其是千峡湖广阔的水面为淡水养殖提供了得天独厚的自然条件，有利于全县渔业生产的发展。

飞云江支流在景宁境内有水面积3120亩，集雨面积111平方千米，由于河床坡度大，水流湍急，不适应渔业养殖，开发利用困难。

第二节 水生动物

景宁水生生物可以分为植物、动物和微生物三类。水生植物有浮游植物和高等水生植物等，浮游植物有全藻门、甲藻门、蛙藻门、裸藻门、绿藻门和蓝藻门等。水生动物有原生动物、水蚯蚓、螺、蚬等。浮游动物有原生动物、轮虫类、枝角类、桡足类以及其他甲壳类动物的幼体。水生微生物繁多，有的可直接作为鱼的饵料，有的是鱼类的致病菌。微生物可以将水中的有机物分解成二氧化碳、水和无机盐类，无机盐类被浮游植物吸收利用，成为鱼的饵料。底栖生物有水生寡毛类、线虫类、软体动物、水生昆虫幼体等，水生微管束植物有轮虫类、枝角类、桡足类等生长旺盛。景宁溪流流水较急，氧气充足，流域内基本无工业污染，有利于底栖植物和底栖动物的生长。还有大型丝状绿藻、软藻等水生植物种类，以及腐殖质碎屑，为鲢、鳙、鲤、鲫、鲴等鱼类提供了大量的天然饵料。

境内瓯江溪流中有鱼类84种，隶属11目、21科。主要经济鱼类除“四大家鱼”(青鱼、草鱼、鲢鱼、鳙鱼)外，还有鲤鱼、鳊鱼、园吻鲴鱼、唇骨鱼、花骨鱼、喀氏倒刺鲃、鳜鱼、台湾突吻鱼、光唇鲃、马口鱼、石鲱鱼、鳗鲡、鲶鱼、黄鱼、黄鳝、泥鳅、石蛙、贝类、田锻、鳜以及软体动物，甲壳动物、爬行动物和两栖动物，还有称之为“雁山五珍”之一的香鱼，啼声如哭的大鲵(俗名娃娃鱼)、鳖、甲鱼、中华线毛蟹等稀有品种。1991年以来，从吉林、江西引进池沼公鱼、淡水白鲳、异育银鲫、建鲤、瓯江彩鲤、乌鳢鱼、倒刺鲃、湘云鲫、罗非鱼等鱼类品种9个。列为国家二级重点保护的水生动物有大鲵(娃娃鱼)、鹰嘴龟、水獭和花鳗鲡等，香鱼属中国濒危红皮书濒危物种。

瓯江小溪、水库山塘常规性养殖的鱼类有：草鱼、白鲢、鲤鱼、鲫鱼、鳙鱼（团头鲂）、非洲鲫鱼、池沼公鱼、淡水白鲳、异育银鲫、建鲤、瓯江彩鲤、乌鳢鱼、倒刺鲃、湘云鲫、罗非鱼、薄壳田螺、软骨泥鳅、棘胸蛙等。其中，瓯江彩鲡、高山薄壳田螺、软泥鳅、棘胸蛙等已成为优质水产品种。

第二章 淡水养殖

境内属中低山地区，气候温和，水质好，适应鲤科鱼类的正常生长，淡水养殖历史悠久。20 世纪初开始在池塘、稻田养鱼，鱼种自繁自育，随后相继在水塘、水库、江河放流增殖。21 世纪以来，分别建成千峡湖洁水渔业示范区，自强稻田生态种养示范区，上标水库鲢鳙精品园，高山水库生态养殖特色精品园，渔业产量逐步增长。

第一节 养殖概况

民国 20—26 年（1931—1937），县政府和孔子庙等 32 口池塘养鲤鱼兼种莲藕，全县约有 150 户在屋旁庭院挖塘引水养鲤鱼，有用石陶水缸养小花鱼，以作观赏和食用。农民稻田养鱼历史悠久，溪坑渔业仅几处溪潭封禁，其余系无人管理任凭自然增殖，民间仅几户兼业渔民，不经常捕捞，大部分乡村历来难得吃鱼。中华人民共和国成立后，城镇、乡村基本建设逐年扩大，农村建房、私人庭院被拆，池塘养鱼减少。随着农田水利建设的发展，一批水库水塘相继建成，开始利用库塘养鱼。20 世纪 70 年代起重视渔业资源的发展，1972 年首次向溪坑放养鱼苗增殖，利用水域发展水产业，但吃鱼难的问题仍然突出。

20 世纪 80 年代初加强渔政管理工作，毒、电、炸鱼减少，但溪水污染，渔业资源遭受严重破坏，有的鱼种面临绝迹。

1984 年，县机关新建了一批池塘，推行立体栽培，地面种花果，水塘养鱼栽藕。农村又逐步恢复庭院挖塘养鱼，有的将稻田挖塘养鱼，上年田挖塘，下年塘

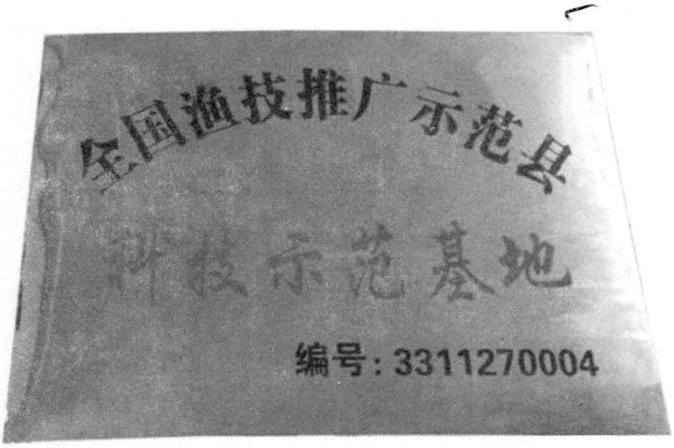

复田，面积常变。稻田挖塘水深0.5~1.2米左右，一户挖塘10~1000平方米，大部分坑塘在城乡附近，地势平坦、水源充足、交通方便、易于管理、饲料源广、水温较高、大都适应非洲鲫鱼为主体鱼类，搭配养草鱼、白鲢、花鲢、鲤鱼、鳊鱼，本地鲫鱼等鱼类。

1985年7月，县人民政府公布《关于保护水产资源、加强渔政管理的通知》《渔政管理细则》。1986年1月20日，全国人大颁布了《中华人民共和国渔政法》，进一步贯彻宣传教育，维护渔业法规，加强溪坑渔业资源管理，引进外地鱼苗放养，坑塘和稻田养鱼有所发展。

为了推广渔业生产和水产技术，对农民进行多次技术培训，现场指导，并选择水源方便、水质好、阳光足、易管理的稻田挖塘，多品种搭配养殖的方式，实行精养高产的新技术，使鱼产量逐年提高。

20世纪90年代后，开始重视塘库渔业养殖，鱼产量逐年提高。1992年，养鱼面积1万亩，鱼产量73吨，总产值53.36万元。日常城镇市场供应所需鲜鱼除自有少量供应外，大多数来自外地流入，吃鱼难的问题有所缓解。

1996年，澄照乡叶八弄村和叶源村稻田养鱼试点成功，当年鱼产量达5200公斤，创产值5.2万元。1997年，根据试点经验，结合景宁单季稻种植面广、时间长的特点，推广稻田养鱼面积1.5万亩。2002年，英川镇建立“英川田螺”养殖基地试验成功，成为品牌，在浙江省首届渔博会上获优质产品奖。

2003年，淡水养殖产量430吨，产值454万元，2005年增加至593万元。2007年7月1日《中华人民共和国农民专业合作社法》正式施行后，渔业合作社快速发展，当年水产品产量达1000多吨，创产值1000多万元。渔业合作社从2006年的1家发展为40家，除梅岐、秋炉、外舍3个乡外，其他乡镇均注册成立渔业合作社，其中鹤溪镇有12家，占全县总数的30%。同时，对各养殖合作社进行稻田标准化养殖示范推广，制定操作规范和标准，加强对水产养殖生产和投入品种的监督，生产无公害、绿色水产品。2010年，已有4家合作社通过无公害产地、产品双认证。

滩坑水电站建成后，千峡湖水库面积70.93平方千米，为全省第二大人工湖，景宁县域39平方千米，占比51%,，在确保二类水质的前提下，大力发展大型水库养殖渔业，前景广阔。

2011—2013年，分别建成千峡湖洁水渔业示范区，自强稻田生态种养示范区，上标水库鲢鳙精品园，高山水库生态养殖特色精品园。推广生态种养集成技术规范基地9000亩，建成“稻鱼共生”基地1200亩，水产品产量1034吨，创产值1769.5万元。

2014年，渔业养殖面积42300亩，水产品产量1260吨，创产值2600万元。县水利局组织投入资金220595元，其中农户自筹107158元，采购12393公斤彩鲤鱼种补助全县各乡、镇养殖农户。同时，对千峡湖水库进行增殖放流鲢鱼、鳙鱼、鲤鱼、鲫鱼、黄尾鲴和甲鱼等苗种，在澄照乡朱坑村稻田养殖基地引进稻田养殖河蟹取得成功，填补了丽水市稻田河蟹养殖的空白。

2015年，投资67万元实施推广水库山塘洁水渔业项目，采购彩鲤鱼苗种4.2万公斤发送各乡镇养殖农户。养殖面积4.23万亩，水产品产量1430吨，比2014年同期增长13.49%，创产值2380万元。按丽水市生态精品现代农业发展实施方案要求，组织申报了1家精品渔产品和1家示范家庭渔场。

第二节　塘库养鱼

20世纪60年代，兴建山塘水库后，可养鱼水面1.3平方千米。70年代初，英川的企岩、梅七坪、牛七坪；鸬鹚的坟岙、缸窑、风箱岱；沙湾的漈山头、木岱后、五叶莲花、大降湖、张坑岙、愚公、八角垟、迁丘、外弄、柿进岙、东瓜砻、龙耳尖、粗草湾、上黄公、下黄公、上五虎团垟、下五虎团垟、马扎、太坪垟、三八、四格、水坪湖；梧桐的山头后、日隆湾、陈念、旁隆、东源源；标溪的上百田、上岙；景南的温风垟；外舍的日湾、和尚垟、驮岙头、金钟后、汇下坑；渤海的寺岙门、外坑、鲤鱼塘、梅岭、坦岱、安坪；大顺的田坑；陈村的黄坑、白坦、杨梅砻；鹤溪的木西花、驮毛砻、山后、汤山、梧籽湾等一批水库山塘均养鱼多年，塘库大部均系养鲤鱼，近年发展有养草鱼、花鲢、白鲢和鲫鱼。白水漈，岘田坪等塘库水冷土瘦、饲料贫乏、远离村庄、难以管理，长期荒芜，有的塘库在村附近，便于管理，水温适应，饲料充足，条件优越可养而未养，已放养的也未予承包，粗放粗养，白水放养，自然生长，一年一捞或两年一捞。有的只放不管，多年未捞。水面积 0.06 平方千米的蒲垟水库，1974 年，放养的鲤鱼、鲢鱼、草鱼只放不管，长期未捕捞，幸存之鱼有的重量达 5 公斤。塘库养鱼普遍存在进出水处无网栏设备，常被洪水漂流，有的在丰水期有鱼无工具捕捞，枯水时无人管理，偷、钓、电、炸等盗捕行为时有发生，损失严重，产量不高。1976 年，大降湖水库捕捞了 17 尾大鲤鱼，每尾重 6~8.5 公斤。由于山塘、水库库容小，一遇旱情放水抗旱和蓄水养鱼极为矛盾，只能弃鱼保禾。一批塘库老化失修，渗漏难堵，蓄水无保证，有的管理不善和鸟兽糟榻，有的天然食料少，有的淤积严重，故农民对塘库养鱼积极性不高，养殖发展徘徊不前。

1982 年，大地乡垟尾塘 1 次捕捞鲤鱼 300 多公斤。1983 年，全县水库、山塘放养 197.4 亩，因旱、涝和饲料管理不善，仅捕鱼 2 吨。20 世纪 80 年代末，上标水库建成后，正常水面 0.8 平方千米，当年冬放养草鱼、白鲢、花鲢、鲤鱼、团头鲂等鱼苗 7 万尾，因水库地处海拔 900 多米高山，水温较低，天然饲料少，鱼体生长慢，再加溢洪道未设置拦网，泄洪时被洪水漂流甚多。1990 年，捕捞作业简单，网具少，库水深，只捕鱼 50 公斤，由于水库海拔高，不适宜家鱼的生长。

20 世纪 90 年代后，开始重视塘库渔业养殖，从外地引进鱼苗投放塘库养殖试验，获得成功并推广。1990 年，坑塘养鱼面积 90 亩，产量 2.1 吨，亩产 21.8 公斤。1992 年，山塘水库养鱼 300 亩，产量 3.6 吨。1994 年，在鹤溪镇半垟村 20 亩鱼塘放养罗非鱼 1.2 万尾，进行稻田、鱼塘养殖罗非鱼试验成功。

2004 年 3 月 11 日，从庆元兰溪桥水库调运 1000 尾倒刺鲃隔年鱼种，投放白鹤水库进行网箱养殖试验。11 月 8 日，通过专家组验收，平均每尾鱼重 0.7 公斤，总产量 400 公斤，投资 0.8 万元，产值 1.6 万元。是年，还实施推广山塘养殖罗非鱼项目，落实主养罗非鱼山塘水库面积 120 亩，搭养面积 225 亩，罗非鱼养殖产量达 42 吨，并通过省、市科委的鉴定验收。

2005 年，引进湘云鲫在白鹤水库养殖成功。2006 年，在上标水库进行高山溪水渔业养殖、育种。2007 年，从龙泉鱼种场调运 3.5 万尾瓯江彩鲤、冬片鱼种，从金华长山良种场调运83万尾瓯江彩鲤、草鱼、花白鲢、夏花鱼扶持各养殖户。

2010年，实施“百万亩生态型水产养殖塘标准化建设工程”，改造鱼塘195亩，扩大水产养殖规模，全县养殖面积达8.53万亩。其中，山塘面积300亩，水库面积4万亩，稻田面积4.5万亩，采购2万公斤的彩鲤冬片鱼种发放各养殖户。

2011年2月，上标水库被定为第二批省现代渔业精品园创建点。3月，在千峡湖放流冬片花、白鲢鱼种140吨，6月又放流尾花白鲢500万尾、黄尾鲴102万尾、青鱼20万尾、草鱼26万尾、鳊鱼、夏花鱼128万尾。2012年，在瓯江小溪支流投放彩鲤鱼、鳙鱼、青鱼、鳊鱼等鱼种60多万尾。2013年，采购彩鲤鱼种1.05万公斤，发放各乡镇养殖户，在千峡湖等26条江河水库共投放彩鲤、花鲢、赤眼鳟鱼苗278.4万尾、甲鱼鱼种6000只。

2014—2015年，共整合各类资金201.77万元，分别在千峡湖、上标、白鹤、北溪水库、鹤溪河、小溪支流等43条天然水域投放彩鲤、甲鱼、鲢鱼、鳙鱼、石斑鱼、黄尾鲴、花骨鱼、鲫鱼等鱼苗4301.35万尾。

第三节　稻田养鱼

景宁属中低山地区，气候温和，适应鲤科鱼类的正常生长。沙湾、英川一带农民有稻田养鲤鱼的传统，毛窠、柳坑湾、徐崇、印章等村17户农民有自养亲鱼，进行自孵，自育自养的传统技术。每年“谷雨”前后用特制的竹箩肩挑鱼苗，送各村销售，增加收入。农民将鱼苗放入秧田，秧田鱼苗同时管理，精心培育，在“芒种”前后插秧结束，将鱼苗分放大田。条件好的稻田在第二次耘田时就可捞鱼，有的重0.25公斤，农民常在节日以鲜鲤鱼款待客人，一般农户都是自给自足，也有少量上市出售。随着耕作

图为稻鳅共生养殖基地

制度的改变，浅水灌溉，冬种草籽，施用农药等原因，故稻田养鱼面积曾一度有所减少，产量下降。1981 年，实行家庭联产承包责任制后，稻田养鱼又逐年恢复和发展，沙湾、英川一带，多数农户在水源条件较好的稻田养殖鲤鱼，东坑、城郊、渤海一带稻田养鱼较少。20 世纪 80 年代，经试验示范，宣传推广，选用“五改”方法，主要做法改放养水花（萍）为夏花（单季稻地区）；改夏花为冬片鱼种（双季稻地区）；改迟放为早放冬片鱼种（指双季稻田）；改不投肥投饲为投肥投饲（指农家肥和青饲料）；改老养法为科学养鱼（指开鱼沟、鱼坑面占 8%至 10%左右为宜），稻田养鱼产量和经济效益明显提高。1985 年，县水产技术推广站在澄照乡叶八弄村指导农民稻田养鱼试验，经县科委、农委和水产技术人员现场验收，鱼亩产量达 77 公斤，稻谷 510 公斤，达到鱼稻共丰收。

20 世纪 80 年代后期，由于稻田养鱼尚未纳入养殖业计划，对“稻田养鱼种稻，稻谷增产鱼丰收”的科学知识还未普及，不少农民对稻田养鱼认识不足，技术缺乏，故面不广、量不多。1987 年，养鱼 1.01 万亩，因自然灾害影响，经济效益低。1992 年，全县抗旱能力在 70 天以上，旱涝保收，可发展稻田养鱼的单、双季稻田面积有 2.5 万亩，但农民稻田养鱼只有 6900 亩，其中越冬的隔年鱼 2295 亩，只占可养稻田的 27%，产量 27 吨，尚有大批稻田等待开发利用。

1994 年，在澄照乡叶八弄和叶源村 300 亩稻田放养罗非鱼 7000 余尾，试养成功。1996 年，浙江省水产局将景宁列为稻田养鱼“421”工程试点县之一。6 月，选择澄照乡叶八弄村和叶源村的 120 亩稻田作为示范点，共投放鱼种 2.5 万尾，经过 3 个月的精心饲养，当年鱼产量达 5200 公斤，创产值 5.2 万元。省、地、县科委派员莅临现场验收，证实了“采用规范垄畦稻田栽培养鱼”的可行性。叶八弄村试点亩产稻谷 500 公斤，鱼 50 公斤；叶源村试点亩产稻谷 650 公斤，鱼 43 公斤，实现鱼稻双丰收。1997 年，根据试点经验，结合景宁单季种植面广、时间长的特点，大力推广稻田养鱼面积，联系鱼种，加强指导，搞好服务，全县稻田养鱼 1.5 万亩。

2004 年，调运 42 万尾瓯江彩鲤夏花投放各乡镇、村稻田养殖，选择东坑镇深垟村作为示范点，以点带面，全县推广稻田养殖 4.5 万亩。在鸬鹚乡建立 7.5 亩青虾、河蟹、罗非鱼养殖基地。

2005—2009 年，连续 5 年都调运鱼种鱼苗赠送稻田养殖户，同时采取养殖户自筹和补助相结合方式进行配套补助，扩大稻田养殖规模。

2010 年，在澄照乡实施稻田养鱼省级试点项目，获得 1 亩稻田产值（千斤粮，百公斤鱼）超万元的经济效益，副省长葛慧君作了“景宁畲族自治县探索的千斤粮、百公斤鱼、万元钱的生态种养模式，值得总结推广”的批示，肯定了景宁稻田养鱼的成功经验。

2011—2012 年，与省、市水产技术推广站联合举办了水产技术推广员暨稻田养鱼技术培训班，组织调运彩鲤鱼苗 462.75 万尾、草鱼鱼苗 119.25 万尾发放全县各乡镇养殖户。同时被列入省级稻田养殖基地示范县，推广稻田养殖面积 4.27 万亩，在澄照乡金丘村稻田养殖基地引进养殖甲鱼取得成功。

2013 年，建立自强稻田生态种养示范区，建成“稻鱼共生”基地 1200 亩，通过基地建设，带动全县稻田养殖产业。继续开展省级稻田养殖试点基地建设，获得亩产稻谷 514 公斤、田鱼 120 公斤、亩产值 1.17 万元的经济效益。同时，在澄照乡朱坑村稻田养殖基地引进养殖河蟹取得成功，填补了丽水市稻田养殖河蟹的空白。

2014—2015 年，依托稻田养殖专业合作社，推广生态种养集成技术规模 1.2 万亩，完成 3 个“稻鱼共生”基地建设 600 亩。澄照朱坑稻蟹综合种养示范基地引进稻蟹共生新品种 1 项，推广稻田养蟹、养鱼、养泥鳅和稳粮增收示范基地面积 207 亩，实现稻谷亩产 480 公斤，蟹亩产 51.5 公斤，鱼亩产 25 公斤，亩产值达 1 万元。同时，带动基地周边面积 2000 亩，为农民发展生态农副产品起了引领和推动作用。

第四节　江河养鱼

景宁可利用渔业养殖水面 38 平方千米（未含千峡湖水面），其中小溪宜鱼水域 28 平方千米，春夏季雨水充沛，水质优良，年均水温 18 度左右，浮游生物丰富，适应磷属、介壳类水生动物自然繁衍。明、清至民国初期，沙湾的七里潭、仙菇潭和大均的滴水岩潭列为“放生潭”，在巨石壁上凿刻“放生潭”三字，长期封禁，民约森严，常有鱼群出现，也是国家一、二级保护水生动物大鳖、大鲵（娃娃鱼）和香鱼、鳗鲫、桂花鱼等珍贵鱼类栖息、繁衍的天然场所。时有 15 公斤的大鲵和 2~3 公斤的大鲤鱼，深山坑涧野生石蛙名贵佳肴。20 世纪 50 年代，县人民政府明令禁止在小溪流域酷鱼滥捕。并扩大七里、仙姑、大均、外舍、金钟、渤海鲍岸 、金潭、大都、大顺、鲍岸、官路头、井边等 12 个深水潭为禁渔区。20 世纪 60 年代溪坑处于无人管理的自然增殖状态，当时农民不常捕鱼，工具简陋，只有数户兼业人员单一捕捞，药物少而毒效低，渔业资源丰富。1966 年，鸬鹚龙石潭一枚弹炸死圆吻固鱼 65 公斤。1974 年，莲川柏树潭一次性捕捞鲶鱼 30 余尾 80 公斤。1976 年，莲川庙砻湖捕捞 1 尾重 13.5 公斤的大鲤鱼。

20 世纪 70 年代初，捕捞人员日增，渔具先进、药物厉害，逐步出现了毁灭性的电、毒、炸鱼事件，溪坑鱼类资源逐步减少。鹤溪镇工业“三废”水增多污染，外舍以下溪流石斑鱼、金鱼、香鱼、大虾等水产资源减少，小溪渔业资源遭受严重破坏，天然鱼类大幅度下降。如号称“雁山五珍”之一的香鱼资源衰退，产量从历史上最高年的 1.5 万公斤，下降为 500 公斤，稀有的大鲵鱼种几乎绝迹，溪坑渔业资源日趋贫乏。

20 世纪 70 年代中期，人民政府开始重视渔业管理，为了利用水域资源，增加社会财富。1972 年 12 月，云和县水利电力局从温州鱼种场运进花鲢、鲤鱼苗 9 万尾，首次在溪河放养鱼苗，在七里潭放养 4 万尾，外舍潭放养 5 万尾。1978 年 12 月，在沙湾潭、外舍潭放养日本白鲫、鲤鱼鱼苗 20 万尾。

1984 年后，县水产股、渔政站等专门管理机构相继建立。1985 年，县人民政府制订了《关于保护水产资源，加强渔政管理的通告》《渔政管理细则》，在大均潭放养河蟹苗种 150 公斤。1986 年，全国人大颁布了《中华人民共和国渔业法》，通过渔业法的宣传贯彻执行，逐步走向“以法治渔、以法兴渔”的轨道。

1987 年，放养鲤鱼、日本白鲫等苗种 7 万余尾，河蟹苗种 40 公斤。渔政管理站规定扫口的桐油壁为鱼类自然繁殖场所，禁止捕捞。1990 年，从温州购进蟹种 50 公斤（每 0.5 公斤约 500~600 只），蟹苗 15 公斤（每 0.5 公斤约 3.6 万只），共计投放 62.4 万多只，先后 8 批次投放河蟹苗 226 公斤。1991 年，分别 4 次捕获河蟹 4100 公斤，产值 36.5 万元，净增值 32.7 万元。1992 年 6 月，从温州购进河蟹药种 50 公斤，投放境内水域，溪坑捕鱼产量 10 吨。因溪坑流长，交通不便，鞭长莫及、难以管理，在偏僻地带毒、电、炸鱼行为仍时有发生。

2003—2004 年，放流瓯江彩鲤 10 万多尾，江蟹 60 万只，甲鱼苗 1 万只，年水产品产量483吨，产值454万元。

2006年开始，连续6年开展鱼类增殖放流活动，投放各种保水洁水鱼苗、鱼种2400多万尾。截至2010年，共向瓯江小溪投放本土溪流鱼类160万尾，彩鲤150万尾、甲鱼7万只，鲢鱼、鳙鱼1260万尾。通过增殖放流，增加天然水生生物资源，提高水域生产力，改善生物群落结构，修护水域生态环境，促进了景宁生态平衡和渔业生产的可持续发展。

2012年，在瓯江小溪投放彩鲤、鲢鳙、青鱼、鳊鱼等鱼种60多万尾，全年渔业养殖面积4.27万亩，水产品产量1010吨，产值1560万元。2014年,实施"小鱼治水"行动，开展增殖放流11次，分别在千峡湖等43条天然水域放养鲢鳙鱼445万尾、彩鲤100万尾、花骨鱼500万尾、黄尾鲴1060万尾、湘云鲫60万尾、石斑鱼5万尾、甲鱼6000只。2015年，通过招投标采购相继在千峡湖水库及瓯江支流大均、梧桐、标溪、沙湾等地的水域放流2227.88万尾鱼苗，共投资125.41万元。

第五节　特色养殖

石蛙养殖

石蛙是一种十分珍贵的两栖动物，学名：棘胸蛙，因喜欢藏匿于石缝中，故称石蛙。由于滥捕，野生石蛙的数量逐年减少。2005年，景宁开始进行人工养殖石蛙试验。2008年10月，景宁山野石蛙养殖专业合作社成立，法人代表方苏丹，注册资金80万元，基地位于澄照乡张山岙，养殖面积40.5亩，2015年产量约3000公斤，产值60万元。

2009年，青年农民刘成仁先后赴省内外十多个养殖场考察学习后，筹集资金30万元，创立了景宁云山涧石蛙养殖专业合作社，基地位于鹤溪街道三枝树村。

刘成仁致力于石蛙人工养殖试验，经过多年摸索、研究掌握了一整套低海拔石蛙繁殖培育技术，从石蛙产卵，孵化成蝌蚪，由蝌蚪变化到幼蛙，再养成成品石蛙。同时对石蛙的生活习性，人工繁殖，人工饲养进行深入研究，降低了石蛙养殖苛刻门槛，缩短了石蛙冬眠期，增加了经济效益。

2011年12月，刘成仁应邀参加丽水学院生态学学术论坛，所创办的石蛙专业合作社被授为丽水学院教学实习实训基地。

2012年以来，中央电视台7频道绿色时空相继播出《林业好榜样》《林间美味闹元宵》等专题，景宁电视台、畲乡报、处州晚报、农村信息报都先后刊登报道了刘成仁养殖石蛙的成功经验。

2014年，刘成仁的石蛙养殖基地面积达1500平方米，有120个蛙池，池养蝌蚪11万尾，幼蛙2万只，种蛙1000对，成蛙2500公斤，年产值120多万元，目前已拥有固定资产200多万元，成为当地远近闻名的石蛙养殖大户。同时，刘成仁还再次投资100万元，新建基地面积1500平方米，进一步扩大石蛙养殖规模。2015年10月14日夜，养殖场遭恶意投毒，直接经济损失200多万元。

大鲵养殖

大鲵属两栖纲，隐鳃鲵科，因在求偶季节会发出类似婴儿啼哭声，故又称娃娃鱼，为现存最大的两栖动物，有很高的药用和食用价值，是国家二级重点保护动物。据清同治《云和县志》卷十五载："姜师闵翼鱼说：景宁山溪有翼鱼，四足，飞立树梢，张口注水，鸟见水就饮，渐闭口，饮水之鸟伺其腐而吞之。"

景宁四季分明，温暖湿润，年平均气温16℃，非常适宜大鲵的生长。境内英川、毛垟、黄水坑、标溪、炉西峡等小流域都是大鲵的原始栖息地。20世纪90年代初期，人们肆意捕杀大鲵，大鲵鱼种濒临绝迹。

1994年，县科委将大鲵人工养殖列为科技攻关项目，并成立科研攻关小组，对大鲵人工养殖进行了专门研究，基本掌握了境内大鲵的分布情况及生活习性，初步掌握了人工养殖经验。

2008年8月，景宁天野农业开发有限公司成立，注册资本100万元。景宁天野农业开发有限公司主要研究开发保护、驯养、繁殖、大鲵保健食品等科技项目，在大均乡伏叶村设立大鲵人工繁育和驯养繁殖基地。基地位于千峡湖水库上游，水源丰富、阴暗避风、冬暖夏凉、水温稳定，能充分利用天然形成的河道，就地取材修建仿生态繁育池，是大鲵驯养繁殖的理想场地。

2012年，繁殖取得成功，当年繁育大鲵鱼苗4000尾。2013年，办理了经营利用证。2015年，养殖大鲵5000尾，销售800万元，获利200万元，产品主要销往杭州、上海、南京、广州等国内市场。

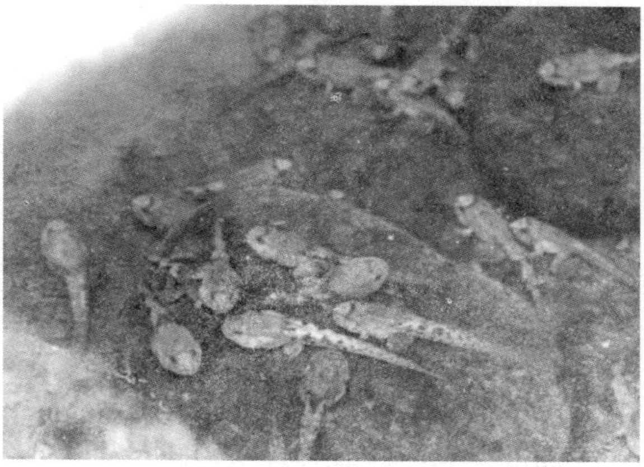

图为石蛙蝌蚪

景宁天野农业开发有限公司现有员工 12 人，技术人员 7 人。其中，高级职称 1 人，中级职称 2 人，初级职称 2 人。公司已新建科研楼 1 幢，室内养殖房 2 幢，室内养殖池 38 个，室外养殖池 60 个，引水设施 1 套，人工养殖恒温隧洞 1 个，生态养殖基地 3 个。公司下设大鲵人工繁育研发中心、基地建设、产品初加工、销售、大鲵驯养繁殖基地等部门，形成年产繁殖幼苗 1.5 万尾，年产商品大鲵 1 万尾，年产值 1500 万元的规模。同时，引进大鲵生态养殖新技术 1 项，长期聘任金华鼎鑫驯养繁殖场和陕西汉中市绿保大鲵养殖有限公司作为技术支撑单位。

景宁瓯江源特种养殖专业合作社法人李光丰，2009 年开始大鲵人工试养，2013 年审批办理了特种驯养繁殖许可证，2015 年有大鲵 8000 多条，产值 100 多万元。

第六节 鱼种繁育

境内鸬鹚乡徐崇、毛窠、柳坑湾和葛山乡印章等自然村村民具有培育田鲤鱼苗的悠久历史，每年清明前后将苗种肩挑各地销售，为近邻乡村农民提供苗种放养田鲤鱼。1988 年 2 月，建成塔勘鱼种场，是景宁唯一的鱼种繁育基地，因设备简陋、资金缺乏尚不能饲养亲鱼，孵化苗种。主要向外地调入夏花鱼苗，再培育冬化鱼种，为养鱼提供鱼苗，同时养殖成鱼。1990 年，从金华、丽水运入各种夏花鱼苗 10.3 万尾，精心养殖，向养鱼户提供了冬片鱼种 7.2 万尾，为农村养殖业结构调整服务。1989—1990 年，水产技术推广站派技术干部在鹤溪镇学田、张村搞罗非鱼种温泉越冬试验，被县科委列为研究课题，试验成活率达 70%，经丽水地区水产技术推广站、县农委、县科委、县水电局等单位组织现场验收，具有推广价值。

1992年，淡水鱼苗生产60万尾，淡水夏花生产40万尾，淡水鱼种生产25万尾，其中：15厘米以上（不包括上年越冬余留数）0.5万尾。

1995年4月，从吉林引进池沼公鱼孵化卵在上标一级电站水库移植成功，为丽水地区推广“池沼公鱼移植、增殖和受精卵制作”基地，同时，向邻近县、市供应池沼公鱼受精卵。1998年，引进江西粉鳅、乌鳢鱼养殖试点，对二龄粉鳅进行了人工催产孵化试验，通过管理培育，人工繁殖粉鳅试验成功，在全县推广。

2006年，景宁山水渔业合作社开始在上标水库进行高山淡水渔业的养殖、育种。2011年2月，被列为浙江省现代渔业精品园创建点。2012年后，鱼种繁育试验工作进展缓慢。

第三章　渔业捕捞

境内历来捕捞渔具简单，专业人员极少，百姓通常以自制的鱼帘、鱼笼、鱼钓等渔具捕捉。20世纪90年代后，捕捞方式有所改变，垂钓活动蓬勃发展。

第一节　渔民　渔具

渔民

20世纪50—60年代有专业捕鱼者10余人，由县发给准捕证，1990年，捕鱼专业人员23人，2015年捕鱼专业人员15人。

渔具

民国时期，有捕鱼筏（船）6条，在小溪以网或鸬鹚捕鱼，其次有鱼帘、鱼笼、鱼牢、鱼罾、鱼钓等渔具，20世纪90年代捕鱼木船7艘，总吨位4吨，船用柴油机1台8匹马力，电动机2台，2千瓦。

垂钓活动

沿溪百姓向来爱好垂钓，但垂钓活动的兴起始于20世纪80年代，渔具由玻璃钢钓竿取代传统的竹竿，20 世纪 90 年代，又以碳素纤维制作的钓竿取代，垂钓方式分台钓、抛钓、筏钓等三大类，2009 年 12 月成立了县钓鱼协会，协会会员 164 人，每年举行垂钓比赛 2 次，截至 2015 年，全县有渔具店 8 家。2015 年起，渤海垂钓点被列入“中国畲乡三月三”活动的子项目。

第二节 江河捕捞

放钓

取钓线 5~10 米，每隔 50 厘米左右处再系一根 15 厘米的分线钓钩，钓钩通常用泥鳅、蚯蚓为饵，傍晚放入河水中，岸边用大石头固定钓线，天亮后收回，所钓鳗、黄颡丁为多。

叉鳖

叉鳖（捉团鱼）是一门绝活，需有经验的人才能捕捉。通常会叉鳖的人自制小竹排撑游于河中央，在漫漫的水下碎石堆中能分辨鳖的藏身处，凡入其视线的，叉出手如“瓮中捉鳖”，绝少溜逃，堪称一绝。

鱼帘

鱼帘是一种用竹条编制的传统渔具，通常要选在河水较急又较浅的地段，需在河中垒砌不易被水冲走的固定点，然后将鱼帘斜拦置于水面，鱼群在顺水撤退时被阻搁在鱼帘上，经三崩二跳后脱水死亡，捕鱼者顺手捡回即可。

鱼笼

用毛竹制作成一个呈喇叭状的大鱼笼，分内外两层，固在滩边，口朝下方，油桐花开时节，鱼从下游逆水而上，钻进鱼笼里，能进不能出。

放(弓)弹

夏季，取竹枝约 10 厘米，两头削尖并拢，呈椭圆形，在尖竹枝处串上一个蚱蜢，系上线扔在溪里，金鱼见蚱蜢张口吞食，竹枝一弹，鱼被逮住了。

放丝网

用丝线织网，网眼有大有小，一般以两个手指能穿过去为宜，网长十几米至数十米，高度约 1 米，下方每隔十几厘米，系一锡坠。傍晚，捕鱼者撑竹筏，将丝网撒入河中，鱼看不清丝线，钻进网眼，即被卡住。清早收网，也有半夜与清晨各收一次。

放篾箩

篾箩属竹制器皿，呈半圆球状，口直径约50厘米，用布将篾箩口绷住，中间穿口子，如一小茶杯口大小，安上一小竹筒(两头通)，竹筒安在布与篾箩之间悬着。在篾箩内放一些鱼饵，把篾箩安在浅水处，鱼闻到香味，往口子里钻，进去容易出来难。

叠坞

用石头垒一圆形坞，内空，门道像迷宫，易进难出，冬季鱼在里面暖和，抓捕时将周围围好，再把石头拆开实行抓捕。如是捕金鱼，地点选在浅静水处，若是捕香鱼，则选在水流稍急处为宜。

捕鲶鱼

网由棕索织成，结实耐磨。选一滩头旁边，周边打桩布网，下方留一口子约4米宽，洞门大开，请"君"入瓮，网兜安在急滩这一边下方。油桐花开时节，野生鲶鱼乘夜间逆水而上，夜深人静，万籁俱寂之时，悄悄用铁丝栅栏将口子封住，这时人上去"搅局"，鱼往另一出口跑，刚好跑到网兜里。

第七编 基础工作

景宁历史上对重大的水旱灾情和筑堤造堰、开渠引水都有一定的记载，但对水文测验、地质勘察、科技人才的培养等基础工作，却记载甚少。中华人民共和国成立后，县人民政府为促进水利事业的发展，不断加强水文网点的建设、科技人才的培养和对水利、水电工程及水资源的调查勘察。通过收集各项水文、地质资料，为水利水电建设和国民经济各部门提供各种水文地质要索及研究成果，为防灾减灾做出重要贡献。

第一章 水文工作

景宁雨量站设于20世纪20年代，中华人民共和国成立后，景宁分别增设水文站和雨量站，通过水文测验、水位观测、流量测验、降雨量观测、蒸发量观测等方式推测水情、收集、整理提供各项水文要素的特征、变化规律，建立水文数据库，及时提供水文情报、预报工作，为全县水利建设和防汛防旱工作提供一手资料。

第一节 水文站网

民国20年(1931)，景宁设雨量站，以推测水情、研究水文，筹谋预防方法。中华人民共和国成立后，景宁设立水文站1处和雨量站8个，收集各项水文资料，为各类工程在规划、设计时收集、提供各项水文要素的特征、变化规律，开展水文情报、预报工作，以满足全县水利建设和防汛防旱工作的需要。

水文站

民国22年(1933)，沙湾七里设立水文站，后因故停撤。1957年1月，沙湾水文站复建后，开始对上游的流量、水位、泥砂、雨量、蒸发量等水文情报预报，流域内洪水特征进行调查。沙湾水文站位于小溪水系七里村上游，流域面积1156平方千米，1994年后，泥砂和流量观测项目撤销。中华人民共和国成立初期，县水文站隶属省水文总站，1953年，下放县水利主管部门管理，经费由省水文总站按年拨给，嗣后多次收归和下放。1995年，水文体制改革，水文站归县水电局管理，时有职工5人。2014年12月，新建的大均乡白马寮水文站通过验收投入使用。

雨量站

民国20年（1931）建立境内第一个雨量站景宁站，由省水利局设在鹤溪镇，以推测水情、研究水文。中华人民共和国成立后，沙湾、湖坪头、大顺、吴山头、大漈、杨斜、横坪、毛垟8个雨量站相继建成，至1980年，已有雨量站9个。

沙湾和景宁站为省、市报汛站，向省防汛防旱指挥部及报汛机构报讯。雨量站代办员均聘用当地素质较好、文化水平较高的村民兼任，国家予以工资补贴，纳入财政预算范畴。

2004年，建立景宁、上标一级、上标二级、英川、白鹤、沙湾水文站等6个水情信息采集遥测站。

2007年，高岩下，景润等8座小（一）型水库及部分乡镇共建成12座水雨情遥测监测站，进一步健全水雨情信息监测系统。通过2010年山洪灾害防治县级非工程措施建设和2014年山洪灾害防治项目，配置简易雨量器178个，建设水位雨量河道遥测站共95座。其中，雨量遥测站38座，河道水位雨量遥测站21座，水库水位雨量站36座，全县监测预警的站网密度达到20平方千米/站。

第二节　水文测验

水文测验是水文工作的基础，任务是通过定位观测，巡回测验，水文调查，以测得各项水文要素的演变过程，并经过资料整理、整编后，提供逐年、逐月、逐日甚至逐时的各项水文要素，为水利水电建设、防汛防旱、国民经济建设、国防建设和科学研究服务。测验项目，景宁水文站采取定位观测和水文调查两种测验方法。主要观测项目为：

水位观测

中华人民共和国成立后，水位观测采用人工观测和测井自记两种方法。开始时用直立式木桩或钢筋混凝土的水尺，由人工观测水位，直接观测的直立式水尺，至今仍在应用，主要作为自记水位计核对水位之用。20 世纪 70 年代初，开始修建水位井，用自记设备记录水位，减轻了劳动强度，提高了工作效率和观测精度。

流量测验

20 世纪 70 年代前，流量测验用缆索测船人工测流为主，比降测流为辅，20 世纪 70 年代后，主要以缆道流速仪测流。

降雨量观测

主要为人工观测和自记雨量计观测，人工观测采用承雨口直径 20 厘米，高 65 厘米的雨量器，内有盛雨筒，雨量器安放在地面上，雨量筒口高地面 70 厘米，日分界定为 8 时，并在 20 时加测一次，汛期采用 4、8、12、24 时段制观测。20 世纪 60 年代逐步配备自记雨量计，目前采用南京水利水文自动化研究所生产的 20 厘米口径遥测雨量器 JDZ05 自记雨量器，提高降雨观测精度。

蒸发量观测

景宁、湖坪头雨量站从 1960 年开始蒸发量观测，采用 E601 蒸发皿，埋入土内，四周有水圈与土圈围绕，皿口高出地面 30 厘米。

第三节　情报与预报

水文情报和预报是及时掌握水情、雨情信息，并据此作出对未来水文情势变化的观测，这不仅是减轻水旱灾害的一种手段，而且在防洪工程中也是一项很重要的非工程措施。1949 年以前，景宁由于没有水文站网，无法掌握江河水情，以至每次洪灾都给景宁人民带来很大的损失。中华人民共和国成立后，水情站网建设随着经济建设的需要发展迅速，至 2015 年底，景宁共建成水文站 2 座(大均水文站和沙湾水文站)，国家基本雨量站 8 座，水文巡测基地 1 处，其他水雨情站点 93 处，基本满足了防洪与水情分析的需要。

拍报项目与段次

拍报项目和段次标准，按照各受报单位的要求，由省水文总站下达各站水情任务书。雨情为旬、月降雨量，时段雨量，段次2000年前为5毫米，2000年后改为1毫米，小时暴雨加报。水情为水位、相应流量，涨洪过程，按水位级别分为一段一次至二十四段二十四次；落洪过程，按涨洪过程段次标准降低一级拍报，少数站布置二段一次或四段二次，起涨、洪峰随时加报。

传递方法

20世纪70年代前，水文情报的传递方法采用电话拍发水情电报，按照水电部颁发的《水文情报、预报拍报办法》，将实测雨情水情、编成密码电报，通过当地邮电局发出。但一遇大风、暴雨、大洪，邮电线路倒杆断线，就无法传递水情。20世纪80年代起，正式使用无线电台传递水文情报。以后，无线电台逐年增加，各雨量站向受报单位发报，采用电话传递。随着科学的进步，各种水文自动测报系统及水情自动采集系统的快速发展，截至2015年，景宁已建自动采集系统110处。

水文预报

中华人民共和国成立前，未开展水文预报。1955年，开始开展此项工作。每次汛前均由县水文站作出水情预测分析根据上游水情、雨情之情况作洪水短期预报。由于预见期短，水文站只能作口头预报，供县防洪领导机关决策参考。多年来，景宁水文站在预报方法上依据实情，采用趋势法、平稳时间序列法、方差法、太阳位相法等，月、年最高洪水位展望。1985年除上述方法外，还采用平稳与方差相结合法，逐步回归法、微积值图解法、自然正交法等，并使用电子计算机，发布中长期年水情展望。由于水文情报、预报准确及时，使各级防汛领导机关及有关单位，能提早安排防洪抢险工作，减少了洪灾损失。

第四节　资料整编和水文数据库

水文资料

是对原始水文资料按科学方法和统一规范进行整理、分析、统计、审查、汇编、刊印、存储的全部技术工作。在收集有关资料，审核原始资料，确定整编方法手算时，进行推算、制表。电算时，进行数据整理，填制加工表，录入数据文件，计算及输出整编成果表，进行单站合理性和信息合理性的检查，编写资料整编说明书。其内容主要为水位、雨量、流量三大块：

水位　考证水位零点高程；绘制逐时或逐日平均水位过程；编制逐日平均水位表或水位日、年统计表；编制洪水位摘录表。

河道流量　编制实测流量成果表和实测大断面成果表；绘制和分析水位流量、水位面积、水位流速关系曲线，并按要求作曲线检验和标准差计算；编制水位、流量关系表，推求逐时和逐日流量；编制或电算输出逐日平均流量和在水位（或水库）水文要素摘录表。

降水量　审核逐日逐时降雨量，编制逐日降雨表，降雨量摘录表，统计各时段最大降雨量。随着计算机飞速发展，水文完成了软件开发、数据录入，建立了水文数据库。景宁水文站正在筹划建立水文数据库，以便水文数据更快捷、便利地应用到国民经济建设中。

第二章　地质勘测

中华人民共和国成立后，景宁把地质勘测列入重大水利工程建设当中，水利水电工程地域地质勘测工作得到进一步加强。

第一节　上标电站地质

区域地质

区域地质测区分布地层为保罗系上统磨石山组 C 段和 D 段。C 段为灰紫、灰白色流纹质晶屑玻屑含砾熔结凝灰岩、含砾晶屑凝灰岩、英安质熔结凝灰岩、中夹少量层凝灰岩，上部为流纹斑岩，为库区及建筑物区的基础岩层。D 段为灰紫、肉红色流纹斑岩、流纹岩、熔结凝灰岩，顶底部多见球泡气孔构造，局部夹珍珠岩、靡细岩。在景宁至西浦一线多处可见安山玢岩、花岗斑岩等岩体侵入。此外于河床及山麓见有河流冲积层及坡积崩积物堆积。测区位于泰顺山字形构造脊柱前盾地，因此构造较简单。后期新华夏系断裂切穿前孤，向北延伸至本测区，如F23、F24断裂等。而工程建筑物区则位于F25、F29北东向断裂间的断块内。据省地震局资料表明，本区地震烈度可按6°强考虑。

库区工程地质

水库位于上标山间盆地内，四周环山。除盆地北缘、西北缘外，山体雄厚，库岸岸坡平缓，故水库工程地质条件良好。盆地北缘为一高差数百米悬崖峭壁为界，山势低矮单薄，有低于正常蓄水位的垭口2处，一处修筑副坝，一处为溢洪道。在副坝与主坝之间的第一垭口，经勘探，全强分化带深达10~18米，高程969米以上，岩石单位吸水量为0.196~4.59升/分米•米•米，且有F5、F12、F13、F14、F15、等北东向断裂近于平行由库内通过垭口。建议段长约70~80米，高程968米以上进行防渗处理。其余地段，建议水库蓄水后加强观测。

坝址地质特性

坝址区为峡谷地段，河床宽2.0~10.0米，河流深切成多处跌水；两岸地形对称，岸坡坡角约50°至60°。坝址基岩广泛出露，为肉红、浅灰色流纹斑岩，除局部地段外，岩性坚硬完整，风化不深，覆盖层零星分布。对选定坝址工程地质条件有直接影响的有F1、F2、F9和F10断裂，大多为压扭性，断面光平，破碎带为靡棱岩、角砾岩组成，胶结不良，靡棱岩浸水或风化后成断层泥。同时，有北30°~80°、西和北20°~50°东向节理发育。

坝址工程地质

拱坝方案考虑了上下两条坝线，分别作了勘探比较，上坝线左岸要穿越不稳定岩体，右岸风化较深，地质条件较差，坝线较长，工程量大，在坝型比较阶段选定下坝线。现就下坝线拱坝方案和堆面坝方案的工程地质条件评价如下：

拱坝工程地质

左岸　拱座基础岩石完整，风化浅，无断裂通过，虽有L0、L9、L10等裂隙发育但互不连贯，工程地质条件良好，开挖深垂直山坡2~3米。紧靠拱座上游F10断裂倾向河床，在其上盘有L1、L2及L18裂隙与F10断裂组合成棱形岩体，F10与L1组合其底棱线倾向河床，倾脚45°；下部为L18裂隙（倾向河床，

倾角 35°)所切割，构成不稳定岩体。建议 L18 裂隙以上，F10 断裂上盘岩体应予挖除，开挖方量 7000~8000 立方米。

河床 坝址河谷狭窄，岩石裸露，风化轻微，在上下两坝线之间，F2 与 F9 断裂相交处，岩石破碎并形成水深 4.0 米的深潭，距深潭下游 30 米处，河底有高差 8~10 米的跌水陡坎，构成坝基下游的临空面，坝基并有 L29 等平缓裂隙，对坝基稳定不利。建议挖去平缓结构面，开挖深为 3.0~5.0 米。

右岸 拱座基础岩石受 F1 断裂和其他裂隙的影响，高程 980 米以下岩石较破碎，以上较新鲜完整。高程约 965 米处，F1 断裂贯穿坝线上下游，其产状 N40°~50°E，SE 大于 40°~60°，宽 5.0~30 厘米，影响带宽 1.0~1.5 米，破碎带内由 2.0~5.0 厘米的断层泥及靡棱岩、破碎岩等组成。在高程 965~980 米之间，F1 和 L8、L24 裂隙组合成楔形岩体，楔形体尖端指向下游与拱推力方向近平行，在推力作用下 F1 断裂破碎带产生压缩变形导致岩体向下游滑移，影响拱座稳定，应采取相应工程措施。另外，在 PD15 平硐口 L5 以及 L25、L26 顺坡充泥裂隙发育，对坝肩抗滑稳定不利，需加深开挖。拱座开挖深度，一般垂直山坡 3.0~5.0 米，局部 9~10 米。

堆石坝工程地质

左岸 防渗墙基础通过 F10 断裂和 L1、L18 裂隙组成的不稳定岩体，斜墙基础应置于 F10 断裂和 L1 的下盘岩体上。其他部位开挖深度垂直山坡 2~3 米，局部 5.0 米，即为微风化岩石。

右岸 除 F1、F9 断裂和 L4 裂隙需加深开挖外，其余挖深垂直山坡 3~5 米，即为弱微风化岩石。大坝堆石体基础，清除覆盖层和局部松动岩块即可。

河床 坝址区有良好的地形和工程地质条件，经适当处理后，各种坝型均可建筑。由于河谷狭窄，溢流坝溢流时两岸坡将受冲刷，故以非溢流式拱坝为好。基础岩石有一定的透水性，F1、F9 断裂顺河向分布，ZK12、ZK15、ZK2 钻孔中均发生长时间回水消失现象，故建议拱坝及防渗墙基础进行帷幕灌浆，灌浆深度 10~25 米。左岸 ZK15 钻孔孔深 54.67~60.45 米段和右岸 ZK12 钻孔孔深 24 米处，均见回水液消失，ZK12 钻孔的回水液在坝址下游 PD19 平硐内渗出。建议建坝蓄水后进行长期观测。经水质分析，河水及裂隙地下水，对砼除有溶出性侵蚀性外，无其他侵蚀。

副坝工程地质

复土厚1.0~4.0米，岩石为流纹斑岩和晶屑熔结凝灰岩，全强风化带的下限深度6.25米，弱风化带下限深度约10米。除坡残积土单位吸水量(W)偏大0.064升/分米.米外，基岩透水性微弱。副坝齿槽挖去复土即可，并保留上游天然覆盖层以利防渗。F 7断裂可能通过副坝基础，施工中视情况处理。

溢洪道工程地质

溢洪道中心线右侧岩石广泛出露，为晶屑熔结凝灰岩，岩性坚硬完整，风化轻微。中心线以左为灰绿、灰白色凝灰岩夹层凝灰岩，岩石均呈全强风化状，风化深度口自垩口处7.1米向左加大至25.86米。该风化带岩性软弱，工程地质条件差，建议溢洪道宜向右岸移动，使溢洪道底板置于新鲜熔结凝灰岩面上，避开左侧全强风化带的不良工程地质条件。

建议开挖边坡：全风化带1:1，强风化带1:0.75，弱风化带1:0.5，微风化带至新鲜岩石1:0.3。

建议岩石摩擦系数：弱风化岩石F=0.5至0.55微风化至新鲜岩石F=0.65。溢流堰左岸土坝段基础，高程967米以上岩石单位吸水量较大，需进行防渗。

导流洞工程地质

导流洞全线均为流纹斑岩，岩性较新鲜完整，构造简单，进出口岩石出露，工程地质条件良好。进出口开挖边坡，弱风化带1:0.5，新鲜岩石1:0.3。

跨流域引水工程地质

引水堰址处河床宽20余米，岩石出露，右岸坡脚有3.0~5.0米的块石砾质土层堆积，清除该覆盖层即可建堰。引水隧洞进口及洞身，为流纹质、晶、玻屑熔结凝灰岩，局部有花岗斑岩脉穿插，一般可不作衬砌，遇断层和岩石破碎地段作局部衬砌即可，预计地质条件良好。隧洞出口段长约50余米，洞顶盖层较薄，岩石风化深，地质条件差，需作衬砌。建议进出口开挖边坡。复土及全风化带1:1:1.25，强风化带1:0.75，弱风化带1:0.5，微风化至新鲜岩石1:0.3。

发电输水隧洞工程地质

输水隧洞进口明渠(地质图桩号0+00—0+100下洞)：自然坡约10°，上复

1至3米壤土夹碎石，基岩为含砾晶屑凝灰岩。全风化带深度10米，呈土状，强风化带下限埋深约20米，新鲜岩面埋深25米左右。节理较发育，一般充泥质及岩屑，工程地质条件较差。建议开挖边坡。土及全风化带1:1 ~1:1.25，强风化带1:1。弱风化带1:0.75，新鲜岩石1:0.3。边坡高度大于10~15米时，应设马道，底板与侧墙建议衬砌保护。

输水隧洞(桩号0+100—0+620)：复土为壤土夹碎石，厚1.0~2.0米；基岩为流纹质、英安质、含砾晶屑凝灰岩，岩性坚硬完整，局部见花岗斑岩岩脉。除进口段地质条件较差外，洞身和出口工程地质条件良好，隧洞衬砌长度可按全洞长的三分之一考虑。

压力管道工程地质

压力管道分上、中、下三段叙述。

上段(桩号0+620—0+1040)：

本段斜坡长470米，平均坡度35°。岩石为流纹、晶屑玻屑、熔结凝灰岩为主，岩性坚硬，复土厚0~4.0米。全风化带下限深度4~9.0米，以下为弱风化或微风化岩石。节理发育，多为泥质、铁锰质充填。镇墩基础建议置于弱风化岩面上，一般镇墩开挖深度5.0~8.0米，6号镇墩约10米。

陡坡段(桩号0+1040—0+1110)：

本段斜坡长140米，高差110米，平均坡度72°~75°。岩石裸露，岩性坚硬完整，风化轻微。陡壁推测为一断裂，产状N60°~70°E，NW小于75°。由于地质条件较好，可采用斜洞敷设明管方案。

下段(桩号0+1110—0+1500)：

本段斜坡长度420米，平均坡度25°~28°。覆盖层厚1.5~4.0米，岩石露头较差，分布岩层有英安质晶屑熔结凝灰岩、流纹斑岩、玻屑凝灰岩、夹紫红色凝灰质粉砂岩等。该段钻孔勘探岩石风化强烈，全风化带下限深度7.0~12.0米，局部(ZK10孔)达26.0米，强风化带下限深度12.0~15.0米，局部(ZK10孔)达30米。该段经声波测定，其全强风化带纵波速VP为400~1600(米/秒)，弱风化带为VP=2000~4000(米/秒)。建议弱风化带作为镇墩基础，F22断裂对11、12号镇墩的稳定不利，镇墩基础宜置于F22断裂下盘岩石上。

压力管道岩石开挖边坡为：全风化带1:4，强风化带1:0.75~1:1，弱风化带

1:0.5 至 1:0.75，新鲜岩石 1:0.3。

厂房区工程地质

厂区覆盖层厚 5~6 米，为砂砾石夹壤土，强透水。基岩为英安质晶屑熔结凝灰岩和流纹斑岩，岩性坚强。

天然建筑材料

堆石坝方案需块石料 11 万立方米。在坝址右岸上下游 600 米范围内初查，总储量为 74.5 万立方米。砂砾料共需 3.10 万立方米。经调查坝址附近无砂砾料场分布，对景宁外舍（距坝址 84 千米）及标溪乡若要（距电厂 16 千米）两个砂砾场进行详查。砂砾场质量尚可，经试验，砂的粒度模数一般在 2.0~3.68，砾石砾度模数在 7.24~8.32；含泥量及有机质含量除若要 R—1 区含泥量 4.1%~6.1%，有机质含量不合格外，其余都符合要求。砂干松容重 1.25~1.45（吨/立方米）。砂比重 2.6~2.68（吨/立方米）。经野外筛分，外舍料场含砂率 26%、含砾率 49%，超径含量 25%。若要料场含砂量 31%、含砾率 31%，超含径量 38%。两个料场砾石成分基本相似，为熔结凝灰岩、凝灰岩、流纹岩、花岗斑岩及闪长岩等。由于砂砾料场运距远，可与就地取石轧制人工砂石进行比较。

结论

一、上标库区工程地质条件良好，左岸库周的第一垭口（单薄分水岭），山脊岩石风化深，断裂构造，自库内通向库外；高程 969 米以上，山脊长 70~80 米范围内有渗漏可能，建议作防渗处理。工程区地震基本烈度 6 度。

二、坝址河谷狭窄，两岸谷坡对称，岩石较新鲜完整。坝址虽有断裂、裂隙组合成不利结构面，只要适当处里，各种坝型均可建筑。

三、溢洪道中心线左侧工程地质条件较差，为避开全强风化岩石的工程处理，溢洪道尽可能向右侧移动，使溢洪道置于新鲜岩面上。

四、发电输水隧洞（0+100—0+146）段，岩石风化较深，在施工中视地质情况，确定衬砌长度，洞身及出口段，岩石新鲜完整，地质条件良好。

五、压力管道上段全强风化带下限深度 4~9 米，建议以弱风化带为建基面。中段为陡坡段，可采用斜洞铺设明管方案。下段管道地质条件差，全强风化带下限深度 12~15 米，局部达 30 米，建议弱风化带作为镇墩基础，镇墩开挖深度一般 6.5~15.5 米。

六、块石料可就地开采，质量好，储量丰富，能满足建坝所需。砂砾料场近坝址无料场分布，外舍、若要两地料场运距远，建议与人工轧制砂石作比较。

第二节 英川电站地质

区域地质

英川溪流域位于洞宫山脉西北侧，山势陡峻，沟谷深切，属侵蚀、剥蚀、中等切割的中低山地貌。区内河流呈树枝状发育，河谷底部大多基岩出露，属侵蚀形河谷地形。出露的地层主要为侏罗系火山碎屑岩。局部为第四系全新统松散堆积层，以及燕山早期第二阶段和第三阶段的侵入岩。大地构造单元属元属华南加里东褶皱，丽水—宁波隆起，龙泉—遂昌断隆，构造以断裂为主，褶皱不明显，断裂以 NNE 向为主，区域构造稳定。地震基本烈度为 VI 度。

水库区工程地质

库区周边由透水性小的火山岩体和花岗岩体组成，库岸山体雄厚，近库尾处有区域性断层 F1 通过，沿断层地下水出露点均高于水库回水线，水库建成后不存在永久渗漏问题。库周基岩大部裸露，覆盖层薄，植被良好，未发现有滑坡等不良工程地质现象，库岸稳定。库区无重要城镇，工矿企业，亦无大片农田，建库后不存在浸没问题。

坝址区工程地质

坝址处河谷略呈梯形，左右岸不对称。左岸高程 525 米以下为陡崖，以上坡度约 40°，右岸山坡约 45°。地层为燕山早期第二阶段侵入岩，岩性为花岗闪长斑岩。另外，在河床和两岸还分布有第四系全新统的冲洪积层和残坡积层。坝址处未见区域性断层通过，但小断层分部甚多，断层宽度 5~30 毫米，一般均有断层泥分布，厚 1~2 毫米，断层两侧岩石大多较完整，断层影响带不发育。坝址区节理较发育，节理面表部以充填铁锰质为主，局部充填敕生泥，深部为方解石和石英。坝址处左岸山部风化较深，全强风化带岩石厚 5~15 米，左岸下部、河床、右岸风化相对较浅。基岩相对隔水层埋深 18~50 米。地表水属极软的淡水，对普通硅酸盐水泥无侵蚀性。

溢洪道沿线覆盖层为第四系全新统残坡积层，厚0.5~2.0米，岩体风化较深，全风化岩厚7~10米，强风化岩厚0.5~0.80米。溢洪道小断层分部较多，节理也较发育，顺坡向节理倾角较陡，一般大于65°。节理充填物表层以铁锰质和泥质为主，深部为方解石和石英。

发电引水工程地质

进水口处岩石风化较深，节理发育。分布有断层F71和顺坡向卸荷裂隙，需明挖约15米方可进沿，闸门井位于微风化基岩中，岩体较完整。隧洞上覆岩体厚一般60~300米，最大570米，沿线地层为坚硬块状的侵入岩和火山岩，完整性较好。预计需衬护段的长度占全洞长的1/4~1/3。管桥处出露地层有第四系全新统覆盖层和燕山早期第二阶段侵入岩。河床中覆盖层为冲洪积砂卵砾石层，局部含漂石，厚2.5~7.0米，其下即为弱风化基岩。两岸覆盖层为黄褐色粉质黏土夹碎石，厚0.5~3.0米。调压井井口节理及小断层发育，岩石破碎，开挖时应注意保护。压力管道上覆围岩40~25米，全强风化岩厚约3.0米，弱风化岩厚3.0~5.0米，围岩为裂隙较发育的熔结凝灰岩，工程地质条件较好。

厂址工程地质

厂址处基岩为灰绿色流纹质玻屑、晶屑熔结凝灰岩，覆盖层较薄，强风化岩厚约3.0米。厂房处发育有4条小断层和多组节理，厂房后侧边坡高约40米，且有节理相互切割，建议设一条马道，局部以喷砼、锚杆处理。

西坑源引水工程地质

拦水堰处河谷狭窄，山坡较陡，基岩裸露，开挖深度1~2米。引水隧洞上覆岩体厚20至300米，围岩为花岗闪长斑岩，工程地质条件良好。隧洞进口基岩裸露，可直接进洞；隧洞进出口岩石风化较深，节理发育，须明挖15米方可进洞。预计需衬护段长度占全洞长的1/5~1/4。

天然建筑材料

砂砾料料场分布于景宁至英川公路沿线，共11个料场，距坝址16~36千米。砾石成分主要为花岗闪长斑岩、晶屑玻屑熔结凝灰岩，砂的主要成分为石英、长石含微量云母碎片，含泥量0.2%~1.0%，粒度模数2.7~3.2，砾石储量25.2万立方米、砂储量8.46万立方米。

第三章 科技工作

20世纪50年代初，景宁水利科技人员极少。20世纪60年代起，不定期举办有针对性的水工、水电、水产培训。景宁畲族自治县成立后，加强学术活动，利用水利学会、小水电协会为交流平台，邀请专家作水利规划、土石坝设计、施工规范、基础防渗、遥感技术等学术报告，提高了科技干部的专业技术水平。同时不断实践，勇于创新，把各项新技术应用到水利建设中，为发展景宁水利工作奠定技术支撑，并积极在各级刊物上发表科技论文，围绕水电开发、农村饮用水安全、山区稻田生态种养集成技术推广应用等方面开展课题研究。

第一节 科技队伍

水利培训

中华人民共和国成立后，景宁县曾几度撤并，水利工作的教育、培训呈零散型，缺乏正规化的学习培训制度。20世纪50年代初，景宁水利科技人员极少，大多由非专业化水利干部替代。20世纪60年代，一批大、中专水利院校毕业生陆续分配到水利部门，增加了技术力量，并以他们为技术骨干，利用水利工程建设，采取传、帮、带的办法，边学边干，培养技术力量。

1965年10月，县农业水利局与文教卫生局联合委托云和中学附设水电培训班，培训农村不脱产水电管理初级技术人员，学时6个月，全班49人，景宁片26人。课程设算术、物理、政治常识、水文水能、电工常识、机电维修、输电线路、水电站管理等。基础课由云和中学老师担任，业务课由县农业水利局技术员讲授。学生结业后回原公社、原单位安排工作，在基层水利工作中发挥业务骨干作用。

1970年5月、1972年2月，丽水地区水电局先后两次举办水利水电培训班，聘请浙江大学教授和地、县中学老师授课。云和县先后选送水利系统15人参加学习，景宁片7人。

1971年3月，云和水电局在梅源公社“七一”水电站举办小型水电站学习班，时间10天，培训水工、厂房设计与施工、机电设备安装等方面知识。参加人员有水利员、乡村重点水电站负责人、县水利局干部职工共50人，景宁片24人。

1974年5月，在红星区大均公社(现大均乡)举办水电学习班，学员们现场参加大均公社泉坑水电站设备安装，采用边操作边讲授知识的方法，时间20天，学员41人，景宁片29人。同年11月，在沙溪区莲川公社何处大队(现属沙湾镇)举办建造小型水库业务培训班，时间10天，24名公社水利员参加，景宁片16人。

1975年1月，云和县举办社、队办水电站运行管理人员学习班，时间15天，33人参加，景宁片21人。同年5月，云和县水电局组织水利员和局水利干部35人赴衢县、新安江水电站、绍兴上旺大队、嵊县、新昌等地参观、学习水库、水电站建设和平整土地经验，时间10天，景宁片14人。同年8月，在丽水林校举办全地区公社水利员培训班，学习水文水能计算、测量、水工建筑物、工程施工等课程，浙江大学土木系14名教授分别授课，时间75天，学员26人，景宁片17人。

1977年1月，在外舍公社王金垟大队举办微型水电站建设培训班，时间10天，学员18人，景宁片7人。同年5月，在沙溪区梧桐公社金兰大队续办微型水电站建设培训班，时间15天，学员35人，景宁片24人。

1979年5月，创办云和县技工学校(云和狮山)。首届水电班学员39人，1981年6月毕业，分配到各公社水利水电岗位，成为水电事业的骨干。同年6月，在东坑公社章坑水电站举办社办水电站运行人员和水利员技术培训班，分两期，每期15天，学员99人，景宁片55人。

1980年5月，在云和县干校(梅砻)举办公社水利员培训班，学习小型水利水电工程规划、测量、设计、施工与管理等课程，时间32天，学员49人，景宁片31人。

1984年，畲族自治县成立后，水利培训工作逐步制度化、规范化。每年不定时举办有针对性的水工、水电、水产培训班，内容包括灾害监测、工程施工、安全管理、厂房设计、电气设备等。同时，积极推荐和选派干部职工到省、市参加水利培训班，出台相应的经济补贴规定，鼓励在职干部职工参加继续教育，通过自考、函授取得大专、本科文凭，对早期毕业的科技干部进行知识更新，结合工作实际进行在职培训。与此同时，加强了学术活动，利用水利学会、小水电协会作为技术总结、交流平台，并请专家作水利规划、河道规划、灌区规划、土石坝设计施工规范、基础防渗、遥感技术等学术报告，提高了科技干部的专业技术水平。

1995 年 4 月，举办机电运行工岗前培训班，学员 21 人。经过培训考核，有 10 人取得省水利厅颁发的机电运行工合格证书，5 人取得录用证书。1997 年 5 月，举办水电站机电运行工培训班，学员 54 人，时间 18 天，通过考核，所有学员都分别取得水电机电运行工合格证和录用证书。

1998 年 10 月 28 日—11 月 11 日，举办运行工上岗培训班，24 座水电站的 40 名学员参加培训，系统学习低压水轮发电机、发电设备运行与维修知识和实际操作等，通过考核结业持证上岗。

2001 年，举办电站机电、运行、财务培训班，学员 200 人。2003 年 7 月 9 日，举办水库巡视员培训班。11 月，举办小水电技术培训班，全县 48 座电站 109 名业主和机电运行工参加学习。

2004 年 11 月 21 日，举办电站业主、运行工培训班，时间 15 天，学员 88 人。主要学习电工基础、水轮机、电气一次、二次设备、运行管理、电站维修抢修、安全管理、现场实习等内容。经考试考核合格，发给证书，凭证上岗作业。

2006 年 11 月 20 日至 12 月 2 日，举办电站运行工培训班，学员 90 人。主要学习水工建筑物、电子、电工基础知识、水轮机、安全运行管理、安装与维修、故障处理及操作等课程。

2010 年，举办农村水电信息管理系统运行维护、机电运行工、安全监察员培训班。2012 年 3 月 13 日，举办山洪灾害监测预警系统与防汛知识培训班，各乡镇分管水利的副乡(镇)长、水利员、村级巡查员，遥测与简易水位、雨量站管护人员，山塘水库巡查预警员计 550 人参加培训。同年，举办渔技员和渔业科技示范户养殖技术培训班。

2013 年 7 月 24 日，举办水库山塘巡查员培训班，各乡镇(街道)分管负责人、89 座山塘巡查员，40 座小(二)型以上水库巡查员共 150 人参加培训。11 月

3日，全省农村水电从业人员轮训培训班在景宁开班，景宁各电站管理、维修及运行人员共计628名学员培训。主要学习水轮发电机、水机及辅助设备运行维护、电站安全管理制度，电气主接线理论专题等内容，提高水电从业人员的履职能力和综合素质。

2014年7月21日，举办基层渔业技术人员培训会，各乡镇（街道）的21名渔业技术人员参加学习。

2015年10月16日，举办渔技人员和渔业科技示范养殖户技术培训班。邀请丽水市水利局黄富友教授和高级工程师陆君授课，各乡镇（街道）共83人参加培训。

2014年水利系统参加培训情况

表7-1

序号	时间	地点	人员	内容
1	2月26—27日	杭州	苏勇	全省水功能区水环境功能区划分方案修编工作培训班
2	4月2—3日	杭州赞成宾馆	张彬	全省农田灌溉水有效利用系数测算分析工作培训
3	4月13—19日	杭州	蒋子鹏、蔡张炜	全省水利员业务培训
4	5月11日	丽水学院	纪奕俊	全省水政监察人员上岗业务知识培训
5	5月5日	丽水学院	彭林英	丽水市第三期乡镇防汛指挥“五化”建设培训
6	5月12—17日	丽水市委党校	刘敏、钟鼎平	景宁县后备专业技术人才培训班
7	5月21—23日	杭州水电干校	熊吉明	2014年度第一次全省水利工程质量与安全监督管理人员培训班
8	6月4—5日	杭州	王政	全省水资源管理培训班（第一期）
9	6月6—13日	杭州	徐海林、潘康康、陈宁宁、刘敏、严帮林	2014年度基层水利站站长培训
10	6月9—13日	浙江省水利水电干部学校	陈宁宁	2014年度基层水利站站长培训班

续表 7-1

序号	时间	地点	人员	内容
11	6月10日	省海洋与渔业局	陈淑芬	全省水产品药残现场快速检测技术培训班
12	7月7—10日	丽水市委党校	熊吉明、王政、蓝巧丽 蒋子鹏、蔡张炜、沈希俊	2014年丽水市水行政主管部门安全生产监管人员培训班
13	7月7—10日	杭州	王政	2014年丽水市水行政主管部门安全生产监管人员培训班
14	7月28—29日	杭州	叶梅娟	2014年度水土保持监督管理业务培训班
15	7月30日	丽水	蒋子鹏	全省水政检查人员上岗业务知识培训
16	9月23—25日	省水产技术推广站	陈淑芬	全省无公害水产品检查员培训班
17	9月28—29日	杭州	王政	2014年第四期中央投资项目稽查监管业务知识培训班
18	10月8日	丽水市水利局	陈淑芬、叶梅娟	水产养殖和流通加工主体调查培训
19	10月24—29日	信访局	毛岳锋	信访培训
20	11月3—5日	杭州金川宾馆	何伟	全省水利工程质量监督站站长培训
21	11月3—7日	浙江省水利水电干部学校	纪奕俊	2014年全省第四期水政监察执法骨干业务培训班
22	11月10—11日	浙江省水利水电干部学校	陈宁宁	全省农田水利基本建设信息统计培训班
23	11月14日	丽水学院	熊吉明 王政 蓝巧丽 蒋子鹏 蔡张炜 沈希俊	水利行业综合法律知识培训班
24	11月17—19日	杭州金川宾馆	刘敏、黄美玲	全省河道管理培训班
25	11月19—21日	杭州	叶梅娟	全省水资源管理培训班
26	11月24—26日	杭州富邦国际大酒店	毛瑞翔	全省县级防指办专职主任培训班
27	12月1—3日	北京	徐海林	2014年第九届中国(国际)水务高峰论坛

续表 7-1

序号	时间	地点	人员	内容
28	12月1—4日	杭州潮王路 208 号浙江潮王大酒店	毛卓莲	全省统计系统工作人员综合能力提升培训班
29	12月1—5日	浙江省水利水电干部学院	严竹成	水政业务上岗培训
30	12月9日	浙江水利水电干部学校	刘谦周	防汛抗旱物资设备维护管理知识培训班
31	12月10—12日	浙江省水利水电干部学院	张爱萍	全省水利宣传工作培训班

职称评定

1949 年前，景宁没有专门的水利管理机构和专业技术人员。中华人民共和国成立后，县人民政府设经济科，下设建设股兼管水利，至 1960 年，水利干部仅有 5 人。1960 年 1 月 7 日，撤县制并丽水县。1962 年 6 月 1 日划原云和、景宁两地建云和县。

1960 年后，陆续有大学、中专毕业生分配水利部门，又从社会知识青年中挑选一批经过培训学习后参加水利工作，水利科技队伍逐渐壮大，但职称评定工作，截至 20 世纪 70 年代末尚未开展。

1980 年 6 月，水电系统参加工程技术职称套改人员 12 人，获得助理工程师技术职称的有 6 人，技术员职称的有 6 人，在套改工作的基础上，对系统内的工程、会计、统计人员进行技术职称评定晋升。9 月，先后分级成立职称评议组织，对符合条件的技术人员逐级考核、评议、推荐，分别上报县、地、省职称管理部门审批。

1983 年，水利水电系统评定工程系列技术职称的人员有 22 人。其中，工程师 2 人、助理工程师 11 人、技术员 9 人。评定会计、统计系列技术职称人员 9 人。其中，助理会计师 2 人、助理统计师 1 人、会计员 6 人。此后，职称评定工作按上级要求暂停。

1984 年 6 月，景宁、云和两县分设，景宁水利系统有专业技术人员 12 人。

1987 年 9 月，技术职称评审改为技术职务聘任制，凡从事专业技术工作的技术人员，均属技术职务聘任范围。水电系统开展工程技术系列专业职务资格的评审、报批工作。同年，浙江省水利厅对全省乡镇水利员进行考试、考核。1988 年 3 月审定后，授予浙江省农村水利技术员职称，并发给证书。

1988 年 6 月，按照县编委批准的事业单位设岗方案，首次聘任专业人员的技术职务。年底，系统内的企业单位相继完成了首次专业技术的评审、聘任工作。农电技术人员职称的评定，经过报名、考试、考核和农委、水电局两级评委的评审，于 1989 年 8 月由县农民技术人员职称评定小组批准公布。

1990 年 8 月，对 1983 年 1 月后评定技术职称的职员，重新填表，按级复查评定上报评审。

2004 年，水利系统有干部职工 178 人，有技术职称的 53 人，占总人数的 29.8%。其中，工程师（含统计、经济师）12 人、农民技师 1 人、助理工程师（含助理会计、经济、审计师）38 人、技术员 2 人。

截止 2015 年底，县水利局干部职工 74 人，劳务派遣 12 人，公司职员 8 人，离退休干部 49 人。高级职称 6 人，中级职称 16 人，初级职称 28 人。

1996—2015 年景宁水利系统获中、高级技术职称资格名录

表 7-2

姓　名	职　称	评定时间
赵沛秋	工程师	1996.8.12
梅荣柱	工程师	1997.8.1
杨国华	工程师	2005.8.25
吴海霞	经济师	2006.2.1
朱赛美	工程师	2006.8.22
陈新丽	工程师	2007.9.25
朱应平	工程师	2007.12.19
毛红芬	工程师	2008.8.22
柳卫明	工程师	2008.10.1
毛慧琴	高级工程师	2008.12.1
严益贵	高级工程师	2009.12.13
刘秀美	高级工程师	2009.12.1
杨　敏	工程师	2011.8.1

续表 7-2

姓　名	职　称	评定时间
钟鼎平	工程师	2011.8.1
严岚云	工程师	2011.10.1
沈必正	工程师	2012.7.1
季汤标	工程师	2012.9.1
梅振林	工程师	2013.9.30
何　伟	高级工程师	2013.12.24
陈淑芬	高级统计师	2014.11.30
黄美玲	工程师	2012.12.1
梅　港	工程师	2015.9.19
毛瑞翔	工程师	2015.9.19
朱赛美	高级工程师	2015.12.24
赵沛用	高级工程师	2015.12.24

水利学会

1981 年 11 月，云和水利学会开始筹建，12 月 30 日在云和水电局召开成立大会，有会员 29 人，实到 24 人。大会讨论、修改、通过了学会章程，选举产生了理事会成员。

1982 年 1 月 2 日，召开县水利学会第一届第一次理事会议。经协商，推选张瑞杰为理事长，严瑜、张乃民为副理事长，叶有仁为秘书长，何玉兴、胡庆圮、濮甘强为理事，下设 5 个专业组。讨论制订了 1982 年学会活动和会员学习计划，向丽水地区水利学会推荐新会员。同年 2 月 27 日，县科协发文批准同意成立云和县水利学会团体组织。

云和县水利学会是在中国共产党领导下，全县水利水电工作者自愿组成的学术性群众团体，是党联系广大科技工作者的纽带，受地区水利学会和县科协的双重领导。学会认真贯彻“百花齐放、百家争鸣”方针，充分发扬民主，提倡各学派间学术自由讨论、自由辩论，为发展水利水电事业出谋献策贡献力量。

1983 年 3 月 11 日，县水利学会召开第一次年会，全体会员参加。年会总结前段工作、活动情况，进行学术交流，商讨今后任务。学会成立1年多来，收到会员提交的学术论文6篇，均在本次年会上宣读。派出会员参加省、地学术交流会议4批10人次，组织会员到县内水利工程现场作咨询服务3次，发展新会员12人，向丽水地区水利学会推荐新会员3人。同年，县水利学会有会员41人，批准参加地区水利学会会员11人，有2人参加了省水利学会。年会提出今后任务，搞好水资源调查与水利区划，低产田改造，小水电建设、上标水电工程的技术设计与施工技术探讨等课题。

1984年6月，云和、景宁分设。属景宁畲族自治县的会员15人，多次派员参加省、地水利水电学会活动。

1989年6月19日，成立景宁畲族自治县水利学会，有水利学会会员27人。李元超为理事长，胡庆圮、任知富为副理事长，何敏为秘书长，赵沛秋为副秘书长。1990年后，学会活动趋少。

第二节 科技应用

中华人民共和国成立以来，景宁水利工作者，不断实践，勇于创新，在水利科技上取得了丰硕成果，并把这些成果应用到水利建设中。同时，也积极引进和推广新技术、新工艺、新材料，为发展景宁水利工作奠定技术支撑。

拱坝

景宁的早期大坝以土坝、重力坝为主，形式单一，工艺简单，安全隐患大。20世纪80年代以来，随着科学技术的发展，国际筑坝技术的日新月异，根据景宁地形地质条件，利用两岸山门狭窄，基岩坚硬，采用新技术筑了单曲拱坝、双曲拱坝，不仅充分发挥建筑材料的强度，而且较重力坝的工程量节省1/1.5至1/5。截至2015年，全县坝高在15米以上或库容在10万立方米以上的水库有43座。其中，拱坝23座。如：上标一、二级电站、白鹤一级电站均采用双曲拱坝。

堆石坝

混凝土面板堆石坝以其上游面的钢筋混凝土面板作为防渗体，该坝型以适应性好、工程量省和施工快而深受坝工界青睐。到了21世纪初，该坝型在景宁得到快速发展，已建成有三枝树水库、英川水库、温头口水库三座堆石坝。

堤防新技术

格宾网箱(金属网箱)和雷诺护垫作为堤防建设新技术,由于在经济性和生态性等方面的优势,近年来逐渐被利用于生态堤防工程建设当中。

格宾网箱和雷诺护垫是利用特殊金属材料制成网箱形式,将卵石填充于网箱内,堆筑成挡墙的形式,如将泥土混合植物的种子铺撒于网箱上,长出绿色植物,与周围环境融为一体,可提高生态标准。

2011年9月,景宁畲族自治县生态河道建设工程(永安桥至廊桥)初步设计率先引入了格宾网箱的方案,通过对比,格宾网箱方案以工程结构简单、护坡整体性好、施工方便进度快、生态性好等优势,胜过浆砌卵石的方案,最终被采用。工程概算投资178万元,于2012年4月10日开工,2013年5月13日完工,共建成格宾网箱挡墙533.87米。

2011年10月,小流域沙湾防洪堤加固工程的设计,采用了格宾网箱和雷诺护垫的方案,由于挡墙高,方量大,该方案比重力式挡墙的方案能节省资金近1000万元,最终以经济性方面的绝对优势胜出。工程建设防洪堤总长1790米,概算投资2154万元,于2012年2月22日开工,一期工程于2013年12月5日完工。

"罩袋增湿法"

为实现惠明白茶产业化,茶叶专家在劈接嫁接法基础上,进行多种模式技术研究,力求解决苗木繁育技术,可一直成为世纪难题。2003年6月始,奇尔茶业有限公司科技人员吴锡金,大胆实践,自主创新,创造发明了"罩袋增湿法"嫁接技术。2004年后,公司运用"罩袋增湿法"嫁接技术嫁接惠明白茶,不断探索完善,使成活率从70%提升到95%,先后建成惠明白茶基地4500亩。"罩袋增湿法"较人工浇灌节水近2000倍,属国内首创,世界领先。

自动化技术

随着科学技术的不断进步和自动化设备的改进,特别是微机与通讯的可靠性提高,自动化技术和设备在低压机组的应用越来越普遍。

景宁有小水电上百座,建于不同时期,早期的低压机组基本上采用手动操作控制,设备陈旧、技术水平低,安全性能差,事故发生率高,电能质量差。因此改进电站自动化技术,提高电站安全优质运行,是水利水电部门应用高新技术的首要任务。

20 世纪 80 年代后，大赤坑一级电站、南坑下电站和东风等电站的并网装置从灯光旋转（明暗）改为自动准同期装置，减少了值班人员的劳动强度，同时还能减少弃水，降低事故发生，提高安全运行，增强经济效益。

20 世纪 90 年代，雁湖电站一期等电站采用长沙华能的综合测控设备，减少了值班人员和并网操作时间以及并车时的设备事故，提高了电站自动化安全运行的程度。

2011 年，驮梁溪、双坑等电站安装了水位仪，能将水库前池的水位情况以短信的方式传送给运行管理人员，为充分利用水资源及机组的优化运行提供决策数据。

2013 年，上标六级等电站采用微机综合自动化设备实现了机组的自动开机、自动并网、自动关机、紧急停机等操控和保护监测功能。

2014 年，均垟等电站采用可编控制器为主的设备，实现了机组的自动操控、监测、运行数据存储与上传，并预留遥测、遥调、遥信、遥控接口，为机组的远程调控打下基础，改善电站运行条件,提高了电站综合经济效益。

水力自控翻板门

连杆滚轮式水力自控翻板闸门是利用水力学和工程力学平衡原理设计的钢筋混凝土翻板门，设计启门水位一般控制在超过门顶 15~20 厘米。当水位超过启门水位时，闸门便随（启动闸门）闸前（库内）水位上升速度的变化而变化，水位上升越快，闸门打开的速度也相应加快，直至闸门设计开启度为止。水位下降，又随水位下降的相应速度而关闭，直至降到设计启动水位（略低）全部关闭。整个过程随水位升降而相应启闭，不需人工和任何设备操作。其特点是既保持设计正常水位，保证发电水头的进水流量（闸门对泄流影响甚小），又解决了河道和进水口冲砂问题（闸门开启后泥水从闸底冲走，可防止泥砂进入引水建筑物，确保机械设备的完好）。

水力自控翻板闸门经济实惠，投资少，仅为常规闸门的 60%左右，且施工简易，工期短，维护保养方便，既降低了防洪水位，减少淹没损失，又提高了水头调控能力。境内上标一级半、四、五、六级等水电站均采用了该技术，增加了经济效益。

第三节 科技成果

1984年，景宁畲族自治县成立以来，景宁水利战线干部及专业人员，积极在各级刊物上发表科技论文，围绕水电开发、农村饮用水安全、山区稻田生态种养集成技术推广应用等方面开展课题研究，成果丰硕。现将在省、部级刊物上发表的科技论文、获县级以上科技成果奖，按授予年份的先后，依次列表。

1985—2015年景宁水利系统在省级以上刊物发表的科技论文

表7-3

论文名称	发表年月	作者	刊物名称
以严谨的科学态度建好管好小水电	1985	李元超	《亚太地区培训中心小水电通讯》
降低工程造价提高小水电开发建设投资效益的探讨	1987	李元超	《小水电》
论水电开发与移民安置问题	1988.12	李元超	全国小水电学术讨论
以新农村建设为契机扎实推进景宁农村水电发展	2007.12	毛慧琴	《中国水能及电气化》
景宁县瓯江小溪大均河段以上流域水电开发方案的研究	2008.3	毛慧琴	《中国水能及电气化》
景宁县小水电发展研究	2008年第2期	刘秀美	《小水电》
景宁县农村饮用水存在的问题与对策	2008.5	刘秀美	《地方水利技术的应用与实践》
浅谈浙南山区农村饮水安全工程运行管理	2009年第15期	梅荣柱	《中国水利》
畲乡小水电产业发展分析	2009.5	何 伟	《中国水能及电气化》
不稳定高边坡的分析与处理	2009年第5期	刘秀美	《浙江水利科技》
以新农村建设为契机扎实推进畲乡农村水电的建后管理	2011.6	何 伟	《地方水利技术的应用与实践》

续表 7-3

论文名称	发表年月	作者	刊物名称
品牌为龙头 合作社为载体跨越式发展稻田养殖	2012 年第 3 期	陈淑芬	《浙江海洋与渔业》
景宁畲族自治县生态渔业发展存在的问题及对策	2013.11	陈淑芬 陆　君	《现代农业科技》
水利施工新技术的应用	2013.6	梅振林	《城市建设理论研究》
山区新型稻田综合种养技术优势	2013.11	陈淑芬	《现代农业科技》
农村饮用水建设和建后长效管理	2014.1	何晓青	《城市建设理论研究》
水利工程防洪堤建设和灌渠建设及管理	2014.3	何晓青	《城市建设理论研究》
山区水生态文明建设路径研究——以景宁为例	2014.12	黄美玲	《第九届中国（国际）水务高峰论坛会刊》）

1979—2015 年景宁水利系统获县级以上的科技成果奖

表 7-4

获奖项目	研究单位及人员	奖项级别	颁奖机关	颁奖日期
圆吻鲴繁殖和放养技术研究	省水产研究所、丽水地区水电局、云和县水电局梅垄鱼种场	科技成果三等奖	浙江省科学大会	1979年3月
云和县上标水电工程可行性调查研究	县水电局　张乃民、濮甘强、胡荣舟、胡庆圯、武庆火	科技成果一等奖	云和县人民政府	1983年12月
雾溪水库大坝运行观测资料的分析应用	雾溪水库工管处　叶火澄、张赞扬、富水平	科技成果二等奖	云和县人民政府	1983年12月
高压自耦变压器	县电力公司　周乃茂、包作锡	科技成果二等奖	云和县人民政府	1983年12月
雾溪水库大坝浸润线测压管的修复处理	雾溪水库工管处　叶火澄 县电力化司修配厂叶岩明	科技成果三等奖	云和县人民政府	1983年12月
泗洲堂水库双曲拱坝的施工放样	云和县水电局　胡庆圯	科技成果三等奖	云和县人民政府	1983年12月
1988-1991 罗非鱼温泉水流越冬	水产股　吕育相、周发海、陈淑芬	科技进步三等奖	省水产局	1992年2月

续表 7-4

获奖项目	研究单位及人员	奖项级别	颁奖机关	颁奖日期
1990—2004 瓯江小溪河蟹养殖	渔政站 张书金、吴力平、吕育相、陈淑芬	科技进步三等奖	县政府	1995年12月
上标水库移植池沼公鱼试验	水产渔政管理站 张书金、吕育相、陈淑芬	科技进步三等奖	省科委	1999年1月
1996—2000 年稻田养殖模式应用推广	水产技术推广站 吕育相、陈淑芬	二000年度农业丰收奖一等奖	丽水市政府	2001年3月
山区稻田生态种养集成技术推广应用	陈淑芬	丽水市二0一一年度农业丰收奖一等奖	丽水市人民政府	2012年3月
山区高效稻田生态综合种养模式创新	陈淑芬	丽水市新农村建设农产品创新奖	丽水市人民政府	2014年3月
山区“稻蟹共生”技术示范	陈淑芬	丽水市新农村建设农产品创新奖	丽水市人民政府	2014年3月
山区稻田生态种养双增效技术集成研究与应用	景宁畲族自治县水产技术推广站 陈淑芬	丽水市科学技术进步奖二等奖	丽水市人民政府	2016年7月

第八编　水利管理

明清时代景宁水利由地方官吏主事，至民国则由县政府实业科掌管，后由建设科掌管。

中华人民共和国成立后，景宁水利工作揭开新篇章。随着水利机构的成立，水利管理工作逐步发展完善，2000年以来，在不断加大水利资金投入的同时，认真贯彻治水方针、政策和水利法规，不断加大水利资金、工程、库区移民、用水、经营、水政水资源、水土保持和渔政等方面的管理力度，使水利工作逐步走上依法行政、依法治水、管水、用水的轨道，从而保证了全县水利事业健康蓬勃发展。

第一章 机 构

明清时代，县级未设水政管理机构，水利建设、水利纠纷、救灾账济事宜，均由县衙官员处理。民国初期归县公署实业科、建设科执掌。20世纪30年代中期起，由县水利协会分管水利。中华人民共和国成立后，水利分别由县政府经济科、建设科和农林科分管。1957年，设立农业水利局，下设水利股。60年代起，景宁县两度撤并，水利分别由丽水、云和县掌管。1984年10月，设立景宁畲族自治县水利电力局，1993年6月，分设为景宁畲族自治县水利局，2012年1月，景宁畲族自治县水利局增挂景宁畲族自治县渔业局牌子，主管全县水利和渔业工作。

第一节 机构沿革

明清时代，县级未设水政管理机构，水利建设、水利纠纷、救灾账济事宜，均由县衙官员处理。

民国元年(1912),县公署设民政、实业、财政、执法、教育等五科,水利归实业科执掌。民国16年(1927),县公署改称县政府,设秘书、民政、财政、教育、建设等五科,水利归建设科执掌。民国24年(1935),县政府设五科,建设科改称四科,民国34年(1945),仍改为建设科,民国35年(1946),设置县水利协会分管水利。是年12月5日,召开景宁县水利协会第一次会议,设主席1人,委员11人,主席由县长洪炽昌兼任,委员有林鸣鹤(书记长)、柳泽萃(简师校长)、柳嬑和、徐升聊、潘仲元、姜子骖、叶相、黄焕、林新墀、洪文、陈桂等。

1949年5月21日,景宁县人民民主政府成立。7月8日,改称景宁县人民政府,下设主任秘书和政治、军事、文化、经济四个科,经济科下设建设股,兼管水利。

1950年6月,设农林科。1951年5月,改称建设科,主管全县建设、交通、农林、水利等事务,配水利干部1人。1956年1月,改称农业水利局,下设水利股,水利干部4人。1957年9月,原农业水利局,分设为林业局、农业水利局下设水利股,水利干部5人,聘用水利助手3人。1958年8月,改称农水局,1960年2月撤销。

1960年1月,经国务院批准,撤销景宁县、云和县建制并入丽水县。景宁、云和农业水利局随之撤销归并丽水县农业水利局掌管,局机关地址在丽水城关镇县人民委员会大院内。

1962年6月,经国务院批准恢复云和县建制,原景宁县的行政区域划为云和县行政区域,水利工作由云和县农业水利局接管,局机关地址在云和镇县人民政府委员会办公大楼内。1966年2月,县农业水利局成立生产勤务组代局领导行使部分职权。

1970年9月,云和县农业水利局建立革命领导小组,实行党政"一元化"领导。

1973年2月,由县农业水利局分出,建立云和县革命委员会生产指挥组水利电力局与局革命领导小组,局机关地址在云和镇新华街53号,此为云和县建立水利行政专管职能机构之始。局机关内设秘书股、水利股、会计室,共有干部职工26人。云和县电力总厂、景宁电厂、鸬鹚水电站、南坑下水电站、雾溪水库、梅垄水库、沈村水文站等县属厂、站、库归口云和水利电力局管辖。

1974年11月,筹建梅垄鱼种繁殖试验场和县自来水厂。1978年4月,建立云和县水电工程队。5月，局机关建立水利水电勘测设计室，水利股分建水利水电工程管理股，同时筹建上标水电站工程组。9月，取消云和县水利电力局革命领导小组，恢复云和县水利电力局。12月，局机关迁至水电路12号职工宿舍楼办公。

1981年10月，云和县革命委员会取消，恢复县人民政府。1982年4月，局机关迁至新华街水电路38号三楼办公。1984年5月，云和水利电力局机关及下属局办公室、水利水电勘测设计室、水利水电管理所、水电股、水产股、电力公司、小水电建设服务公司、雾溪水库工程管理处、梅垄水库鱼种繁殖试验场、水产公司、自来水厂等11个单位，共有人员604人。其中，局机关59人，下属单位545人。

6月，国务院批准云和与景宁两县分设。10月，设景宁畲族自治县水利电力局。局机构设人事秘书股、财务股、水利股、水利电力勘察设计室、小水电管理站、水产股。

1985年，建立景宁畲族自治县渔政管理站。1990年，建立景宁畲族自治县水政资源监察管理站，县防汛防旱指挥部办公室、县农村电气化办公室在水利电力局合署办公。

1990年，县局机关干部职工38人，其中离退休人员1人，全系统在册干部职工474人。其中，大学本科3人，专科12人，中专49人；工程师2人、助理工程师8人、技术员17人、助理会计师3人、会计员2人、助理经济师4人、经济员23人、助理馆员1人、设计员1人。

1991年，增设鹤溪河道管理所和城郊水利管理站合署办公。1992年，建立县水利水电实业公司。

1993年6月，根据县委〔1993〕56号文件，景宁畲族自治县水利电力局分设为“景宁畲族自治县水利水电局”“景宁畲族自治县电力工业局”，原电力公司归口电力工业局。

1994年5月，根据《景宁畲族自治县水利电力局机关机构设置和人事制度改革实施方案》，将局机关原有的股、室、站调整为三室三站，即局办公室、总工室、防汛防旱办公室、水利水政管理总站、水产渔政管理站、水电开发管理总站，核定行政编制10人，事业干部26人。撤销人事秘书股、财务股、水利股、水产股、渔政管理站、小水电管理站、水政水资源监管站、水电勘测设计室等8个股、室、站。采用“民主推荐、自愿报岗、组织考察、党组决定”的聘任制办法，选定“三室三站”中层干部和工作人员。

1995年，成立景宁畲族自治县水电开发实业总公司。1996年，成立景宁畲族自治县水土保持监督站。

1997年3月，建立景宁畲族自治县水政监察大队，县渔政管理站职能并入水政监察大队。12月，根据县机构改革“三定”（定机构、定人员、定岗位职责）方案，县水利局行政编制9名。其中，局长1名，副局长2名，总工程师1名，股级领导职数3名。局机关设局办公室、总工室和综合执法股等3个科室。局下属设5个事业单位，2个自收自支事业单位，即县水利管理站，为全额拨款股级事业单位，定编7名，正副站长各1名；县水电开发管理站（增挂水电勘测设计所牌子），为全额拨款股级事业单位，定编12名，站长1名，副站长2名；县防汛防旱指挥部办公室，为全额拨款股级事业单位，定编2名，主任1名；县水产渔业管理站（增挂水产技术推广站牌子），为全额拨款股级事业单位，定编3名，站长1名；沙湾水文站，为全额拨款股级事业单位，定编2名，站长1名；县水政监察大队（水土保持监督管理站），为自收自支股级事业单位，定编2名，股级职数1名；鱼种场，为自收自支股级事业单位。定编3名，股级职数1名。

1999年，建立景宁畲族自治县城市防洪建设管理处。2000年，成立景宁畲族自治县小水电协会。2003年11月，景宁畲族自治县水政监察大队更名为景宁畲族自治县水政渔政执法大队。

2004年1月，设立景宁畲族自治县水利水电工程质量监督站。3月，局机关内设机构调整为15个职能股、室、站和3个自收自支单位。即局办公室、总工室、综合执法办公室、安全生产办公室、水土保持监督管理站、水电管理站、水利管理站、水利水电工程质量监督站、水利水电规划建设站、水政渔政执法大队、水产渔政管理站、水利水电实业公司、水保技术咨询服务部、水利水电勘测设计所、峡桥电站、小水电建设服务公司、县鱼种场。城郊、渤海、东坑、沙湾、英川5个水利管理站，鹤溪河道管理站和沙湾水文站作为县水利局的延伸机构，隶属于县水利局。年底，全局有干部职工178人。其中，局机关71人，公务员13人，事业干部32人，招聘干部2人，职工50人。下属企业中有干部2人，职工536人，编外用工3人，离岗离退休24人。有技术职称的52人。其中，工程师10人、经济师1人、会计师1人、统计师1人、技师1人。

2008年9月，景宁畲族自治县水利管理站增挂农村饮用水管理办公室牌子，增加股级领导职数1名。2009年，设立景宁畲族自治县河道管理所，有专职管理人员5人。

2010年，经景编委批准同意挂水政渔政大队检验中心牌子，核定股级职数2人，共有工作人员14人。其中，在编14人，编外用工6人。6月，县水政渔政执法大队增挂县渔业船舶检验中心牌子，增加股级领导职数1名。同月，县政府将全县小溪流域省级河道堤防和鹤溪河道堤防（城防）建设、管理维护职能划归河道管理所承担。

2012年1月，根据（丽委办〔2011〕41号）关于印发《景宁畲族自治县人民政府机构改革方案的通知》文件精神，设置景宁畲族自治县水利局，挂景宁畲族自治县渔业局牌子，县水利局是主管全县水利和渔业工作的县政府工作部门。同月，根据景政办发〔2012〕2号文件关于印发《景宁畲族自治县水利局主要职责内设机构和人员编制规定》的通知，局行政编制10名。其中，局长1名，副局长3名，纪检组长1名，总工程师1名，股级领导职数3名，后勤服务人员编制1人。局机关设局办公室、规划技术科、水政渔业科（行政审批科与其合署）等3个科室。

是年，景编〔2012〕37号文件批复同意县水利局按流域下设5个基层水利管理站。瓯江流域设英川、沙湾、渤海3个水利管理站，飞云江流域设鹤溪，东坑2个水利管理站，并在5个水利管理站增挂防汛防台抗旱办公室牌子。

2013年，基层5个水利管理站更名为农村水利管理站，共有在编职数29名。其中，股级职数10名。

2015年，水利局下属15个科室，分别为：局办公室、规划建设科、水政渔业科（行政审批科）、县水政渔政执法大队（水土保持监督管理站）、县防汛抗旱指挥部办公室、县水利管理站（增挂农村饮用水管理办公室牌子）、县水电开发管理站（增挂水电勘测设计所牌子）、县水产渔业管理站（增挂水产技术推广站牌子）、县水利水电工程质量监督站、沙湾水文站、县河道管理所、鱼种场。下属5个基层流域水利管理站：鹤溪水利管理站、沙湾水利管理站、英川水利管理站、渤海水利管理站、东坑水利管理站。下属企业3家：县水利发展有限公司、县水电实业公司、峡桥电站。

截止2015年底，县水利局干部职工74人，劳务派遣12人，公司职员8人，离退休干部49人。高级职称6人，中级职称16人，初级职称28人。

第二节　局属科室

办公室

组织协调机关日常工作，负责文电、会务机要、档案等机关日常运转工作；承担信息、保密、保卫、信访、政务公开、宣传等工作；负责机关及直属单位的机构编制、人事管理、劳动工资、教育培训等工作；负责机关离退休人员的管理服务；指导全县水利队伍建设；编制全县水利部门预算；指导全县水利资金和直属单位国有资产的管理；承办机关财务，指导监督直属单位财务工作组织审计直属单位经济活动情况；提出有关水利、渔业价格、收费、信贷的建议。

规划建设科

拟订全县水利渔业发展规划、水资源开发利用规划，组织编制和监督实施县内主要河流及重点区域水利、渔业综合规划和其他水利、渔业专项规划，协调流域开发工作；指导水利工程建设和规划审查；负责全县水利项目建议书和可行性研究报告的审查、报批工作；指导全县水利、渔业投资计划管理工作，监督全县水利、渔业资金的管理和使用；承办水利综合统计工作。指导水利工程建设管理，监督实施水利建设行业的技术标准、规范、规程、定额；组织实施水利工程建设的监管，负责县管项目初步设计审查、审批和其他项目的审查、报批；组织县管水利工程的建设和验收；指导水利建设市场的监督管理，负责水利工程咨询、设计、监理、施工、检测、造价、质量与安全监督的管理；组织、指导水利工程项目稽察。

水政渔业科(行政审批科与其合署)

组织实施取水许可、水资源有偿使用、水资源论证等制度；组织水资源调查评价工作，发布全县水资源公报；指导水量分配，实施水资源总量控制和定额管理，组织指导水功能区划和水资源调度工作并监督实施；核定水域纳污能力，指导入河排污口设置工作，提出限制排污总量的建议；指导饮用水水源保护、城市供水水源规划和城市污水处理回用等非传统水资源开发、地下水资源开发利用和管理保护、水生态保护和修复、计划用水、节约用水和乡镇供水等工作；研究拟订水利工作的相关政策，监督检查水利法律、法规、规定的实施；承办县际的水事、水土流失防治等纠纷调处；承办水利行政诉讼、行政复议、水法规宣传和普法教育工作；承担县水资源管理和水土保持工作委员会办公室的日常工作。

组织拟订全县渔业产业发展规划和政策，监督实施全县渔业发展专项规划和计划；指导渔业经济体制改革、渔业产业结构调整和产业化、渔业产业经济运行情况统计和分析评估等工作；负责水产捕捞、养殖、加工、市场流通和新兴产业政策的实施；指导初级水产品质量安全管理、渔业科技管理等工作；组织实施渔业标准化工作，指导水生动植物防疫检疫、水产养殖病害防治网络体系建设与管理；组织实施水产养殖证制度，指导水产原（良）种体系建设；拟订并监督实施全县渔业资源保护与治理规划和计划，负责实施全县渔业捕捞强度控制方案和捕捞许可证、专项（特许）证制度、渔业资源保护区、禁渔期、禁渔区、休渔期制度；监督管理水生生物保护区；指导渔业资源、水生生物湿地、水生野生动植物和水产品种资源的保护，组织实施渔业资源增殖工作；负责渔业船舶和渔港安全生产监督管理；依法行使渔业船舶及船用品的监督检验；组织拟订并监督实施全县渔业水域环境保护与整治规划和计划；监督管理全县渔业水域环境的调查、监测、监视和评价；组织开展渔业水域污染事故监测、调查；负责渔业行政执法监督、承办行政复议和行政诉讼；指导全县渔政执法人员培训；参与县际渔业纠纷调处；承办渔业政策法规宣传工作；组织编制实施渔业防灾减灾专项预案；参与协调渔业突发事件的处置工作；承担县水利局行政审批相关事项。

第三节　局属企事业单位

防汛防旱指挥部办公室

为全额拨款股级事业单位，定编 2 名，主任 1 名。主要负责拟定防汛防台抗旱的有关行政措施及管理制度；掌握雨晴、水情和水利工程安全运行情况编制和发布汛情、旱情通告；具体实施洪水调度方案、抗旱应急供水方案检查督促、联络协调有关部门、单位做好防汛防台抗旱工程设施和损毁工程的修复；总结防汛防台抗旱工作。

水利管理站

为全额拨款股级事业单位，定编7名，正副站长各1名。主要承担全县渠道、山塘、水库（集体所有的6座）综合整治与安全运行监督管理；指导全县农田水利基本建设；负责村镇供水、山塘水库、节水灌溉等水利工程项目的建设和管理；组织小型水利工程验收；负责水利工程运行管理和安全生产；负责农田水利项目资金的使用和监督管理；组织水利科学研究和技术推广；指导基层流域水利管理站的日常工作。

2008年，根据景编〔2008〕51号文件精神，同意县水利管理站增挂农村饮用水管理办公室牌子，核增全额拨款事业编制2名，股级领导职数1名。

2013年，景编〔2013〕14号文件同意县水利管理站更名为农村水利管理站，将原县水电开发管理站的部分职责（全县渠道、山塘、集体所有的水库综合整治与安全管理监督职责）划转到县农村水利管理站，核定全额事业编制16名。

是年，景编〔2013〕15号文件同意县农村水利管理站增挂防汛防台抗旱办公室牌子，将原乡镇水利员编制划转到基层流域水利管理站，全额事业编制29名。

乡镇水利站

为县水利局下属全额拨款事业单位。1971年起，各乡（镇）陆续配置不脱产水利员，具体负责乡（镇）的小型农田水利和小水电工程施工与管理工作。水利员属事业编制，全民性质的合同制职工，粮户关系在农村，转工不转粮，行政管理在乡（镇）政府，工资、业务属水利电力局，实行双重领导。为集中力量开展业务工作，1988年，报请县政府批准，建立5个区域水利电力管理站。其中，城郊站7人，渤海站6人，沙湾站5人，英川站5人，东坑站5人。

1992年，“撤、扩、并”后，设沙湾、英川、城郊、东坑、渤海5个基层水利管理站，有职工28人，配备正副站长7人，有固定办公场所。

2007年，景宁畲族自治县机构改革，基层水利管理站机构撤销合并到各乡镇，设乡镇水利员。

2012年，根据景编〔2012〕37号文件按流域下设5个水利管理站。其中，瓯江流域设英川、沙湾、渤海3个水利管理站；飞云江流域设鹤溪、东坑等5个水利管理站。同时，保留原各乡镇水利站牌子，人员从各乡镇、街道农业综合服务中心现有在岗水利员中整合。新设立的5个基层流域水利管理站实行“条管与块管相结合”的管理体制，由县水利局和各乡镇、街道双重管理。

2013年，景人社函〔2013〕31号文件核准基层流域水利管理站岗位总量29名。其中，管理岗位10名，专业技术岗位19名。

水电开发实业总公司

1995年3月，景政批〔1995〕7号文件批准成立景宁畲族自治县水电开发实业总公司，任韩高任总经理（兼）。公司主要负责全县水利建设规划，水电开发，资金筹集，电能利用，公司增值以及水电建设的管理等。对境内流域实行科学规划，统一布点，重点对飞云江流域及英川港、毛垟港实行统一规划，并做好小水电开发的前期工作，较好地遏制了无序开发的状态，有效地保护了水电资源。

2013年，水利局下属的峡桥电站归水电开发实业公司管理，峡桥电站法人变更为周光中（实业公司经理）。2015年8月，峡桥二级、三级电站技改完工，并通过验收，上网电价调整。

水利发展有限公司

2012年，经国资委同意设立县水利发展有限公司，为国有独资公司，注册资金500万元，由县财政支出。公司主要承担全县水利基础设施及水利风景区建设开发和管理；城镇防洪堤建设开发和管理；沿防洪堤内侧新增可利用土地的开发和管理；瓯江小溪支流各河段治理开发和管理；县管河流水电开发项目的前期管理；大均水电站开发等项目的前期管理和县政府授权经营的其他项目管理。

公司设立董事会和监事会，董事会成员由水利、财政和国资等部门组成，监事会成员由水利、财政、国资、审计和监察等部门组成。

公司下设办公室、建设部、经营部、财务部等部室。景编委分别于2011年和2015年发文同意定额人员共5名，管理人员由水利局现有在编行政事业工作人员中调剂。

水电建设管理站（水电勘测设计所）

为全额拨款股级事业单位，定编12名，站长1名，副站长2名。主要负责全县小水电行业管理、负责水电工程的建设、运行管理、安全生产；负责征收小水电管理费及电价测算工作；组织水电工程验收；指导水电新技术推广和组织实施农村电气化工作。

水产渔业管理站（水产技术推广站）

为全额拨款事业单位，定编3名、站长1名。2014年，景编〔2014〕17号文件同意县水产渔业管理站调整为公益类事业单位，人员编制不变。主要负责组织指导全县水产技术推广；负责编制全县水产发展规划，并组织实施；组织实施水生动物防疫、检疫；负责水产品质量、水产种苗生产的监督管理。

水政监察大队（水土保持监督管理站）

1997年3月，景编委批准建立水政监察大队（水土保持监督管理站），为自收自支股级企业单位，定编2名，股级职数1名，隶属于县水利局。11月，根据景编办〔2003〕17号文件要求，水政监察大队更名为水政渔政执法大队。

2004年8月，县人事劳动社会保障局批复（景人劳〔2004〕112号）同意县水政渔政监察大队为依照国家公务员制度管理的事业单位，编制8人，股级职数1名。 2010年6月，经景编委批复同意水政渔政执法大队增挂县渔业船舶检验中心，增加股级职数1名。截至2012年，县水政渔政执法大队有工作人员14人，其中在编8人，编外用工6人。主要负责全县水政监察、水行政执法、渔业行政执法和水土保持执法工作；承办水利和渔业行政诉讼、行政复议、水法规和渔业法规宣传；管理和保护水资源（含空中水、地表水、地下水）、渔业及水生物资源；管理河道采砂；制订全县地域水供求计划、水量分配，发布全县水资源公报；管理取水许可证、渔业捕捞许可证、水产养殖使用证，收取水资源费、渔业资源增殖保护费；负责全县渔船检验、渔船设计审查和协调并仲裁部门之间和乡、镇之间的水事纠纷。

电力公司

1984年6月，云和、景宁两县分设。10月，成立景宁畲族自治县电力公司。办公大楼位于鹤溪镇复兴路13号，建筑面积2900平方米。公司内设办公室、计划科、财务科、供应科、生产技术安全监督科、电力调度室、用电科、农电总站、车队、电气修试队、电气承装队、基建队、线路队、修理车间、工青妇等15个科、室、队。下属机构有鸬鹚水电站(包括南坑下、东风2座小水电站)、大赤坑水电站(包括一、二级水电站)、城郊、渤海、英川、东坑变电所和供电所。

电力公司承担全县发、供、用电和5座全民所有制水电站、26座乡村办的并网水电站、6座变电所、35千伏输电线路128.9千米、10千伏线路及低压线路931.63千米的安装生产和管理。

景宁被列入全国一百个农村电气化试点县之一,1989年12月通过验收合格,形成供、用电统一管理模式。1990年,公司所属电站和并网电站发电量2156.9万千瓦时,社会用电量3007万千瓦时,输出电量1017万千瓦时。其中输送上标电站3.5万千瓦时,输入电量462万千瓦时,上标电站输入26万千瓦时,售电量263万千瓦时,比1984年1000万千瓦时增加1.6倍,供电线损9.2%。1990年,公司有固定资产1296.9万元,比1984年508万元增加2.5倍,定额流动资金167.3万元。有干部职工322人,其中干部13人,计划内临时工15人,计划外临时工18人。具有大专文化程度14人,中专文化程度15人,高中67人,初中以下184人,工程师1人,助理工程师31人。

1993年6月,根据县委〔1993〕56号文件精神,景宁畲族自治县水利电力局分设为"景宁畲族自治县水利电力局""景宁畲族自治县电力工业局。22日,正式成立景宁畲族自治县电力工业局,电力公司归口电力工业局,与水利水电局分离。

小水电建设服务公司

1984年11月,经县人民政府批复,同意建立县小水电建设服务公司,性质为集体企业,隶属县水电局。公司主要职责是负责小水电工程水工建筑物、厂房、宿舍建筑、水力发电机组、机电安装、输变电工程安装施工管理;负责县水电局委托承担峡桥一级、二级、三级水电站的生产经营管理。公司有办公室楼1幢100平方米,宿舍楼房1幢1070平方米,物资仓库1幢260平方米,固定资产174万元,注册资金26万元,在册干部职工56人。

1993年,根据县水电局〔1993〕71号文件,峡桥电站为独立核算的企业,其资产和人员进行分离。小水电建设服务公司保留职工8人,资产59.7万元,金盾工具车1辆，综合楼、仓库、空地占70%的份额；峡桥电站职工41人，资产302.8万元，天津大发车1辆，其他占30%的份额，于9月1日分割完毕。2001年，小水电建设服务公司经县水利水电局同意改制。2002年，以净资产189.4万元入股景昌水利水电建筑有限公司，所有职工进入“景昌公司”。9月1日，峡桥电站改集体企业为“峡桥发电有限责任公司”。2002年4月，企业资质三级的景昌水利水电建筑有限公司成立。2004年8月，小水电建设服务公司从景昌水利水电建筑有限公司退出，后经改制实行人员分流。

水利电力物资站

1989年，县水利电力物资站成立，隶属水电局全民企业单位。购销水利电力工程建设的主要建筑材料、机电设备、电工器材等物资。物资站根据水利电力局年度工程建设计划，向省水利厅物资处填报物资计划，分期分批调入购销及组织物源。有办公用房78平方米，物资仓库建筑280平方米，露天场地600平方米。固定资产70万元，注册资金40万元，在册干部职工11人。

1996年8月，县水利电力物资站改称为县小水电物资经营服务部，后经改制，实行人员分流。

鱼种场

鱼种场位于县城东南2千米塔墈村旁，1985年5月动工兴建，1986年2月建成投产。为全民所有制事业单位，有职工3人，实行企业化管理，隶属县水利电力局。

鱼种场作为景宁培育鱼种和淡水养殖示范基地，以养殖鱼种为主，为境内渔业生产推广技术服务。利用溪滩荒圩14.9亩和农田9.6亩，开挖建成长方形养鱼塘8口，水面面积18亩。管理房建筑面积300平方米。其中，饲养库、仓库60平方米，猪舍100平方米。建筑防洪堤长700多米，建场总投资21万元。由于资金短缺，尚未建成亲鱼繁殖鱼种的配套设施，以养殖青、草、边、鳙鱼、罗非鱼、银鱼、鲤鱼等成鱼为主。为推广苗种，向外地调入苗种，在塘中放养后，向农户大面积推广养殖，促进了农村淡水养殖业的发展。1988—1990年，向社会提供鱼苗24.7万尾，其中草鱼9.5万尾，罗非鱼11.5万尾、花白鲢等3.7万尾，总产值12万元，成鱼产量1.28万公斤。并开展多种经营，降低养鱼成本，提高经济效益，采取鱼猪联养，以猪肥喂鱼，降低饲料成本，利用鱼塘冬闲种植香菇，增加收入。同时进行科学养鱼，注意防治病，采用漂白粉、硫酸啁防治烂鳃、肠炎、水霉、锚头骚、中华鳋等病。

1993年，县鱼种场引进淡水白鲳、异育银鲫和建鲤试验成功。1994年，鱼种场放养甲鱼苗912只，进行人工养殖甲鱼(中华鳖)试验成功。随后，鱼种场以养殖罗非鱼为主，每年向社会提供商品鱼8000公斤，繁殖鱼苗20万尾1.25公斤，从外县调运鱼种11万尾，平均年创产值10万元。1997年，从丽水地区良种场引进江西粉鳅投放鱼种场试验养殖取得成功(25尾重0.5公斤)。由于鱼种场鱼塘底层基础差，漏水严重，每年都要修理，费用较大，经济入不敷出，1999年1月起由个人承包经营管理。

2015年，因县“山哈宫”项目工程建设需要，县鱼种场塔勘鱼塘基地被征用拆除，临时租赁搬迁至澄照乡金秋村。

水产供销公司

历史上景宁水产供销由个体户自由经营，货源来自温州、青田，海洋水产干制品数量极少。中华人民共和国成立后，由供销合作社经营。1984年，云和、景宁两县分设后，成立县水产供销公司，隶属水利电力局，在册干部职工5人，负责供销合作业务。省水产局先后拨款16.5万元，建造综合楼1幢584.2平方米，水产仓库1幢289平方米，营业用房257平方米，职工宿舍579.2平方米，10吨固定冷库1座，6吨活动冰柜各1台。

20世纪80年代，市场经销以个体户为主，水产品主要从宁波、温州等地调入，淡水、海水产品增多，促进了市场繁荣。1985年，公司经销量91吨，销售额51万元。至1990年底，年销售量153吨，销售额98万元，固定资产34万元，自有流动资金16万元，注册资金50万元。时有在册干部职工16人，退休1人，为了企业生存，经销品种增加了香菇、木耳、化工建材、副食品批发、零售等。

1995年后，财政扶持减少，企业管理不善，导致资不抵债。1997年，县农业银行、县信用联社向景宁畲族自治县人民法院诉讼偿还贷款，水产公司办公楼楼上6套住房已被职工私人购买。因此，水产供销公司所剩余的资产全被法院判决给银行抵偿债务。11月，水产供销公司停止运行，全体干部职工除2人退休，其余都调入水电局或运输公司等单位。

1951—2015年景宁水利系统历任行政领导名录

表8-1

姓名	性别	籍贯	机构名称	职务	任职年月
王雨农	男	浙江瑞安	建设科	副科长	1951.5—1953.6
梅作祯	男	浙江景宁	建设科	副科长	1952.7—1953.2
夏立中	男	浙江泰顺	建设科	副科长	1953.2—1953.5
宁衍庆	男	山东	农林科	科长	1953.1—1954.3
叶德火	男	浙江丽水	农林科	科长	1954.4—1954.12
林振锌	男	浙江平阳	农林科	副科长	1957.7—1957.9
余章和	男	浙江奉化	农林科	副科长	1955.8—1956.6
严瑜	男	浙江景宁	水利股	股长	1956.1—1960.2
徐继康	男	浙江慈溪	农林水	副局长	1956.6—1957.3
武曙农	男	浙江丽水	农林水	副局长	1956.6—1960.2
陈亦南	男	浙江平阳	农林水	局长	1956.7—1960.2
胡守梅	男	山东博兴	农水局	局长	1957.9—1959.11
国宗文	男	山东博兴	农水局	副局长	1958.8—1959.11
祝志浩	男	浙江武义	农水局	副局长	1959.11—1960.2
王少江	男	浙江仙居	农水局	副局长	1959.11—1960.2
潘达森	男	浙江黄岩	农水局	副局长	1959.11—1960.2
田光君	男	山东	农水局	局长	1962.5—1970.9
张瑞杰	男	浙江丽水	农水局	副局长	1962.5—1970.9
胡克铎	男	浙江永嘉	农水局	副局长	1962.12—1969.9
田光君	男	山东	农水局	副局长	1970.9—1972.4
余德	男	浙江临海	农水局	副局长	1970.9—1972.4
田光君	男	山东	农水局	局长	1972.4—1973.2
陈亦南	男	浙江平阳	农水局	副局长	1973.1—1973.2
刘清迁	男	山东	农水局	副局长	1972.9—1977.6
李兴南	男	浙江永嘉	农水局	副局长	1972.9—1973.5

续表 8-1

姓　名	性别	籍　贯	机构名称	职　务	任职年月
胡克铎	男	浙江永嘉	农水局	副局长	1973.1—1978.9
李兴南	男	浙江永嘉	水电局	局　长	1973.5—1975.6
张瑞杰	男	浙江丽水	水电局	副局长	1973.5—1981.2
邱广旗	男	浙江云和	水电局	副局长	1977.6—1984.2
胡克铎	男	浙江永嘉	水电局	副局长	1978.9—1985.6
张　盟	男	浙江景宁	水电局	局　长	1979.10—1981.2
严　瑜	男	浙江景宁	水电局	副局长	1979.10—1992.7
张瑞杰	男	浙江丽水	水电局	局　长	1981.2—1984.2
叶有仁	男	浙江景宁	水电局	副局长	1984.2—1984.9
包作锡	男	浙江文成	水电局	副局长	1984.6—1984.9
叶有仁	男	浙江景宁	水电局	局　长	1984.10—1987.8
包作锡	男	浙江文成	水电局	副局长	1984.10—1987.2
胡红斌	男	浙江文成	水电局	副局长	1986.4—1987.2
周发斌	男	浙江景宁	水电局	局　长	1987.8—1993.4
李元超	男	浙江龙泉	水电局	副局长	1987.7—1992.1
吴成法	男	浙江景宁	水电局	局　长	1993.6—1993.10
王跃飞	男	浙江云和	水电局	副局长	1992.3—1996
任韩高	男	浙江景宁	水电局	局　长	1993.10—1998.6
何　敏	男	浙江景宁	水电局	副局长	1993.12—1998.6
梅光元	男	浙江景宁	水电局	副局长	1996.10—1997.2
陈叶良	男	浙江景宁	水电局	副局长	1998.6—2003.6
王志清	男	浙江景宁	水电局	局　长	1998.6—2003.6
吴根洪	男	浙江景宁	水电局	副局长	1998.6—2000.8
刘化茂	男	浙江景宁	水电局	副局长	2001.12—2007.1
徐晓明	男	浙江景宁	水利局	局　长	2003.6—2005.12
周　枫	男	浙江景宁	水利局	副局长	2003.9--2008.12
陈阳南	男	浙江景宁	水利局	局　长	2005.12-2010.8

续表 8-1

姓　名	性别	籍　贯	机构名称	职　务	任职年月
叶文平	男	浙江景宁	水利局	总　工	2006.9—2008.11
沈必武	男	浙江景宁	水利局	副局长	2007.2—2010.12
刘远明	男	浙江景宁	水利局	副局长	2009.5—2012.12
柳卫明	男	浙江景宁	水利局	总　工	2009.11—
沈才忠	男	浙江景宁	水利局	局　长	2010.8—2012.4
叶梅娟	女	浙江景宁	水利局	副局长	2010.12—
毛南荣	男	浙江景宁	水利局	局　长	2012.4—
林振球	男	浙江景宁	水利局	副局长	2012.5—
梅荣柱	男	浙江景宁	水利局	副局长	2012.12—
严益贵	男	浙江景宁	水利局	副局长	2014.9—

景宁水利系统历任党委(党组)书记、副书记、成员名录

表 8-2

党组名称	任职时间	书　记	副书记	委　员(成员)
农水局党组	1956 年	张巨祥	陈亦南	—
水电局党委	1985 年	叶有仁	包作锡	—
水电局党委	1987 年	潘明龙	潘佰凡	—
水电局党委	1988 年	吴成法	—	王跃飞　任知富
水电局党组	1993 年	任韩高	—	王跃飞　何　敏
水电局党组	1998 年	王志清	蓝秋美	吴根洪　陈叶良　何　敏
水利局党组	2003 年	徐晓明	—	刘化茂　周　枫　潘李清
水利局党组	2005 年	陈阳南	—	潘李清　沈必武　刘远明　叶文平
水利局党组	2010 年	沈才忠	—	潘李清　沈必武　刘远明　叶梅娟
水利局党组	2012 年	毛南荣	—	潘李清　刘远明　柳卫明　叶梅娟 林振球　梅荣柱　柳　锋
水利局党组	2014 年	毛南荣	—	林振球　柳卫明　叶梅娟　梅荣柱 严益贵　吴松青

续表 8-2

党组名称	任职时间	书　记	副书记	委　员(成员)
纪检组组长	1998 年	蓝秋美	—	—
纪检组组长	2001 年	刘化茂	—	—
纪检组组长	2003 年	潘李清	—	—
纪检组组长	2014 年	林振球	—	—

第二章　水利经费

20 世纪 50—60 年代，水利经费主要靠群众自筹资金、投工投劳、地方财政拨款支持。20 世纪 70—90 年代水利经费由国家财政拨款、扶贫款、地方财政拨款、贷款、自筹及投工投劳解决。2000 年起，水利经费由国家财政拨款、国家扶贫款，省级财政拨款、地方财政拨款解决。2013 年，景宁开始实行国库集中支付，所有资金都纳入国库单一账户体系管理，有效防止了对资金的挤占、挪用和截留，从源头上预防和遏制了腐败。

第一节　资金筹措

中华人民共和国成立后，景宁水利水电事业从无到有，从小到大，蓬勃发展。国家、地方财政拨款支持，自筹资金、投工投劳，治水办电取得了令人瞩目的成绩。

据统计，1950—2015 年，全县水利水电建设总投资 120852.16 万元(未含股份制电站及 1993 年后的电力建设资金)。其中，国家财政拨款 22888.75 万元，国家扶贫款 5512.14 万元，省级财政拨款 29232.47 万元，市级财政拨款 13.48 万元，地方财政拨款(含自筹)63205.32 万元。投入劳力 4195.3 万工，完成土石方 3020.84 万立方米。

1950—1959年，水利水电投资133.25万元。其中，国家财政拨款10.6万元，自筹资金122.65万元，投工223.6万工，完成土石方334万立方米。

1960—1969年，水利水电投资527.1万元。其中，国家财政拨款443.96万元，自筹资金83.14万元，投工319.8万工，完成土石方272万立方米。

1970—1979年，水利水电投资1424.99万元。其中，国家财政拨款1395.03万元，群众自筹资金及贷款29.96万元，投工1264万工，完成土石方1090万立方米。

1980—1992年，水利水电投资8181.47万元。其中，国家拨款5562.32万元，国家扶贫款318.2万元，自筹资金2300.95万元，投工710.42万工，完成土石方485.02万立方米。

1993—2015年，水利水电投资110585.35万元。其中，国家拨款15476.84万元，国家扶贫款5193.94万元，省级财政拨款29232.47万元，市级财政拨款13.48万元，地方财政拨款（含自筹）60668.62万元，投工1450.03万工，完成土石方804.25万立方米。

21世纪以来，随着水利工程规模不断扩大，机械化程度提高，村民投工甚少，资金依靠财政拨款。

1950—1992年景宁水利水电工程建设投资

表8-3

年份	水利水电总投资（万元）	其中			总投工（万工）	完成土石方（万立方米）
		国家拨款（万元）	扶贫款（万元）	自筹及贷款（万元）		
1950	0.87	—	—	0.87	1.75	1.9
1951	1.25	—	—	1.25	2.5	1.5
1952	2.16	—	—	2.16	4.38	3.52
1953	1.36	—	—	1.36	2.65	1.83
1954	1.4	—	—	1.4	2.8	1.43
1955	1.49	0.1	—	1.39	2.78	1.38
1956	2.33	0.1	—	2.23	4.55	2.79
1957	3.45	0.1	—	3.35	4.1	3.51

续表 8-3

年份	水利水电总投资(万元)	其　中			总投工(万工)	完成土石方(万立方米)
		国家拨款(万元)	扶贫款(万元)	自筹及贷款(万元)		
1958	43.14	2.2	—	40.94	73.09	16.14
1959	75.8	8.1	—	67.7	125	300
1960	91.5	75	—	16.5	32.5	31
1961	73	63	—	10	31	20
1962	53.5	42	—	11.5	22.5	21
1963	60	48	—	12	24	23
1964	54.5	41	—	13.5	29	25
1965	67.5	51	—	16.5	31	30
1966	24.45	24.1	—	0.35	31.5	29
1967	81.01	79.36	—	1.65	89	75
1968	15.94	15.5	—	0.44	17	15
1969	5.7	5	—	0.7	12.3	3
1970	262.22	261.6	—	0.62	211	209
1971	182.2	179.2	—	3	190	170
1972	126.97	124.73	—	2.24	135	140
1973	50.87	43	—	7.87	70	55
1974	349.17	344.5	—	4.67	250	230
1975	31.09	29	—	2.09	45	30
1976	26.99	24	—	2.99	75	60
1977	97.99	96	—	1.99	48	56
1978	206.31	204	—	2.31	147	117
1979	91.18	89	—	2.18	93	23
1980	80.39	77	—	3.39	52	45
1981	8.78	8	—	0.78	21	17
1982	31.06	30	—	1.06	22.6	15
1983	30.64	30.64	—	—	21	24

续表 8-3

年份	水利水电总投资(万元)	其中			总投工(万工)	完成土石方(万立方米)
		国家拨款(万元)	扶贫款(万元)	自筹及贷款(万元)		
1984	161.69	135.68	—	26.01	14.5	16.4
1985	219.91	102.6	91	26.31	14.5	12.3
1986	804.38	651.2	51.7	101.48	32.5	25
1987	1499.8	1380.9	75.5	43.4	27.17	29
1988	1375.88	1342	20	13.88	38.88	27.8
1989	1225.4	1118.4	48	59	81.72	47.24
1990	602.04	487.9	32	82.14	88.58	58.58
1991	724.7	51	—	673.7	137.72	82.3
1992	1416.8	147	—	1269.8	158.25	85.4
合计	10266.81	7411.91	318.2	2536.7	2517.82	2181.02

1993—2015年景宁水利工程建设投资

表 8-4　　单位:万元

年 份	国家财政拨款	省级拨款	市级拨款	地方财政及自筹	扶贫款	总投资
1993	147	—	—	—	82.32	229.32
1994	87.32	—	—	—	111.62	198.94
1995	115.62	—	—	—	67.32	182.94
1996	68.32	—	—	—	80.9	149.22
1997	83.9	—	—	35.95	77.58	197.43
1998	89.09	—	—	58	199.9	346.99
1999	222.9	—	—	79	229.8	531.7
2000	240.9	—	—	112	212.7	565.6
2001	258.7	—	—	83	401.9	743.6
2002	415.4	—	—	145	381.3	941.7

续表 8-4

年 份	国家财政拨款	省级拨款	市级拨款	地方财政及自筹	扶贫款	总投资
2003	608.6	—	—	223	498.6	1330.2
2004	374.04	—	—	129.5	—	503.54
2005	—	907.96	—	358	—	1265.96
2006	30	867.18	—	478	—	1375.18
2007	447.22	964.42	5.984	837	—	2254.624
2008	54.63	2280.2	—	594.9	—	2929.73
2009	1175.7	1544.93	—	3712.72	—	6433.35
2010	757	2049.15	7.5	2899.93	—	5713.58
2011	216.5	3278.43	—	2869	—	6363.93
2012	3799	6184	—	5047.94	2300	17330.94
2013	2160	4584	—	12059	—	18803
2014	2024	3561.2	—	13261.8	550	19397
2015	2101	3011	—	17684.88	—	22796.88
合计	15476.84	29232.47	13.48	60668.62	5193.94	110585.35

第二节 经费管理

水利局作为行政事业单位，经费按照“人员经费按实，公用经费按定额”的标准，每年年末编制第二年的经费预算，上报财政审核，每月财务按照审核后的预算，上报用款计划，由财政全额拨款。2013 年，景宁开始实行国库集中支付，所有资金都纳入国库单一账户体系管理，有效防止了对资金的挤占、挪用和截留，从源头上预防和遏制了腐败，使经费管理方面更直观，更方便。

经费支出主要分为经常性支出与项目支出，经常性支出旨在保障局机关日常工作的正常进行，日常经费支出报销单据实行“一单联签”制度，审批程序实行“审查、审核、审批”三级核准制，各项支出应先由经办人提出申请，职能科室负责人对该支出的合理性进行审查并签署意见，财务科根据财务管理制度对已审查的支付款项数字的真实性及内容的合法性进行审核，最后由领导按分级审批制对支付款项进行审批。

水利项目点多面广，资金庞大。为保证水利专项资金专款专用，按县财政认可的流程操作。县水利局制定了严格的资金拨付程序，项目支出按合同规定和水利项目实施管理办法进行，施工单位根据已签证的工程量提出拨款申请，经监理、业主项目负责人审核签章后交由业务科室负责人初审，再由总工室、总会计审核，报分管领导复核、局长审定后支付。工程竣工验收后，以审计价为准，付清工程款。为确保工程顺利进行，在工程建设资金的使用上，严格按照财务要求做到规范管理，专款专用，设立基建工程专户，对于重点专项工程资金，由财政直接拨到专户，做到专项资金不截留，不挪用，专款专用。如2011年开工的双后降下山移民点二期工程，总投资3501万元。工程建设资金采取县级报账的形式。工程款的拨付依据工程资金预算、合同书、工程进度，由工程施工单位编制月报，经建设单位监理审核后，再由局业务科室签署支付意见，报财政相关科室报批，财政审核通过后将工程款拨入基建专户，再拨付施工单位。为避免因监督不到位造成的水利资金浪费，成立了以局长为组长，纪检书记为副组长，分管领导及相关科室负责人为成员的内部审计小组，在措施和制度上保证了水利专项资金的合理使用。同时，也有效地保证了工程建设的质量。

第三章 工程管理

中华人民共和国成立以来，人民政府重视水利工程管理工作。20世纪50—60年代，水利工程由乡水利委员会负责管理。20世纪70年代起，水利行政主管部门把工程管理列入议事日程来抓，对小型水库、山塘实行分级管理，规定了权限与职责。畲族自治县成立后，严格执行《电业安全工作规程》《安全生产考核细则》，每年春、冬开展安全生产大检查。20世纪90年代末，制定实施

《水利水电生产事故应急救援预案》，加强推进病险水库和千库保安工程建设，把病险水库、山塘除险加固列入"强塘固防"工程之一。21世纪初，按照《水利工程质量管理规定》要求，对所有水利工程实行项目法人制、招投标制、合同管理制、工程监理制，层层签订工程质量管理责任书，发现问题及时整改，确保水利工程安全优质运行。

第一节 水库管理

中华人民共和国成立以来，景宁开展了大规模兴修水库、山塘建设，人民政府重视水库管理工作。1952—1957年，水库管理由乡水利委员会负责，农业生产合作社设水利小组（水利员）具体负责日常事务，水利工程需用劳力、资金，概由集体负担，县人民政府对较大的工程拨款支持。水库由大队（村）固定专人管理，固定工分，适当奖励，由集体负担或受益队分担工分或稻谷。

20世纪70年代初，水库工程安全管理工作开始受到重视，每年汛期之前，组织县、乡、村三级人员分头到全县重点水利工程进行防汛安全检查，发现险情隐患，及时排除。同时，按照省、地主管部门的部署，对一些专项的工程多次进行重点检查。

1973年2月18日—3月7日，开展水利大检查，由丽水地区水电局组织各县水电局代表，会同县、区、公社有关领导、技术人员、群众代表检查蓄水5万立方米以上水库和抽查蓄水山塘。以水电部提出的"五查"为标准，重点检查工程安全和农业增产效益，并对危险和病害水库进行有效处置。

1976年9月—12月，小型水库普查与防洪保坝校核，对小型水库、山塘实行分级管理，规定了权限与职责。1982年，对主要水利工程进行了"三查三定"，即查安全定标准，查效益定措施，查综合经营定发展计划。根据检查中暴露的问题，认真抓好水利工程的除险加固工作。

20世纪80年代中期起，小(二)型水库由乡镇审批报县水电局备案，小(二)型以下水库、山塘由大队(村)审批报乡镇备案，白水漈、蒲垟水库由乡镇政府报县水电局审批。白水漈、蒲垟水库设有专人负责管理。枯水季节对病害水利工程，水库工程的维修经费主要靠工程本身的收入或集资、投劳来解决。农村实行家庭联产承包责任制后，水库，渠道由乡（村）经济合作社管理，乡村办的水库一般靠灌溉受益乡村农民劳动积累工解决。有的管理人员定时间定稻谷（稻谷折成人民币）补贴，由受益户按农田面积摊派，有些重点工程维修支出较大，由乡、村农民集资、国家给予补助。20 世纪 90 年代，由于管理人员报酬不落实，农田水库灌溉工程养护无人过问或养护检修不到位，提水机具、水库启闭机设备受破坏、机电设备被盗窃等，严重影响农田灌溉效益。

1998 年 10 月，经检查发现蒲垟水库白蚁侵害严重，12 月 13 日，邀请湖北省白蚁防治研究所的专家莅景灭蚁。白蚁防治专家从蒲垟水库坝肩挖出 11 巢白蚁，有上千万只黑翅土栖白蚁，巢深 1~2 米，当场投放灭蚁粉，致白蚁群传染互相残杀全部死亡，达到标本兼治的目的。是年，检查山塘、水库、电站 166 座，发现病险山塘 74 座。

截至 1998 年，全县共建成各类山塘水库 346 座，总库容 2900 万立方米，灌溉农田 1.57 万亩。由于大多数山塘水库建于 20 世纪 50—60 年代，受财力、物力、技术所限，加上水库年久失修，管理不善，致水库大坝杂草丛生，启闭机损坏，溢洪道不畅，白蚁危害严重，许多山塘水库存在严重安全隐患。水库工程安全是百年大计，做好安全管理工作至关重要。

2001 年，对白水漈和驮岙头等 16 座水库实行空塘运转，保证鹤溪镇和乡村汛期安全。2003 年 7 月，建立县水利安全生产专门机构和工程质量监督站合署办公，签订《水电工程质量监督书》。检查发现安全质量问题 100 多个，提出质量监督意见书 30 份，整改意见 100 多条，对工程质量不合格和安全生产存在重大隐患的底垟、交溪口、东公等水电站工程责令停工和返工整顿，经现场检查合格后方可复工。

2004 年 4 月，制定实施《水利水电生产事故应急救援预案》，加强推进病险水库和千库保安工程建设，把病险水库、山塘除险加固列入“强塘固防”工程之一。县防汛防旱指挥部分别与 24 个乡镇签订防汛防旱和小（一）、小（二）型水库安全责任书，公布 79 个重点山塘、大坝安全管理责任人名单，做到职责到位，。对全县 94 座山塘、水库进行检查，发现病情工程 47 座、险情工程 11 座，提意见书 23 份，整改意见 112 条，同时，对 3 座中型水库（上标一级、白鹤、英川一级)每年制订蓄水运用计划，按照分级管理权限上报市级以上电力部门审批，抄报县防汛防旱指挥部、县水电局。至2009年底，先后实施完成了蒲垟等6座小(二)型水库的除险加固工程。

2010年3月1日—7日，组织5个水利专业防汛检查组，分别对全县的小(二)型以上水库、重点屋顶山塘、在建水利水电工程和其他涉水工程的防汛工作进行全面检查，共计检查小(二)型以上水库30座，重点山塘25座，在建水利水电工程15处。其中，湖坪头、上塘、坦袋、无底凹等8座山塘启闭机无法正常开启和关闭、渗水和溢洪道有杂草、土石堵塞；桃园库下电站、蒲垟、三枝树、金牛坑水库私自加高溢洪道，水位遥测装置不正常，擅自在溢洪道上设橡皮坝，大坝观测数据不全；针对上述问题，提出整改意见和落实措施，下发《整改意见书》10份，整改意见35条，要求停工2处。

2011年，完成树林头、湖坪头、风箱袋、陈念山、堂弯底、西山上、祠堂湾、天堂湖等8座屋顶山塘综合整治任务，总库容13.2万立方米。

2013年，按照《浙江省山塘巡测管理办法(试行)》和《浙江省小型水库安全管理规定(试行)》的要求，在汛期期间，水库山塘巡查人员每天至少对大坝巡查一次，做好坝面杂草清除、溢洪道清障、水库水情记录、大坝渗漏及损害情况记录报告以及日常维护和管理工作。在台风暴雨期间，巡查人员24小时全天候驻扎水库现场，密切注视水库山塘安全度汛，发现隐患险情及时上报。对全县40座水库，89座山塘的巡查员配备定位手机，费用(600元/年)由水利局统一缴纳。并开通手机定位巡查系统，通过GPS定位手机全程跟踪巡查员的行动轨迹，及时掌握巡查员的位置以及巡查次数，进行巡查考核，对年龄较大或不称职的水库山塘巡查员进行及时调整。同时，提高巡查员补助经费，小型水库每人每年4000元，重点山塘每人每年2500元，补助经费由省级财政资金下拨和县财政配套，并为每位巡查员统一缴纳人身意外保险，解决后顾之忧。

2014年4月，县防汛检查组会同澄照乡人民政府对蒲垟湖度假中心的接待中心、停车场等工程施工现场进行检查，对该工程利用蒲垟水库周边开挖回填，在库内修建施工便道，大量弃渣倾倒入水库，致使水库严重淤积，蓄水能力变小，严重影响下游农村饮用水安全等安全隐患问题。向工程业主发送督办意见，并责成工程业主立即整改。7 月 1 日，县防汛防旱指挥部对梧桐乡旁隆山塘进行防汛检查时，发现一起安全隐患，以书面形式向业主送交督办意见，业主针对山塘存在安全隐患问题进行了全面整改。是年，为有效控制白蚁对山塘水库的危害，确保群众生命财产安全，共整治山塘 34 座，白蚁危害山塘 31 座，挖出白蚁主巢 79 巢，蚁王蚁后 79 对，开挖副巢 680 巢，打孔灌药 9830 孔，投放诱杀剂 4525 包。对尚未发现白蚁危害的 3 座山塘实施坝面药物预防 1.65 万平方米，有效地消除了“白色隐患”。

截至 2014 年，共投资 2043.28 万元，先后完成了梧桐双坑、东源湖、日隆湾、山头后（内）、山头后（外）、沙湾树林头、迁丘、东瓜垄、太坪垟、大降湖、景南潭秋、渤海上斜、澄照翁边、天堂湖、鸬鹚坟岙、红星街道深隆、大后头、和尚垟、汇下坑、沙湾黄公外库、水坪湖、柿秋岙、四格、潆山头、五叶莲花、大均官塘坳、口赤、大地长潭后、梧桐上垟、梅岐张山、渤海外坑、标溪底寮湖、驮毛垄、英川梅七坪、鸬鹚风箱岱、渤海朱方坑、牛塘湾、九龙岭头、安塘峡、高金、上朱山、堂头墩、小垟、杨梅隆、沙湾山脚下、岭头湖、桥标坑头、东坑田清塘、草鱼塘、鸬鹚呼里岙、大地村尾等 51 座山塘综合整治工程。

2015 年，深化农村水利产权制度改革，以水利工程产权证抵押贷款，激活“沉睡”水利资产，确权水利工程 63 处。其中，山塘 46 处、水库 16 处、堤防 1 处。水库山塘除险加固，综合整治是一项功在当代利在千秋的惠民工程，对保护水资源，改善生态环境、防洪防旱、农田灌溉、水土保持、保障人民群众生命财产有着不可估量的作用。同时，制定《景宁畲族自治县水利局安全生产应急管理预案》《景宁畲族自治县水利局安全生产网格化管理实施方案》，明确“平安水利”职责和工作目标，与水利工程管理单位和在建工程建设单位签订安全生产责任状。是年，实现水利安全生产“零事故”。

第二节　水电管理

管理机构

20 世纪 50 年代，属县人民政府工商科管理，县制撤并后，分别由丽水、云和县水利电力局管理。1984 年 10 月，由景宁畲族自治县水利电力局管理。1988

年，建立县农电管理总站，下辖16个乡农电管理站电管员49人，村电管小组117个，农村电工221人。1993年，设立景宁畲族自治县电力工业局统管电力工业，时有乡农电管理员92人。

项目开发

1987年以来，县水电局在进行水资源调查的基础上，积极响应县委、县人民政府"以电兴县"的号召，及时组织技术人员，对境内各小流域的水资源开发作了重新规划，科学论证，经济评估，建立小水电开发项目库，确定景宁可开发小水电53.04万千瓦的目标。向上级水利行政部门建议调整大均以上瓯江流域开发规划，得到上级认可，为全县水电总体开发奠定了基础。

小水电建设项目必须由开发人申请，征得建设地乡、镇、村同意，报县水利局立项，县发改局受理后进行可行性研究、评估、初设。同步做好建设地山林、土地征用协商补偿，报土管部门土地征用审批。通过环境评估、水土保持方案，由业务主管部门牵头，发改、国土、环保、电力及设计单位共同参加设计审查，再由发改局列入投资计划并签订上网协议。开发业主需做好工程前期准备工作，在通过项目招投标等所有合法审批手续后，才能凭开工令进行小水电项目建设。施工结束后还需蓄水、启动验收，然后电站竣工验收。

安全管理

20世纪50年代，供电安全工作由厂长兼管。20世纪60—70年代，16座水电站和2座变电所均配备兼职安全监察员。80年代后，农村电网发展，用电事故时有发生，1977—1990年因触电身亡23人。

1984年10月，配备专职安全监察员，严格执行《电业安全工作规程》《安全生产考核细则》，落实防触电、防误操作、防倒杆、防高空坠落等安全措施，提倡"我不伤人，人不伤我"，确保人身安全。每年春、冬开展大检查，建立工作票、工作许可、监护、间断、转移、终结等制度，在汛前对各电站水库大坝等水工程及设备进行检查，定期进行技术安全鉴定。

1990年，城关、鸬电、雁溪、渤海、东坑5座35千伏变电所（升压站）及所属输供电线路创1000天以上安全纪录。

1992年后，景宁小水电站发展较快，量多、分散、涉及面广，安全生产质量管理责任重大。农村电网发展后，县水电部门重视安全生产管理工作，根据“预防为主，防救结合”原则，利用广播、影视等媒体以口头、图表、标语形式宣传安全用电知识，分发《用电须知》《安全用电宣传手册》，培训乡村电工，与村委签订安全用电合同。不定期到各电站检查落实相关规章制度，规定电站员工持证上岗，定期对电站职工进行业务培训，提高运行职工技术水平。同时，重点改造60年代架设的2.3千伏非标准线路。

2008年，县水利局将省、市有关安全生产等文件汇编发至各小水电站，使基层电站有章可循。每年对小水电企业负责人签订安全责任合同书，各电站将安全责任落实到人。有调峰水库的电站，每年须向县防汛办报送防汛预案，并及时为各电站提供技术指导服务，督促各电站对设备进行检修养护。每年召开一次电站负责人会议，对一年来电站安全生产进行评估，提出下一年度的工作意见，确保水电站安全运行。

2010年，对上标六级、标溪乡引井口在建电站存在弃渣占用河道，未采取排烟通风措施，施工现场用电混乱，洞口没有支护，防汛应急抢险预案、爆破方案未编制报批及进洞口未做围堰，责令限期整改。

2015年9月，县人民政府颁发景政发〔2015〕10号关于印发《景宁畲族自治县农村水电站安全管理办法（试行）》的文件，为全省首部农村水电县级层面的管理办法。明确县水行政主管部门是农村水电安全生产行业监管部门，依法对水电站安全生产工作实施监督管理；县电力行业主管部门依法对水电站安全送电实施监督管理；所在乡镇政府应将属地内水电站纳入安全监管范围；县水电行业协会应当协调水电站与各方面的关系，组织指导各水电站进行安全生产自查，协助水行政部门做好水电站管理工作。依照国家法律、法规和行业标准对各水电站的安全生产运行、安全检查管理、安全应急管理等方面作了明确的规定。同时，为鼓励表彰农村水电站年度安全生产考核的先进集体和个人，县财政每年预算安排50万元专项资金予以奖励，助推县域农村水电站标准化运行和管理。管理办法于2015年9月1日起施行，使景宁农村小水电的管理工作步入法制化、标准化、规范化的轨道。

第三节 供水管理

2004年4月，水利部出台了《农村饮水困难解困规划》，景宁被列为浙江省第一批“千万农民饮用水”工程项目实施之一。是年，编制完成《景宁畲族自治县农村饮用水工程建设实施方案》，并开始实施农村饮用水工程，逐步解决农村居民饮用水困难。

据2004年景宁饮用水安全普查表明，全县254个行政村有9.06万人饮水不安全。1992年开始，相继兴建了一批农村饮用水工程，改善了部分农村居民的饮水条件，但由于资金投入有限，饮水工程设施简陋，取水口易堵塞，供水中断事故普遍存在。部分农村生活用水直接取用浅层地下井水、地表溪沟水和山坑水，强降雨时，溪水、坑水浑浊，饮用水未经净化和消毒处理，水质无保障，存在传染疾病等不安全现象，直接影响农村居民的身心健康。县人民政府把千万农民饮用水工程列入为民办事的十件大事之一，视农村饮用水安全为民心工程、德政工程，专门建立工程建设领导小组，指导全县饮用水工程建设和资金管理，确保饮用水工程的顺利实施。根据“统筹规划、因地制宜、统筹兼顾、先急后缓、先重后轻、分步实施、稳定解决、逐步提高”的原则，县财政每年安排200万元用于工程配套资金，发动受益村庄群众捐资、投工投劳，在水质符合饮用水标准的前提下，充分利用电站尾水和各类山塘水库作为农村饮用水水源，减少建设成本。

2007年，县人民政府颁发了《景宁畲族自治县农村饮用水项目和资金管理办法》，明确县人民政府根据各地规范饮用水管理情况给予适当补助饮用水维护费用，原则上每个用水人口每年补助10元，确保农村饮用水工程正常运行。

2008年，为加强农村饮用水建后的管理，县人民政府设立农村饮用水建设管理办公室，负责指导全县饮用水工程的建设和建后管理。乡镇设农村饮用水供水站，村级配备供水维护和管理人员，实行县、乡镇、村三级管理机制，确保农村饮月水工程建成一处，管好一处，用好一处，形成长效的运行管理体制。

2009年，县财政局和水利局联合发文《景宁畲族自治县农村饮用水维护经费使用规定》，将年度预算内维护经费下拨22个乡镇供水站或水厂，分别落实维修、管理人员和各项制度，划定水源保护区，安装水源保护警示牌。同时、加强农村饮用水建后安全工程建设，安装水源、水池防护栏11051米，安装水源安全警示牌440块。

2013年底，全年取水总量0.5亿立方米，万元GDP用水量121立方米，万元工业增加值用水量22.1立方米，水功能区水质达标率100%，最严格水资源管理制度逐步落实。

2015年9月23日，建立县农村饮水安全管理工作领导小组，确立农村饮水安全工作联席会议制度。9月30日，县人民政府颁发景政办法〔2015〕96号关于印发《景宁畲族自治县农村供水管理办法（试行）》的文件。明确县水利局负责全县农村供水工程管理工作的监督管理和技术指导，建立健全农村供水管理机制；县卫计局负责建立和完善农村供水水质监测网络和有效评价供水水质；县环保局负责对水源保护区污染物排放管理和准确通报信息，依法有效予以处置；县发改局负责做好供水规模在1000吨以上的农村供水价格制定；县财政局负责农村供水工程管护项目的资金筹集、管理及监督；县农业、林业、城建、供电、国土等主管部门按照各自职责协同做好农村供水管理工作；所在乡镇政府、街道办事处负责本辖区农村供水的日常监督和管理工作。对全县农村供水管理、水源保护、法律责任等方面作了具体的规定。同时，县政府设立农村供水大修资金和日常维护资金。日常维护资金按农村人口每人每年15元安排，专用于农村供水工程水源地保护、实施维护及更新、应急物资储备、消毒药品采购等，大修资金根据实际情况采取“一事一议”方式解决。同年，县农村饮水安全管理工作领导小组办公室发文制定农村饮水安全工程建后管理考核办法，确保农村饮用水“建得成、管得好、用得起、长受益”，使景宁农村饮用水管理工作纳入法制化、标准化、规范化的轨道。

第四节　制度管理

21世纪以来，按照工程建设要求开展水利基础设施建设项目管理，建立和完善项目法人制、招投标制、合同管理制、工程监理制，确保工程、人员、资金

“三安全”。

项目法人制 2011年，根据中共中央、国务院《关于加快水利改革发展的决定》的文件精神，建立项目法人责任制，完善水利工程项目管理体制，改变“建设与监督相混淆”的状况，明确水利工程建设必须配备项目法人，由法人履行职责完成工程项目的各项审批工作。

招投标制

为推行水利水电建设工程政府招投标制，县水利行政主管部门专门建立招投标管理办公室，制定招投标管理制度，落实专职人员负责全县水利工程招投标工作。对水利工程建设项目的勘察设计、施工和主要设备、材料采购必须经过局招管办批准、备案和上报县招投标管理办公室审核登记后，在县行政审批中心（县招投标中心）网站上发布招投标公告。采取邀请招标和议标形式的项目，必须严格审核招投标单位的准入资格。对挂靠、串标等违法行为进行严厉查处，并取消或限制参与其他水利工程招投标活动。同时，局纪检组全程参与招投标过程，加强对招投标过程的监督和管理，切实抵制招投标过程中的违法违纪行为。

合同管理制

水利工程建设实行合同管理制是确保工程实施和工程质量的前提。水利局在水利工程项目招投标阶段就对招投标单位的合同进行初审，使合同文本的合法、合规、完备、详尽和准确无误。中标后，又对合同进行是否符合法律法规，工程等级和技术要求，条款详尽、明确等方面的审核，保证合同条款顺利履行。在工程建设中，注重合同资料的收集、保管、分类、登记、编号、装订、归档备案，确保水利工程建设合同档案的完整。

工程监理制

根据《水利工程建设监理规定》，在水利项目建设中严格执行工程监理制。对每个水利工程建设项目的总监理工程师、监理工程师、监理员均持证上岗并进行考核；对重大水利工程采取签到、指纹识别等方式考核；对监理单位因质量、安全等监理不到位的将按照《浙江省水利建设市场主体不良行为记录公告设施办法（试行）》规定，列入水利建设市场不良行为记录，并暂停其在本县范围内水利监理业务招投标6个月；对监理人员不认真履行监理职责，弄虚作假隐瞒事实的，经查实2年内不得在本县从事水利施工现场监理工作，并列入不良行为记录。

同时，在水利工程建设中，按照《水利工程质量管理规定》要求，委托丽水市水利水电工程质监站和景宁水利水电工程质量监督站进行质量监督。对所有水利工程层层签订工程质量管理责任书，严格实行"三检制"，每半月一次质量抽查，每月一次大检查，随工程进展定期和不定期进行质量控制检查，发现问题及时整改；严格按设计和技术规范施工，预防工程质量通病。杜绝不合格设备材料进场；认真履行合同，尽可能减少设计变更，杜绝索赔，控制工程投资。

1995—2015年景宁重大水利工程投资

表8-5　　单位：亿元

工程项目	投入资金	开工时间	竣工时间
鹤溪河综合治理(一期)	0.08	1995.11	1996.6
鹤溪河综合治理(二期)	1.20	2000.7	2013
县第二水厂暨龙潭桥水库	1.92	2001.12	2006.7
外舍防护堤	2.50	2002	2008.12
千万农民饮用水	0.96	2003	2013
梅坑、双坑、沙湾、梧桐坑、林圩、双后降、包凤、大均、毛垟、梧桐、景南等30条堤坝	2.40	2007.4	2014.11
十万亩千亿方节水	0.26	2007.12	2011.6
小农水重点县	0.67	2012.5	2014
高效节水喷灌(农业、水果、蔬菜、药材等11个基地	0.15	2012	2014
畲乡绿道	1.44	2014.6	2015.10
鹤溪小流域等14条河道水土保持综合治理	0.10	2014.2	2014.11
漈头水库	1.24	2015.5	在建
秋炉坑、龙潭桥小流域、鹤溪河廊桥堰坝、景南、三石等12条河道综合治理	0.22	2015.2	2015.12

第四章 移民安置

20 世纪 80 年代以来，先后兴建了上标、白鹤、英川、滩坑等大中型电站，移民安置分布在境内 17 个乡镇，安置移民 9661 人，约占全县常住总人口的 6.8%。同时，对全县 128 个地质灾害隐患点，实施下山脱贫和"百村避险"工程，积极组织农民异地搬迁工作。至 2015 年，农民异地搬迁 2788 户 10965 人。其中，整村搬迁 206 个自然村、2451 户 9749 人，地质灾害搬迁 24 个自然村、337 户 1216 人。

第一节 地质灾情移民

灾情搬迁 1953 年 6 月 29 日，沙溪乡（现沙湾镇）蔡湖垟村山体滑坡，省民政厅拨款 50 万（旧币），县民政局拨款 65 万元（旧币），扶持农户搬迁。毛垟乡底垟村地势低洼，洪水经常入村，1965 年 11 月，全村 69 户 263 人迁至仙岩垟村定居，县民政局补助搬迁费 5000 元。1992 年，澄照乡岩下村山体滑坡，毁坏房屋 40 余座，13 人身亡。为避免坡体继续下滑，全村搬迁至云寿公路边重建新村，县民政局补助搬迁费 11.27 万元。

隐患搬迁 2000 年起，对全县地质灾害隐情进行排查，共发现需防治灾害隐患点 128 个，不稳定斜坡 30 个，涉及 21 个乡镇（街道），威胁 5893 人的生命财产安全。因此，景宁从 2000 年开始实施下山脱贫和"百村避险"工程，积极组织农民异地搬迁工作。2008 年，组织实施"万名农民异地转移工程"，把农民异地搬迁列为重点工程，加大了农民异地搬迁的力度。至 2014 年，景宁共计投入各类资金 4.3 亿元，完成农民异地搬迁 2788 户 10965 人。其中，整村搬迁 206 个自然村、2451 户 9749 人，占农民异地搬迁总人口的 91%；地质灾害搬迁 24 个村 337 户 1216 人，占全县总人口 6.4%。偏远山区农村居民向县城、中心镇、中心村大迁移，既避开了地质灾害隐患又推进了新型城镇化进程。

第二节　电站移民

上标电站

中央和地方合资兴建的上标水电站水库淹没上渔乡下垟村 185 户 816 人。除就地后靠安置 81 户 348 人外，库外移民 104 户 468 人。其中，安置滐头乡 10 户 46 人；白岸乡 8 户 43 人；北溪乡 3 户 16 人；东坑乡 3 户 10 人；澄照乡 19 户 100 人；大漈乡 25 户 98 人；上渔乡 1 户 4 人；雁溪乡 1 户 3 人；云和县沙溪乡 1 户 2 人；文成县珊溪乡 2 户 12 人；福建省松溪县花桥乡长衍村 6 户 28 人；河东乡长巷村 5 户 22 人、岩后村 7 户 39 人、河长江村 7 户 24 人、麻坪村 3 户 13 人；松溪城关 1 户 1 人、渭田村 1 户 2 人；寿宁县标溪乡 1 户 5 人。1986 年 11 月 30 日完成安置任务。1987 年后，县人民政府领导多次带领慰问组赴福建省政和、松溪两县看望移民。

白鹤一级电站

白鹤一级电站于 1998 年 5 月动工，2000 年 6 月竣工发电，装机 2.5 万千瓦，年发电量 5925 万千瓦时，耗资 1.9 亿元。电站水库库区移民涉及东坑镇 2 个行政村 12 个自然村，征用土地 1392 亩，动迁移民 57 户 214 人。其中，竹埠行政村小沙湾自然村 24 户 78 人，何村行政村平桥自然村 17 户 72 人，白鹤村 56 人。采用“库边后靠、货币安置”等方式安置移民，除小沙湾村 2 户 8 人“库边后靠”安置外，移民重点迁居东坑移民安置点和马坑新村规划点，小部分自主分散安置，于 1997 年 12 月完成移民安置任务。

英川电站

英川水电站于 1999 年 10 月开工，2002 年 12 月竣工发电，装机 4 万千瓦，投资 3.15 亿元。电站水库库区移民涉及英川镇木耳口行政村的木耳口、西坑口、茶堂自然村，鲍岱行政村的郑源、桥头自然村，湖后行政村的半岭自然村等 6 个自然村计 254 户 874 人。采取“库边后靠、投亲靠友、无土安置”等三种方式安置移民。其中，“库边后靠”安置 4 户 8 人；“投亲靠友”安置 82 户 312 人，迁居于云和与龙泉县；“无土安置”168 户 554 人，安置于鹤溪镇英川移民新村。

电站补偿475万元，于1998年12月完成移民安置任务。

滩坑电站移民

滩坑水电站是浙江省“百亿帮扶致富”的一项重要工程，2003年5月国务院正式批准立项。电站坝址设青田县境内的滩坑，总投资48.3亿元，装机60万千瓦，年平均发电量10.35亿千瓦时。电站库区涉及景宁、青田两县，景宁库区涉淹陈村、大顺、渤海、金钟、外舍等6个乡镇47个行政村，淹没面积36.11平方千米。

2003年，滩坑水电站开工后，景宁面临有史以来外迁内置人口最多、工作量最大的移民工程。县委、县人民政府将移民工作立为全县头等大事，于2003年6月成立库区移民和复建工作指挥部，县主要领导担任总指挥。指挥部内设办公室，下设移民办、复建办，先后在全县乡镇及机关部门抽调移民干部724人、2072人次，制定“县领导联系、部门包干、乡镇负责”的移民工作机制。

2006年4月，指挥部根据职能和任务重新分设：办公室、人事监察室、动迁处、安置处、政策研究处、复建处、计财处、保卫处等机构。

滩坑电站景宁库区移民总计7147户20992人。县外安置4658户15972人。其中，安置丽水市的莲都区1133户3717人，龙泉市547户2020人，遂昌县574户1954人，松阳县554户1932人，缙云县314户962人；金华市的义乌市170户606人，东阳市165户606人，永康市160户606人，浦江县51户195人；绍兴市的绍兴县313户1132人，诸暨市348户1147人；宁波市的鄞州区178户593人,奉化县151户502人。县内安置2489户5020人，分别安置于金惠、朝阳、叶源、绿草、梅坑、九龙、王金垟、双坑口、鲍山头、畲斗湾、鹤溪小区等11个安置点。

库周复建

撤并原陈村乡、大顺乡，设立九龙乡，乡政府驻地王湾村；设立新渤海镇，镇政府驻地鲍山头村。九龙乡、渤海镇复建完成，功能基本恢复。金惠、朝阳、叶源、绿草、梅坑、九龙、王金垟、鹤溪小区、鲍山头等9个安置点市政工程完工，畲斗湾和双坑口两个安置点一期市政完工，已完成投资约2.2亿元。为引导库周群众下山脱贫，为库周人民的生产生活创造条件，先后投资1.34亿元，建成渤海梅坑、外舍双坑口、绿草屋后、九龙畲斗湾和西岙等下山移民安置点，已有

2500多库周人口搬迁入住新居。

经费使用

滩坑水电站景宁库区移民采用“有土安置、货币安置、自谋出路、自谋职业”多种安置方式让移民任选。移民安置补偿补助包括生产安置费、基础设施费、搬迁运输补助费、专项预备费、建房补助费、过渡期生活补助费、过渡期生产补助费、实物补偿费、搬迁损失误工补助费等。

2006年，全面启动实施大中型水库移民后期扶持措施，先后编制《大中型水库移民后期扶持规划》《大中型水库库区和移民安置区基础设施建设及经济发展规划》《小型水库移民解困规划》。累计为移民办理直补存折6407本/人，发放直补资金3274.29万元，实施移民后扶项目902个，移民人均收入从2005年的2300元增加到2015年的11650元。2006—2015年，全县共拨入移民扶持专项资金10241.36万元，已支付9446.12万元，报结率92.23%。

第五章 依法治水

畲族自治县设立以来，县水利行政主管部门依照《中华人民共和国水法》和《景宁畲族自治县水资源管理办法》，开展水法、渔业法等法律法规宣传活动，依法行使监督检查、许可审批、收费上缴、行政处罚(处理)、水资源、河道、堤坝管理、水事纠纷调处、水行政复议和水行政诉讼等水行政执法工作。

第一节 管理组织

历史上无统一的水利管理组织，明、清年代，堰坝渠道悉由热心公益事业的乡董经管，部分乡村自行组建民间水利管理团体，订立乡规民约，共同遵守。1952—1957年，各乡设立水利委员会、农业生产合作社设立水利小组(水利员)具体负责日常水利事务。

1985年，设立景宁畲族自治县渔政管理站。1991年，县人民政府下发《景宁畲族自治县水资源管理办法》，明确县水利水电局为县人民政府水行政主管部门和水行政法规执行组织。11月11日，县编委发文同意建立鹤溪河道管理站。址设城郊水管站，两块牌子一套人马，聘任河道协管员4人，负责河段日常性管理工作。1997年3月，建立景宁畲族自治县水政监察大队，为县水利局下属自收自支企业单位，编制人数8人。12月，景政办下发〔1997〕63号文件确定县水利水电局综合执法股统一管理县内水资源、河道与水土保持工作。

1998年6月，对外开展监督检查、许可审批、依法收费、行政处罚(处理)、水事纠纷调处、水行政复议和水行政诉讼等水行政执法工作。专职水政监察员须通过市级行政执法培训考核合格后方可上岗。

2003年11月，县渔政管理站职能并入水政监察大队,水政监察大队更名为水政渔政执法大队。2004年8月，县人事劳动社会保障局批复同意"景宁畲族自治县水政渔政执法大队"依照国家公务员制度管理的事业单位，承担全县区域水政监察、水资源管理、河道采砂管理、渔政管理、水土保持监督、水行政规费征收、水事渔业案件查处、渔船检测和防汛抗旱应急抢险等职责。2009年8月12日，经县编委批准，设立景宁畲族自治县河道管理所。

2010年，景编办下发〔2010〕16号文件撤销县水利局综合执法科，设立行政审批科，原综合执法科的水政渔政执法职能由县水政渔政执法大队承担。同时，经景编委批准同意水政渔政执法大队增挂县渔业船泊检验中心牌子，核定股级职数2人，共有工作人员14人。其中，在编8人，编外用工6人。

2012年1月5日，景政办发〔2012〕2号文件批准县水政渔业科与行政审批科合署办公。负责组织实施取水许可、水资源有偿使用、水资源论证等制度；组织水资源调查评价，发布全市水资源公报；指导水量分配，实施水资源总量控制和定额管理；组织指导水功能区划和水资源调度工作并监督实施等工作。

2014—2015年，开展组织实施"五水共治"行动，县委、县政府成立了由县委书记任组长、县长任常务副组长的"五水共治"工作领导小组，全面指导和协调"五水共治"工作。各乡镇(街道)、有关部门相继成立"五水共治"指挥部、村村派驻"治水"指导员，在基层一线提供"五水共治"服务。

第二节　治水法规

1988 年 7 月 1 日,《中华人民共和国水法》颁布施行,国家水利法规渐趋完善。为更好地贯彻执行水法等法规,1991 年 7 月 1 日,景政〔1991〕57 号,关于印发《景宁畲族自治县实施(中华人民共和国河道管理条例)的规定》的通知,对全县河道分级管理权限进行划分,同年 11 月,印发《景宁畲族自治县取水许可登记证发证暂行规定》《景宁畲族自治县划定水工程管理和保护范围的规定》《景宁畲族自治县水政监察组织工作章程》等 3 个规范性文件,对河道管理权限及建设项目审查管理进行了明确规定,为河道的法制化管理提供了有力的法律依据。

1992 年 1 月 25 日,县水利局会同财政局、物价局联合下发《关于贯彻河道采砂管理办法》的通知,规范河道采砂管理,明确河道采砂管理权限及具体实施办法。1993 年 2 月 16 日,县水利局、财政局、物价局联合发文《关于景宁畲族自治县水资源费征收管理暂行办法》的通知,依法实施水资源的取水许可制度和水资源的有偿使用制度。全面规范对水资源的取水许可、统一计量、按标准收费等管理。1997 年以来,县水政渔政监察执法大队相继制定《举报、立案、调查取证、行政处罚制度》《水政监察大队执法责任分解制度》《水事纠纷报告制度》《水行政执法案件审核制度》《水行政执法巡查制度》《水行政巡查登记备案制度》《水事信访受理回复制度》 等一系列执法巡查管理制度。开始对用水企业、单位实行取水用水定额管理和取水用水许可制度。

2001 年 4 月 12 日,景宁畲族自治县人民代表大会第五次会议审议并通过《景宁畲族自治县水资源管理条例》。6 月 29 日,报经浙江省第九届人民代表大会常务委员第二十七次会议批准 ,于 2001 年 7 月 9 日公布施行。至此,景宁的水资源保护,开发利用和管理步入有法可依,以法治水的轨道。

2008 年 9 月,县政府颁布《龙潭桥水库饮用水地表水源保护管理办法》,明确源头水保护区严格禁止一切开发性行为。2012 年 5 月 28 日, 县政府发布〔2012〕1 号通告,对河道划界、禁止占用水域河道行为等作了明确的规定。7 月,根据丽水市委、市政府关于流经县城的河流实施全面禁采的规定,严禁在鹤溪河道采砂。

2013年，根据《国务院关于实行最严格水资源管理制度的意见》和省、市实行最严格水资源管理制度考核暂行办法通知的有关规定，对用水总量控制、用水效率控制、水功能区限制纳污、水资源管理责任、考核等制定了管理控制目标。

2014年，制定《水利设施违法建筑处置意见》文件，明确在江河湖库管理范围内的违法建筑必须依法拆除，旨在提高河道库塘行洪、排涝能力，消除防洪安全隐患。

第三节 法治宣传

1988年开始，每年都举办专题讲座、学习班、水法知识竞赛、图片展览、文艺演出等活动。利用电视、广播、报刊等新闻媒体宣传手段，大张旗鼓，因地制宜地开展水法宣传活动。

2006年3月，在“世界水日”和“世界水周”期间，组织开展水法宣传活动，充分利用报纸、电视讲座、宣传车、悬挂横幅、张贴标语、制作水法宣传品、水法规咨询等形式，深入各乡镇进行声势浩大的水法、渔业法等法律法规宣传活动。举办了一场水法知识竞赛晚会，共发放宣传资料2000多份、宣传品400多份，制作了一期电视水法宣传专题片，增强了广大群众的法制观念和自觉守法意识。

2010年，制作了200块警示牌，安装于各主要河道和堤防工程的醒目位置。禁止任何单位和个人向水域内抛掷垃圾、动物尸体及排放污染物，禁止在河道内种植农作物，饲养家禽牲畜，堆放、倾倒石渣、泥土、泥浆等废弃物。以免抬高河床、缩窄河道，确保河道顺畅。

2011年9月29日，贯彻落实《浙江省河道管理条例》，多次组织开展“保护母亲河”主题系列活动。11月1日，县民族中学组织30多名学生到鹤溪河塔勘段，开展“保护母亲河，我们在行动”的主题活动，清理河面漂浮物，拾捡白色垃圾。

2011—2012年，开展第十九届“世界水日”和第二十四届“中国水周”宣传活动。制作发放宣传纸杯5万只、雨伞600把，宣传资料2200多份、悬挂宣传横幅37条，在千峡湖库区和鹤溪河沿线设置永久宣传牌18幅。同时，还开展

“节水宣传进百校”活动，向城乡各中小学校发放700余份节水宣传资料，征集37条由学生自己创作的节水口号和小故事。自编排节目《水利惠畲民》参加全市水利文艺会演；邀请景宁电视台拍摄《河道采砂管理》《水土保持监督管理》、《水资源管理》等3个专题片在黄金时段播放；在全县9个重点乡镇摆摊设点开展现场水法、水事咨询活动；在《畲乡新闻》中播出渔业执法管理新闻6条，在省、市、县新闻媒体发表执法信息31条，扩大了宣传效果。

2013年5月29日，为增强公众“爱河、护河”意识，打造畲乡水利优美环境，组织志愿者协会、县实验二小、县教协军乐团等单位，开展“大手拉小手，保护母亲河”主题活动。有200名参与者在县城主要街道游行宣传，向市民发放倡议书，在鹤溪河寨山桥段下河捡垃圾，旨在保洁鹤溪河。

2014年9月13日上午，以《爱心畲乡、献计水利》为主题，联合经贸局、高速公路景宁管理所、景宁国税局、丽景园等5个单位，在石印山广场开展志愿服务活动。参与志愿者人数有45人，志愿服务活动结合部门工作职能、行业特点，重点宣传《中华人民共和国水法》《中华人民共和国防洪法》《浙江省水资源管理条例》等水利法律知识，发放水利小知识的传单，为群众讲解水利法律法规内容，发放各类宣传资料2000余份。

2014—2015年，景宁畲族自治县不断创新民间活动载体，有的放矢开展了“寻找黑河、臭河、垃圾河”电视公益活动和“你寻找，我整治”“你点评，我整改”“我治理，你评议”等与广大群众积极互动的治理行动，并在农村组织“好主妇”评选活动，鼓励基层妇女群体做治水的先行者、实践者、推动者。随着畲乡丽人志愿者、“青春治水”志愿服务队、巾帼督查护卫队、“红领巾”志愿者服务队等志愿者队伍的成立，全县有2226名志愿者先后开展志愿活动上百次。从“治水进校园、进社区、进农村”活动，到以贯彻《中华人民共和国水污染防治法》《浙江省水污染防治条例》等为主题的宣传活动，都将积极引导市民形成生态的价值观念、活动方式和思维方式，打造节水、惜水、爱水的水文化。

同时，通过文化载体营造氛围，结合中国传统文化，先后开展了“五水共治”知识灯谜会、投身“五水共治”，建设美丽畲乡知识竞答、绘画比赛和演讲比赛，邀请专业人员编排《五水共治》小品和快板三句半原创节目，深入社区、乡村演出，寓教于乐，潜移默化地引导群众支持“五水共治”，弘扬水文化，营造全社会支持、参与“五水共治”工作的良好氛围。

第四节　水资源管理

1997年以来，县人民政府加大水资源管理工作，批准设立水资源管理机构，颁布《景宁畲族自治县水资源管理条例》，通过依法关闭造纸厂、整治矿山、兴建污水处理厂、清除水污染源、“五水共治”等措施，使县域一江清水的自然生态环境正在逐步恢复。

关闭造纸厂

始建于1958年的景宁造纸厂，年产3000吨木浆水泥包装纸，长期以来，造纸污水直排瓯江小溪。1986年，景宁造纸厂为治理污水，经省计经委批准兴建碱回收及纸机扩建工程，总投资1300万元，其中碱回收车间投资760万元。1990年污水工程改建后，由于工厂规模、技术、资源区域环境容量有限等原因，治污无效。造纸厂排放的废水中，化学耗氧量8489.3毫克/升，挥发性酚6.86毫克/升，超过国家GB8978—88《污水综合排放标准》三级标准分别为16倍、8.6倍、2.4倍，水中pH值高10.76，严重污染了造纸厂以下至溪口鹤溪河段，溪水不能饮用，水生动物不能生存。同时，造纸厂污水还直接污染小溪沿岸的金钟、渤海、大顺、陈村等乡镇以及青田、温州等地，两岸居民深受其害，曾多次向上级相关部门反映。1996年6月，浙江省人民政府在组织有关部门专家调研后，决定对治污无望的景宁造纸厂予以依法破产。1997年11月，景宁畲族自治县人民政府依法关停了景宁造纸厂，还其下游沿江两岸人民一江清水。

整治矿山

2004年8月，景宁敕木山铁矿有限公司和景宁泰鹤矿业有限公司采矿、选矿的废水直接影响鹤溪镇饮用水源，经省、市环境监测部门监测，鹤溪镇饮用水源部分指标超过国家饮用水源标准，饮用水源已经受到严重污染，威胁供水安全。

依据《中华人民共和国水污染防治法》《中华人民共和国水土保持法》《中华人民共和国防洪法》的有关规定。经景宁畲族自治县人民政府批准，县环境保护局、县水利局、县国土资源局分别于2004年8月24日、8月30日联合发文景环〔2004〕45、46号文件，责令景宁畲族自治县敕木山铁矿有限公司和景宁畲族自治县泰鹤矿业有限公司立即停止排放污染物，包括停止排放采、选矿废水和废矿石，并进行综合治理，确保鹤溪镇饮用水源和人民生命财产安全。

兴建污水处理厂

2006年，投资3120万元兴建景宁污水处理厂。污水处理工程（一期）位于溪口村，紧邻52省道和千峡湖水库。项目设计处理污水能力0.5万吨/日，厂房占地面积5000平方米。工程主干管沿鹤溪河两岸高于水位线布设，随管设置防渗漏检查井、沉沙井、过江管道井113座，共布设DN500、DN300（并列双管）主干管11.2千米，污水收集主干管网经承压试验后通过工程验收。

2007年9月，景宁污水处理厂一期工程完工投入运行，集中处理流入鹤溪河道的生活、生产污水，彻底改变了鹤溪河发臭的状况，改善了鹤溪河两岸的水生态环境。

除污清源

2014年1月，地处澄照乡后山村的景宁富宁金属科技有限公司废旧厂房被大雪压垮，存放的大量硫酸、重金属铜泥和强酸工业污水外溢，流向附近农田、溪流，造成后山村水环境严重污染，直接威胁当地居民的生命财产安全。得知险情后，市委常委、纪委书记夏建成、副县长雷应江一行到现场办公，提出整改方案，责令业主承担治污责任，处理废旧厂房内的污染物，确保4月20日汛期到来之前整改到位。指示县环保、安监部门及澄照乡政府及时制定好安全防范工作，确保周边居民的环境安全。

征收水资源费

1997年，《景宁畲族自治县水资源管理条例》颁布。1998年，对用水企业和单位实行取水用水许可证制度和取水用水定额管理，并开始征收水资源费。1998—2001年，共征收水资源费199.76万元。

2011年，编制完成《2010年景宁畲族自治县水资源公报》和全省水资源综合管理系统景宁县取水户的资料录入工作。全县共有取水单位119家。其中，自来水制水企业1家、水利发电企业118家。其中，省厅发证6家。安装实时监控企业1家，审批并发放取水许可证2本，开展高耗水服务行业用水专项执法检查。北溪水电站、驼梁溪水库取水设施先后通过验收。上标、白鹤、英川水库以发电为主进行调度运用，白水漈、蒲垟水库灌溉、发电顺序调度运用。农田灌溉用水提倡计划用水、节约用水，先用溪坑流水，后用水库山塘蓄水。2002—2015年，水资源费累计达到8056.15万元。

2002—2015年景宁水资源费征收情况

表8-6 单位：元

年份	水资源费	年份	水资源费
2002年	1162314.00	2009年	5343458.80
2003年	5254077.09	2010年	7581315.17
2004年	3574414.18	2011年	6464733.00
2005年	4975218.96	2012年	5122759.20
2006年	5912928.16	2013年	9052455.49
2007年	5450470.47	2014年	7289631.42
2008年	4724347.69	2015年	8653393.64

第五节 五水共治

为落实浙江省委、省政府推出的“五水共治“大政方针，2014年6月，景宁集中力量抓治水，编制《企业污染整治实施方案》《农业资源污染治理实施方案》《畜禽养殖禁养区限养区划分方案》《开展养殖污染整治的若干意见》。组织各乡镇(街道)排查辖区内畜禽养殖污染情况，澄照、大均、景南三个乡为农村污水治理试点乡镇，对生活污水进行统一收集处理。全县开展农村生活污水治理的行政村47个，实施生活污水治理的农户数7450户。排出的污水经过主管网直接通过微动力和人工湿地污水处理后达到一级B的标准，然后用于农业灌溉。

拆除4个试点户栏舍，制订了27家规模养殖场“一场一策”整治规划，完成了对19家不锈钢企业的中水回用改造工程，有序推进污水处理设施和配套管网建设。针对跨行政区域河流监管难的问题，因地制宜出台联防机制，促成毛垟乡、秋炉乡和庆元县左溪乡、张村乡签订联防责任书，齐抓共管水资源的源头。

是年，对排查出的28条垃圾河(计42.95千米)，7条臭河(计33.46千米)，进行注册登记、编码，详细录入各项基本情况，分别在清理前后拍照存档，建立数据库。

将县域内河道分成8个河段，分别由县四大班子主要领导和相关副县领导担任“县级河长”。确定县级河长15个，乡镇(街道)级河长168个，村级河长277个，实现县、乡、村级河长全覆盖。每条河流都有乡镇领导牵头负责治水事宜，并通过设立331个乡村级河长公示牌接受群众监督，每位“县级河长”均对责任河道进行了踏勘调研，组织开展综合整治，形成“一河一策”。8个省、市领导联系的河道每月都定期委托监测，确保水质达标。

开展“五水共治一月捐”活动，共捐款328.5万元，削减县级30%的“三公”经费1400万元，用于“治水”工作。至12月，共拆除河道违章建筑1950平方米，整治“垃圾河”42.96千米，“黑臭河”26.94千米，落实了长效保洁机制。

2015年，坚持以治水为总引擎，以项目建设为突破口，全力推动“五水共治”。投入2900余万元，完成了全县29家不锈钢、阀门制造企业整治工作，彻底切断工业污染源；投入了2000万元，完成了全县限养区内的畜禽养殖场整治工作；投入1.5亿元，完成209个村的生活污水治理工作；投入2亿元，完成了10.5千米城区截污纳管工程建设。

解决了14.2万农村居民饮用水及饮水安全问题，农村饮用水覆盖率达100%，饮用水水源合格率100%。

率先开展农村生活垃圾分类试点工作。选取毛垟村和伏叶村2个村开展试点工作，出台了《景宁畲族自治县农村生活垃圾分类处理试点工作方案》。

2014—2015年，开展1000万以上“五水共治”重点项目18个，投资5.6亿元。其中，农村生活污水治理工程资金1.17亿元，外舍污水处理系统工程投资1.15亿元，城南区块污水管网工程投资0.20亿元，永定桥到凤凰桥管网工程投资0.22亿元，城北区块(雨污)管网改造工程投资0.10亿元，防洪资金2.04亿元，保供水资金0.64亿元，节水资金0.1亿元。

第六节　河道管理

1985年开始，县水利主管部门对鹤溪河，县域河道、堤坝实施管理，依法处置违法采砂、弃渣、占道建筑、排污等行为，确保河道正常流畅。

鹤溪河道

民国 34-36 年(1945-1947),修建鹤溪永平堤,由县政府会同县党部、参议会、农会成立鹤溪水利委员会,征集 5400 余名民工,以工代赈。

1985 年冬季,开展河道清障和水利工程大检查,发现鹤溪河县城段从傍山岩至栋底河床淤积严重,及时发动城镇农民、居民和机关干部人工疏浚,以利洪水畅通。

1992 年 1 月,县人民政府颁发景政〔1992〕4 号《通告》,对鹤溪河道乱采砂石的现象明令禁止。14 日,县政府组织了 13 个有关部门,强行拆除、封闭鹤溪河两岸非法采取砂石料的运输通道,清障护堤 1.35 千米,遏制了鹤溪河道非法采取砂石料的行为。

2011 年 9 月 29 日,开展鹤溪河道非法种植农作物清理行动。但清理后又有违法种植、养殖现象,导致鹤溪河道多次专项清理行动不能达到预定目标。2014 年 8 月 27 日,拆除景宁便民停车场 4500 平方米,恢复了鹤溪河道原貌,确保凤凰桥和行洪安全。

县域河道

2005 年,县水利局开展取水口、入河排污口调查,摸清了全县水资源利用保护现状。4 月,依据《浙江省水功能区,水环境功能区划分方案),景宁水域共划分为 15 个不同的分区,并在各个分区安装了全省统一制作的水功能区界碑。是年,首次对坑边水电站项目实行水资源论证制度。

2008 年底,启动河道管理范围划界工作。11 月,县水利电力勘测设计所受委托编制完成了《浙江省水域管理范围划界(小溪干流景宁段)专题报告》。2009 年,为保护水生态环境,将溪口大桥至沙湾段河道列为采砂禁采区。

2010 年 6 月 7 日,县政府将景宁小溪流域省级河道堤防和鹤溪河道堤防(城防)建设、管理、维护职能划归河道管理所承担。8 月,建立河道保洁专门机构,投入专项资金,配备了专业保洁员。制定印发了《景宁畲族自治县河道堤防巡查制度》《河道堤防工程巡查记录表》。各乡镇、街道指定专人,落实责任,定期巡查辖区内的河道堤防,记录和上报。河道管理所定期组织巡查鹤溪河和小溪河道。11 月,成立调整河道标准化划界工作领导小组。18 日,县人民政府召集相关乡镇和部门,召开浙江省水域管理范围划界(小溪干流景宁段)专题报告审定会，并形成〔2011〕51 号专题会议纪要。

2013 年，防汛检查中，发现因交叶公路建设造成 2 处防汛安全隐患，向交叶公路工程指挥部发送了督办通知。是年，整治河道 29 千米，保洁河道 1420 千米，绿化河道 1 千米，安装水源、水池防护栏 1.11 万米，安装水源安全警示牌 440 块。

2014 年 7 月 11 日—7 月 30 日，开展农村“依”山“傍”水住房调查登记工作。旨在加强对“依”山“傍”水住户的防汛安全教育，严禁占用河道，增强防灾减灾意识，提高自防自救能力。同时，重点开展河道违建和河道违占“两违专项整治”工作。7 月 5 日，对梧桐村防洪堤区域存在弃渣乱倒，防洪堤被违占的情况，执法人员当场提出了整改方案，当事方主动清运了 700 多立方米的弃渣。全年共计拆除河道违章建筑 1.65 万平方米，清理河道违占弃渣 1.04 万立方米，提高了河道防洪排涝能力，消除了防洪安全隐患。

2015 年，制定《景宁畲族自治县河道水库疏浚管理若干意见》，通过疏让分离模式，规范了河道水库疏浚管理工作。开展河道洁净、违规搭建整治专项行动，重点整治高速公路、国、省道公路、县、乡重要道路沿线区域和城区、旅游景点、中心镇、中心村、人口集聚区等区域的河道、堤岸。确保河道堤岸范围内实现“五无”(无垃圾杂物、无乱堆乱放、无乱挖采砂、无违章搭建、无堤防损坏)。同时，实施以休闲长廊沿线为重点、在小溪、鹤溪河沿线适地适树、物种共生相融河道绿岸工程 5 千米，绿化面积 300 亩。形成“水绿相映、季相分明”的湖岸景观，凸显畲乡风情、山水特色。

第七节　水政执法

1986 年 1 月 18 日，上标水电站工程管理处将失效硝基炸药 960 公斤倾倒下垟溪水电站拦水堰上游 100 米处的水域中，致下游水质严重污染，鱼类死亡，群众生活用水法发生困难。县环保部门处以罚款 200 元，并承担支付农民挑水报酬。

1988 年，《中华人民共和国水法》颁布施行以来，县水行政主管部门依法查处损毁渠道及水利工程设施，非法占用河道的小铁炉、小选厂，违法采砂挖砂，征收规费和行政许可等案件。

1991 年 5 月，在东坑依法处理了 1973 年遗留下的在河道设障一案。1992 年 5 月，原张春乡王木坑村由于私人利益冲突拆毁防洪堤 5 米。接村委报告后立案，立即派人现场取证，做好村干部和群众及当事人的谈话记录，并将处罚决定书发至乡政府及自然村。6 月 11 日，向县人民法院执行庭申请强制执行，6 月 14 日在法院支持下结案。

1999—2003 年，以清查占用水域、河道清障和河道采砂作为水政执法的重点，共审批河道范围内建设工程项目 54 个，查处各类水事违法案件 50 起，河道清障 9 起，编制建设工程水土保持方案 44 个，征收各种规费 736.4 万元。

2005 年 12 月，县人民政府关停泰鹤矿业有限公司三枝树钼矿开采工程。2006 年 3 月，对河道违章采砂弃渣行为进行治理，查处 8 起、批复水保方案 8 个。共征收水资源费 649 万元、水土保持补偿费 7 万元、采砂管理费 4.95 万元、水域占用费 2.5 万元。

2013 年，结合“三改一拆”活动，联合有关部门拆除占用河道、水库范围，影响行洪、排涝、水工程和饮用水安全的违法建筑物、构筑物 7485.36 平方米。4 月，打击制止处理梧桐乡梧桐村某某非法采砂行为 1 起，县人民法院依法判处犯罪人其某有期徒刑 1 年，缓期 1 年，没收非法采挖的砂石料 4138 吨，并处罚金 4 万元。11 月 15 日，联合县环境监察大队、标溪乡政府例行执法检查，对枫林口村民李某在隔溪河道违法开办制砂场，当场下发《责令停止违法行为通知书》，责令停止采砂作业，于年底之前自行清理堆放在河道的砂石料，恢复水域原状。是年，共查处水事违法案件和处理水事纠纷共计 382 件。

2014 年，对水环境污染事件“零容忍”，严格履行环境监察职能、保障执法力度、严厉打击环境违法行为。同时，理顺部门交叉重复的管理职能，县人民政府批准成立了公安驻环保联合执法办公室，启动环保、公安联动执法机制和河流“警长制”，安排 6 个县级警长、14 个乡镇（街道）级警长，协助“河长”做好河道水环境治理工作。是年，共出动环境监察人员 310 余人次，现场检查企业 117 次，立案查处企业 13 家，罚没款 41.8 万元，下发整改通知书 56 份，解决污染事故与污染纠纷调查处理信访件 30 件，结案率达 100%。

2015 年，开展交界水域异地巡查制度，发现景庆交界水域非法采砂点 1 处并及时将案件移交庆元县水利局处理。全年大队共出动执法车、执法艇135次，执法人员320余人次，现场处置水政案件7起，清理河道违占200m²。

第六章 水保监管

景宁畲族自治县成立以来，县水利行政主管部门依照《中华人民共和国水土保持法》和《景宁畲族自治县水土保持总体规划》，依法规定所有城乡建设工程项目必须增设水土保持章节，必须与主体工程同时设计、同时施工、同时投入使用。必须由县水利行政主管部门参与工程水土保持鉴定验收，从源头上防止水土流失和生态环境的破坏。同时依法调解水土保持纠纷、查处水土保持案件、收取水土保持补偿费和水土流失防治费上缴国库。

第一节 法律法规

1991年6月30日，第七届全国人大常委会第二十次会议通过《中华人民共和国水土保持法》。

1998年11月18日，国务院第10次常务会议通过国务院令第253号《建设项目环境保护条例》。

1995年5月30日，中华人民共和国水利部令第5号《开发建设项目水土保持方案编报审批管理规定》。

2000年，景宁畲族自治县人民政府编制并公布了《景宁畲族自治县水土保持总体规划》，明确县域水土流失预防、规划、治理和监督管理的目标。

2003年，浙江省水利厅发文（浙水政〔2003〕19号）《浙江省开发建设项目水土保持方案分类管理暂行办法》。

2007年，浙江省水利厅发文（浙水保〔2007〕20号）《浙江省开发建设项目水土保持工作指南的通知》。

是年，浙江省物价局、财政厅、水利厅联合发文（浙价费〔1997〕107 号）关于印发《浙江省水土保持设施补偿费和水土流失防治费使用管理办法》的通知。

2012 年，景宁畲族自治县人民政府办公室下发景政办〔2012〕137 号《关于切实加强水土保持工作的实施意见》，明确水土保持工作的发展规划、责任意识、监督管理、治理措施、执法力度等规定。

是年，景宁畲族自治县水利局和景宁畲族自治县发展和改革局联合下发景水〔2012〕228 号《关于落实开发建设项目水土保持方案审批作为项目立项前置条件的通知》。

同年 11 月，景宁畲族自治县水利局以景水〔2012〕229 号下发《关于印发〈景宁畲族自治县开发建设项目水土保持设施验收管理办法〉的通知》文件，对开发项目水土保持设施的依据、范围、资料、受理、条件等内容作了具体的规定。

2014 年始，根据《浙江省生产建设项目水土保持管理办法（试行）》（浙水保〔2014〕97 号）文件要求，全面规范了我县从事生产建设项目水土保持方案编制、审批和水土保持设计、施工、验收以及相应的水土保持监理、监测、监督检查活动。

第二节　监督管理

管理机制

1991 年以来，水利电力局为加强全县水土资源的保护，从源头上防止水土流失和生态环境的破坏，减少水土流失的危害，相继制定了《文书档案管理制度》《水土保持信访受理回复制度》《水土保持纠纷报告制度》《调查取证制度》《水土保持监督违法责任追究制度》《水土保持方案审批管理制度》《水土保持监督管理目标管理制度》《行政处罚执法制度》《信息报送制度》《水土保持监督管理工作考核制度》《培训制度》《立案制度》《公示制度》《结案制度》等 19 个制度，使水土保持工作有法可依、有章可循。

1995 年 11 月，景宁被列为浙江省第二批水土保持监督执法试点县之一。1996 年 7 月 26 日，建立县水土保持监督管理站，为股级事业单位，核定事业人员编制 3 名。负责水土保持监察工作管理，依法收取水土保持补偿费和水土流失防治费，调解水土保持纠纷，查处水土保持案件。1996 年 7 月 26 日，水土保持监督管理站成立。至此，水土保持工作逐步落到实处。

1998—2003 年，共编制水土保持方案 56 个，收取水土保持补偿费 142.25 万元；2007—2012 年共收取水土保持补偿费 498.87 万元。

2011 年，景宁畲族自治县人民政府办公室下发景政办〔2011〕78 号文件，成立景宁畲族自治县水土保持工作委员会，由副县长江少伟任主任，县府办副主任、水利局局长任副主任，成员由水利局、县农办、发展和改革局、财政局、国土资源局、农业局、环境保护局、林业局等 13 个单位领导组成，切实加强全县水土保持的领导和监督管理。

2012 年，景宁通过全省水土保持监督管理能力建设县验收，4 月被列入全省第二批水土保持监督管理能力建设县之一。

2015 年 11 月，景宁畲族自治县人民政府发布《景宁畲族自治县水土保持规划》。

审查验收

1997 年 3 月 25 日，通过省级第二批水土保持试点县验收。同时，根据水土保持规定，要求所有城乡建设工程项目的初步设计中应增加水土保持设施篇章，水土保持设施必须于主体工程同时设计、同时施工、同时投入使用。工程结束，县水利主管部门必须参与工程水土保持鉴定验收。

1998 年，景宁被列为“水保规划县”。11 月 30 日，丽水地区计委等 11 个单位的专家、代表 18 人莅景对高岩下电站编制的水土保持方案进行审查。

高岩下水电站位于大顺源，于 2000 年 9 月并网发电。该工程建设中损失和损坏的水土保持设施主要为永久占地、水库淹没和临时用地等三项，共计面积 19.71 万平方米。其中，厂房、拦河坝占地 9381 平方米，水库淹没 17.67 万平方米，临时占地包括支洞、供电线路 1.09 万平方米。工程弃渣量分坝区、隧洞施工支洞区、调压井压力管道、厂区和公路等 5 个区，总弃渣量为 6.41 万立方米。该工程所造成水土流失的危害是：开发滑坡崩塌、堵塞河道行洪、损坏水土保持等。丽水地区审查组根据恒发能源公司编制的水土流失防治方案，分别对方案编制的原则和目标、防治责任范围、服务年限、工程植被措施、水土保持措施等五个方面进行分析、鉴定并予以通过。高岩下水电站水土保持方案通过会审，标志着景宁县水土保持工作步入了规范化、法制化的轨道。是年，有12个水电站编制的水土保持方案通过审查。

21世纪以来，景宁水土流失综合防治逐步纳入法制化轨道，通过生态修复，退耕还林还草，坡耕地改造，营造水土保持林、经济林，实施拦砂坝，蓄水池，河道护岸，公路两侧绿化，农村人居环境绿化等一系列小型水土保持工程建设，森林植被得到有效保护和修复，水土流失面积从2000年的241.47平方千米，下降到2014年的140.18平方千米，减少了101.29平方千米，水土流失恶化趋势得到遏制。

2014—2015年，严格执行开发建设项目编报水土保持方案和“三同时”制度，对全县重点项目建设实行全程监督检查，发现违法处置弃渣行为，责令业主限期整改，对外舍围滩工程、云景高速公路工程的水土保持设施进行审查验收，两年共审批开发建设项目水土保持方案74个，征收水土保持设施补偿费133.58万元，就地上缴国库。

附1：云景高速景宁双坑段河道弃渣清理监督情况

基本情况

2009年，云景高速二标段动工建设，桶背降隧道做施工进场道路时，未按已审批的水土保持方案设计要求弃置工程废渣。云景高速二标段项目在未经省厅审批同意的情况下擅自变更弃渣地点，将打通隧道后产生的废渣另行堆放，鉴于临时弃渣场地无法堆放开凿隧道产生的工程弃渣，云景高速二标段项目部把废渣弃置于双坑口河道内，弃渣侵占河道800米，方量达10万立方米，严重影响双坑下游移民安置地2000多人民群众生命财产安全。

2009年，针对云景高速隧道无序堆放弃渣的情况，省、市、县防指及水行政主管部门对此提出整改意见，责令业主恢复原河道行洪能力，确保下游行洪安全。但业主仅对弃渣河道进行简单疏浚，敷衍了事。2010年，水行政执法人员再次向业主提出整改意见。2011年3月22—24日，省、市防汛检查组一行实地查看了云景高速弃渣堆放河道现场后，提出4条整改意见，并要求业主于6月15日前把双坑河道内的弃渣全部清运。5月4日，县人民政府就云景高速公路景宁段工程弃渣问题专门召开工作专题会，对清运双坑河道弃渣的放置点进行了安排(双坑河道内的弃渣全部清运至高速公路鸭卵坑收费站和管理区房区块的填方)。

2011年4月25日起，项目业主组织3台挖掘机和10台清运车，开始对双坑河道弃渣进行清运(清运高峰期达30辆车)。5月11日，水政执法大队到现场督查时，发现项目业主为缩短运距，擅自将清运的弃渣倒至双坑口弃渣场，执法人员立即制止业主违法行为。同时，执法人员每周不定期到清运现场监督检查，督促业主保质保量如期完成河道清运工作。

5月26日，省水政监察总队执法督察组一行对该项目进行督察，责令业主加快弃渣清运工作，确保主汛期来临前下游人民群众生命财产安全，并将该项目列为2011年全省水行政许可项目监督检查“回头看”活动重点督办项目。

监督情况

2011年5月23日，项目业主来电称已完成双坑河道清运工作，水行政执法人员经现场查看后，发现双坑河道暂时开辟出1条宽约6米、高5米的行洪通道，并清运弃渣5万立方米，但只是清理了表层的浮渣，对清理河道内的全部弃渣尚有较大距离。同时，业主利用原双坑河道边的1条乡间人行道，用废渣加宽变成施工便道，最宽处达10多米，方量达4万余立方米，县水行政执法人员责成业主清理弃渣堆积的施工便道。

2011年6月8日，水政渔政执法大队会同县防汛办对双坑河道弃渣清运再次现场督查，发现清运弃渣施工方只在双坑河道左侧清运出1条宽约3米的行洪河道，其余约有3/4的弃渣尚未清运，要求务必于6月15日前完成河道弃渣清运工作。

2011年8月16日，县人民政府组织县委办、县府办、水利局、交通局、安监局、外舍管理区、云景高速指挥部、52省道改线指挥部及项目部等部门负责人对云景高速公路双坑段、52省道隧道进口段、出口段等施工现场进行“交通项目百日攻坚督查及安全生产”检查，并在52省道改线项目部召开会议，对云景高速公路弃渣和水保问题重新调整方案，认定双坑占用河道弃渣的处置要结合景宁实际，左岸要清理到原山体并做好绿化，右岸修建机耕路，近水面做2米以上挡墙稳固浮渣，具体按水保调整的设计方案实施，确保项目水保治理的正常验收。

2015年12月3日，县水利局水保站协同业主单位对该工程水土保持工作进行竣工验收前监督检查。清除双坑河道范围内的所有弃渣，河岸坡已经加固防护处理并覆土绿化。

附2：龙丽温高速公路云和至景宁段工程水土保持监督检查意见

龙丽温高速公路云和至景宁段路线工程，路线全长12.70千米，起点于云和县大坪村西侧，终点景宁鹤溪镇鸭卵坑。景宁段路线从云和方向往景宁双坑口出隧洞，顺右侧山岭至桶背降大桥，在穿溪口隧道到小溪边，过溪口大桥至对岸山岭，沿山岭下到鸭卵坑口至终点，与景宁连接县衔接。工程分为2个合同段，合同1段为云和县境内，合同2段为景宁境内。

工程扰动原地貌面积1197亩，损坏水土保持设施面积590亩，其中景宁328亩。工程总产生弃渣102.13万立方米（松动155.85万立方米），景宁境内弃渣量32.15万立方米（松动约49.19万立方米），运弃置在外舍围滩工程填方，桥梁工程弃渣量1.79万立方米（松动2.74万立方米），弃渣摊铺在各引桥下部和桥头路基边坡坡脚至界桩征地范围内压实。

云景高速公路开工以来，县水政渔政执法大队多次检查发现工程弃渣与施工方案不相符，存在临时弃渣场堆渣过高，外围未做防护措施，溪口隧道洞口尾部至西周岭隧道口高架桥下工程弃渣侵占河道管理范围，河床抬高等问题。县水行政执法人员及时发送整改通知书，责成业主单位对存在问题提供书面整改意见，并根据整改意见尽快落实措施，及时消除各类存在的安全隐患。

2010年1—12月水土保持设施补偿费征收情况

表8-7　　　　单位：元

名　称	金额	缴款号	发票号
景宁工商行政管理局	5100	564212	42542521
景宁金圆房地产开发有限公司	74000	564213	42542522
景宁鸿宾商贸有限公司	1600	564222	42542523
鸬鹚乡政府	137600	564201	45242520

续表 8-7

名　　称	金额	缴款号	发票号
景宁城市建设发展有限公司	5700	5562860	60580357
景宁城市建设发展有限公司	15850	5562859	60580358
共青团景宁畲族自治县委	16800		60580359
景宁鹤溪镇城北村委	7200	564223	42542524
景宁河丰船舶修造有限公司	19600	5562867	60580366
景宁鹤城水泥预制品厂	15100	5562873	60580374
梧桐乡政府	920	1511428	80233625
景宁城市建设发展有限公司	22990	5562875	60580375
景宁得信投资有限公司	2200	1511435	80233740
景宁大自然有限公司	2700	1511436	80233742
沙湾镇政府	400	1511445	80233752
衢州天欣房地产开发有限公司	24300	1511440	80233743
毛垟乡社区卫生服务中心	170	5564805	80233758
景宁交通发展投资有限公司	20000	5564807	80233766
葛山乡政府	990	1511447	80233755
鸬鹚乡政府	797	5562874	60580373
外舍防护工程建设指挥部	1016250	5564828	80233769
大地乡政府	1000	1511433	80233739
福建鑫城房地产景宁分公司	30000	5564832	80233773
景宁公路管理局	5000	5564833	80233775
大漈乡客运站	1400	5564811	83822254
景宁宏远木制品有限公司	6400	1511432	80233737
浙江省青宁旅业有限公司	33500	5564808	83822253
梧桐乡政府(叶振村险情安置)	1600	5564812	83822255
景南乡政府	1400	5564809	83822252
合　　计	1470567		

第七章 渔政管理

20 世纪 70 年代起，丽水地区瓯江渔业生产管理委员会云和分会对景宁境内河道及山塘水库渔业生产进行统一管理。畲族自治县设立后，依照《中华人民共和国渔业法》，渔政由单纯管理渔民转变为与公安、环保等部门配合管理。不定期开展《中华人民共和国渔业法》宣传月活动，及时查处渔政案件，开展对江河人工投放鱼种和春繁保护工作，为保护境内水域渔业资源履行职责，加大渔业执法管理力度，打击渔业违法捕鱼案件。渔政管理逐步纳入以法治渔，以法兴渔的轨道。

第一节 法规宣传

1979 年，国家水产总局颁发《渔政管理工作暂行条例》规定。1985 年 7 月，县人民政府发布《关于保护水产资源、加强渔政管理的通告》《渔政管理细则》。

1986 年 1 月 20 日，全国人大颁布了《中华人民共和国渔业法》，1987 年 10 月 14 日，国务院批准了农牧渔业部《中华人民共和国渔业法实施细则》。渔政管理按照“以法兴渔，强化管理，公正严明，服务渔业”的渔政方针，由单纯地管理渔民转变为与公安、环保等部门配合管理境内水域。同时，开展《中华人民共和国渔业法》宣传月活动，运用墙头固定标语、通告、广播宣传车等多种形式进行宣传贯彻，配合公安、环保等部门查处渔政案件，培训着装渔政人员，开展对江

河人工投放鱼种和春繁保护工作，使渔政管理逐步纳入以法治渔，以法兴渔的轨道。

1992—1994年，开展渔业法广播宣传103次、张贴标语225张。划定交见圩以下的小溪流域列为重点保护河段，七里潭、大均潭、溪口潭、大顺潭和外舍滩等“四潭一滩”列为全封禁区。依据《中华人民共和国渔业法》规定，实行征收渔业资源增殖保护费，发放渔业捕捞证、渔业许可证制度。1992年收取资源增值保护费1.53万元。1998年7月，利用宣传车在沿溪15个乡镇宣传《中华人民共和国渔业法》知识，张贴标语120条。

2000年3月，对小溪上游沙湾镇交见圩至陈村乡岳口流域实施全面禁渔。实行渔业捕捞许可证和渔业船泊登记证制度，严格维持江河渔业捕捞秩序，查处违规捕鱼现象，打击电、毒、炸鱼等不法行为。

2003年起，实施春季禁渔制度，禁渔范围内禁止所有捕捞作业（包括盘钓、海杆钓），因科研或专业渔民放钓等需要在禁渔期间作业的，须由市级渔业主管部门报经省海洋与渔业局同意。

2009年11月，经县人民政府批复决定将秋炉、毛垟、沙湾、英川、鸬鹚、标溪、梧桐、大均、鹤溪等9个乡镇区域范围内的河道渔业管理权赋予当地人民政府管理。

2012年8月，景宁畲族自治县公安局、水利局颁布了《关于严厉打击电、毒、炸鱼及非法捕捞作业的通告》。2012—2015年，每年的3月22日，利用“世界水日”“中国水周”宣传周，结合丽水市春季禁渔期和打击非法捕捞活动内容，通过在县城和沿溪乡镇发放宣传资料和粘贴通告等形式，开展渔业保护宣传活动。

第二节　管理机构

1972年，丽水地区瓯江渔业生产管理委员会云和分会成立，对县境内河道及山塘水库渔业生产进行统一管理。当时景宁片的渤海、沙湾、英川、东坑等区远离云和县城，交通不变，地广溪长，渔政管理鞭长莫及，渔业资源仍屡遭破坏。云景两县分设后建立渔政管理站，采取专管与群管相结合的形式管理渔业。1986年，大均乡首建渔政管理小组，然后相继在标溪、白岸、沙湾、澄照等乡聘请治保、人武干部和水利林政员兼任渔政协管员。渔政管理站共配备专职人员3人，兼职1人，先后添置交通工具，通讯联络和照相机等设备。

1994年5月，撤销渔政管理站，渔业管理机构为水产渔业管理站。1997年3月，景编委批准建立水政监察大队(水土保持监督管理站)，为自收自支股级企业单位，定编2名，股级职数1名，隶属于县水利局。2003年11月，根据景编办〔2003〕17号文件要求，水政监察大队更名为水政渔政执法大队。

2004年8月，县人事劳动社会保障局批复(景人劳〔2004〕112号)同意县水政渔政监察大队为依照国家公务员制度管理的事业单位，编制8人，股级职数1名。承担全县水区域水政监察、水资源管理、河道采砂管理、渔政管理、水土保持监督、水行政规费征收、水事渔业案件查处、渔船检测和防汛抗旱应急抢险等职责。并在沿溪乡镇配备了8名渔政协管员，在渤海镇设立渔政分站。

2008年，设立驻水利局公安联络室，配备2名专职协警，各乡镇聘用9名渔政协管员，配备1辆渔政执法车，建立渔业违法案件举报制度。2009年8月3日，县人民政府划定鹤溪河县城中心段为禁渔区(原老自来水厂外至鸭卵坑11号堰坝)，禁止任何单位和个人违章垂钓捕鱼，保持鹤溪河景观生态水环境。

2010年6月，经景编委批复同意水政渔政执法大队增挂县渔业船舶检验中心牌子，增加股级职数1名。承担渔船检验、渔船设计审查等职责。2011年，聘请了28名渔政协管员，加强了渔政管理的力量。截至2015年，水政渔政执法大队有工作人员15人，执法快艇1艘，执法船3条。

第三节 渔政执法

渔政执法依据《中华人民共和国渔业法实施细则》与公安、环保等部门配合管理境内水域，查处渔政案件，培训着装渔政人员，依法治渔，以法兴渔。

查处非法捕捞

1990年7月10日，县城集市有人出售国家二级动物娃娃鱼幼体，渔政获悉赶赴现场，对非法出售娃娃鱼的当事人进行处理，将65尾娃娃鱼幼苗放归溪流。

1992年，查处炸、毒、电、偷、拾鱼、无证捕捞各类案件154起，收取罚款赔偿费0.98万元。1998年7月，县渔政、公安、工商联合组成渔业执法组，查处违法电鱼6起，炸鱼4起，毒鱼1起，收缴电鱼工具6套，雷管22只，炸药1.5公斤，非法渔货物5公斤，有效地打击了炸、毒、电鱼的违法行为。

1999—2003年，共出动渔政检查1073次，查处渔事案件284起，结案率100%，移送公安机关治安拘留5人，留置审查20人，处以罚款、赔偿、收取资源增殖保护费19.35万元，没收捕鱼工具1019件。办理捕捞许可证332本，没收电捕鱼工具48套，网具2121副，鱼雷1箱，竹筏8副，切实保护瓯江小溪渔业资源。

2004年6月，开展"绿箭行动"，依法渔政巡查456人次，查处渔政违法案件23起，没收电捕鱼工具13套，网具136副，竹筏5副，治安刑事拘留2人，办理捕捞许可证62本。10月16日，水政渔政执法大队联合水上派出所例行巡查至沙湾道化村时，当场抓获电鱼者1人，依法收缴电捕鱼工具1套，公安机关对其处以7天的治安拘留。

2011年9月6日，联合千峡湖管理处、稽征所、公安局水上派出所等单位对千峡湖非法捕鱼行为例行执法检查，采取白天与夜晚、明察与暗访、水上和陆上相结合的方式，出动执法车3辆，执法船1艘，执法人员29人，分水、陆两路，从外舍管理区至九龙方向进行拉网式排查。捣毁作案竹排3副，拆除并收缴巨型刺网5副，地笼网1副，海钓鱼竿20余支，电瓶1只，有效地打击、震慑了千峡湖非法捕捞行为。

2012年9月，开展历时3个月的"2012清网行动"，分前期宣传、调查摸底和集中整治三个阶段，集中整治打击违法捕捞、破坏渔业资源行为。出动执法车、执法艇115次，执法人员253人次，查处违法案件3起，没收电捕工具2套，非法垂钓工具50支，大小型网具21件，船外机1台，收缴罚款1500元。

2012—2014年，渔政管理按照"小溪抓电毒炸、库区抓大网"工作方针，加强巡查执法，共出动执法车、艇425次，参检人数1889人。收缴电捕工具20套，船外机8台，非法垂钓杆330支，大小型网具290件，捣毁作案竹筏269副，查扣作案交通机动车11辆，查处各类违法案件34起。其中，电、毒鱼13

起、违法捕捞 14 起、水政 6 起、行政拘留 1 起，罚款 7.15 万元。对渔具销售店进行执法检查，查获违规销售电脉 2 家，没收电脉冲渔具 8 组，教育、劝导鹤溪河游钓人员 165 人次，备案参与沿溪渔业管理的渔业合作社 10 家。

2015 年 5 月 26 日，景宁畲族自治县千峡湖管理处、水政渔政执法大队、水上派出所、海事局、青田县千峡湖管理处、海事局等两县六部门在千峡湖联合开展执法行动，共查获违规捕捞作业 6 起，收缴拦河刺网 13 副，电鱼机具 3 台，放生“洁水鱼”6.5 公斤。同时，为提升渔政管理执法力度，把千峡湖、瓯江小溪大均等河段列入执法重点区，实行 24 小时轮流值班制，先后与千峡湖管理处、水上派出所和海事等部门联合执法 6 次，开展异地巡查执法 68 次，现场检查水产品临时摊点 12 处，没收非法渔获品 175 公斤。出动执法车、执法艇 135 次，执法人员 320 人次，查处渔业违法案件 14 起，现场处置水政案件 7 起，没收电捕工具 9 套，非法垂钓工具 515 支，大小型网具 83 件，地笼网 45 只，捣毁作案竹排 25 副，船外挂机 1 台，没收渔获物 250 公斤，教育、劝导游钓人员 245 人次，收缴罚款 3.7 万元。

查处毒鱼炸鱼

1999 年 12 月 20 日，瓯江流域渤海境内发生一起恶性毒鱼事件，毒鱼犯为抓鱼谋利，将 8 瓶剧毒农药“灭扫利”（每瓶 250 毫升）倒入溪流中，致渤海至青田 50 千米的水面漂满死鱼，沿溪鱼苗几乎全部死亡，瓯江渔业损失无法估量。据查，瓯江流域毒鱼事件时有发生，但如此严重在景宁还是第一次，犯罪人吴某某（已被刑拘）和任某某（在逃）系大均乡农民，两犯违法毒鱼，法网难逃。

2009 年，针对影响恶劣的大顺乡炉西峡毒鱼案件，联合公安、当地乡镇党委、政府严打毒鱼违法行为，使毒鱼犯罪人得以严厉处理。

2012 年 7 月 7 日，东坑镇章坑村外河里发现死鱼，并且有人在打捞，接到举报后执法大队立即组织人员赶赴现场，

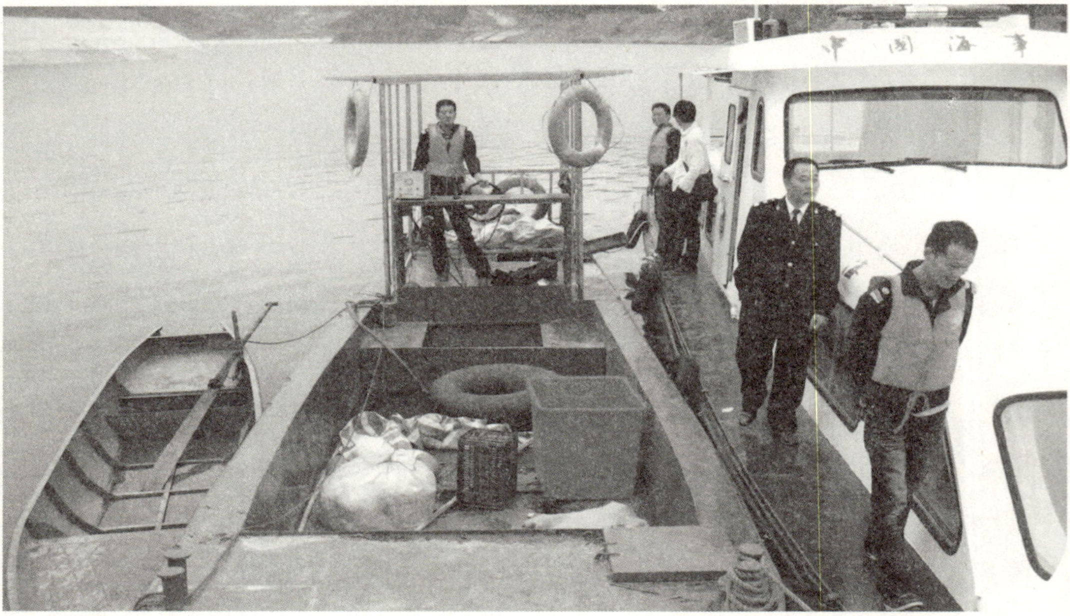

图为县水利局联合海事部门查获千峡湖电鱼案

在东坑镇政府和派出所的配合下，东坑镇的李某某到案接受调查，对毒鱼事件供认不讳。7 月 8 日下午，其他涉案 3 人投案自首，执法大队对该起案件涉案人员作出了 1 万元的行政处罚。

2015 年 10 月，标溪乡枫林口村村民雷某自制“炸弹”在枫林口段水域违法炸鱼，被渔政人员当场抓获并立案调查。为修复渔业生态，对雷某处罚渔业资源赔偿费 1000 元，并责令当事人购买鱼苗在枫林口段水域增殖放流。

第九编 水利人文

据载：景宁籍在外地工作和外籍来景宁任职，在治水方面业绩显著的先贤人士，历代层出不穷。尤其是中华人民共和国成立后，在兴修水利和抗拒洪旱灾害中，涌现出一大批先进集体、先进个人、劳动模范以及有突出成绩的中、青年科学技术人员和管理专家。他们所积累的经验和著述，不仅揭示了景宁水利发展之历程，同时也展示了景宁水利事业的成就和科技之进步，前有所稽，后有所鉴。

鉴于人数较多，材料丰富，志书篇幅有限，不能一一备载，本着生不立传的原则，对已故的有突出贡献的入志，中华人民共和国成立后，荣获先进个人、先进集体和劳动模范的，仅以获市以上颁发的荣誉证，著作以省级以上杂志、书刊发表的作品为选。

第一章　治水人物

中华人民共和国成立以来，在水利水电建设中，涌现出许多可歌可泣的感人事迹，有的付出了艰辛的劳动与汗水，有的献出了自己宝贵的生命，理应珍惜和缅怀这些建设者们洒下血汗工程的功绩，并铭记不忘。同时，对为景宁水利事业勤耕劳作，做出贡献的先进集体、劳动模范、先进工作者记述于后。

第一节　人物传

毛凤镳

男（1866—1948），谱名其本，字在悟，号长毛，学名凤镳，太学生。光绪二十九年公行善布施，亲领群众筹资，在家乡毛垟黄沙尾潭的悬崖峭壁上凿岩拓路改造蜀道之险隘，又在上面砌基建阁，名曰“迴龙阁”，又叫新殿，层层有神厨三格，塑有佛像，挑楼又塑一尊魁星点斗。路边造了茶堂、厕所，内旁还造了几间可住家商店，有专职值勤拈香，烧茶解渴。光绪三十年(1904)后，为兴修水利，开凿河道捐工，从章舟门至库头直至道化坝下，约四十五市里，凿炸险砻险滩，以保船只竹排通行安全，广受好评。

民国3年废举后，建设毛垟初级高等小学。县长秦琪委其为本区助理员，名誉校长，组织乡人秀才教学。由殷富户递年投银元，由道堂庵、万松庵每年投干谷百余把(每把约今5公斤)以供教职工食用及工资，学生学米、学费、杂费、生活费自负。民国9年拆掉草桥，重建炉西坑"广济桥"；11年建下坑垟石拱小桥；17年县长楼铿声赠匾"热心公益"以彰功勋卓著；23年县长陈硕英委毛公任毛垟乡乡长；26年开凿坛岩险峻路道至上沙湾西瓜地。

时任县长给凤镳公赠两个公捐匾，庆景寿边区公众人民一致赞扬凤镳公是白皮红心老，识时义士，公益热心，为民主造福的长老。解放后，由有心人收藏"公捐匾"于家中保存，毛氏宗祠修复后，现悬挂祠堂大厅，供后人瞻仰。

张有钱

男(1930—1971)，中共党员，陈村乡后坪人。父母早故，靠牧牛、帮工糊口长大，1947年加入中国共产党，秘密参加革命工作。1949年5月脱产入伍，担任渤海区武装班班长。在剿匪战斗中，英勇机智，屡立战功。1950年冬，率领9名战士自陈村押解118名土匪自新分子去渤海途中，顽固分子妄图哗变夺枪，张有钱临危不惧，在鸣枪示警后，果断击毙首恶匪徒，震慑了反动气焰，胜利完成了任务。1952年转业回乡，担任农业社长、党支部书记后，立志治山治水，摆脱贫困。张有钱言传身教，抱病出工，当年冬，带领村民建成堰塘1座，蓄水6000立方米，使后坪村20多亩山田得以灌溉。

1969年9月27日台风暴雨，山洪冲垮坝高18米，蓄水8万立方米的水库1座，冲毁8户房屋和15亩稻田。张有钱在灾害面前不动摇，发动群众生产自救，带领全村群众日夜奋战，护理和培育晚秋作物，在大灾之年仍获得较好的收成。寒冬带领全村群众苦干，在石头砂堆里连续奋战7个多月，投劳8600多工，垦复农田15亩。

70年代，张有钱总结了历史的经验教训，因地制宜，以蓄为主，从小到大，先后建成山塘水库18处，蓄水30万立方米，灌溉农田500亩，改善了灌溉条件，全村粮食产量亩产超400公斤，比中华人民共和国成立初增加了3倍，社员口粮自给有余。在“文化大革命”期间，张有钱力排干扰，集中精力抓好生产建设，抚育管理4000多亩集体山林。同时，还带领全村开山种茶，建水电站，先后造育油茶林400多亩，用材林5万株，改变了后坪行政村24个自然村的贫困落后面貌。后坪村支部荣获地区、县标兵支部，本人荣获县劳动模范称号。村民一致赞誉张有钱是一心为集体，艰苦创业的好党员，是领导农民治山治水挖穷根的好干部。

陈杨松

男（1932—1993），中共党员，澄照乡三石村人。出身贫农家庭，自幼勤劳俭朴，待人宽厚，仗义疏财。解放后，积极参加剿匪、反霸、土地改革和农业生产互助合作运动。1955年加入中国共产党，1958年任村支部书记后，视本村山多田少，粮食亩产量仅150公斤，历来靠吃番薯为主，生活十分贫困的村情，带领群众创业脱贫。在长达35年的任期内，团结畲汉两族群众开劈荒山，建立名茶基地239亩，年投售茶叶400多担；种植油茶580亩，村民食用油自给有余；建立速生丰产杉木基地882亩，村民称其为“绿色银行”；粮食亩产达到600公斤，粮食自给并提供商品粮15万公斤。1978年兴建赤梅水电站，年发电量70万千瓦时，并入县电网实现电气化。农民人均收入从70年代后期的70元增至1993年的700元。1993年5月，陈杨松抱病参加县人民代表大会，最后一次履行了人民代表的权利。三石畲汉村民饮水思源，不忘领头创业的好书记，浙江日报以“畲乡公仆”为题，追记了陈杨松舍小家为大家、苦自己富群众的感人事迹。

李兴南

男（1929—1975），中共党员，浙江永嘉县岩头区人。1948年参加革命工作，1971年由青田调入云和县电力总厂。1972年9月任云和县水利电力局革命领导小组副组长，1973年5月任中共云和县水利电力局支部书记，革命领导小组组长。

李兴南热心水利水电建设事业，为当好县委水利参谋，深入基层，调查研究，掌握水情，制订规划。身患腰脊柱骨关节炎症，长期服药，行走不便还坚持下乡，深入莲川公社，与群众同吃、同住，常在工地上参与打夯等劳动，及时帮助发现问题，解决问题，深受广大干群好评和爱戴。1975 年 6 月 19 日中午时分，带病下乡进行防汛检查工作，自莲川公社乘船到沙湾区，途径道化堰时，木船触礁漂流致死，终年 47 岁，安葬云和城镇公墓。

周凤鸣

男（1913—1994），中共党员，松阳县板桥乡板桥人。幼年丧父，家境贫寒，于 1949 年 1 月参加革命工作，3 月参加游击队斗争，5 月配合解放军解放了松阳县，后任公安局副局长。1949 年 10 月调景宁县工作，任财粮副科长。1950 年 2 月出席丽水地区党代会议，1953 年蒙冤，受“开除党籍，行政撤职”处分，调农林科工作。1981 年撤销原处分，恢复党籍，1983 年离职休养，享受县处级政治待遇。

周凤鸣刻苦学习水利水电技术业务，为领导当好参谋，冒风雨，顶烈日，爬悬崖，涉急流，踏遍景宁与云和山山水水，深入调查研究，搞测量设计，负责施工。1957 年，在小红星以土办法建成景宁县第一座水电站；20 世纪 60 年代在雾溪水库大坝负责施工中经受了艰难岁月；在负责修建鹤溪防洪堤中克服了一个又一个难题；在千米高山的白水漈水库工地住草棚，度腊月，艰苦施工 6 年。

周凤鸣不管任职在身，还是蒙冤受屈，对党忠诚，始终如一，高风亮节，丹心一片，为水利水电事业奋战了 30 多个春秋。曾获国家水利部颁发的荣誉勋章。

梅顺林

男（1923—1993），中共党员，澄照乡白沙岱人。1972 年任蒲垟水库工程负责人，1984 年任水库管理员。

澄照乡几千亩农田缺水，为建库蓄水，梅顺林在海拔千米的水库工地上住草棚、度腊月，起早摸黑，忘我劳动，认真负责水库施工管理工作，严格把好工程质量关。1984 年水库建成后，又乐意担任水库管理员的重任，不论台风暴雨，还是冰雪三尺都日夜坚守岗位，尽职尽责，管好水库，为水库安全度过了十多年的洪汛期。古稀之年，仍独住荒野守候水库，子女屡劝回家安度晚年总是婉言相拒。梅顺林为建设蒲垟水库，管好水库贡献毕生精力，直至1993年病故。

徐关满

男（1936—1993），中共党员，雁溪乡东山人。16岁参加新民主主义青年团，1954年加入中国共产党，任民兵连长。1956年任村支部书记、高级社长，曾当选为县人民代表，获劳动模范称号。

1957年，在缺粮缺劳力缺技术的情况下，徐关满知难而上，发动群众开挖渠道，经常置个人安危而不顾，身系野藤，带领测量与施工人员，在峻险渠线上度过了3个冬春，建成3500米的幸福渠，充分利用渠道引水，在山坡旱地上开垦了30亩水田，新建了大会堂、小学用房，购置了碾米机、喷雾器具等。

徐关满和东山人同心协力，改变了缺水缺粮的贫困面貌。70年代，东山村荣获县“农业学大寨”先进单位，全县区、社书记参观东山，多次在东山召开现场会。

叶元铨

男（1921—1983），中共党员，雁溪乡石梯人。家境贫困，13岁随父外出学徒，1949年在上海参加人民解放军，1950年参加中国人民志愿军赴朝作战，曾任班长，荣立三等、四等功各一次。

1953年，叶元铨转业回乡，任高级社长、大队长，决心改变家乡贫困面貌。1957年，与徐关满等人同心协力，带领社员开挖东山渠道，经常置身于悬崖峭壁的渠线上忘我劳动，以原始简陋的工具和黑色土硝，靠顽强的毅力与拼搏精神建成3500米的幸福渠。1968年，带领社员艰苦劳动5个春秋建成龙井水电站，使雁溪、黄桐、石梯、大丘田、梅坞等村结束了点灯用油的历史。1970年，发动群众把扁林、半溪、禁山等3片600亩杂木与荆棘丛生的米荒山封禁培育为树木葱郁、鸟语花香的风景林。1978年，又带领群众建成装机250千瓦的柘湾水电站，造福一方百姓。

蓝福仁

男（1927—1992），中共党员，东坑镇北山人。1948年入党，历任生产队副队长、队长，1982 年荣获省劳动模范，优秀队长称号。

蓝福仁积极带领群众治山治水，在 20 世纪 70 年代农业学大寨中，带领全村男女老少日以继夜开挖引水渠道，为加快进度，以身作则，在距村 7.5 千米外荒无人烟的山野上，风餐露宿 5 年整。“木杓弯”地处悬崖绝壁，工程的实施十分艰难，1977 年冬，蓝福仁临危受命，被选为队长，深感责任重大，动员队里用 2000 公斤贮备粮去请来 5 位技术工帮助放炮炸岩，全村人同心协力，艰苦劳动近 10 年，投劳 3 万工，完成土石方 3 万立方米，开挖 3 条引水渠道，总长 1.28 万米，灌溉农田 300 多亩。1985 年，挖了一口蓄水 1000 立方米的山塘，改变了北山缺水、土薄、粮食产量低的落后局面，粮食产量成倍增加。

叶和友

男（1906—1987），中共党员，莲川乡旺水人。出身贫寒，从小脚踏三省，口吃四方，跋涉千里江西、福建、安徽，帮人烧松烟，做香菇，置身深山老林住草棚、度腊月，常受野兽伤害，尝尽人间苦辣。解放后积极参加村里土地改革等各项工作，任高级社副社长等职。

1956 年入党，1957 年任支部书记。从不计较个人名利得失，数十年如一日，一心倾注发展水利事业，带领全村干部穿山岗、走山凹，查勘水源，挖塘建库。1957 年冬，带领全村人日夜艰苦劳动一冬春，建成蓄水 1.5 万立方米的大降湖水库。1971—1975 年，全村投劳 3.35 万工，其中妇女投劳 1.99 万工，建成驮降湖和朱六、下朱六、下车砻、张降头、驮坪、坟林窟等 7 个山塘水库，总蓄水 2.5 万立方米，灌溉农田 300 多亩，改变了干旱盼水故名旺水的缺水局面，粮食产量成倍增加。

叶和友任支部书记几十年以来，和邻村相处关系团结和睦，从未发生过山林纠纷等问题，深受广大村民的好评。

陈文根

男（1923—1989），中共党员，沙湾镇陈司坑人。1955 年入党，1956 年起任支部书记 30 余年，多次当选为县、乡人民代表，获县、区、乡先进工作者、劳动模范称号。

陈文根积极发动群众治山治水，和生产队长陈维仁、潘正山等人紧密团结，起早摸黑，带领群众爬2.5千米的砂石峻岭，在海拔900多米的山坳里顶寒风，踩冰雪，挖土清基，专挑打夯、挑石砂等重活累活，与全村人艰苦奋战10个春秋，建成蓄水2.8万立方米的木岱后水库，灌溉农田300多亩，改变了陈司坑缺水易旱的局面，全村粮食产量比建国初期增加3倍，群众温饱问题基本得到解决。

严　瑜

男(1932—2003)，中共党员，景宁大漈乡小佐人。1955年参加省水利干部学校培训后，历任景宁县农业水利局、丽水县农业水利局、云和县农业水利局水利股长，云和农业水利局副局长、党委副书记等职，当选为云和县第二届人民代表大会代表。

严瑜在献身水利水电事业36年之际，中华人民共和国水利部给予颁发了荣誉证书，中共云和县委、县人民政府授予"人民不会忘记你，共和国的奠基者、建设者"的光荣称号。1992年离休后，任云和县农业水利局老干部支部书记、县老年书画研究会会长、县诗词学会会长等职。

严瑜为山区水利事业发展，在景宁、云和、丽水山水间转战了近40年，始终以求真务实的精神，坚持掌握第一手资料，坚持在第一线工作，在水电工程建设中，精益求精，开拓进取，曾跑遍云和、景宁所有江河山涧，田头地角，参与过上标电站等工程的前期勘测工作，人们都称其为水利"活地图"。

第二节　伤亡者

中华人民共和国成立以来在水利水电建设中，全县广大干部群众付出了艰辛的劳动，有的甚至献出了自己宝贵的生命(死亡19人)，应该铭记不忘，珍惜和维护这些建设者们洒下了血汗的工程，现将为水利水电建设事业而献身的人们记述于后：

1959年，景宁邮电局职工毛胡珍在抗洪抢险中牺牲。

1960年1月，民工夏厚隆(梧桐村人)，在蔡湖垟水库劳动中被木头撞死，时年19岁。

1960年6月10日，丽水地质队雷鸣（云和县人），在鹤溪镇为保护景宁电厂在抗洪抢险中牺牲。

1961年月12月，民工毛呈瑞（英川石崇人），在企岩水库渠道施工中，检查处理哑炮爆炸身亡。

1971年2月20日，民工蓝金高（云和县人），在鸬鹚电站渠道劳动中跌下悬崖身亡。

1971年3月1日，民工雷成作（北溪人），在鸬鹚电站渠道开岩放炮中被乱石打中当场死亡。

1972年1月31日，民工刘益云（梧桐村人），在鸬鹚电站渠道劳动被塌方压死，时年23岁。

1972年1月31日，民工李仁林（梧桐村人），在鸬鹚电站渠道劳动时被塌方压死，时年18岁。

1972年2月2日，民工吴仁成（鸬鹚乡驮戥村人），在鸬电渠道劳动，因烧钢钎时身边雷管爆炸当场死亡。时年19岁。

1972年2月16日，包工队工人蒋孔招（文成县人），晚8时因公在鸬鹚过渡溺水牺牲。

1972年5月23日，包工队工人林淑晃（平阳县新安官店人），林叔韩（平阳县新安官店人），林月梅（平阳县一山下黄村人），傅贤夫（嵊县乐溪云远人）在鸬鹚电站渠道施工中被塌方压死身亡。

1972年6月25日，包工队工人李庆影（永嘉荆远人），在鸬鹚电站渠道劳动中被开炮乱石打死。

1974年，农民杨万兄（沙湾七里人），在七里水电站渠道劳动中牺牲，时年27岁。

1979年，大漈乡琴山村支部书记严振文，在坑下电站劳动中牺牲，时年47岁。

1979年，包工队工人赵阿铨（文成县大峃镇人），在吴山头平坦渠道劳动中牺牲，时年38岁。

1986年7月，小水电建设公司工人李德喜（永嘉县人），因公出差途中车祸牺牲，时年47岁。

第三节 荣誉谱

1984年畲族自治县成立以来，景宁水利战线涌现出一批又一批的劳动模范、先进工作者、先进集体以及获得其他相应的荣誉称号的人物，现将获市级以上荣誉称号者，按授予年份的先后，依次列表。

1959—2012年景宁水利水电系统省、部级先进个人名录

表9-1

姓 名	所在单位	荣誉称号	授予单位	授予年份
杨冠忠	景宁电厂	工交基建财贸系统社会主义建设积极分子	省人民委员会	1959
梅继贞	张春公社水利站	全省公社优秀技术员	省人民政府	1982
雷龙进	大均泉坑电站	全国千名优秀电工	水电部	1987
雷木森	县人大常委会	农村电气化试点县建设先进工作者	水电部	1990
叶发仁	县政协	农村电气化试点县建设先进工作者	水电部、计委	1990
李元超	县水电局	农村电气化试点县建设先进工作者	水电部、计委	1990
周发斌	县电力公司	农村电气化试点县建设先进工作者	水电部、计委	1990
张晓强	县政府	浙江省抗台救灾先进个人	省委、省人民政府	2006
陈阳南	县水利局	浙江省抗台救灾先进个人	省委、省人民政府	2006
林振球	毛垟乡政府	浙江省抗台救灾先进个人	省委、省人民政府	2006
陈淑芬	县水利局	浙江省第二次农业普查省级先进个人	省人民政府	2007
毛慧琴	县水利局	全国农村水电及电气化建设先进个人	水利部	2009
潘小军	沙湾镇严坑村	浙江省防汛防台先进个人	省人民政府	2010
雷小英	景昌水建公司	全国“五一”劳动奖	中华全国总工会	2012

1987—2015年景宁水利水电系统地(市)级以上先进集体名录

表9-2

所在单位	荣誉称号	授予单位	授予年份
县电力公司	第七次农村用电百日安全竞赛第三名	丽水电业局	1987
县电力公司	第八次农村用电百日安全竞赛第二名	丽水电业局	1988
县小水电管理站	1987年度小水电管理优胜单位	丽水地区水电局	1988
鸬鹚电站	地区优秀水电站	丽水地区水电局	1988
县小水电管理站	1988年度被评为地区优胜第三名	丽水地区水电局	1988
鸬鹚电站	1988年度被评为地区优胜第五名	丽水地区水电局	1988
县电力公司	共创水电绘宏图，热情支持育新人	省水利水电专科学校	1989
鸬鹚电站	一腔热情暖人心，培育水电接班人	省水利水电专科学校	1989
县电力公司	第九次农村用电百日安全竞赛先进单位	丽水电业局	1990
城关供电所	“双夏”优质服务先进集体	丽水电业局	1990
电力调度室	县调度劳动竞赛表扬单位	丽水电业局	1990
县小水电管理站	1990年度被评为地区先进管理站	丽水地区水电局	1991
县渔政管理站	1990年度地区渔政管理先进集体一等奖	丽水地区水电局	1991
县渔政管理站	1991年度浙江省渔政管理先进集体	省水产局	1991
县渔政管理站	1992年度地区渔政管理先进集体	丽水地区水电局	1991
水电局	小水电管理先进县	地区行政公署	1991

续表 9-2

所在单位	荣誉称号	授予单位	授予年份
水电局	1996 年度全省水利规划先进集体	省水利厅	1997
水电局水土保持监督管理站	水土保持先进集体	省水土保持委员会、省水利厅、省人事厅	1997
渔政管理站	渔政管理先进集体	省海洋渔业局	2001
城郊水利站	丽水市十佳基层水利站	丽水市水利局	2002
水利局	千万农民饮用水工程建设先进集体	省水利厅	2009
水利局	农村饮用水工程长效管理达标县	省水利厅	2010
葛山乡岭头村村委会	浙江省防汛防台先进基层组织	浙江省人民政府	2010
水利局	农村饮用水安全工程管理先进单位	省水利厅	2011
水利局	渔政管理先进单位	省海洋渔业局	2011
水政监察大队	水政管理优秀单位	省水利厅	2011
水利局	农村水电先进集体	省水利厅	2011
水利局	河道保洁三等奖	省水利厅	2012
水利局	水政执法与管理工作先进单位	丽水市水利局	2012
水利局	水利系统信息工作先进单位	丽水市水利局	2012
渔政管理站	渔政管理先进集体	丽水市水利局	2012
水利局	全省第四批中央财政小农水重点县绩效考评优秀县	省财政厅	2012
水利局	全省第四批中央财政小农水重点县绩效考评优秀县	省财政厅	2013

续表 9-2

所在单位	荣誉称号	授予单位	授予年份
景宁畲族自治县	基层防汛防台体系管理考核优秀县	省防指	2013
水利局	全省水政监察工作先进集体	省水利厅	2014
县防指办	全省防汛防台抗旱综合优秀	省防指	2015
水利局	全省农村水电站安全生产标准化创建先进集体	省水利厅	2015
县水利水电质量监督站	获得浙江省水利水电工程先进质量监督站	省水利水电工程质监中心	2016
水利局	全市水利工作综合考核优秀单位	市水利局	2016
景宁畲族自治县	水文工作综合考核优秀县	省水文局	2016
县水利局	“五水共治”先进集体	省委办公厅、省政府办公厅	2015
县水利局	“五水共治”先进集体		2016

1984—2015年景宁水利水电系统地(市)以上先进个人名录

表 9-3

姓　名	荣誉称号	授予单位	授奖日期
张书金	1984—1986年三年被评为安全先进驾驶员	丽水地区交通监理处	1984—1986
胡庆圮	丽水地区农业区划先进工作者	丽水地区农业区划委员会	1986.8
胡庆圮	浙江省水资源价值利用研究三等奖	浙江省水利厅	1987.5
张书金	1987—1993年七年被评为安全先进驾驶员	丽水地区公安交警队	1987—1993
吴力平	1988年度地区渔政管理先进工作者	丽水地区水电局	1988.12
严家金	获首次农民技术职称评定工作先进分子	浙江省水利厅	1989.12
吴力平	1989年度浙江省渔政管理先进工作者	省水产局	1990.3
赵沛秋	全省综合统计报表评比优胜奖	省水利厅	1990.11

续表 9-3

姓 名	荣誉称号	授予单位	授奖日期
吴力平	1990 年度地区渔政管理先进工作者	丽水地区水电局	1991.3
任知富	1990 年度被评为地区先进工作者(个人)	丽水地区水电局	1991.3
任知富	1990 年度被评为省小水电管理优秀工作者	省水利厅水电中心	1991.5
严家金	获荣誉证书和奖品	丽水地区水利电力局	1992.6
吴力平	1992 年度地区渔政管理先进工作者	丽水地区水电局	1993.3
吴力平	1993 年度浙江省渔政管理先进工作者	省水产局	1994.4
张书金	渔政管理先进工作者	丽水地区水电局	1994
严岚云	水政水资源管理先进个人	丽水地区水电局	1996.8
任韩高	水土保持先进个人	省水土保持委员会、省水利厅、省人事厅	1997
张书金	渔政管理先进个人	丽水地区水电局	1998
徐明福	农建统计先进个人	丽水地区水电局	1998
吴向前	小流域综合治理二等奖	省水利厅	1998
梅进仓	先进水利员	丽水地区水电局	1999
张书金	渔业科技进步奖	省水产局	1999
余芳银	优秀电力安全监察员	省水利厅	1999.2

续表 9-3

姓　名	荣誉称号	授予单位	授奖日期
吴力平	渔政管理先进个人	省海洋渔业局	2001
纪金火	渔政管理先进个人	丽水市水利局	2002.3
陈淑芳	农业丰收奖一等奖	丽水市政府	2002.3
吴力平	渔政管理先进个人	省海洋渔业局	2003
吴力平	渔政管理先进个人	省海洋渔业局	2004
苏　勇	全省水政监察先进个人	省水利厅	2007.6
毛慧琴	全省农村水电站安全管理年检工作先进个人	省水利厅	2010
赵沛秋	全省万里清水河道建设先进个人	省水利厅	2010
苏　勇	全省淡水渔业行政执法先进个人	省海洋与渔业执法总队	2010.4
周小平	全省堤防加固建设先进个人	省水利厅	2010.5
毛陈宇	水利系统信息工作先进个人	丽水市水利局	2011
苏　勇	水政管理先进个人	省水利厅	2011
何　伟	农村水电工作先进个人	省水利厅	2011
梅荣柱	丽水市 2010 年度抗洪(台)救灾先进个人	丽水市委、市政府	2011.4
季存华	水利系统信息工作先进个人	丽水市水利局	2012
苏　勇	全省水政工作先进个人	省水利厅	2012.1
梅荣柱	2012年度丽水市抗洪(台)救灾先进个人	丽水市委、市政府	2013.5

续表 9-3

姓 名	荣誉称号	授予单位	授奖日期
陈淑芬	浙江省 2012 年水产品质量监管先进个人	省海洋与渔业局	2013.6
朱赛美	2013 年度全市水利系统信息工作先进个人	丽水市水利局	2014.3
梅荣柱	全市农村产权制度改革工作先进个人	丽水市人民政府	2015.3
梅荣柱	全省农村水电站安全生产标准化创建先进个人	省水利厅	2015.12
钟鼎平	全省农村水电站安全生产标准化创建先进个人	省水利厅	2015
熊吉明	全省水利工作优秀质量监督员	省水利水电工程质量与安全监督管理中心	2015.1
季存华	在丽水市“8.20”全流域抗洪灾中表现突出给予嘉奖	丽水市委、市人民政府	2015.2

1986—1990 年景宁水利水电系统获部级荣誉名录

表 9-4

姓 名	所在单位	籍贯	荣誉称号	授予时间	授予单位
胡庆圮	水电局	天台	水利工作二十五周年纪念	1986.5	水利电力部
叶永达	水电局	景宁	水利工作二十五周年纪念	1990.9	水利部
李 忠	水电局	景宁	水利工作二十五周年纪念	1990.9	水利部
李岳松	电力公司	景宁	水利工作二十五周年纪念	1990.9	水利部
李元超	电力公司	龙泉	水利工作二十五周年纪念	1990.9	水利部
叶先林	电力公司	景宁	水利工作二十五周年纪念	1990.9	水利部
任智富	电力公司	景宁	水利工作二十五周年纪念	1990.9	水利部
雷传育	小水电公司	景宁	水利工作二十五周年纪念	1990.9	水利部
季正栃	小水电公司	景宁	水利工作二十五周年纪念	1990.9	水利部
徐先和	小水电公司	丽水	水利工作二十五周年纪念	1990.9	水利部
刘美云	小水电公司	景宁	水利工作二十五周年纪念	1990.9	水利部
叶柳鑫	小水电公司	景宁	水利工作二十五周年纪念	1990.9	水利部

续表 9-4

姓　名	所在单位	籍贯	荣誉称号	授予时间	授予单位
严盛吉	电力公司	景宁	水利工作二十五周年纪念	1990.9	水利部
夏亿文	电力公司	景宁	水利工作二十五周年纪念	1990.9	水利部
周乃茂	水电局	景宁	水利工作二十五周年纪念	1990.9	水利部
兰启成	水电局	景宁	水利工作二十五周年纪念	1990.9	水利部
兰崇耕	水电局	景宁	水利工作二十五周年纪念	1990.9	水利部
周松亲	水电局	景宁	水利工作二十五周年纪念	1990.9	水利部
严振爱	水电局	景宁	水利工作二十五周年纪念	1990.9	水利部
李年丰	水电局	景宁	水利工作二十五周年纪念	1990.9	水利部
卢立平	小水电公司	丽水	水利工作二十五周年纪念	1990.9	水利部
陈吉仁	小水电公司	瑞安	水利工作二十五周年纪念	1990.9	水利部
季增胜	小水电公司	安徽	水利工作二十五周年纪念	1990.9	水利部
黄振鹏	电力公司	温州	水利工作二十五周年纪念	1990.9	水利部
洪仁水	电力公司	景宁	水利工作二十五周年纪念	1990.9	水利部
任传木	电力公司	景宁	水利工作二十五周年纪念	1990.9	水利部
刘常聪	电力公司	景宁	水利工作二十五周年纪念	1990.9	水利部

第二章　文献丛录

第一节　水利文件

景宁畲族自治县人民政府关于要求转报国家水利部命名景宁为“中国小水电之乡”的请示

景政〔2004〕17 号

浙江省水利厅：

景宁畲族自治县地处浙江省南部，东临青田县、文成县；南连泰顺县和福建省的寿宁县；西与庆元县、龙泉市交界；北与云和县、丽水市接壤。全境南北长58.8千米，东西宽73.3千米，总面积1950平方千米，耕地10.4万亩。山地269万亩，辖5个镇19个乡283个行政村，总人口17.2万，是全国唯一的畲族自治县，华东地区唯一的少数民族自治县。

景宁畲族自治县设立于1984年，由于历史、地理环境等原因，经济基础十分薄弱，1997年前是国家和省里重点扶持的贫困县，现在又是省委、省政府确定的欠发达山区县。历届县委、县政府为了带领全县人民摆脱贫困，苦苦探索着发展经济的路子。20世纪90年代初，县委、县政府提出了“水电兴县”的战略，制定了一系列开发小水电的优惠政策，推行多渠道、多层次、多形式股份制办电的办法。通过十多年的努力，水电产业从无到有，从小到大，已成为景宁经济的一大支柱产业。到目前为止，全县已建成水电站115座，装机20万千瓦，全年发电量达5.5亿千瓦时，实现年产值1.9亿元，创税利3000万元。目前，我县在建电站34座，装机8.139万千瓦，待开发36座，31.083万千瓦。全部项目完成，全县电站可达181座，装机57.6万千瓦，每年创税达1亿多元。如果加上大均流域梯级开发(装机可达20万千瓦以上)，规模效益更加可观。水电产业的发展，无疑增强了我县的造血功能，增加了农民收入，加快了地方经济的发展。如今，景宁17万人口中，有近1万人是小水电企业股东，受益人口达5万人。小水电项目的发展带动了关联产业的发展，推动了农村工业化和城市化的步伐。同时，我县的小水电业主还积极参与开发西部的水电资源，据不完全统计，我县有70多位小水电业主，到西部10多个省、47个县投资开发小水电，投资额达40多个亿，装机100多万千瓦。

目前，我县申报“中国小水电之乡”的条件已经成熟，现恳求省水利厅转报国家水利部将景宁畲族自治县命名为“中国小水电之乡”。

以上请示妥否，恳请批复。

附：浙江省景宁畲族自治县申报“中国小水电之乡”资料

景宁畲族自治县人民政府

二〇〇四年四月九日

水利部司局文件

水电办〔2004〕48 号

关于授予浙江省景宁畲族自治县“中国农村水电之乡“称号的通知

浙江省水利厅：

你厅《关于景宁畲族自治县申请“中国农村水电之乡“的请示（浙水电〔2004〕17 号收悉。

景宁畲族自治县是全国唯一的畲族自治县，曾是国家重点扶持的贫困县，景宁县委、政府于二十世纪九十年代初提出了“水电兴县”的战略，在国家的扶持下，经过十多年的努力，水电产业从无到有、从小到大，已成为景宁经济的一大支柱产业，全县三分之一的财政收入直接来自于农村水电。到目前为止，该县已建成水电站 115 座，装机 20 万千瓦，全年发电量达 5.5 亿千瓦时，在建电站 34 座，装机 8.139 万千瓦，近年在西部 10 多个省，47 个县投资开发农村水电，装机达 100 多万千瓦，投资额达 40 多个亿。

鉴于景宁县发展农村水电取得的成就，特授予浙江省景宁畲族自治县为“中国农村水电之乡”称号。

水利部农村水电及电气化发展局

二〇〇四年九月三日

景宁畲族自治县人民政府办公室文件

景政办发〔2007〕126号

景宁畲族自治县人民政府办公室关于印发
景宁畲族自治县农村饮用水项目和资金管理办法的通知

各乡镇人民政府、管理区，县直属各单位：

《景宁畲族自治县农村饮用水项目和资金管理办法》已经县政府2007年度第十次常务会议通过，现印发给你们，请认真贯彻执行。

景宁畲族自治县人民政府办公室

二〇〇七年十二月二十八日

景宁畲族自治县农村饮用水项目和资金管理办法

第一章 总 则

第一条 为加强农村饮用水项目和资金管理，确保项目建设按计划完成，充分发挥工程效益。根据国家、省有关规定，结合我县农村饮用水项目建设的实际，特制定本办法。

第二条 本办法适用于列入县及县以上的农村饮用水项目。

第三条 农村饮用水项目是指：为解决农村饮用水困难和改善农村饮用水水质，以地方自筹为主，财政适当补助资金，鼓励民间资本等多渠道资金投入兴建的农村水源工程、引水工程、净水工程、输配水工程等项目。

第四条 按农村饮用水现状，饮用水工程项目分改善项目和解困项目两类：

改善项目指现有镇(乡)、村水厂供水水质、供水保证率达不到标准的改、扩建或新建项目和供水能力富余的镇(乡)、村水厂，向周边农村延伸管网的建设项目。

解困项目指人均日生活供水量少于60升，难以建设镇(乡)或跨行政村的集中供水工程而由行政村、自然村或农户为单元建设的小型或微型饮水设施。

第五条 饮用水项目建设坚持"全面规划、统筹兼顾、突出重点、效益优先"的原则。

第六条 饮用水项目的水源水质应符合《地表水环境质量标准》(CB3838)和《生活饮用水水源水质标准》(CJ3020)的要求。水源水质不符合上述要求的，不能直接作为生活饮用水水源。受水源、技术、管理等条件限制的供水工程，生活饮用水水质应符合《农村实施(生活饮用水卫生标准)准则》的要求。农村饮用水水源的选址要遵循"水量充足、水质良好、便于防护"的原则，由业主单位委托有资质部门检测，县及县以上水行政主管部门、卫生行政主管部门确定。

第二章 前期管理

第七条 农村饮用水项目应编制初步设计，初步设计应以《景宁县"十一五"农村饮用水安全工程规划》为依据，由相应专业设计资质的单位编制，严格按国家解决农村饮用水标准及相关工程技术规范实施。日供水规模小于1000吨或内容单一(如城镇水厂的管网延伸等)的项目可适当简化，可编制工程建设实施方案。

第八条 初步设计审批实行分级管理。投资规模在1000万元以下的项目由县水行政主管部门审核，报县投资主管部门审批；1000元万以上3000万元以下的项目初步设计由市水行政主管部门审核，报市投资主管部门审批；3000万元以上的项目初步设计报省水利厅审核，报省投资主管部门审批。

第九条 申请列入县及县以上专项补助资金计划的农村饮用水项目，项目法人或建设单位应提出申请上报县水行政主管部门。财政部门、水行政主管部门按照轻重缓急、建设条件、符合财政专项资金补助要求的原则，共同筛选项目后，联合下达实施计划。

第三章 建设管理

第十条 农村饮用水项目建设应实行项目人（或业主）负责制，项目法人对工程的资金筹措与使用，工程的质量、安全、进度及投资效益等全面负责。

第十一条 投资规模在50万元以上的农村饮用水项目建设实行招投标制确定施工单位。招标工作按照省市有关法律、法规和规定执行。

第十二条 投资规模在50万元以下的农村饮用水项目，依《景宁畲族自治县招投标管理办法（试行）》执行。施工投标单位应具有水利水电工程施工三级及以上资质或具备相应等级的市政工程施工企业资质。

第十三条 中标单位应严格履行施工合同，精心组织施工，不得将工程转包或违规分包。主要材料设备进行集中招标采购，把好材料设备采购关，严禁不合格产品进入农村饮用水工程。

第一四条 投资规模在50万元以上的饮用水项目实行建设项目监理制和工程质量监督制。依照《景宁畲族自治县招投标管理办法（试行）》选择监理单位。

第十五条 饮用水工程实行月报表制度，报表由项目法人或建设单位报送县水行政主管部门，由县水主管部门汇总后报相关部门。

第四章 资金管理

第十六条 农村饮用水项目建设资金应采取多渠道等筹措方式，鼓励民间资本参与投资、建设和经营。工程建设资金由县级以上财政（包括中央、省、县）补助资金、受益乡（镇）、受益村筹资、以劳折资等组成。

第十七条 专项补助资金必须按规定用于列入县及县以上计划的农村饮用水项目，不得截留、挤占和挪用。县财政部门、审计部门负责资金使用监督、审查；项目法人或业主要严格按照财政部门。水行政主管部门联合下达的实施计划及时开展工程项目建设，确保项目资金合理使用。

第十八条 县水行政主管部门在会计核算中心设立农村饮用水项目专项

资金专户，采取专人、专账、专项管理，实行资金封闭运行。加强专项资金监督管理，坚持资金到项目，核算到项目，充分发挥资金的使用效益。

第十九条 项目资金按实际完成工程量分批拨付，由县水行政主管部门拨付项目资金。在完成工程量20%后，由项目法人或业主提出拨付资金申请，报水行政主管部门审核批准后支付工程款（预付工程款不超过实际工程量的70%），工程竣工决算审计合格后，拨付扣除质量保证金（原则上按10%工程计）后的工程余款。

第二十条 县及县以上专项补助资金用于农村饮用水项目中的供水主干管和土建工程等工程建设，到户分管费用由受益户承担。

第二十一条 列入县及县以上专项资金补助计划的农村饮用水项目，项目法人或建设单位无正当理由，两年内没有实施建设的，取消项目专项补助资金计划。

第五章 验收管理

第二十二条 项目建成后，项目建设单位应及时进行总结和自验，并向县水利主管部门、财政主管部门提出验收申请，由县水行政主管部门会同投资主管部门、财政主管部门、卫生主管部门组织验收。

第二十三条 农村饮用水项目按照《浙江省千万农民饮用水工程项目验收办法（试行）》进行验收。农村饮用水项目申请验收时，项目建设单位应提交下列资料（投资规模50万以下农村饮用水项目可适当简化）：

（一）工程验收申请报告；

（二）项目设计资料及批复文件；

（三）工程决算报告及竣工图纸；

（四）出水水质检验报告；

（五）质量评定报告、工程设计报告、工程施工报告、工程建设总结报告和工程试运行报告；

（六）解困项目实施情况反馈意见表；

（七）反映工程建设的相关照片资料；

（八）工程运行管理制度和机构；

(九)其他资料(一事一议决议书、自筹资金证明、公示制度等)。

第六章 建后管理

第二十四条 项目验收合格后应及时办理移交手续，根据工程类型和规模,明确产权归属和管理方式,落实管理主体和人员,确保工程充分发挥效益。建立健全工程维护、水源保护及用水、节水、水费计收、卫生管理等各项规章制度并报水行政主管部门备案。

第二十五条 农村饮用水工程应实行有偿供水,按照“补偿成本、合理收益、优质优价、公平负担”的原则制定水价,并实行公告制度。供水价格按工程运行成本核算,报县物价主管部门审核批准。供水价格不得低于县城供水价格的 1/3。

第二十六条 县人民政府根据各地规范饮用水管理情况给予适当补助饮用水维护费用,原则上每个用水人口每年补助 10 元,资金从水利建设资金中予以安排。

第二十七条 较大规模的集中供水工程原则设立供水站统一运行管理,供水站实行企业化管理。

第二十八条 水行政主管部门要及时与有关部门共同划定供水水源保护区和供水工程管护范围,制定保护办法,防止供水水源受到污染。

第二十九条 卫生行政主管部门要加强饮用水水质监督管理，定期抽样检测,确保工程受益范围内生活饮用水水质达到《农村实施(生活饮用水卫生标准)准则》的要求。

第三十条 各部门、乡(镇)要宣传、贯彻饮用水水源保护的法律、法规,加强水源保护和水质监测,确保群众饮用水安全。

第七章 附 则

第三十一条 本办法自发文日起试行。

景宁畲族自治县人民政府文件

景政〔1994〕100号

关于加快开发我县小水电资源的意见

各镇、乡人民政府，县政府各部门，县属各企事业单位：

我县水利资源十分丰富，开发小水电具有得天独厚的优越条件，境内水利资源理论蕴藏量为66.62万千瓦，可开发量53.04万千瓦，目前只开发利用了2.68%。开发潜力大，前景十分广阔。加速发展水电事业，对缓解我县电力供需矛盾，保证经济发展，转资源优势为商品优势，具有十分重要意义。根据中央、省、地发展小水电的有关文件和政策，结合我县实际，就进一步加快我县小水电资源的开发提出如下意见：

一、根据我县工业基础底子薄，随着经济发展，电力供需矛盾日益突出，而水力资源十分丰富的县情，坚持“以开发本地资源为主，以大网补充调节为辅”的能源基础工业发展战略思想，坚持在努力争取国家投资开发的同时，广开资金渠道，动员全社会的力量兴办小水电的“两条腿走路”方针，多渠道、多层次、多形式的办电方法，逐步解决我县电力供需矛盾。

二、县水电局是县政府的水行政主管部门，为促进我县小水电快速、健康发展，必须十分重视和加强对全县小水电的规划、设计、审批、建设和管理全方位的服务性工作。水电开发必须符合流域规划，合理布局，要积极引导兴建一批能调峰的龙头水库工程，兼顾防洪、灌溉、供水、水产、生态环境等综合效益的水电项目。新建、增容的水电站按规定程序报县水电局审批、县计经委立项。

三、拓宽建设资金筹集渠道：

1.建立县小水电发展资金。其来源包括：(1)县财政预算外以电养电资金的50%；(2)按规定征收的提高电价部分的20%的资金；(3)农田水利事业费中的小水电专项经费；(4)征收水利发展基金的一部分；(5)其它来源。上述基金由县财税部门专项管理，实行有偿使用，滚动发展，主要用于小水电的前期工作和工程建设。

2.坚持贯彻“多家办电”的方针，实行“谁投资，谁所有，谁收益”的政策，积极鼓励各部门、单位和个人集资兴建股份合作制水电站。工程建设中的土地占用补偿费、水库淹没损失费、勘测设计费、施工单位工程建设管理费、群众投劳以及设备等均可入股。

3.积极引进县外资金，凡来我县投资兴建电站的单位和个人，予以优质全方位服务，并按投资比例拥有产权，分取利润长期不变。

四、原有水电站确无经营能力，亏损严重，可在清产核资基础上，经县主管部门批准同意可拍卖抵债，可长期租营，也可按投资渠道比例形成股份合作制经营。国有资产的处置，应报县国有资产管理办公室批准。需挖潜改造时，在清产核资界定产权的基础上也可实行股份合作制。

五、根据浙江省人民政府浙政〔1993〕267 号《关于加快水利改革促进水利发展的通知》，农村小水电电价要实行与大电网同电同价，同质同价。现结合我县实际适当调整上电网电价：

1.1989 年底前建成的水电站年平均上网价按 0.20 元/千瓦时结算。

2.1990 年后新建、增容改造水电站年平均上网电价按 0.30 元/千瓦时结算。

3.对具有一定水库库容，并能在县电网中起调峰作用的水电站，其上网电价为 0.39 元/千瓦时。

4.提价后增收部分资金，不计入原承包经营合同基数，除上交规费外，首先用于还贷。

5.以上电价调整从一九九四年八月一日起执行。

六、联入大电网的电站，应服从电网调度，电力部门要予以大力支持，并做好电量代销工作，采取积极态度，千方百计为电站提供方便。

七、优惠政策：

1.新建电站，自发电之日起免征地方税 5 年，5 年后确因有困难的，经税务部门批准，可继续给予免征或减征。增值税地方收入部分先征后返 2 年，所得税前 3 年免征，后 2 年减半征收。

2.新建电站减征或免征小水电发展基金和管理费3年。

3.鉴于水电站建设投资大，回收年限长，金融部门每年应拿出一定额度资金支持小水电建设。县水电局每年安排一定的小水电发展基金用于贷款贴息，扶持小水电建设。

4.小水电建设所占用林地、土地，林业、土管部门要简化审批手续，各种规费应予优惠；使用林地实行减征或免征；使用园地、耕地在有偿有限期使用的基础上，可以减收或免收出让金。

开发水电是一项利国利民事业，是我县经济发展关键所在，但又是一项复杂的社会性工程，县水电、电力、计经委、财税、物价、金融、林业、土管及资源所在地的乡、镇政府必须全力以赴给予大力支持和帮助。

景宁畲族自治县人民政府

一九九四年八月十二日

景宁畲族自治县人民政府文件

景政〔1991〕125号

关于公布《景宁畲族自治县取水许可登记发证暂行规定》《景宁畲族自治县划定水工程管理和保护范围的规定》和《景宁畲族自治县水政监察组织工作章程》等三个规范性文件的通知

各区公所，各镇、乡政府，县府各部门，县属各企事业单位：

为贯彻实施《中华人民共和国水法》和《浙江省实施（中华人民共和国水法）办法》，实行依法治水，加强水工程管理和保护，建立和维护正常的水利秩序，充分发挥水利的综合效益，促进我县的经济发展。根据国家和浙江省水法规及本县实际情况，现公布《景宁畲族自治县取水许可登记发证暂行规定》，《景宁畲族自治县划定水工程管理和保护范围的规定》和《景宁畲族自治县水政监察组织工作章程》，并予以公布，请认真贯彻实施。

景宁畲族自治县人民政府

一九九一年十一月二十六日

景宁畲族自治县取水许可登记发证暂行规定

第一条 为加强水资源的统一管理，促进水资源的合理开发、利用和保护，加强用水管理，实行计划用水，保护取水合法权益，根据《中华人民共和国水法》第三十二条和《浙江省实施（中华人民共和国水法）办法》第四十五条及浙江省取水登记规定，制定本规定。

第二条 凡在本县境内从河流、水库或地下取水的实行取水许可，按规定办理取水许可申请登记、审批发证手续。家庭生活取水、牲畜饮用水和其他非经营性少量取水的，不需申请取水许可。

第三条 县水利电力局负责全县取水许可的实施和管理，县水政水资源管理站负责办理取水登记、发证工作。

取水单位和申请办理取水许可时，应同时提交关于取水水源、地点、水量、设施和水污染防治措施等有关文件及设计资料，登记发证机关依法进行审批。

第四条 凡在本规定施行前，已在上述规定所在范围内取水的或扩大取水量的单位和个人应补办申请取水登记、发证手续。

第五条 新建、扩建、改建的建设项目需要申请取水许可的或扩大取水量的单位，须先办理取水申请登记，经审查批准后，才能进行取水工程的施工，工程竣工合格后，发给取水许可证。

第六条 登记发证机关根据登记者提交的取水登记表及有关文件资料进行审核，并根据需要进行现场核实或测试。对不适当的取水许可申请，有权进行调整或不予办理。

审核的主要内容：

（一） 取水用途是否与批准的一致；

（二）取水量是否合理；

（三）是否具备取水设施或有效的计量方式；

（四）水污染防治措施是否良好。

第七条 经批准许可的取水权益受法律保护，因自然原因或其他特殊原因引起水源紧缺时，登记发证机关应按规定供水顺序，统筹安排、对有关单位和个人的取水量进行调整，受调整的单位或个人必须服从。

第八条 登记发证机关按规定收取有关费用，同时必须到县物价局申领《收费许可证》，实行亮证收费。取水单位应按规定交费。

第九条 取水单位和个人违反取水规定或非法转让取水许可证的、拒绝或妨碍按规定检查的，登记发证机关有权责令其停止取水，采取补救措施，赔偿损失，可以并处警告和二千元以下罚款。

第十条 本规定由县水利电力局负责解释。

第十一条 本规定自发布之日起施行。

一九九一年七月十五日

景宁畲族自治县水政监察组织工作章程

第一章 总 则

第一条 为了加强对水政监察员的管理，充分发挥水政监察员在水利执法中的作用，依法治水、管水，建立、维护水政秩序，保证公民、法人和其他组织的合法权益，特制定本章程。

第二条 县水行政主管设置水政监察机构，建立水政监察队伍。

县水政水资源监察管理站是专职执法机构，统一管理队伍的建设，对水政监察员的工作进行指导、检查、监督。

第三条 水政监察员是水行政主管部门行使行政执法的代表，履行《水法》所赋予的职权，按照规定的范围依法实施水政监察。

第二章 水政监察员

第四条 水政监察员实行专职兼职结合。县水行政主管部门、基层水利电力管理站和主要水利工程管理单位设专职或兼职水政监察员。

第五条 水政监察员分：主任水政监察员、副主任水政监察员、水政监察员、助理水政监察员。

第六条 水政监察员考核和任命：

主任水政监察员、副主任水政监察员由县人民政府考核任命，报上一级水行政主管部门备案；水政监察员、助理水政监察员由县水利电力局考核任命。

第七条 水政监察员任期三年，但可以连任。不胜任或调离岗位，由原任命机关随时免去其监察员职务，收回有关证件。

第八条 水政监察员条件：

1.热爱水利事业，从事水利工作三年以上的技术、管理干部；

2.具有初中以上文化程度，经过法律基础知识培训和考核，有一定的政策水平；

3.作风正派，坚持原则，秉公执法，办事公道；

4.掌握水利管理知识，有一定的组织能力和管理能力。

第三章　水政监察员职权

第九条　水政监察员职责：

1.宣传、贯彻、实施水法法规以及有关规定；

2.维护本县水事活动的正常秩序、依法保护水资源、水域、水工程以及其他有关设施；

3.在本县范围内对水事活动进行监督检查，对水事违法行为依法进行行政裁决、行政处罚或者其他行政措施；

4.配合司法机关查处水事治安刑事案件。

第十条　水政监察员在执行公务时：

1.应进行现场检查、取证；

2.要求被调查的单位和个人提供有关情况和材料；

3.询问当事人和有关证人，作出笔录；

4.依法制止不法行为，并采取防止造成损害的处置措施；

5.对违法行为和侵权行为依法作出行政裁定、行政处罚或其他行政措施；

6.配戴必要的现场取证的装备。

第十一条　水政监察证件由县人民政府核发。

第十二条　各级水政监察员应严格依照水利部《违反水法规行政处罚暂行规定》和《违反水法规行政处罚程序暂行规定》办理水事案件，依法行使职权。

第十三条　水政监察人员应当做到:

1.实事求是，严格依法办事；

2.忠于职守，不徇私情，不滥用职权；

3.服从领导、团结协作，保守机密；

4.努力学习、掌握法律武器，提高政策业务水平。

第四章　附　则

第十四条　本章程由县水利电力局负责解释。

第十五条　本章程自发布之日起施行。

一九九一年七月十五日

景宁畲族自治县划定水工程管理和保护范围的规定

第一条 为了加强水工程的管理和保护，确保水工程和人民生命财产安全，充分发挥工程效益，根据《中华人民共和国水法》《浙江省实施〈中华人民共和国水法〉办法》和有关水法法规，结合本县实际，特制定本规定。

第二条 本规定适用于全县范围内的中小型水库、山塘、河道、堤防、水电站、机电排灌站和渠道堰坝等工程。

第三条 管理范围是管理单位依法直接管理区域，确定为水利工程使用的土地范围。凡属国家所有的水工程管理范围内，土地所有权属国家所有，使用权属于水工程管理单位。管理范围涉及集体所有的土地，划定时应有县级以上土地管理部门依法办理土地征用和审批手续。划定管理范围有困难的，可以先确定管理范围预留地，预留地内土地所有权和使用权不变。

保护范围是指在管理范围以外，为保护水工程安全所需而划定的范围。国家所有的水工程的保护范围内，土地所有权和使用权不变，水工程管理单位与当地村民委员会及有关单位签订保护协议。

第四条 水工程管理范围和保护范围内，禁止进行爆破、打井、采石、取土、建窑、开沟、埋坟、建房等危害水工程安全的活动。如确因建设需要，须经县水利电力局批准。

各村已将坝坡、坝顶及渠岸当作自留地分给农户种植或擅自垦种的，都应限期收回，停止垦种。

第五条 水工程的管理和保护范围的划定实行分级负责的原则；县管的水工程由水利电力局负责；跨区镇受益的水工程由有关区镇负责；跨乡受益的水工程由所属区公所负责；两个以上村共同受益的水工程，由所在乡镇人民政府负责；凡一个行政村受益的水工程，由村民委员会负责。

第六条 水库工程管理和保护范围

（一）中型水库

坝区管理范围，大坝的两端水平距离不小于100米范围，大坝背水坡坝脚线以外不少于100米的地带。坝区保护范围，在管理范围以外100米至200米的地带。

库区管理范围，为已征用和长期使用的地带或库区设计移民线以下区域。

（二） 小(一)型水库

坝区管理范围，为大坝的两端距坝端水平距离50至100米的地带，及大坝背水坡坝脚线以外50至100米的地带。坝区保护范围，在管理范围以外100米地带。

库区管理范围，为已征用和长期使用的地带或校核洪水位线以上2米的区域。

（三）小(二)型水库

坝区管理范围，为大坝两端以山脊线为界或距坝不少于20米的水平距离地带。及大坝背水坡坝脚线以外10至20米的地带。坝区保护范围，在管理范围以外20米地带。

第七条 防洪堤工程管理和保护范围

鹤溪流域防洪堤和各支流重要地段防洪堤坝的管理范围为背水坡脚以外2至3米的护堤地，保护范围为护堤地以外5米的地带。

其他防洪堤工程管理范围参照划定，不设保护范围。

第八条 水电站管理范围

总装机容量在75千瓦以上的电站，其管理范围为四方位距建筑物最近点外延50米的地带；装机容量在75千瓦以下的非并网电站，参照划定管理范围。

上述管理范围包括厂房、前池、输变电设施及厂区的有关建筑物。保护范围参照1987年9月15日国务院发布的《电力设施保护条例》执行。

第九条 重点渠道工程的管理范围

1.半填半挖渠道

开挖侧顶缘线外延2至5米，填方侧渠堤背水坡脚线外延1至3米。

2.挖方渠道

两侧开挖顶缘线外延2至5米。

3.填方渠道

两侧渠堤背水坡脚线各延1至3米。

第十条 堰坝的管理范围为堰坝上下游各 10 至 20 米，坝两端各 5 至 10 米的范围。

第十一条 上述各类水工程，凡过去已划定管理和保护范围并达到或超过要求的，不再另行划定。

按规定的标准划定管理范围时，依照《土地管理法》的有关规定办理土地申报、登记、发证手续，确定土地所有权和使用权；对划定和征用土地确有困难的，应采取必要的工程措施及扩大保护范围等补救办法，水利工程管理单位应先报请县水利电力局批准。

按规定的标准划定保护范围时，由水利工程管理单位与土地所有权单位按照有关规定签订保护协议或责任书。

第十二条 凡未列入上述工程范围的小山塘水库、小机埠、小堰坝等工程的管理和保护范围由各受益单位自行确定。

第十三条 为保护水工程安全，禁止在管理和保护范围内进行任何危害工程安全的活动，如有违反，由县水政监察管理站按有关规定作出处理和处罚，对情节严重构成犯罪的，由司法机关依法追究刑事责任。

第一四条 本规定由县水利电力局负责解释。

第一五条 本规定自发布之日起施行。

一九九一年十月十五日

景宁畲族自治县人民政府办公室文件

景政办发〔2012〕137号

关于切实加强水土保持工作的实施意见

各乡镇人民政府、街道办事处、县政府直属各单位：

水土保持是必须长期坚持的一项基本国策，是生态文明建设重要内容，是山区发展的生命线。为认真贯彻落实《中华人民共和国水土保持法》，切实加强水土保持工作，推进我县生态文明建设，提出如下实施意见：

一、增强水土保持责任意识

加强开发建设项目水土保持工作，控制水土流失，改善生态环境，是贯彻落实科学发展观、建设生态文明的重要措施。各乡镇、各部门要统一思想、提高认识，从经济社会可持续发展的战略高度，充分认识水土保持工作的重要性和紧迫性，进一步增强做好水土保持工作的紧迫感和责任感，正确处理好解决建设与水土保持的关系，切实做好本辖区、本行业的水土保持工作。

二、完善水土保持发展规划

（一）加强水土流失工作调查研究，划定我县水土流失重点预防区和重点治理区。确定自然保护区、饮用水源保护区、水源涵养区、河道水库管理及保护范围等区域为水土流失重点预防区；确定崩塌滑坡危险区、泥石流易发区、坡度较大的园地、经济林地分布集中地等区域为水土流失重点治理区。

（二）加强水土流失重点预防区和重点治理区监管，预防为主，防治结合严格落实开发建设项目水土保持“三同时”制度。凡可能造成水土流失的开发建设项目，必须采取措施防治水土流失，水土保持设施必须与主体工程同时设计、同时施工、同时投入使用。

（三）在水土流失调查成果及水土流失重点预防区和重点治理划定基础上，对《景宁畲族自治县水土保持规划》进行修编，将水土保持规划确定的目标和任务纳入国民经济和社会发展规划。

三、严格水土保持监督管理

(一)凡在景宁辖区从事有可能造成水土流失的生产建设项目,必须编制水土规划,并报相应水行政主管部门审批。其中,审批制项目,在报送可行性研究报告前完成水土保持方案报批手续;核准制项目,在提交项目申请前完成水土保持方案审批手续;备案制项目,在办理备案手续后,项目开工前完成水土保持方案报批手续。

(二)对不按规定申报水土保持方案的生产建设项目,发改部门不予立项和核准(备案制的,将备案通知书抄送水行政主管部门),环保部门不予审批环境影响报告,国土资源部门不予办理用地手续或者发放采矿许可证,规划、建设等有关部门不予办理规划许可、施工许可证。

(三)对依法应当编制水土保持方案的生产建设项目,未编制水土保持方案或者编制的水土保持方案未经批准而开工建设的,由县水行政主管部门责令停止违法行为,限期补办手续;逾期不补办手续的,按《中华人民共和国水土保持法》相关规定予以处罚。

(四)生产建设项目的水土保持设施,必须实行与主体工程同时设计、同时施工、同时投产使用的"三同时"制度,生产建设项目施工验收时,必须由水行政部门先行或同时验收水土保持设施。

(五)环保、国土、住建部门应当把水土保持设施验收纳入相关生产建设项目验收的前置条件,水土保持设施未经验收或者验收不合格,生产建设项目不得投产使用;擅自投产使用的,县水行政部门责令停止生产或者使用,直至验收合格。

(六)县水行政主管部门要切实履行工作职责,加强水土保持方案实施情况的监督检查,定期或不定期组织执法,提高水土保持方案的实施率和水土保持设施验收率。

(七)有水土流失监测任务的生产建设项目,必须依据批准的水土保持方案由建设单位设立监测点,对生产建设活动造成的水土流失进行监测,并将监测情况上报水行政主管部门。

(八)各相关部门要明确责任领导和责任人,将水土保持方案和水土保持设施审批验收纳入行政审批前置条件,并严格执行,对违法违规办理审批手续的单位给予通报批评，并追究相关责任人责任。

四、加快水土流失治理步伐

(一)落实治理经费，积极争取国家和省级政府水土保持治理经费，及时征收水土保持补偿费，积极鼓励社会资金投入水土流失治理。

(二)分解治理任务，按照省、市下达给我县的水土流失治理年度目标，逐年完成水土保持治理任务。

(三)重视科研推广，各相关部门要重视本行业生产建设项目，水土流失防治的技术研究。科技、财政等部门要对水土保持科研和推广项目给予支持。

五、加强水土保持宣传培训

各相关部门要普及水土保持科学知识，增强生活公众对水土流失危害的忧患意识和水土保持法律意识。以《中华人民共和国水土保持法》为重点，充分利用电视、广播、报刊等新闻媒体和户外广告，加强宣传，为水土保持监督管理工作营造良好的舆论氛围。

六、加大水土保持执法力度

县水行政主管部门要切实履行水土保持的工作责任，加强水土保持执法队伍建设，加大执法力度，严肃查处各类违反水土保持法律法规的行为，按照生态文明县建设的要求，依据《中华人民共和国水土保持法》对各类开发建设项目实行全程监督，杜绝违法案件发生。

景宁畲族自治县人民政府办公室

二〇一二年十一月四日

景宁畲族自治县小水电企业协会章程

第一章　总　则

第一条　景宁县小水电协会是由境内从事水力发电生产经营的企业和有关企事业本着自由、自愿原则组织的社会团体，并报经民政部门依法批准登记。协会主管部门为县水利水电局，业务上受县水利水电部门的监督指导，常设机构在县水电局内。

第二条 协会的宗旨是坚持以马列主义、毛泽东思想和邓小平理论为指导，严格遵守国家的法律、法规，积极学习党和国家的方针、政策，认真贯彻实施国家和上级主管部门的水电行业政策，结合我县小水电企业的发展情况和特点，在主管部门的指导下，开展各种形式的活动，切实维护小水电企业的合法权益，为协会会员服务，为政府部门和社会服务，努力提高小水电企业的管理水平和经济效益，推动小水电健康发展。

第三条 协会的主要职能（工作任务）

1.认真学习上级有关小水电政策，结合我县实际和特点，深入开展调查，提出有关小水电政策和立法方面的意见和建议，供政府决策部门参考。

2.经主管部门同意和授权进行行业统计、收集、分析、发布行业信息；参与行业内项目开发、建设、规划、质量管理和监督等工作。

3.反映会员要求，维护会员权益，争取国家给小水电的优惠政策得到实施。

4.宣传党和国家的政策、法律、法规，使本行业明确企业的权利和义务，促进行业文明经营和守法经营。

5.开展行业间的技术交流和管理经验交流；受委托组织进行科技成果鉴定和对小水电企业工作人员进行上岗技术培训；积极推广应用新技术、新产品、新工艺。

6.组织贯彻实施国家标准和行业标准，制定并监督执行本区域行规行约，规范行业行为，协调会员单位，维护公平竞争。

7.开展政策、技术咨询、指导、帮助所属企业改善经营管理，对企业内部重大的技术改造、技术引进、设备维护和检修等实行跟踪服务，为企业排忧解难。

8.发展行业和社会公益事业，积极参与政府部门组织的社会政治和经济活动，及时沟通政企情况，为政府当好参谋和助手。

9.指导和配合企业搞好安全生产，消除一切可能出现的事故隐患，进一步促进企业物质文明和精神文明建设。

10.承担主管部门委托的其他任务。

第二章 会 员

第四条 凡承认并愿意遵守本会章程，在我县境内的小水电企业以及与小水电事业相关的企业和部门，均可申请入会。

第五条 坚持“入会自愿、退会自由、会员平等、民主协商”原则，入会和退会均应按规定须办理有关手续。

第六条 入会程序

1.由企业或单位自愿申请，并填写入会申请书；

2.由理事会批准后，即为本会会员；

3.会员由协会发给会员证。

第七条 会员的权利

1.有对协会内部重大事项的表决权.选举权和被选举权；

2.有参加协会工作的建议权、知情权、监督权；

3.有参加协会举办的活动和优先取得有关科技、管理资料的权利；

4.有享受协会提供的各项服务的权利；

5.有提请协会保护其合法权益不受侵害的权利。

第八条 会员的义务

1.遵守协会章程，执行协会决议，维护协会的共同利益；

2.积极参加协会组织的各项活动，承担协会委托的工作；

3.关心和支持协会工作，及时向协会反映情况，提供信息；

4.按时按规定缴纳会费。

第九条 会员可申请退会。会员如严重违反协会章程，不履行义务，经劝告无效者，经理事会讨论批准，可劝令其退会或予以除名。

第三章 组织机构

第十条 本协会设理事会和秘书处。

第十一条 协会的组织原则是民主集中制，协会的最高权力机构是会员大会。会员大会一般每年召开一次，必要时可提前或延期召开；会员大会须过半数会员出席方为有效；会员决议经参加会议二分之一以上会员表决通过方为有效。

第十二条 会员大会的职责

1.确定协会的工作方针和任务；

2. 审定和批准理事会的工作报告和财务报告以及讨论和决定协会的重大

问题；

3.制定、修改协商章程；

4.选举新的理事会。

第十三条 理事会是会员大会闭会期间的执行机构；理事会一般每季召开一次；理事会须由过半数的理事出席方有效；理事会所作出的决议须经参加会议人员三分之二以上理事通过方为有效。

根据协会工作需要，理事会可聘任协会的名誉会长、顾问。

第十四条 理事会的职责

1.执行会员大会的决议；

2.制定协会年度工作计划及组织会员开展活动；

3.筹备会员大会，并负责向会员大会报告年度工作；

4.指导协会工作机构开展日常工作；

5.定期核定和管理协会财务工作；

6.汇集会员的建议、意见，及时向有关部门反映，争取获得解决；

7.审批会员入会申请和处理会员退会工作。

第十五条 会长、副会长、秘书长以及理事会成员由会员大会选举产生，会长为协会法人代表。

第十六条 会长的主要职责

1.主持协会的全面工作；

2.召开理事会和主持会员大会；

3.落实协会各项工作，明确分工，建立内部管理机制，制定岗位责任制；

4.建立和完善内部监督机制。

第十七条 理事会组成人数按会员单位总数的25%~30%比例额组成，协会设会长1人，副会长3~9人，秘书长1人，理事10~25人。每届任期五年，办公室是协会的常设机构，在理事会领导下负责处理协会日常事务。

第四章 经 费

第十八条 协会经费来源

1.会员每年按规定缴纳会费（会费缴纳标准为：500千瓦及以下电站每千

瓦2元/年；500千瓦以上电站每千瓦1.5元/年；2000千瓦以上电站每千瓦1元/年）。新增县网外会员单位年会费按协议办法收取；

2.个人、企业、有关事业单位、社会的赞助；

3.协会从事有关技术咨询服务和经济活动的收入；

4.其他收入。

第十九条 协会的经费支出

1.协会各项活动的必要开支；

2.常设机构的办公及相关费用；

3.编印信息咨询所需费用和订购报刊、杂志等开支；

4.其他必要的开支。

第二十条 经费由秘书处设立财务专户进行管理和使用，定期向理事会作出收支情况汇报。

第五章 协会终止程序

第二十一条 协会因故需终止时，按以下程序办理：

1.经理事会研究提出意见，会员大会审议通过并作出决议；

2.对协会现有财产、债权、债务依法清算，并按有关规定办理；

3.协会终止决议、财产及债权债务清算资料报送主管部门审查，并向原登记单位注销。

第六章 附 则

第二十二条 协会章程在执行过程中，可根据需要进行修改和补充，由理事会提出意见，经会员大会讨论批准后实施。

第二十三条 协会章程自会员大会讨论通过之日起生效，解释权属理事会。

第二十四条 本章程如有与国家现行法律、法规相抵触的，一律以国家法律、法规为准。

二〇〇六年十月十八日

第二节 论文选刊

景宁历史上有关水利水电方面的论著无处可查，现仅选取2004年以来撰写并在省、部级刊物发表过的论文8篇。

农村水电成为景宁经济社会发展顶梁柱

浙江省景宁畲族自治县小水电协会 任启年

浙汇省景宁畲族自治县是1984年经国务院批准设立的全国唯一的畲族自治县，地处浙江省西南部，面积1950平方千米，总人口17.9万人。该县成立当年，工业总产值仅2542万元，财政收入254万元，是国家级贫困县，也是典型的山区县。境内河流属瓯江、飞云江两大水系，水能资源丰富，理论蕴藏量66.62万千瓦，可开发量53.04万千瓦，占浙江省的1/10。景宁畲族自治县成立时，全县小水电装机只有6845千瓦，年发电量2711万千瓦，工农业生产、人民生活用电十分困难。县委、县政府从上世纪80年代中期着手规划、建设小水电，到2003年底，全县已建成小水电站109座，18.02万千瓦，形成固定资产10亿元，年发电量5.26亿千瓦时，年产值1.9亿元，占全县第二产业4.57亿元的41.58%，上缴税金3000万元，占地方财税收入的1/3，水电装机和发电量比1984年分别增加26.31倍和19.4倍，成为全县支柱产业之首。

一、二十年水电发展跨越四大步

第一步，抓住农村水电初级电气化试点县建设机遇，开始开发建设小水电。1984年，景宁被国务院列入全国第一批农村水电初级电气化试点县，小水电被列入政府议事日程，凭借老(革命老区)、少、边、穷、新(新设县)五顶红帽子，积极向上争取扶持资金，不断增加水电开发投入。到1989年，共投入资金1700多万元，挖潜改造了8座电站，增加装机3020千瓦，全年发电量3474万千瓦时，供电量2789万千瓦时，成为初级电气化达标县。1990年，上标电站(装机2×8000千瓦)正式投产，全县水电装机达到24835千瓦，年发电量5655万千瓦时，基本满足了当时用电需求。

第二步，把开发小水电作为发展农村经济、实现脱贫致富的战略重点来抓。“八五”至“九五”期间，县五大班子领导，带领有关职能部门，深入基层调查研究，跑遍全县水电资源点，摸清实情，召开专题研讨会，围绕小水电要不要大发展，能不能大发展，如何大发展开展大讨论，对发展小水电的必要性形成共识。县政府出台了《关于加快开发我县小水电资源的意见》《小水电建设与管理暂行办法》《小水电建设征用土地、移民、建筑物拆迁、林木青苗等补偿办法》，加强了小水电规划建设管理工作，用优惠政策、措施鼓励社会投资兴办小水电，全县掀起了多渠道、多层次、多形式股份合作制办电热潮。截至“九五”计划期末，全县已建成投产水电站100座，装机11.30万千瓦，比1990增长3.54倍，年发电量2.87亿千瓦时，电费收入超亿元，受益人口4万多，提供就业岗位2000多个，建造机耕路23条，总长154千米，解决一批农村交通问题，同时带动了建筑、建材、运输、电器等相关产业和高能耗企业的发展，为脱贫致富，促进村镇两个文明建设做出了贡献。

第三步，确立“水电兴县”目标，把小水电建设推向新高潮。进入21世纪，县委、县府确立了“水电兴县”新目标，号召全县为创“中国小水电之乡”而努力，把小水电开发推向新高潮。截至2004年3月底，全县已建成投产的水电站111座，总装机18.26万千瓦，设计年发电量5.30亿千瓦时，总投资10.26亿元；在建电站34座，装机8.32万千瓦，设计年发电量2.23亿千瓦时，投资5.06亿元；待批建电站35座，装机19.80万千瓦，设计年发电量4.85千瓦时，投资13.31亿元。全部建成后全县水电装机将达46.36万千瓦，年发电量12.34亿千瓦时，电费收入4.45亿元，将为我县财政提供税费1亿多元，使小水电产业成为全县经济发展、致富奔小康的顶梁柱。

第四步，面向西部、拓展小水电发展空间。随着县内小水电产业迅速发展，积累了再投入的资金，培养了一大批畲乡水电能人。为了拓展发展空间，近几年来，很多水电业主积极响应国家开发中西部的伟大战略部署，前往云南、贵州、广西、陕西、青海、江西、湖南等10个省，47个市县，投资42亿元，收购、改造、立项建设水电站104座，装机95.95万千瓦，设计年发电量38.38亿千瓦时，年电费收入可达10亿元。景宁将成为闻名全国、跨省开发的“中国小水电之乡”。

二、经验和体会

1.发展小水电是山区兴县富民之路。山区有丰富的水能资源，通过小水电的建设，把资源优势转化为经济优势，为社会提供清洁能源，有利于兴办工业，促进当地经济可持续发展，为国家增加税源，为投资者和当地群众获取较好回报，积累资金再投入，形成良性循环；有利于保护生态环境，有利于改善人民群众生活。利国利民，一举多得。

2.发展小水电要走民营之路。欠发达山区县的财政是吃饭财政，有经济实力的国有企业很少。小水电开发走民营之路，可以利用民间资金、劳力、技术、物资参股，组成投资主体多元化合伙经营企业，这种产权清晰、机制灵活、民主管理的企业，生命力长，潜力很大，最适合兴办水电站。全县从1990年开始建造的91座小电站，装机15.54万千瓦，投资8.73亿元，全部是民营企业。走出了一条多渠道、多层次、多形式办电的成功之路。

3.要加强领导，优化服务。建造一个水电站，从规划设计、立项审批、建设施工、并网送出，涉及计划、水利、电力、土管、城建、环保、林业等10多个部门，审批手续烦琐。只有加强领导，制定管理办法，出台优惠政策，及时做好协调配合，优化服务，才能保证电站建设顺利投产。

4.要重视解决发展中的困难和问题。近年来小水电建设投资起来越难，税负越来越重，用地政策处理难度越来越大，并网送出瓶颈越来越紧。这些问题，如果不能及时解决，将制约小水电的持续健康发展。作为小水电行业协会，应该把这些困难和问题及时向党委、政府汇报，当好政府参谋、助手，提出解决的办法和建议，与有关部门共同努力克服前进中的困难，以推动小水电健康发展。

（责任编辑　高　澄）

刊于《中国水利》2009年第15期－总633期

浅谈浙南山区农村饮水安全工程的运行管理

浙江省景宁畲族自治县水利局　梅荣柱

摘要:结合浙南山区景宁县农村饮水安全工程建设管理的实践,分析农村饮水工程建设和管理中存在的问题，介绍了浙南山区农村饮水工程建立长效运行的机制和管理方法。实践证明,发动饮水受益户等农户参与工程建设监督管理,能有效保障农村饮水安全工程益的发挥。

关键词:浙南山区　饮水安全　运行管理

农村饮用水安全工程长效管理从某种意义上讲比建设更为重要，在保障农村正常供水的同时,更要保证饮水的安全卫生。浙南山区农村根据各地的自然资源、人口分布、供水类型等特点,科学分类制定建管机制和办法,以实现农村饮水安全工程的长效性和可持续性。以浙南山区景宁畲族自治县为例,对浙南山区农村饮水安全工程的运行管理进行分析。

一、概况

景宁畲族自治县(以下简称景宁县)位于浙南山区,是浙江省唯一的少数民族自治县,是水利部命名的“中国农村水电之乡”,属于经济欠发达地区。在浙南山区中地质地理条件、水资源状况、人口分布密度等方面具有代表性。

景宁县设有5镇17个乡283个行政村1386个自然村，总人口16.97万人,其中农村人口14.02万人。全县总面积1949.98平方千米,境内海拔高差悬殊,最高峰海拔1689.2米,最低处海拔80米。全县多年平均降雨量1760毫米,水系纵横,水资源蕴藏丰富,地表水资源量19.2亿立方米,泉井154处,1万立方米上的山塘水库125座,人均水资源总量1.4万立方米,水质良好,大部分属于Ⅰ类水或Ⅱ类水,但水资源时空分布不均。

浙南山区农村的村庄分散,交通不便,经济比较落后。农村饮水工程绝大部分采用重力式自流供水方式,建成后的运行成本较低。

在浙江省政府重视“民生水利”,从2003年开始实施“千万农民饮用水工程”,到2008年年底,景宁县已完成9.3万农村人口的饮水安全工程建设任务,其余4.76万农村人口按规划将于2013年前完成。

浙南山区农村饮水安全工程的建设投资较大，建成后长效管理难度大，需要在工程前期、施工管理、建后管理等方面充分发动农村受益户参与，发挥村委会等基层力量，完善公众参与机制，才能保障工程可持续有效运行。

二、农村饮水安全工程存在的主要问题

通过对5年来农村饮水安全工程建设管理实践的总结分析，发现浙南山区农村饮水工程的建设管理还存在较多问题。

1.工程标准化实施困难大

浙南山区的村庄和人口分散，优质的水源点离村庄较远，工程建设投资大，而农村经济欠发达，境内工业以水力发电企业和农林产品小型企业为主，县级地方财政均较困难，乡镇农村集体经济薄弱，农民的人均年收入在2500元以下的人口还较多，地方和受益户的自筹能力有限，所需的自筹资金和劳动力投资较困难，工程标准化实施难度较大。

2.农村的安全用水、节约用水意识不强

农村人口的安全和节约用水意识不够，经调查，浙南山区农村长期以来饮水主要采用井水人工提水（约占30%）和重力自流引水到户饮用原水（约占70%）方式。

重力式自流引用原水方式，无过滤消毒调蓄等建筑物，供水量远大于需水量，引水到户内水池或水缸后溢水直接排放，水资源浪费严重，用水安全无保障。

农村直接饮用原水已成习惯，实施农村饮水安全工程后，约25%的农户还保留着原水供水系统不愿废弃，饮水安全、节约利用水资源的认识亟待提高。

3.水质检测结果波动大

2007—2008年的两年间，对农村饮水工程的水源水、出厂水、管网水水质进行了多次检测，不同季节水质检测结果波动较大，检测不合格的情况还存在，不合格指标主要为菌落总数和菌群超标。分析原因主要有：水源受上游农田、村庄等生活、生产的面源污染；管护不到位，过滤池和高位水池长期未清洗、消毒，在滤池堵塞时直接把滤料废弃，人为加重污染；部分管网未按规定埋设，管道随意置放到村内排水沟，破损后二次污染；受管网铁配件和阀门的锈蚀污染等。

4.维护管理经费不足

农村饮用水工程收取的水费不能满足维护管理所需，管理维修所需的材料、工具、管理人员工资等无法落实，日常工作难以正常开展，在输水系统堵塞或破损时不能保证正常供水。

5.水源保护制度不完善

农村饮水安全工程的原水大部分取自于高山的河沟地表水，水质较好。但水源点上游有牲畜养殖，农田受农药、化肥残留等污染，毒鱼现象也时有发生，水源安全存在较大隐患，需要建立完善水源保护区的管理制度。

6.饮用水与农业灌溉用水间存在矛盾

浙南山区虽然水量丰富，但空间公布不均衡，实施工程选择水源时往往与农田灌溉水源产生矛盾，需要远距离引水或投入资金实施节水灌溉工程。

三、工程设计时应注意的问题

浙南山区的农村饮水工程小而分散，交通和施工条件差，主材招标后施工利润低，较强技术力量的施工企业不愿意参与工程竞标，中标企业多为三级企业，技术人员少，部分工程以村民为主施工。因此在工程设计时，要充分考虑工程设计成果的可操作性和实用性，要充分利用当地的自然和人力资源，合理确定工程投资。为节省运行成本，要优先选用自流重力式供水方式，依据需水量来确定供水量和配套建筑物、管网。在坚持基本功能不变的前提下，对主要建筑物设计时要尽量提供简单易懂的设计文件和施工图，简化施工工艺，降低施工难度。

1.水源和供水方式的选择

浙南山区的水资源丰富，高山多，供水方式一般采用自流重力式集中供水方式。水源的选择优先选用水库水和地表水，再选用水量难保证的基岩孔隙水取水，个别地埋位置高的村庄，近处无水可引用时，可采用井泵提水方式。

2.供水量的选择

供水量的选择要根据农村人口实际需水量来确定，避免水资源的浪费。设计时根据农村的生产、生活需水情况、水资源自然条件，结合农村常年在家庭务农人口少、公共设施和绿化等用水量较少、工程主要解决饮用水等因素，人均用水量可选择120-180L/d。设计远期人口的选择要结合村庄人口的汇集和下山移民搬迁等规划情况来确定。

3.主要建筑物的选择

①取水堰的设计。经实施，取水建筑物使用滴水堰的顶部留取50×50cm的滴水槽，槽顶设拦污栅，取水管口前设竖向拦污栅，取水口反向底部设排沙孔，这种方式维护清理排沙方便。若堰坝取水口到过滤池的管道较长时，应在堰坝后设置沉沙池，避免输水管道堵塞。

②过虑方式的选择。浙南山区饮用水质一般为Ⅰ或Ⅱ类水，可用简易过滤池方式，所用滤料尽量就地取材，主要取用河卵石、木竹碳、河砂等进行过滤处理。在过滤池的底部设反冲洗管路，降低清洗所需费用。

③高位蓄水池的选址。一方面应考虑水池出现意外或质量事故时不影响农户的人身和财产安全，尽量选择靠近冲沟或溪沟的硬质基础，保证安全运行；另一方面要将多余溢水充分用于农林业灌溉，避免水资源的浪费。还应在主管上设置水质检测取样水口，并加盖保护。

④消防设计。要综合设计农村消防用水，根据各村的地势条件和房屋分布，配置一定数量的消防栓，每个村最少应布置2个以上的消防栓。

四、工程建设的公众参与管理机制

农村饮水工程建设要结合当地的实际情况，实行项目法人责任制、招标投标制、工程监理制、合同管理制及质量监督制、安全生产责任制，按计划尽快落实工程建设任务。

根据浙南山区的人口、村庄分布散而多的现状，项目前期的土地征用、政策处理、自筹资金筹措等工作难以一步到位，整体项目招标难度大。根据具体情况可对项目实行分期实施或分解到乡镇村实施，主材要采取政府统一询价采购或招标采购，以降低成本，能加快工程建设进度，保障工程质量。

建设过程中要充分认识长效运行的要求，落实乡镇政府和村委的权利和义务，发动受益户参与工程建设施工管理，建立公众参与管理的长效机制，为建后管理打好基础。工程的建设管理应实行建前控制，建设过程控制和建后管理控制，在项目开工前要做好项目概况的公示，明确项目实施的主要建设内容和要求，设立村级质量监督小组，落实建后维护机构、人员和制度。

1.项目概况公示制度。

工程开工前应在各村醒目位置对项目概况进行公示，使各受益户明白工程的建设规模、主要建设内容、工期、投资情况、质量要求等。

2.建立公众参与的三级质量管理体系，保证工程质量

农村饮水安全工程要建立政府质量监督机构监管、监理现场监督，村民质量监督小组跟踪管理的三级质量管理体系，确保工程质量。

项目法人在工程开工前要落实工程建设管理机构和制度，建立受益户参与管理的建设管理体系，落实工程维护管理人员和监管村民。村民质量监督小组要与维护人员共同参与工程的施工监督，了解工程的总体布局，掌握施工的基本工艺流程，为建后维护工作打好基础。

工程开工前各村应确定2~3名工程受益村民代表与管护人员组成村民质量监督小组。

村民质量监督小组的主要职责：配合村委负责土地征用、政策处理，根据工程进度安排，及时与相关农户联系，沟通清除施工阻碍，保障工程进度；跟随施工单位一同施工，监督施工单位按设计施工。

例如景宁县的章坑徐垄村饮用水工程，建设时采用了村级质量监督小组监管方式，群众参与积极性很高，质量监督小组及时跟进，施工单位配合，确保了工程的施工质量与进度，得到了验收小组的高度评价。

五、公众参与的建后长效管理

农村饮水安全工程要长期发挥应有的效益，关键在于制定落实建后长效运行管理机制。

1.发动群众，重视饮水安全，制定水质监测制度

①划定落实水源保护区。针对农村水源的不同类型和特点，合理选择保护区域和保护方式。

②加强水质监测，各级农村饮用水管理单位和部门要加强水质监测，定期进行水质取样检测，发展问题及时处理。有条件的可设立县级农村饮用水水质检测机构或委托检测机构定期进行检测。

景宁县因财政困难，采取利用卫生部门的检测设备、整合共享县内资源的方式进行农村水质检测。县水利局与县卫生局在2008年达成协议，共同制定

年度检测计划，卫生检测部门负责饮水工程的水源水质、出厂水质、管网末端水质的检测工作，规定乡镇所在地水质检测每年不少于4次，村级水质检测每年不少于2次，暴雨期或突发事件时增加检测次数。

为进一步保障饮水安全，还需要发动群众观测水质的变化情况。责任和义务要落实到村和有关人员，多渠道地利用实用性强、群众易学易用的水质人工观测办法。

2.合理制定水价，改变农村的不良饮水习惯

为改变农村饮用原水的不卫生饮水习惯，要鼓励农村少用或停用原有的自流引水，大面积推广使用安全饮用水。

农村供水的水价与城市用水不同价，物价管理部门要广泛听取农村群众的意见，了解农民的承受能力，实行听证会制度，测算运行成本，按照补偿成本的原则分类型确定水价。

景宁县根据实际情况，测算水价应定位在0.5元/t到1.2元/t之间，并实行分类定价，部分实行阶梯水价。

3.建立公众参与的管护机构

(1)分级建立农村饮水管理机构，落实人员和相关制度

根据农村饮水的特点，要建立县、乡(镇)、村级管理机构，以参建人员为主落实管理人员，明确水费的收取和使用办法，实现“以水养水”。县级管理机构要分类制定各种规章制度和书面台账资料等供乡镇、村级管理机构选择使用，逐步形成规范化管理。

(2)落实建后维护管理资金

农村饮水工程按规定收取了一定的水费，但因浙南山区农村人口分散，各村收取的水费有限，不能满足维护管理的支付需求，政府要落实一定的维护管理资金用于建后管理。建后维护管理经费应由水费和政府补助资金两部分组成。

景宁县为实现建后长效运行，县政府从2008年开始按农村人口每人每年10元的标准落实了维护管理资金，用于补偿建后管理经费的不足，并制定了建后维护管理资金使用办法，明确资金用途，各乡镇设立了专项饮水维护基金，不仅弥补了农村饮水管理经费的不足，还为今后工程的大修储备了基金。

(3)选择合适的管理模式

经实践,浙南山区可采取以下四种管理模式进行管护:①以水行政主管部门的管理机构(如农村饮用水办公室或水厂等)直接管理农村饮水工程,落实专职的水费收费员和维修人员;②乡镇级供水站或水厂管理模式,由乡镇供水站或水厂管护人员联片管理辖区内村饮用水工程;③乡镇供水站在辖区内每个村中落实管护人员,管护人员与供水站签订协议;④社会化承包管理模式,乡镇制定统一的水价,进行社会招标承包。

2009年发表于《中国水利》第十五期

以新农村建设为契机 扎实推进景宁农村水电发展

——景宁农村水电发展与新农村建设的思考

景宁畲族自治县水利局 毛慧琴

摘要:扎实推进新农村建设已成为当前党和政府的一项重要工作,农村水电既是农村和农业的重要基础设施,又是解决"三农"问题的重要途径。景宁县在过去的二十几年中,通过水电资源开发,在改善农村基础设施,推动山区经济发展与增加地方财政收入等方面上取得了许多经验,值得借鉴。本文对进一步探索水电开发,壮大集体经济、增加农民收入、解决农村人口就业等方面问题,以及如何使水电开发在推进新农村建设中发挥更大的作用,进行了一些探讨和思考。

关键词:水电发展 新农村 建设 思考

景宁县属瓯江、飞云江两大水系。全县水能资源理论蕴藏量为66.62万千瓦,年电能18.56亿千瓦时,占浙江省水力资源可开发量的十分之一。到2006年12月底上,全县已建成电站137座,装机26.16万千瓦,年发电量7.33亿度,总投资15.05亿元。目前还有在建电站26座,装机6.651万千瓦,投资4.18亿元,设计年发电量1.73亿千瓦时。规划设计中电站项目18座,装机容量2.649万千瓦,设计年发电量0.7亿千瓦时,需投资1.86亿元。2010年全部项目能如期完成,我县水电总装机可达35.46万千瓦,总投资21.09亿元,年设计发电量9.76亿千瓦时,年产值3.42亿元以上,将为政府提供税费约1亿多元。如果大均流域的25万千瓦容量能开发,则总容量能达到60多万千瓦。近些年来,景宁县坚持以科学发展观为指导,积极推行"资源、经济、生态"三大补偿机制,使水电资源开发管理向协调、可持续方向发展。在科学治水、人与自然和谐发展方面走出了一条富有景宁特色的生态水利之路,推进了景宁经济社会全面发展,实现"以电兴县","中国小水电之乡"的奋斗目标取得许多值得借鉴的经验。

一、景宁水电发展历程与成就

(一)逐步规范我县水电资源开发权出让行为

景宁县水力资源极其丰富。多年来，景宁县水电产业发展从满足照明用电到成为致富奔小康的重要途径，水力资源开发权出让从探索实践到逐步规范完善，主要经历了以下几个阶段：

1.1993年以前，尤其是60、70年代，我县的水电项目建设主要是为了满足农村及城镇的生活用电，建设多以公办民建为主，即政府出资购置设备，村民投工投劳建成，此时的水电建设仅能解决当地农村及城镇居民的照明用电，水资源实行无偿出让；当时电站只有29座，总装机容量为3.256万千瓦，总投资为8789万元。

2.1993年以来，为把我县资源优势转化为经济优势，加快脱贫致富奔小康步伐，相继出台了景政〔1993〕12号《关于加快发展我县小水电事业的若干规定》，景政〔1994〕100号《关于加快开发我县小水电资源的意见》等一系列政策。坚持贯彻“多家办电”的方针，推行“多渠道、多层次、多形式”股份制办电的办法，采取了个体私营大户办电和鼓励民间投资相结合，鼓励企业转产办电和大力招商引资相结合等一系列投资办电的方式，鼓励社会各界人士独资、合资、合股参与开发兴建水电站，以此激发全县上下办电的积极性，走出了一条全民办电的新路子，将我县水电建设引向高潮。在此期间，我县对本地区水电资源分期、按流域进行规划,水资源出让按“谁申请、谁投资、谁所有、谁受益”的原则进行。在这期间建设的电站有87座，总装机容量为17.465万千瓦，总投资为10.75亿元。增加的发电量为4.92亿千瓦时。

3. 2003年以后，随着新水法的颁布实施和《丽水市水利工程建设管理办法》等有关法律及法规的相继出台，我县为进一步规范有序开发水电资源，结合本地实际现状，2004年制订出台了《景宁畲族自治县水资源管理条例》《景宁畲族自治县水资源开发管理办法(试行)》《景宁畲族自治县水电资源项目开发权出让实施细则》。《办法》《细则》坚持“水资源属于国家所有”“国有资源有偿使用”原则，坚决贯彻“谁投资、谁所有、谁受益”方针，从水资源有偿出让到工程项目的审批程序、政策处理、水电工程建设管理等程序、有关法律责任等方面做了明确规定。《细则》第三条规定：“水电资源建设项目开发权出让坚持公开、公平、公正的原则，具备立项条件后，面向社会实行有偿出让。水电资源建设项目开发权出让，采取拍卖、挂牌和协议出让等方式。”截至目前，全县共协议出让水电开发项目35个，收取出让金104.5万元，所收取的出让金全部上缴财政专户，实行收支两条线管理，专项用于水资源保护、管理和水利工程建设等。在这期间建设的电站有23座，总装机容量为5.449万千瓦，总投资为3.44亿元。增加的发电量为1.36亿千瓦时。

4.为从水电建设、安全生产、规范管理等方面对我县农村水电的开发和管理作进一步规范，我们着手编制修改《景宁畲族自治县小水电管理办法》，该《办法》将以加强我县农村水电管理工作，促进我县农村水电事业的健康可持续发展。

（二）通过各种补偿形式依法保障了农民的合法权益,促进农民增收，水电发展取得了成效

在景宁，小水电的开发已成为全县人民致富奔小康、建设社会主义新农村的重要途径。在水电开发过程中，通过各种补偿形式使周边农村居民生产和生活条件得到一定程度的改善。我县在开发水电过程中的政策处理经济补偿主要有以下几种方式：

1.农村集体以每年收取固定收益的方式实现经济补偿。我县景龙水力发电公司对坑垟坑流域进行了开发,对全流域的土地征用补偿费采用每年补给的方式分集体和农民二部分，集体部分共补15.49万元，使沿途四个村委改变了集体经济空壳村的状况，开始为村级集体办点公益事业。农民部分采用补电价差的形式，年共补电量56.645万千瓦时，折合人民币24.812万元，全流域中电站每年补给每户电价差为611千瓦时，折合人民币267.9元，使全流域内926户3250人享受生活用电少付钱、多用电的实惠。改变了当地农民祖祖辈辈以柴为主燃料的古老方式，有效地保护了当地的森林资源，保护了生态环境，减少了水土流失，有效控制了因水土流失所造成的地质、自然灾害。

2.电站企业允许政策处理经济补偿费入股、相关补偿入股、投劳投料投资入股、信贷资金入股等形式参与开发经营农村小水电，有效地促进和保障了农业增效、农民增收、农村发展，并形成长效机制，使相当一部分农民得到了实惠。如景龙水力发电公司在流域开发过程中,先后给当地的农民创造了做工的机会和解决了57个农民工的就业机会。有（占全流域总户数的18.7%）172户690人在景龙水力发电公司投资参股达320多万元，其股份约占17.8%，每年

可从景龙公司分得红利57.6多万元，根本上保证了坑垟坑流域18.7%的农民有了稳定的收入，并使许多农民股东已经脱贫，有的完成原始积累后也当起了老板，使全乡从落后向首富的转变。又如梧桐乡梧桐村梧桐坑流域，现有已建电站4座，总装机容量10550千瓦，设计年发电量2435万千瓦时，总投资规模4900万元。全村7个村民小组、98户312人分布在11个自然村居住，是梧桐乡的小康示范村。据统计，当地群众在金坑等4座电站以各种方式投资入股达1200多万元，其股份约占25%。根据目前电站成本费用计算，几年后，全村股民每年可得红利150多万元。极大地推动了当地农村经济，增加了农村集体经济收入，促进了产业结构的调整，从根本上解决了全流域部分农民的贫困面貌。丰富水能资源的充分利用，将村民的脱贫致富奔小康的梦想变成了现实。

3.带动了全县基础设施建设和产业结构调整。全县因小水电开发而新建、改造的机耕路52条计160千米，投资约800多万元，兴建自来水34处，电视接收器30多处，支持乡村公益事业经费750多万元，库容电站增加水产养殖面4.7平方千米，促进了当地交通、供水、农村水利、通讯等基础设施的建设，改善了农村、农民的生产生活环境。而小水电带动其他产业的发展，也解决了一大批人员就业，到2006年底，全县从事小水电工作人员达4000多人，大大地缓解了全县的就业压力。如今，景宁17.9万畲汉人口中，全县直接或间接参与小水电开发人数占全县总人数的35%以上，带动一批人先富起来，增加就业。一些小水电企业老板发家致富。加快了全面建设社会主义新农村步伐。

4. 促进了市场经济，培养了一大批专业能人。由于小水电产业的迅速发展，培养了一大批能人，通过十几年的发展，一批农民企业家逐渐完成了资金的原始积累，积极投入到开发西部水资源中。如三川水电发展有限公司的创始人林建华，从1994年抵押承包经营一家处于倒闭的装机容量仅为500千瓦的小水电站开始，之后陆续新建数座小电站，并于1995年成立三川水电开发有限公司，从而完成了初期资本积累和经营机制、管理模式、生产技术的原始积累。从1995年到2003年公司通过几年的建设，总装机容量达到2.04万千瓦，总资产扩大到1.1亿元。2003年3月，公司与浙江中大控股集团共同出资组建国有民营合资公司—浙江中大三川水电发展有限公司，注册资本5000万元。经过一年多的运作，已在浙江、云南、江西、湖南等地收购5万千瓦装机电站，新建15万千瓦装机电站，总资产已近4亿元。

据统计，我县在西部开发小水电站业主70多位，分布在10省47县，装机达100多万千瓦，投资40多亿元。

(三)保护生态、改善环境，人与自然和谐相处，实现水电事业和社会生态环境的全面、协调和可持续发展。

小水电是清洁可再生能源，既不影响河流生态环境，又能减少温室气体排放，有效地保护生态环境。景宁县通过发展小水电，实施了“以电代燃料”工程，在解决全县17.8万人民燃料问题的同时，每年可减少砍柴5.595万立方米，能有效保护森林面积2.677万亩，使森林覆盖率从1992年的66.7%上升到2003年的79.1%，城镇人均公共绿地面积达到10.5平方米。同时注重流域龙头水库建设，几年来增加水库库容将近1亿多立方米，减少水土流失面积12万平方千米，解决了数万人口及牲畜的饮水困难，发展了以农村水电为龙头的山区水利，提高了防洪抗旱能力，改善了农业和农村生产条件，促进了农业发展。为全县实现“创畲乡生态优势，建风情旅游名城”的发展战略奠定了扎实的基础。

如景宁县城利用了三枝树电站进行了跨流域引水发电。同时充分发挥水库的调节作用，改善了县城供水困难条件；利用发电尾水改善了整个县城的水环境；对美化景区环境、改善旅游条件、促进旅游事业的发展和保护景区的生态环境，发挥了极其重要的作用。实现水电事业和社会生态环境的全面、协调和可持续发展.

三、小水电事业发展中值得探讨的几个问题

事物发展总带来矛盾，形势的发展也带来问题，景宁农村水电成果必须肯定，但在以往实践中伴随的一些矛盾和问题值得注重：

(一)政策处理难问题突出

政策处理难度大是我县目前水电开发进程中普遍存在的较为突出的问题。这几年我县有关水电开发的政策处理问题居高不下、水事纠纷层出不穷，水能资源开发涉及社会经济、自然环境保护、土地山林等政策处理、经济利益的补偿等。政策处理工作已成为近几年的水电开发的重点和难点，我县的在建和待批水电项目中，因政策处理及群众纠纷问题而导致工程停工或报批延时的电站不在少数，在一定程度上影响了小水电的开发进程。

（二）电价机制不顺

景宁县水电发展势头强劲，但小水电电价形成机制尚未包含其外部经济性应得的合理报酬。而小水电上网电价全省最低这一现状也直接影响了我县水电的开发建设，制约了小水电的健康发展。我县小水电输出线路因历史原因比较复杂，分县网、惠宁网、庆元网、云和网、莲都网、市网、省网七块，上网电价各不相同，造成不平等的市场竞争环境；而调整后的1997年后建成发电的电站上网价为0.37元/千瓦时也远远低于省指导价0.45元/千瓦时，仍属全省最低。

（三）电网建设及能源输出问题

近年来，景宁县小水电在飞速发展，随着电站的增多，尽管电网建设也在日益加强，但电网建设仍不能和小水电的高速发展水平相适应，滞后于电源建设，并因此而使电能输出受到极大限制。近4年来由于输出问题限制发电4000多万千瓦时，损失1600多万元。因此，只有加快电网建设步伐，推动电力体制改革，拓宽电力市场发展，才能彻底解决输出难等问题。今后，景宁220KV输电网络的建成，将极大地改善电能输出问题。

（四）水电资源开发成本过高

由于政策处理难度大，有部分业主为加快处理速度而擅自抬高补偿标准，再加上补偿机制推广所带来的外部成本及近年来水电行业材料价格的上涨，小水电单位电能投资成本偏高。

（五）业主与小股东的合法权益问题

我县由于水能资源丰富及政府的有力支持，掀起了全社会办电热潮，其中有很大一部分处于小股东地位，近年来，小股东与业主之间的矛盾时有出现，主要涉及利润分配、权益享受等。

四、完善相关政策，促进可持续发展

我县农村水电发展过程中出现一些矛盾是正常的，要进一步加强水能资源管理，坚持以安全生产为中心，以水电建设、管理为重点，遵循自然规律和经济规律，促进我县水电事业全面协调、可持续发展。应着重要抓好以下几项工作

（一）加强水能资源管理，贯彻科学发展观，积极推进“三大补偿机制”。全面实施水电资源开发权有偿出让制度、政策处理经济补偿制度、生态环境的补偿制度。进一步规范全县水电资源的开发，实现水电资源合理开发、有效保护、

高效利用，促进我县水电建设快速发展。

(二)规范农村水电开发行为，维护群众利益。经济利益必须服从社会利益，不允许损害农民利益，电站建成后的运行服从防洪、灌溉、供水要求；严格执行环境影响评价制度、环保“三同时”制度、水土保持“三同时”制度；严厉打击农村水电站违规建设，切实加强安全监管。

(三)要规范水电产业行业管理，促进水电产业健康发展管理。在深入调查研究的基础上，尽快制定规范我县小水电管理的规范性文件，为小水电管理提供政策的支持。目前，我县正着手出台《景宁畲族自治县小水电管理办法》；同时，加强服务和协调工作力度，为水电业主提供技术服务和部门之间的协调，重点做好水电电价、电网政策处理协调工作，努力创造水电建设管理良好的政策环境和投资环境；同时发挥县小水电协会的作用，加强行业管理，维护股民的合法权益。

(四)要充分重视水电产业在新农村建设中的作用。要充分发挥农村水电产业在发展农村经济、提高农民生活水平、促进生态环境等方面的作用，努力推动景宁新农村建设步伐。

五、农村水电发展和新农村建设前景

立足资源优势，合理利用水利资源，综合开发小水电，带动其他产业的发展，实现经济社会可持续发展。打响“中国农村水电之乡”品牌。

1.不断提高农村电气化水平，以电气化建设为载体，建立农民增收的长效机制，促进贫困山区和老少边穷地区经济社会全面协调可持续发展。

2.景宁县已被列入“十一五”农村电气化县，我们应该抓住机遇，把农村电气化建设纳入社会主义新农村建设的重要内容。农村电气化建设是社会主义新农村的重要条件。通过电气化建设，开发农村水电资源，形成广大山区农村的发电和供电生产力，增强造血功能，带动其他资源的开发，带动农副产品加工业、山区特色产业的发展，把山区的资源优势变成经济优势，引导农村劳动力的转移，促进农村产业结构优化调整，带动乡村公路、防洪灌溉设施、人畜用水设施以及广播、电视和信息设施的建设，改善农村基础设施和公共设施。促进改善农村生产生活条件，提高农民的生活质量。

3.景宁到2010年小水电将基本开发完毕，只剩大均流域的开发，在大均流域开发中,根据滩坑电站的建设,结合景宁的实际情况,应探索水电开发走投资型移民模式,引导农民利用土地入股、投劳入股、投资入股、小额贷款入股、国家补助入股等方式开发农村水电,增加农民收入,建立农民增收的长效机制。进行动态管理,滚动发展,景宁的社会主义新农村建设、全面小康社会建设将会更加稳健。

2007年12月发表于《中国水能及电气化》

景宁瓯江小溪大均河段以上流域水电开发方案的研究

景宁畲族自治县水利局　毛慧琴

摘要：本文根据景宁县小水电开发的现状，从移民的安置角度、土地资源的利用、水电站的效益、环境影响等，对景宁县瓯江小溪大均河段以上流域水电开发方案进行研究，在开发利用水资源的同时，综合各种因素，比较分析不同方案。

关键词：水电开发　单级和梯级　效益

景宁地处瓯江小溪的上游，水力资源丰富，占浙江省水力资源可开发量的十分之一。据调查水能理论蕴藏量66.62万千瓦。

瓯江是浙江省第二大河，小溪是瓯江最大支流，发源于庆元县大毛峰山麓，主流流经庆元、龙泉、云和、景宁、青田5县，河长219千米，比降7.3‰，流域面积3574平方千米。根据《瓯江流域综合规划报告》，小溪干流水力资源分三级开发，分别为：大均265米、滩坑160米、大奕36.5米。小溪上游在庆元县境内河段称南阳溪（河长47.6千米，比降26.7‰，流域面积241.7平方千米），流入景宁县境内称毛垟港（河长77.0千米，流域面积781.2平方千米）；流至交见圩与英川港合并后称小溪；往东北流经大赤坑口、渤海、大顺、小顺，折向南流至青田县岭根，折东北流经滩坑、大奕，至湖边村附近注入瓯江干流。大均这级开发所属范围全在景宁县，小溪的主要支流有毛垟港、英川港、标溪港、梧桐坑等。目前这些小溪的主要支流已经开发完毕。到2007年12月底止，全县已建成电站146座，装机28.589万千瓦，年发电量7.95亿千瓦时，总投资18.3亿元。目前还有在建电站15座，装机4.475万千瓦，投资2.88亿元，设计年发电量1.24亿千瓦时。规划设计中电站项目7座，装机容量1.746万千瓦，设计年发电量0.45亿千瓦时，投资1.32亿元。2010年全部项目能如期完成，我县水电总装机可达34.81万千瓦，总投资22.5亿元，年设计发电量9.64亿千瓦时，年产值3.8亿元以上，将为政府提供税费约0.65亿元左右。

近几年来，我县将开发小水电，作为振兴景宁经济，加快脱贫致富奔小康的一项支柱产业来抓，走出了一条多种形式办电的路子，取得了显著的社会效益和经济效益。随着国民经济和社会的发展，我县的水电资源从支流上开发转为干流上开发，从小规模开发转为大规划开发，目前只剩小溪大均以上河段流域的开发。大均河段水电开发不仅是单纯的水电资源开发问题，而且同时涉及开发时序、移民安置、生态环境、基础设施等社会和环境问题，需要进行综合的评价。

一、单级开发和梯级开发方案

单级开发方案：大均坝址位于景宁县大均乡上游460米处，拦水建筑物为砼重力坝，最大坝高120.1米，坝顶长369米,距景宁县城约13千米，控制流域面积1846平方千米，正常蓄水位265米，相应库容5.19亿立方米，调节库容2.34亿立方米；校核洪水位269.62米，总库容5.90亿立方米。总装机容量26万千瓦，平均年发电量4.63亿千瓦时。其中峰电占3.96亿千瓦时 。工程静态投资27.95亿元，单位电能投资6.04元/千瓦时。

梯级（四级）开发方案：景润水电站（尾水位273米）至大赤坑口（156.5米）为范围，分沙湾（5.5万千瓦）、隔溪（0.5万千瓦）、梧桐（2.0万千瓦）、大均（6.72万千瓦）4级开发。总装机容量14.72万千瓦，年发电量3.59亿千瓦时。单级和梯级的开发方案的各项指标汇总如下表：

景宁大均以上干流水电开发方案各项指标

项　目	单级开发	四级开发方案				
梯级名称	大 均	沙湾	隔溪	梧桐	大均	小计
正常蓄水位（m）	265	273	222	217	202	
集水面积（km^2）	1846	1156	1179	1559	1846	
年径流量（亿 m^3）	22.00	14.11	14.39	18.75	22.00	
堰顶高程（m）	255	264	217	207	192	
闸孔（孔 * 宽 * 高）	5*17*12	4*17*11	10*10*5	5*17*11	5*17*12	
校核水位（m）	272.90	279.51	228.48	221.63	209.65	
死水位（m）	245	263	221	216	197	
总库容（亿 m^3）	6.38	0.65			0.57	

续表

项　目	项　目	四级开发方案				
正常库容（亿 m^3）	5.20	0.45			0.36	
死库容（亿 m^3）	2.85	0.24			0.25	
调节库容（亿 m^3）	2.35	0.21			0.11	
装机容量（万 kW）	25+1.0	5.5	0.5	2.0	6.4+0.32	14.72
设计流量（m^3/s）	310+14	145	150	170	190	
发电尾水位（m）	158	222	217	202	158	
水头（m）	95	44.6	4.2	14	38.5	
年发电量（亿 kWh）	4.63	1.29	0.12	0.51	1.54+0.13	3.59
其中峰电量（亿 kWh）	3.67+0.29	1.04	0.10	0.41	1.18+0.10	2.83
利用小时（h）	1780	2350	2370	2570	2485	
行政村（个）	13	2	0	3	3	8
人口（人）	12436	1739	0	262	434	2435
淹没耕地（亩）	4515	1037	0	585	122	1744
建设用地（亩）	1089	177	0	20	33	230
林地（亩）	13125	2270	0	108	931	3309
四级公路（km）	45	13.5	0	3	5	21.5
10kV 供电线路（km）	30	8	0	4	3	15
通讯光缆（km）	20	11	0	2	3	16
报废小水电站（座）	11	2	1	0	1	3
报废小水电站（kW）	23970	4420	385	0	625	5430
投资（亿元）	27.95	6.98	0.83	1.90	4.27	13.98
单位电能投资（元/kWh）	6.04	5.41	6.92	3.73	2.56	3.89

二、方案比较

1. 移民安置角度分析

移民人数分析：高水坝的建设对移民的影响是最直接、最深刻的，有的还导致原有行政区划、村落结构的解体和重构，有可能导致一系列的生态和社会环境问题，因为它调整了移民生存权和居住权。

解决移民是我县最根本问题。下游滩坑电站建设，我县淹没了渤海、外舍、金钟、大顺和陈村等1镇4乡，移民2.1万人，本县落实0.7万人，如果上游采用单级高坝集中一级开发方案,又将淹没沙湾镇、标溪、梧桐、大均等1镇3乡，移民1.2436万人左右，在六十、八十年代，我县曾承担了新安江、上标等电站的移民安置工作，从景宁县目前情况看,在承担滩坑水库移民（约7000人）的基础上再增加安置移民1.2436万人的难度很大，现实性很小，而采用梯级开发方案，减少了淹没损失，保住1镇3乡，梯级开发移民只有2435人，可减少1万多人，本县尚有能力安置。

2. 土地资源分析

单级开发方案：淹没耕地面积4515亩，比四级开发方案多2905亩；建设用地多859亩，林地多10744亩。根据景宁县人均耕地面积0.56亩/人，滩坑水库建设后人均耕地将更紧张，承纳移民的环境容量很小。沙湾镇、标溪、梧桐、大均等这些乡镇所在地均位于小溪及小溪支流沿岸，立地条件在景宁县相对最好，距县城近，交通便捷，容易接受县域经济的辐射和产业延伸，是农村居民生产、生活最为方便的地域。若梯级开发，这样移民安置土地资源可就地落实，吸引移民就地转移。淹没线以上的农民，可就近下山到集镇来进行物资与信息的交流。

3. 投资能力分析：

开发时间对水电站的经济效益有一定的影响。鉴于单级和梯级方案开发时间的不确定性，在进行经济效益比较时，考虑了开发时序因素。

3.1 无开发时序差条件下的技术经济比较

单级开发方案和梯级开发方案在两方案无开发时序差，两方案可以在同一时点上实施的条件下，参考下列规划表，进行技术经济比较。

技术经济指标对比

项　　目	单级开发方案	梯级开发方案
装机容量（万kW）	26	14.72
年发电量（亿kWh）	4.63	3.59
其中峰电量（亿kWh）	3.96	2.83

续表

项　　目		单级开发方案	梯级开发方案
发电效益(亿元)		2.51	1.64
报废小水电(座)		11	3
报废小水电[装机/电量(万 kW /亿 kWh)]		2.397/0.61	0.5430/0.16
报废小水电发电效益(亿元)		0.256	0.067
影响小水电(座)		7	
影响小水电电量		0.02	
影响小水电发电效益(亿元)		0.008	
投资(亿元)		27.95	13.98
单位电能投资(元/kWh)		6.04	3.89
差额	投资(亿元)	13.97	
	年发电量(亿 kWh)	0.41	
	发电效益(亿元)	0.606	

根据上表分析如下:

3.1.1 水电站效益分析:单级开发方案为装机容量 26 万千瓦,正常蓄水位为 265 米高程。经过统计水位在 265 米高程以下影响已建小水电站 18 座,装机容量 2.9055 万千瓦,其中报废的电站 11 座,装机容量 2.397 万千瓦。单级开发方案,增加年平均发电量 1.04 亿千瓦时,但要扣除影响的已经发电的 18 座电站的发电量 0.63 亿千瓦时(其中报废的 11 座电站发电量为 0.61 亿度和影响的 7 座电站的发电量为 0.02 亿千瓦时,总计为 0.63 亿千瓦时),单级开发增加的发电量只有 0.41 亿千瓦时。且单级开发工程投资增加 13.97 亿元,增加部分的单位电能投资 34.07 元/千瓦时,对单级开发而言无多大意义。从资源利用角度看这 18 座电站已经发挥了效益。而 18 座电站以目前的市场价约投资 1.65 亿元,年均可实现发电效益 2640 多万元,都是当地农民企业家的股份制电站,影响的范围大。如单级开发则市场难以接受,政策处理难度大。梯级开发方案总装机容量为 14.72 万千瓦,但沙湾这级水位 273 米高程报废的电站有 2 座,装机容量 4420 千瓦,隔溪这级报废 1 座 385 千瓦,大均这级报废 1 座 625 千瓦,总报废装机容量为 5430 千瓦。相对而言对电站影响的程度梯级比单级影响小。

3.1.2 从单位电能投资来看，单级方案为6.04（元/千瓦时）、梯级为3.89（元/千瓦时），梯级开发方案的单位电能投资比单级开发方案少2.15（元/千瓦时）。4级开发方案与单级开发方案之间的差额单位电能投资来看，单级开发方案明显偏高，4级开发方案优于单级开发方案。从开发商的角度看4级开发方案容易接受。

3.2 从开发时序差条件下分析：梯级开发方案也可比单级开发方案早实施，（从滩坑电站建设项目经过了40余年的组建上比较），可多发5年、10年或更长时间的电量，由于梯级开发方案中上标五级、四级等11座小水电站得以保留，而梯级开发方案5年运营期可实现发电效益约9亿元，10年运营期则为18亿元，单级开发方案分别需要15年、30年左右方能实现与梯级开发方案等量的发电效益，并且单级开发投资又大。因此，如果两方案有在开发时序差，仅从其直接经济效益分析，则梯级开发方案要明显优于单级开发方案。

3.3 资金来源分析

小溪干流（大均以上）梯级水电开发具有各级融资规模相对较小，与景宁县现已建的水电工程投资发展规模相近；股份制开发模式更灵活，可分级、分步或不同业主共同开发小溪干流（大均以上）水电资源的优势。有望在建设滩坑水电站的同时融资开发，尽早加快水力资源的开发建设，带动地方经济发展，进一步优化调整小水电企业结构，形成水电资源开发的良性可持续性发展。

4. 环境影响评价分析：

小溪干流（大均以上）属于《景宁县生态示范区建设总体规划》中的生态治理区，占全县总面积的32.96%。自1992年以来，该区域的林地被列入景宁县沿溪两岸、公路两旁的封山护林区，使森林生态环境得到了较大改善。于2001年全部划入省级公益林建设范围，是景宁县林业生态环境建设重点项目“百里绿色长廊”的重要地段，域内物种资源丰富，不但有优良的用材树种，还有重要的观赏树种和药用植物。

域内主要旅游景点有两处，一处是大均漂流及大均风光，另一处是鸬鹚乡的马天仙庙。两处景点已列入重点规划建设中。2001年，县委、县府提出“创畲乡生态优势，建风情旅游名城”的战略，把推进城镇化与建设风情旅游名城结合起来，把小溪经济走廊列入庆景青发展轴，标溪小三峡风景区、大均度假区的开发。

小溪及小溪支流沿岸，交通方便，成为当地政治、经济、文化中心。近年来当地政府重视集镇和中心村建设，基础设施日益完善。在城镇建设、经济发展中处于景宁县重要位置，提高集镇容纳人口的能力，是保护建设生态环境，为山区实现可持续发展的选择。

景宁属典型的丘陵山区，素有“九山半水半分田”之说，山高路陡，耕地贫乏，耕地占全县土地面积的3.5%，其余均为山地，人均耕地只有0.56亩，下游滩坑电站建设后人均耕地将更加紧张。

高坝建设应该开展环境影响评价，开展环境影响评价作为高水坝的建设是基本要求和主要特征之一，高水坝建设应该进行环境评价及征求当地居民的意见，应该充分把握生态环境和水力，即环境可承受程度的临界尺度，应把土地资源的损失减到最小。从以上几点分析，从景宁的实际出发，单级高坝开发方案使更多的山区农民外迁，大面积淹没而对森林资源，生物多样性、文物古迹等的影响程度高于梯级方案，同时水库移民安置是当地社会经济的一个子系统，影响地区的经济发展和社会稳定，制约工程的建设和正常运行。

三、结论与建议

水电站的建设是一个十分复杂的技术，经济、社会问题，特别要考虑受到不利影响的当地群众的利益，应当体现民主和公平的原则。本研究认为，方案的选择要权衡以下主要因素：水资源利用率、电站经济效益、移民的安置难度、资金筹措可能性和生态效益等。

1.在水资源利用方面，两方案均可以水电工程为依托，使景宁的资源优势进一步得到发挥。单级方案虽然比梯级方案装机容量大8.4万千瓦，但增加的发电量只有0.41亿千瓦时，意义不大，只是调节性能优于梯级方案。但如果考虑开发时序，梯级方案的水资源综合利用程度更高。

2.从水电站的本身效益来讲，梯级开发方案的单位电能投资比单级开发方案少2.15元/千瓦时，而单级方案增加8.4万千瓦容量的单位电能投资要34.07元/千瓦时，梯级开发的发电效益将远高于单级方案。

3.从移民安置角度讲，梯级开发移民相对较少，可以在保留下来的集镇就近安置，移民工程量和难度较少，更具现实可操作性；单级开发移民数量多，安置难度大，需要政府有力的支持。

4.在资金筹措方面，从景宁县目前的水电站开发情况看，资金来源比较充裕。无论是单级还是梯级开发，建设资金都不成问题。相比而言，梯级方案投资少，效益好，更有利于资金筹措。

5.水电站的建设对当地生态环境的影响不可避免。根据当地的自然和社会状况，就大环境、长期性而言，单级开发对现状的改变、对生态环境的正影响和负影响均要大于梯级开发；就局部环境、移民环境容量、当地经济社会的发展方面则梯级开发也要优于单级开发。

鉴于上述理由，研究认为，综合各种因素，并考虑景宁瓯江上游实行梯级开发方案，淹没损失少，移民人数少，可以走投资型移民的退路方向，提前和加快水电开发步伐，并考虑景宁县财政困难的客观条件，实行梯级开发比较现实并容易操作，故推荐梯级方案，但需要进一步深化方案的优化比选工作，落实更为合理的分级方案。

2008年3月发表于《中国水能及电气化》

景宁畲族自治县生态渔业发展存在的问题和对策

景宁畲族自治县水利局 陈淑芬

摘要：为了推动全县生态渔业的持续快速发展，更好地服务于基层、服务于群众，针对景宁县生态渔业发展情况，分析了发展生态渔业存在问题并提出了发展生态渔业的对策。

关键词：景宁 生态渔业 问题 对策

一、景宁畲族自治县生态渔业发展的基本情况

景宁畲族自治县水产养殖水域以稻田养殖和山塘水库为主，零星分布，2012年养殖面积42675亩左右，水产品产量1240吨，创产值2305万元。景宁畲族自治县生态渔业刚刚起步，仅初步形成生态渔业的雏形，归纳起来有以下几种类型：

1.池塘环境友好型养殖模式。以配合饲料为基础，以安全、高效的微生态制剂调节水质，有效减少药物使用，降低对水体的氮、磷排放，并通过构建一定比例的人工湿地、生态氧化塘或利用生态沟渠、稻田等进行养殖排放水处理或实现养殖水体的重复使用。

2.水库洁水型渔业开发模式。洁水型渔业开发，又可称“保水型渔业”，以保护水环境为目的，选择以鲢鳙鱼等滤食性鱼类进行人工放养，利用生物食物链原理，消耗水中的富营养化物质，从而达到保障生态平衡，保护水环境，充分利用水体渔产力，提高广大库区农民致富能力的目的。

3.文化传承和创新型生态养殖模式。利用稻田、山溪等丰富的浅水资源，辅之以现代科技手段，传承和创新具有悠久历史的稻鱼（鳅、蟹、甲鱼）共生和流水石蛙、娃娃鱼等生态循环养殖模式。既种稻又养鱼，把植物和动物、种植业和养殖业有机地结合起来，促进物质和能量良性循环转化，实现“稳粮丰鱼增收”的目的。

4.休闲生态渔业技术模式。利用渔村设备和空间、渔业生产场地、渔具渔法、渔业产品、渔业经营活动、渔业环境及渔村人文资源等，经规划设计，充分

发挥渔业与渔村休闲旅游功能，集渔业、科普、旅游、观光、健身、娱乐、休闲为一体，使渔业一、三次产业协调发展。

二、生态渔业发展存在问题

1.基层渔技服务体系不健全。全县各乡、镇没有成立渔技服务机构，没有专业的渔业服务人员，养殖户碰到养殖问题只有跑县城，而且县级渔技推广人员少，力量薄弱，远水解不了近渴。

2.各级财政对水产的投入较少，渔业发展难度大。由于景宁县属欠发达地区，地方财政收入少，群众资本积累不多，对发展水产生产投入能力有限。长期以来，水产业发展除少量的省级项目投入外，主要靠农户自主投入，自由发展。因此，政府和群众对渔业的投入，特别是渔业的基础设施投入很少，水产新技术的推广、新品种的引进等开展难度较大。

3.养殖户养殖水平低，养殖方式落后，群众的思想观念更新慢。我县“九山半水半分田”，传统的“靠山吃山”观念根深蒂固，群众只着眼于做山上文章，不善于做水上文章，市场意识不强，投入少，管理跟不上，现有的水产养殖方式仍较落后，养殖的科技含量和生产水平低，效益和优势不能体现。

4.病害防治和水产品质量安全检测手段落后。病害监测工作中没有诊断病害的仪器设备，技术人员全凭经验和肉眼判断，大大降低了工作的科学性和准确性。水产品质量安全管理无检验设备，对本市生产和市场销售的水产品质量安全难以实现有效监管。

三、发展生态渔业的对策

从新认识，从新定位，把发展生态渔业和增加渔民收入作为渔业工作出发点，遵循“科学规划、合理布局、生态经营、保护资源、持续发展”的原则，充分发挥山塘、水库和稻田养殖的自然资源与人文资源优势，促进渔业经济的持续、快速、健康和协调发展。

1.树立生态渔业观念，增强生态渔业意识

走生态渔业之路，既是景宁县发挥比较优势、利用后发优势的正确选择，又是解决景宁县渔业发展中的突出矛盾、实现可持续发展的关键。近年来，景宁县委县政府相继提出了生态立县、环境立县和保住青山绿水也是政绩的发展理念及其发展战略，发展生态经济逐步成为全县的共识。在建设生态渔业过程中要牢固树立水产品质量安全意识、资源节约意识和环境保护意识；加大对渔业的环境污染和环境整治紧迫感的认识，通过广播、电视、报刊等各种形式和各种渠道，积极宣传生态渔业理念，使消费者与生产者更加自觉投身于生态渔业建设。开办各种短训班，加强生态渔业知识培训，提高管理者、科技人员、劳动者素质，培养和建立一支素质高、业务精的农业生态保护技术人才及执法队伍。

2.加强服务保障体系和科技支撑体系建设。深入实施责任渔技推广制度，增强渔技推广工作的针对性、时效性和普及性，让更多的渔农民学习和掌握更先进实月的新技术。以水产养殖优势主导品种为重点，加大对生态渔业发展工作的支持力度，建立和完善水产品质量安全考核、通报、问责制度，落实监管责任。加强生产源头管理，完善“三项记录”制度（生产记录、用药记录和销售记录），建立产品可追溯和质量管理倒逼机制。加强质量安全培训工作，推行标准化生产，建立良好操作规范，增强安全生产的自觉性。强化检测支撑，建立健全各级水产质量检测体系建设，同时积极与相关科技部门联合研究开发本地土著鱼类的繁育和增殖放流，打造生态渔业品牌，以技术进步推动产业深度发展，切实提高渔业的核心竞争力。

3.抓好整体规划。把规划制订作为统领生态渔业发展工作的核心来抓。必须规划先行，规划是前提，规划得好才能发展得好。在全面深入剖析全县渔业现状和瓶颈问题的基础上，加强生态渔业发展战略研究，按照“高起点规划、高标准建设”的要求和“一次规划、分步实施”的原则，制定全县生态渔业发展规划，明确发展的方向和目标，找准发展的模式和路子，提出可行的措施和要求，落实具体的行动和计划，科学谋划全县生态渔业的发展。

4.抓好模式选择。把模式选择作为推进生态渔业的关键来抓。生态化、科学化的各类渔业生产模式是生态渔业发展的重点内容。结合现代育种、养殖、防病、循环利用等技术，因地制宜，加速发展各类生态型及健康养殖技术，加强对“稻鱼共生，渔粮共赢”“以鱼治水”“以鱼养水”的渔业生产模式的专题研究和开发，推进生态渔业建设。实现以科技选择模式、以模式推进发展，确保生态渔业建设取得实效。

5.加强政策引导。把政策引导作为推进生态渔业的重点来抓。统筹现有各项产业政策，整合各种资源，制订积极的引导政策，加大扶持力度，全力推进全县生态渔业建设工作。在继续大力推进增殖放流工程、渔业标准化示范推广、水产种子种苗工程等工作的基础上，重点围绕稻鱼（蟹、鳅、甲鱼等）共生、山塘高效生态、水库洁水和休闲渔业等生态渔业发展模式，扶持建设一批具有一定规模，基础设施完备，养殖模式生态、健康，经营体制机制健全，生产管理规范科学的现代生态渔业示范区，引导和推动全县生态渔业建设工作。

6.加强组织领导。把组织领导作为推进生态渔业的保障来抓。充分认识生态渔业建设工作的重要性，进一步加强对生态渔业的组织领导，统筹兼顾，突出重点，落实措施，拓宽筹资渠道，把生态渔业建设作为推进渔业转型升级、改善全县水域生态环境、促进渔农村经济发展、增加渔农民收入的重点工作，促进渔业经济综合发展，实现生态、经济的良性循环。

（2013 年 11 月发表于《现代农业与科技》）

参考文献：

[1] 浙江省海洋与渔业局:《关于大力推进我省生态渔业建设的若干工作意见》

畲乡小水电产业发展分析

景宁畲族自治县水利局 何 伟

我国小水电资源非常丰富，居世界第一，全国近1/2的地域、1/3的县和1/4的人口主要靠中小水电供电。景宁作为全国唯一的畲族自治县，也是全国唯一的被国家水利部授予的“中国农村水电之乡”，水力资源十分丰富，全县水能资源理论缊藏量为66.62万千瓦，其中可开发装机容量53.04万千瓦，年电能18.56亿千瓦时，占浙江省水力资源可开发量的十分之一，居丽水市首位。

丰富的水力资源是景宁县得天独厚的资源优势，立足资源优势，走生态之路，是加快景宁县域经济发展的必然选择。经过十几年的发展，已经走出了一条多层次、多渠道、多模式集资办电的新路子。实践证明，农村水电的发展逐渐成为景宁县支柱产业之一，有力地促进了全县工农业生产和社会各项事业的发展，加快了全县实现致富奔小康步伐。随着经济的快速发展，市场竞争的日益加剧，如何树立和落实科学的发展观，实现水资源的可持续利用，引导景宁县农村水电走可持续发展之路，是当前面临的重要课题。

一、景宁县农村水电产业发展现状

1.水力资源概况

景宁畲族自治县是浙西南山区县，全县总面积1950平方千米，辖5镇19乡283个行政村，总人口17.2万人，其中畲族人口1.807万人。是全国唯一的畲族自治县，华东地区唯一的少数民族自治县，素有“浙江的香格里拉”“华东的西双版纳”之称。是浙江省经济欠发达地区，属“九山半水半分田”的山区。景宁县境内有瓯江和飞云江两大水系，瓯江小溪在景宁县境内流长124.6千米，流域面积1725.56平方千米；飞云江在景宁县境内流长31.9千米，流域面积224.42平方千米。流域内山峦起伏，沟壑纵横，水流湍急，雨量充沛，蕴藏着丰富的水力资源。据1987年水能资源普查计算，全县水能资源理论蕴藏量为66.06万千瓦，其中可开发装机容量53.04万千瓦，年电能18.56亿千瓦时，占浙江省水力资源可开发量的十分之一，居丽水市首位。

2.农村水电开发基本情况

近十几年来，景宁县根据“全面规划、综合利用，多元投入、梯级开发，调蓄为主、中小结合”的工作思路，坚持“以开发本地资源为主，以大网补充调节为辅”的能源发展战略，在努力争取国家投资开发的同时，广开资金渠道，动员和引导全社会力量兴办农村水电，加快水力资源开发步伐，把农村水电作为景宁的支柱产业来抓，有效地推动了县域经济的发展。

2004年9月，水利部授予景宁县“中国农村水电之乡”称号。

截至2008年12月底，全县已建成电站151座，装机容量30.5万千瓦，投资20.5亿元，设计年发电量7.8亿千瓦时，占可开发量的57.5%。在建电站4座，装机容量1.215万千瓦，投资1.01亿元，设计年发电量0.266亿千瓦时；规划、拟兴建的电站6座，装机容量1.018万千瓦，投资0.86亿元，设计年发电量0.25亿千瓦时；技术改造项目为6座，增加装机容量1.043万千瓦，增加年发电量0.25亿度，投资0.7亿元。全部项目能如期完成，我县水电总装机可达33.78万千瓦，总投资达23.1亿元，年均发电量8.6亿度，年产值3.5亿元以上，预计可提供税费约0.65亿多元。届时，景宁县成为水利部大型农村水电基地县。

随着水电产业迅速发展，为社会积累了大量的资金资本，培养了一大批企业能人，积极到中西部开发农村水电。据不完全统计，已有81个业主在全国12个省64个县收购、改造、新建、立项水电站149座，装机197.1240万千瓦，总投资113.1335亿元，其中收购装机18.4340万千瓦，投资11.2176亿元；在建装机101.7210万千瓦，投资63.3660亿元；竣工装机11.9040万千瓦，投资5.8290亿元；项目前期装机65.0690万千瓦，投资44.6249亿元。

二、小水电产业发展对景宁经济社会发展的贡献

“山区要想变，先办农村小水电”、“山区要想富，办电找出路”的口号在景宁县广为流传。景宁县农村水电通过多年的发展，从无到有，从小到大，从满足居民用电到实现农民脱贫致富，走出了一条全民办电的新路子。解决了全县人民用电问题，提高了人民生活水平，保护了生态，变资源优势为经济优势。同时培育了优势产业，带动关联产业，增强造血功能，为促进景宁县经济社会全面发展发挥了巨大的社会、经济和生态效益。

1.促进了地方经济的发展

根据统计资料，2002年、2003年小水电产业的增加值为1.2亿元、1.32亿元，占GDP比重分别为12%、11.6%，小水电税收占全县财政总收入的比重分别为20.4%、20.1%。2005年，全年实现工业总产值3.5亿元，同比增长48.5%，实现税收5094万元，同比增长92.7%。比全县批发和零售业税收的4364万元多出730万元。经济总量已经跃居各行业之首，小水电行业已成为景宁县经济的支柱行业。

2.提供丰富的电力能源

小水电产业的发展为景宁县工业发展和人民群众的生产和生活提供了强有力的支撑。平水期、丰水期自给有余，枯水期能满足社会发展的基本需求。

3.改善了农村的生产生活条件

景宁县曾经是浙江省的贫困县，虽然现在贫困县的帽子已经摘掉，但还属于经济欠发达县，农业人口占总人口的85.36%。在开发小水电站的过程中，业主除了支付直接损失补偿外，还投资数万、数十万甚至数百万建设公益事业，促进了农业生产条件的改善和农业结构的调整，发展了当地的农村经济，提高了农民的生活水平。

4.提高了流域的防洪抗旱能力

随着水电资源的开发，多处有调节能力的水库对全县的电力进行调节的同时，发挥了其改变时空分布、错峰调洪的作用，为下游的防洪、抗旱和农业灌溉提供了保障，同时也对城市供水、小流域治理、水土保持、水产养殖等起到了很大的作用。

5.促进景宁城市化进程，增加了就业机会

景宁县水电产业的发展，有助于城市化水平的提高，一是将从多方面促进当地的社会经济的发展，从而加速农村人口向城镇转移；二是将形成以移民安置为中心的新兴城镇，使山区农民下山脱贫。

水电站建成后，将为社会提供许多就业机会。全县已建成的151座电站，安排当地从业人员达1500余人。水电站的建设还有效地带动了景宁县建材、机械、第三产业的发展，从而间接增加了部分就业机会。

6.培育了大批水电人才，参与西部大开发

多年的小水电资源开发与管理，为景宁造就了一大批小水电开发、建设、管理的能人队伍。这批人不仅活跃在本地，还参与西部大开发。据统计，景宁县企业和个人在中西部的12个省份有小水电投资，总投资额113.1335亿元，总装机197.1240万千瓦。

7、积极申报CDM项目，实现节能减排

清洁发展机制(CDM)为景宁的可持续发展带来了契机，带来了清洁高效的先进能源技术和额外的资金，促进了能源结构调整，也为国家的节能减排做出了贡献。景宁县从2007年3月开始准备申报小水电CDM项目，到2008年7月完成了全部小水电CDM项目的申报工作。共分三批进行申报，第一批项目5个打捆项目(包)23个小水电站，二氧化碳减排量17.7万吨，净收益每年1500万元左右；第二批于2008年5月13日通过审批，共21个电站，二氧化碳减排量24万吨左右，分7个打捆项目申报，每年收益在2000万元左右；第三批共有20个电站，二氧化碳减排量在9万吨左右，每年收益在800万元左右。目前，国家发改委已经受理该项目，景宁县正积极准备迎接国际认证机构(DOE)现场审核第一批项目。

8.促进景宁旅游业的发展

“创畲乡生态优势，建风情旅游名城”是景宁县委、县政府发展旅游业的发展战略，因此，生态水电站成为景宁的宝贵旅游资源，给景宁的旅游行业带来可观的经济收入。

三、景宁现行小水电管理体制分析

1、企业经营管理方式和产权结构分析

(1)现行水电企业结构分析

目前，景宁县有国营、集体、私营股份制三种所有制形式的电站，其中国营电站有上标一级、鸬鹚、南坑下、东风、大赤坑一级、大赤坑二级共6座电站；集体所有制电站主要是在七八十年代，我国对水电站建设采取民办公助的政策，在这期间建成的有泉坑、屏风岭、蒲洋一级等。从90年代开始，建成的电站基本上属于私营股份制电站。

类　别	电站座数(座)	装机容量(千瓦)	年发电量(万千瓦时)
国营	6	23005	7790
集体	6	1690	525
私有股份制	139	280305	77999
合计	151	305000	86314

(2)现行水电企业经营管理方式分析

水电企业经营管理方式共有三种：

① 以流域或同一利益体组成的小集团经营模式

一是以流域为单位组建水电公司，开发和经营流域内的梯级水电站，其特点是以龙头水库为依托，先行开发一座水电站，然后滚动开发。所有制形式主要以国有为主。二是以“利益”为载体，依据公司法，组建水电项目经营法人。其特点是充分利用社会的闲散资金，开发和经营一座或几座水电站，并向境外发展，以达到共同效益和资产的良性循环。所有制形式主要以非公有制为主。

② 以单一电站的独立经营方式

此类电站主要以乡村集体性质的老电站和非公有的股份制的小水电为主。其特点是数量众多、规模小、各自经营。普遍存在着管理水平低、调节能力差、资本少，扩大再生产能力不足等问题。

③ 以市场为导向的两权分离经营管理方式

其特点是所有权和经营权分离，通过发电、维护、检修等中介公司对电站实行承包，租赁经营。其优点是形成规模经营，能充分发挥资源、人才、技术和装备优势，提升综合竞争能力、降低企业经营成本。

2.管理体制分析

根据政府的职能分工，景宁县的水电行业管理归口水行政主管部门，主要负责水电项目的立项、建设和运行的行业管理；由电力部门负责送出工程建设审批和电量销售与结算；由物价部门审定电站的上网电价。存在着政府与中介组织的职能交叉混淆，政府与企业的角色形成错位。政府该管的缺位，不该管的又越位，妨碍了中介组织的发育和企业的自主经营，制约了水电产业的健康发展。

四、现阶段小水电存在的问题

1.小水电建设存在的问题

(1)生态问题

水电开发对生态的影响主要有以下三个方面：一是引水式电站引起的河流断水问题；二是以瀑布为主要景观的生态景观产生影响；三是因河道筑坝，对一些需洄游产卵的鱼类产生一定的影响。景宁小水电面临以上三个水电开发的普遍生态问题。

(2)政策处理问题

由于景宁县乃至丽水市都没有统一的政策处理标准，或征地补偿未达到规定的标准，业主和农民在面对面处理上述问题时出现了较多的矛盾纠纷，造成了许多电站停工或半停工，严重阻碍了电站建设的顺利进行。

(3)开发权的获取问题

目前景宁县水电资源开发使用权出让采用公开招标、拍卖、挂牌出让和协议出让等方式；总装机在1600千瓦以下或水行政主管部门已同意业主进行项目前期工作的项目一般实行协议出让。总装机在1600千瓦以上的项目需进行公开投标决定开发权，协议出让金定为30元/千瓦。但是，实际操作中有些并没有严格按照规定执行，像公开招标、拍卖、挂牌出让等方式根本就没有搞过，减少了国家的收入。

(4)土地违规问题

在实施中由于监管不到位，有大量的小水电站没有取得合法的用地手续。

(5)施工安全和质量问题

小水电建设的热潮，使有资质的施工、设计、监理单位供不应求，各方面技术管理力量相对薄弱，挂靠、无证上岗等现象较为普遍，施工安全和质量存在隐患，安全事故时有发生。

(6)金融部门对小水电业的支持力度明显减弱

宏观经济调控对景宁县小水电业的融资造成了直接的影响，贷款困难，比例降低，使已经开工或准备开工建设的电站资金短缺。

2.电站运行管理存在问题

(1)已建电站存在"小、散、杂、低、满"现象

小是指小水电个体规模小；散是指分布太分散，大部分在交通不便的山区；杂是指装机从几千瓦到几千千瓦上万千瓦都有，机组从六十年代落后的到目前自动化水平较高的都有，电站的性质从个人到合伙到国营的都有；低是指技术水平、管理水平低、运行人员素质低；满是指国有电站人满为患。

(2)缺乏现代化的技术支持体系

上世纪90年代以前建成的国营和集体所有制电站，大部分机电设备陈旧

老化，而新建电站由于多数属于民营资本投资，缺乏长远意识，科技含量不高。

⑶电站经营管理水平较低

缺乏高素质技能型人才、高水平的专业技术人才，尤其缺乏懂经营管理的企业管理人才。

3.电网存在问题

⑴电网建设不适应水电产业发展的要求

由于我县水电产业发展很快，但电网建设相对滞后，时常出现“有电送不出，丰水期限发电”的情况。现有的电网输送能力只有16万千瓦，而已建电站装机已有21万千瓦，在建电站有10.7万千瓦，出现明显的“供过于求”的“瓶颈”问题，致使水电站所发电量不能被充分利用，水力资源和投资严重浪费。

⑵高度垄断的电力工业体制阻碍了水电的发展

电力行业从本质上说是高度垄断行业，单一企业全面控制着电力调度、电量分配、电力销售、电费结算等权力。同时电力市场在电力相对过剩时期水电、火电间的矛盾十分尖锐，优先利用水电资源无法得到保证。

⑶电网调度管理问题

从技术角度上，由于水电的调峰、甩负荷相当容易，因此在电网调度上，用水电机组做调峰、备用机组，在汛期往往会造成水电资源的巨大浪费。另外，通讯与自动化水平低下，加上110kv载波通信通道非常薄弱，缺乏备用通道，载波频率拥挤，线路及通讯设备检修时，会造成电力通讯中断局面，不能满足电网调度及自动化系统电力信息管理的需求。

4.上网电价低

电站依据有关的政策按保本微利原则测算上网电价上报物价部门审批，但阻力重重。目前，我县上网电价是全省最低的，而且受到电网制约，只能限量上网，还常常需要部门出面协调。

五、景宁县小水电产业发展展望

景宁县水电资源丰富。县委、县政府明确提出了“以电兴县”发展战略，先后出台了《景宁畲族自治县水资源开发管理办法（试行）》、《景宁畲族自治县水电资源项目开发权出让实施细则》，以规范水电资源的有序开发。根据规划，到

“十一五”末实现装机容量达到57.213万千瓦，年发电量达到82293.1万度。积极引导民间资金投向小水电开发，极大地加快景宁县水电资源优势向经济优势转化。

水电产业已成为景宁县的优势产业和新的经济增长点，但是，在水电产业大发展的同时，遇到了许多问题，如资金筹措、电力市场、政策处理、生态问题、上网电价、施工安全等等。因此，景宁县水电产业在今后的开发除了对环境的保护，还要进行一系列投资方式的改革，促进运营模式向多元化发展，引进一些先进的工程运营模式。应考虑开发工程实施后流域生态系统功能的变化，以及流域生态系统结构、功能的退化和相应的恢复措施等。从政策阶段、规划阶段、工程阶段全过程重视生态环境保护。

1.小水电开发建设管理方式探讨

(1)加强对水能资源的统一管理

政府应该加强对水能资源的综合规划和统一管理，组织对尚未进行规划的河流开展综合规划，对尚未批准的河流规划尽快进行审查，加大项目前期的规划投入。

(2)因地制宜、选择适当的开发目标

过去的水能资源规划，按照流域梯级开发模式，往往只考虑效能的最大化。但由于移民和耕地的补偿费用的增加，以及考虑社会稳定和保护耕地资源，建议在规划时应因地制宜、选择适当的开发目标，对于移民和淹没耕地少，生态环境问题少的河流，可以按水电资源的100%开发；对于移民和淹没耕地多，生态环境问题大的河流，可以放弃部分河段的开发。

(3)开发与运行方式要兼顾生态环境的要求

水电工程的不同开发与运行方式，对生态环境的影响不同。采用“龙头水库”加多级引水式开发的模式可以减少淹没损失、减轻对生态环境影响。水电的运行方式，以调峰运行经济价值最高，但为了兼顾生态环境影响，应该安排一定的机组按基荷。工程还应该在低部位设置放水设施，以保证在机组全停时也能下泄生态所需的最小流量。

(4)优化水电发展环境

水电产业实行投资主体多元化体系已建立，形成了成熟的现代企业制度，应继续坚持不懈。政府应出台有关政策，鼓励企业走向联合，两权分离，实现集约经营，增强景宁县水电产业的竞争力。

⑸积极推行水电资源开发权公开出让制度

进一步细化水电资源开发权出让制度，避免国家权力部门化，部门利益私有化，做到“公平、公正、公开”。水电开发各级部门要承担相应的法律义务，依法制定各种政策措施，防止政策制定、执行主体缺位。

2.小水电产业改革和可持续发展的战略措施

⑴深化改革，全面发挥资源优势

①做大做强水电产业。把目前众多的、分散的、具有不同调节性能和多种所有制形式的小水电发电企业培育成上规模、具有一定竞争能力的发电集团或独立发电公司，把水电产业做强做大，提高景宁县水电产业的竞争力。

②加快国有、集体水电企业体制改革。一是清产核资、清晰产权的基础上，对国有和集体电站实行拍卖、租赁运行、承包经营等模式，把水电企业推向市场。二是把电站承担公益和公共安全的水库防洪、生态、灌溉等部分功能从电站经营中剥离，进一步明确工程性质和类别。三是在企业内部，引入竞争上岗，双向选择的用人激励机制，把多余人员分流出去。

⑵加快电网主骨架建设，促进电网、电源协调发展

电网规划与建设要依照科学的发展观，综合考虑水电电源的建设速度和经济发展的负荷需求，彻底解决水电送出瓶颈。

⑶继续抓好农村电气化县建设

在“十五”农村电气化建设的基础上，争取在“十一五”末农村水电装机容量或发电量年均增长10%；人均年用电量年均增长不低于8%；乡镇及以下农村用电量50%以上由农村水电提供；农村水电站及电网现代化水平达到30%，农民人均纯收入年增长率高于全省农村平均水平；绿色GDP大幅增加，水电税利占全县财政收入的26%以上，经济结构更加合理。

⑷积极争取优惠政策

一是从扶贫的角度，落实不歧视的上网和电价政策；二是继续执行6%增值税率政策，且妥善解决税费转嫁问题；三是争取一定规模的银行贷款，并延长还贷期。

六、结论和建议

1.结论

一是景宁县水力资源丰富，理论蕴藏量为66.62万千瓦，其中可开发装机容量53.04万千瓦。截至2008年12月底，全县已建成电站151座，装机容量30.5万千瓦，在建电站4座，装机容量1.215万千瓦。目前，水电开发阶段已处于中后期。

二是水电产业是景宁县的主要产业之一，已成为景宁经济社会的重要组成部分，水电产业的经济总量跃居全县各行业之首，促进了县域经济的发展，并在防洪、抗旱、供水、改善农村生活条件和增加就业机会等方面发挥了巨大的社会综合效益。另外，水电是一种清洁、环保、可再生的优质能源，在运行成本、环保、投资、电网调节、国家政策等方面具有相当优势。因此，水电产业仍然具有旺盛的生命力。

三是目前景宁县水电产业的发展在管理体制、建设管理、电网调节、生态环境、政策处理、建设资金、运行管理等方面还存在较多问题，需要从政府、行业及企业三个不同层次，通过制定政策、完善体制、加快电网建设、建立与生态环境友好的水电工程建设体系、建立现代水电企业管理模式、培育水电行业协会等措施来加以解决，发展壮大水电产业，提高景宁水电产业的竞争力。

2.建议

一是完善政策，加强管理。政府应加强政策研究，制定绿色能源的优惠、扶持政策；强化政府的产业管理力度；改革当前电力调度、上网电价机制，完善电量交易、税费缴纳等政策措施。制定和出台规范股份制水电企业的管理办法。

二是市场推动。利用税费调节等手段，合理调整发、变、供之间的利益关系，给予发电企业稳定可靠的投资回报。放开电网建设和经营市场，吸引非公有制经济参股电网建设和经营。

三是培育和壮大农村水电行业协会。行业协会行使从政府分离出来的部分管理职能。

总之，只要以科学的发展观，协调解决前进中发现的矛盾和问题，景宁水电产业的发展前景一定会越来越好。

（2009年5月发表于中国水能及电气化CN 11-5543/TK总第53期）

参考文献

[1]《中国小水电可持续发展研究》 中国小水电投资网 2004.12

[2]《景宁统计年鉴》(2004年度) 景宁畲族自治县统计局 2005.5

[3]《景宁县县域给水规划》 浙江省水利水电勘测设计院 2003.7

[4]《浙江省景宁畲族自治县水资源调查与水利区划》 景宁畲族自治县水利电力局 1985.12

[5] 景宁县水利局水电管理站统计资料

[6]《景宁县域外投资水电项目调查表》 景宁畲族自治县水利局 2004.10

[7] 水利部司局文件 水电办(2004)48号《关于授予浙江省景宁畲族自治县"中国农村水电之乡"称号的通知》 水利部农村水电及电气化发展局 2004.9.3

[8]《浙江省丽水市瓯江流域综合治理景宁县水电专题研究报告》 景宁畲族自治县水利局 2004.9

[9]《畲乡报》 景宁畲族自治县畲乡报 2006.1.17

[10]《丽水市瓯江流域水利综合治理与开发研究》 丽水市水利局、丽水发展计划委员会 2005.2

[11] 景宁畲族自治县人民政府第6号令

[12]《景宁县"十一五"水电农村电气化规划报告》 景宁畲族自治县水利电力勘测设计所 2005.4

[13]《景宁畲族自治县水电资源项目开发权出让实施细则》

[14]《中华人民共和国可再生能源法》(2005年2月28日第十届全国人民代表大会常务委员会第十四次会议通过)

山区水生态文明建设路径研究——以景宁为例

景宁畲族自治县水利局　黄美玲

摘　要:水生态文明是生态文明建设的重要基础,山区县在水生态文明建设中具有生态基础突出等优势,也存在发展空间不大、投入不足等硬伤。景宁作为浙西南山区小县立足优越的资源条件,在建设水生态文明方面进行了有益的探索。本文在分析景宁水生态文明现状的基础上,指出推进水生态文明建设的意义,并对景宁县水生态文明建设路径进行浅析,提出保障饮水安全、保护与修复水生态、推进防洪排涝工程建设、强化水景观水文化建设、深化水管理、开展生态产业、落实保障措施等七个方面思路。

关键词:景宁　山区　水生态文明建设

景宁位于浙西南山区,同时居住有汉、畲、苗、藏、回、侗、黎8个民族,其中畲族人口占11.1%,是全国唯一的畲族自治县,也是华东地区唯一的少数民族自治县。县域总面积1950平方千米,其中山地面积1621平方千米,素有"九山半水半分田"之称,为典型的山区县。县内海拔千米以上的山峰779座,98%的地表水是二类以上水质,森林覆盖率达79.1%以上,生态环境质量稳居全国前五、全省前三,是国家级生态示范区、省级生态县,生态基础突出,对开展生态文明建设具有先天优势。景宁对山水生态资源的认识与利用大致分为三个阶段:第一个阶段是1984年设县以前,属于"纯自然生态文明"阶段,封闭半封闭的自给自足经济,使人与自然保持着良好的平衡。第二阶段是设县到"十五"末,属于"生态换发展"阶段,急于摆脱贫困的景宁陷入了以破坏生态换取发展的老路子。然而,由于工业经济十分落后,生态环境依然总体保持较好。第三阶段是"十一五"以来,属"人与自然和谐统一"阶段,景宁面对加快发展和保护生态双重压力,积极探索欠发达山区民族县科学发展之路,在全面推进经济社会"追赶、超越"步伐的同时,着力推进以水生态建设为主要内容的生态文明建设,探索创新了一条山区经济科学发展和水生态文明建设有机融合的特色道路。

1.水生态现状及有关做法

2006年初，景宁县委提出了“一三四八”发展战略，把“绿色生态立县”确立为三大战略方针之一，并把“生态协调”列为八项战略举措之一。2011年，景宁县委在总结前一个阶段工作的基础上，创新提出“生态立县、产业富县、文化名县”的“三县并举”发展战略，把生态建设提升到了一个新的高度。2013年，浙江省委提出了“治污水、防洪水、排涝水、保供水、抓节水”的“五水共治”发展决策，为水生态文明建设提供了坚强的政策支撑，特别是给山区县的水生态文明建设带来了新的发展机遇。作为地处浙南山区的欠发达地区，景宁抢抓机遇，积极践行可持续发展治水思路，认真贯彻落实最严格水资源管理制度，水资源供给、水生态、防灾减灾能力、水景观水文化状况持续改善，水生态文明建设取得较好进展。

1.1 构建水资源配置总体布局，落实最严格水资源管理制度。景宁县水资源较丰富，但也存在径流量季节分配不均、径流量年际变化大等特征，同时受地理位置和发展基础限制，缺乏大型骨干性配水工程，造成水资源调蓄能力相对不足。为改变现状不足，景宁在水利发展过程中，特别注重配水工程的建设。经过多年建设，已建成水库43座(其中中型3座)，总库容1.21亿立方米，山塘210座(其中万立方米以上山塘89座)，总塘容550万立方米，塘坝186处，有效库容250万立方米，水窖、水池、水柜239处，有效容积0.17万立方米，堰坝88处，引水流量3.05立方米/秒；集中式供水水厂覆盖各乡镇中心村，总供水规模达29926吨/天，城镇生活供水保证率达到95%，全县生活、生产、生态用水基本得到保障，水资源配置总体格局基本形成。同时，通过严格水资源论证加强水资源统一调度、严格入河排污口监督管理加强水质水量监测、加强节约用水管理推进节水技术改造等，规范水资源日常管理，用水总量得到控制，水质达标率稳定居高，用水效率逐步提高，2013年，全年取水总量0.5亿立方米、万元GDP用水量121立方米、万元工业增加值用水量22.1立方米、水功能区水质达标率达到100%，最严格水资源管理制度逐步落实。

1.2 着力推进水环境水水生态保护。坚守生态环境这块金牌子，构建横向到边，纵向到底的“防护网”建立相应的责任落实体系，不断强化对水水生态保护力度。立足“生态立县”战略，推进中小河流治理、环境综合连片整治等工作,清理无序采砂全面停止了河道采砂,严格小水电开发建设,果断叫停了具有"华东第一峡"美誉的炉西峡水电开发项目,为水生态保护建立了典范。

1.3 不断提升水安全保障水平。由于历史原因,作为一个山区县,景宁县水利基础设施相对薄弱,水安全保障水平有待提升。为此,"十一五"以来,景宁县着力强化民生水利发展,大力推进鹤溪河治理、中小河流治理、农村河道整治等防洪基础设施项目建设,新建和改造堤防50千米,建成堤防100千米,生产生活条件不断得到改善,水安全保障水平得到极大提升。

1.4 加快推进水景观水文化建设。景宁,自然风光秀丽、历史悠久、古迹众多、文化丰富、水质良好,发展潜力巨大。近年来,景宁县在水利规划、设计与建设上,注重水景观水文化建设,水景观水文化建设持续推进。依托小溪干流绿色生态山水资源及独特的畲乡文化,景宁于2014年开工建设畲乡滨水休闲养生基地——休闲长廊项目,该项目全长约13.4千米,包括慢行道、休憩驿站、跨河廊桥、景观园林绿化等配套设施,集旅游、养生休闲、文化、运动、商业为一体,是水景观水文化建设的样板工程。同时,景宁对千峡湖、望东洋高山湿地、炉西峡等水利风景资源丰富的区域开展了总体规划,有序推进水景观水文化建设。

2.推进水生态文明建设的意义

2.1 推进水生态文明建设是时代发展的必然要求。在国家、省对生态文明建设高度重视和区域经济高速发展的时代背景下,景宁县立足自身生态优势,建设"神奇畲乡•养生福地",创建全国唯一的畲族特色生态休闲养生(养老)福地,着力以生态休闲养生(养老)经济促进生态文明建设,使景宁县早日发展成为中国生态文明建设的实践区。水生态文明是生态文明的重要部分和基础内容,建设水生态文明,是景宁县建设中国生态文明实践区的前提和必要条件。

2.2 推进水生态文明建设是可持续发展的根本要求。建设水生态文明的本质就是建设以水资源环境承载力为基础、以自然规律为原理、以可持续发展为目标的资源节约型、环境友好型社会。用生态文明的思想指导合理充分利用资源,摒弃先污染后治理的生产发展模式,提高水资源利用效率,提高全民水生态文明意识,才能确保景宁县水环境—经济—社会稳定、持续协调发展。

2.3 推进水生态文明建设是落实科学发展观的重要举措。科学发展观的内涵是全面、协调和可持续发展，水生态文明是科学发展观的重要内涵之一，通过增强水资源保障能力，确保城乡饮用水安全，建设优质集约的水资源保障体系；通过保护水环境、保护水域和动植物生存环境、搞好水土保持，建设健康优美的水生态保障体系；提高防灾减灾能力，保障人民群众生命财产安全，建设安全可靠的水安全工程体系；建设水景观传承水文化，建设先进特色的水景观体系；通过理顺管理体制、优化运行机制、加强行业能力建设、强化人才培养、普及水利科技知识，建设科学严格的水管理体系，达到科学发展、和谐发展。

2.4 推进水生态文明建设是提高人民群众生活质量的需求。通过水生态文明建设，让人民群众远离洪水侵扰、喝上充足放心水、呼吸新鲜空气、有舒适休闲游乐场所，从各方面提高人民群众生活质量，是人民群众的热切期盼和愿望，也是对各级政府和有关部门的要求。

3.推进景宁水生态文明建设的路径

生态资源是景宁发展最大的比较优势，也是景宁水生态文明建设的根基。景宁坚持以人为本和全面、协调、可持续的科学发展观，坚持水生态资源保护为核心，坚持保护优先、恢复优先、节约优先，注重水生态资源开发与保护的关系，大力推进水生态文明建设，落实最严格水资源管理制度，建立"三条红线"指标和"四项制度"，构建"优质集约的水资源保障、健康优美的水生态、安全可靠的水安全、先进特色的水景观水文化、科学严格的水管理"的"五大体系"，努力创建全国水生态文明示范县，实现景宁水生态资源开发与建设的体系化、层次化和持续化发展，

3.1 保障饮水安全，建设节水型社会。一是以需求、问题为导向，推进"开源""引调"工程建设，建设县城备用水源，提高水资源配置能力。二是推进"城镇水厂""农饮提升"建设，推行城乡供水一体化，免费检测水厂水质，服务到水龙头，提高供水安全保障水平。三是抓好节水工程建设，通过建设农田水利设施、发展节水灌溉农业等措施，着力做好农业节水这个景宁县建设节水型社会的关键；严格工业项目审批，大力推广工业节水新技术、新工艺、新设备，严格取水许可制度，确保工业节水维持先进水平；加强节约用水宣传与教育，推行阶梯水价，推广使用节水器，制定和完善节水办法，提升社会节水水平。

3.2 保护与修复水生态，保障生态安全。坚持生态发展战略、生态水利导

向，强化“绿水青山就是金山银山”“山水林田湖是一个生命共同体”理念，动好“外科手术”，调好“内部机理”，内外兼济，铲除“病根”，开展工业污水、城镇与农村生活污水、农村种植业污水及农村畜禽养殖业污水等治理，推进农村河道保洁，启动绿色电站创建，保护与治理水环境，保护与修复水生态环境，保障河道生态基流，维护动植物生存环境，保护生物多样性，开展水生态监测，实施水土保持工程，保障生态安全。

3.3 推进防洪排涝工程建设，保障防洪安全。实施生态堤防建设，丰富河岸形态与流态，为河流及河岸生物的生存繁衍提供不同的生存环境；强化县城排涝工程建设，采用“上蓄、截”“中疏、拓”“下填、排”总体方案，对于县城周边的主要山洪进行截流至河道，将高低区域分开排涝，做到“高水高排、低水低排”；推进水库除险加固工作，重点解决电站水库除险加固滞后的问题，全面提升防洪减灾能力，保障防洪安全。

3.4 强化水景观水文化建设，助力山水文化旅游开发。景宁县生态环境优越，拥有景色秀丽的山水自然景观、文化底蕴深厚的水利遗产和人文景观。围绕“三县并举”发展战略，结合水环境综合治理与生态修复，充分挖掘水文化资源，进行科学保护与传承，形成“一轴、三区、多点”的水景观与水文化总体布局，构建以畲乡滨水休闲养生基地——休闲长廊项目、千峡湖、炉西峡、望东洋高山湿地等水利风景资源为代表的水景观水文化带，创建富含畲族特色文化与水生态主题的畲乡湖国家级水利风景区，助力“神奇畲乡·养生福地”休闲养生基地建设。

3.5 深化水管理，保障水生态文明建设顺利实施。落实最严格水资源管理制度，探索建立“三条红线”管理机制，加强水资源监控能力建设与管理，建立水资源管理责任与考核机制，构建科学严格的水管理体系。创新三项水生态管理机制，完善水环境生态保护机制，落实生态补偿专项资金，探索水工程生态建设机制，发挥工程的生态效益，建立健全水域生态管理机制，遏制人为活动对水生态系统破坏。构建“1个中心、1个平台、6大信息管理系统”的水利管理信息系统建设，健全基层流域站等管理机构、理顺管理体制，大力推广农民群众自我管理和专业合作用水等组织形式，完善管理制度、优化运行机制，继续推行规划与研究先行制度，以规划统领水利工作，加强行业能力建设、完善管理设施，强化人才培养、普及水利科技知识，提升水管理水平，促进景宁水利持续稳定发展。

3.6 开展生态产业，发展水经济。通过安全水、生态水、景观水、文化水的建设，推介示范项目，发展水经济。打造水旅游线路，开展生态水旅游。利用瓯江支流小溪景宁段与千峡湖、乡村山塘，打造兼具渔业旅游、餐饮、休闲、垂钓与水产养殖结合的休闲渔业，开发渔家乐、休闲垂钓等水生态旅游。利用河流两岸优美的自然风光、丰富的山林资源，开展生态农业、生态林业旅游。以优越的山水环境，吸引清洁工业、第三产业落户景宁，促进景宁经济发展。

3.7 落实保障措施，全面推进水生态文明建设。强化组织机构建设，成立水生态文明建设领导小组，建立政府主导、部门协同、社会参与的责任机制，落实责任主体，明确有关部门责任分工，强化协调配合，形成工作合力。强化水生态文明建设资金保障，以公共资金为依托，鼓励社会融资，建立政府主导、市场运作、社会参与的多元化筹资机制，切实加强资金投入，奠定资金保障的良好基础。推进体制创新，建立更适应自然规律的体制机制和水生态文明的制度保障体系，严格水资源管理制度机制，深化水价改革和水权制度建设，构建体现水生态文明要求的目标体系、评估制度、考核办法、奖惩机制，确保水生态文明建设长足推进。

（发表于《第九届中国（国际）水务高峰论坛会刊》）

参考文献：

[1] 《中共中央国务院关于加快水利改革发展的决定》，2010 年 12 月 31 日

[2] http://www.mwr.gov.cn/slzx/slyw/201210/t20121022_330971.html，陈雷在山东水生态文明建设暨济南市创建全国水生态文明市工作座谈会上的讲话，2012

[3] 唐克旺.水生态文明建设现状 问题及对策[B].中国水利，2013

[4] 陈进.水生态文明建设的方法与途径探讨[J].中国水利，2013

[5] 祁正卫.关于水生态文明建设的思考[J].水利经济，2014

浙江景宁畲族自治县畲乡绿廊水利风景区发展报告

张跃西 汪升华 李柏文 严益贵 胡晓聪 徐海林

一、景区概况

(一)区域资源优势得天独厚

畲乡绿廊国家水利风景区位于景宁畲族自治县境内，这里是瓯江源头地区、中国农村水电之乡、全国唯一畲族自治县和华东唯一民族自治县，还是浙江省主体生态功能区实验区。景区以瓯江源头的小溪和鹤溪为依托的自然河湖型水利风景区，范围包括小溪上游沙湾镇沙湾水电站坝址(待建)至外舍汇田大桥段及鹤溪三枝树下游段，规划总面积86.93平方千米，其中水域面积8.25平方千米，距省会城市杭州约259千米，距浙西南中心城市丽水市区约80千米，距“鹿城”温州125千米，紧邻浙江省第二大人工湖——千峡湖。是景宁县生态休闲养生(养老)旅游区的重要组成部分。

(二)文化产业旅游融合发展

畲乡绿廊水利风景区内汇聚了“中国畲乡之窗”国家AAAA级旅游景区、农村水电站工程、畲族博物馆等众多旅游景点，周边集聚着千峡湖、云中大漈景区、炉西峡、九龙地质公园等众多旅游资源，风景资源种类繁多、内容丰富。景区依托小溪沿岸优异的自然景观，畲族文化与小水电等特色资源，省级特色镇外舍凤凰古城、沙湾镇等重要集镇，伏叶农家乐等特色乡村，构建滨水休闲养生基地——休闲长廊(绿道)等特色游线，以休闲养生(养老)度假为发展方向，打造“畲乡绿廊，养生福地”品牌，致力于发展为“华东地区有重要影响力的国家级水利风景区、具有典型民族(畲族)特色的全国养生福地”。宣传口号:工艺景宁，水上凤凰。畲乡绿廊，美食天堂。景区将散落分布的风景资源串联起来，形成“一心六区十景”的空间布局。“一心”为鹤溪旅游综合接待中心，位于景宁老城区，县政府所在地，为景宁人口集聚区和政治、经济、文化中心。“六区”为魅力畲寨度假区、凤凰古镇休闲区、水电科普展示区、畲乡风情体验区、水电工程博览区、沙湾小镇养生区。“十景”分别为鹤溪文博、廊桥映月、凤凰古镇、魅力畲寨、绿道彩虹、梦幻畲乡、伏叶农家、畲乡之窗、水电博览、沙湾新月。这些代表性景观分散在景区内的六个区域，囊括文化、人文、工程、水文等水利风景资源，各具特色又相互映衬，是景区内民俗风情与自然景观的集中体现。这里，畲族文化风情、城镇村、农林渔业、养生养老以及水电产业科技多元融合发展，呈现勃勃生机。

二、发展历程

从2000年开始，景区陆续开发了漂流、游泳、畲歌比赛与畲族婚假风情旅游演艺等系列旅游产品。特别是畲族“三月三”活动和“千年山哈”大型演出获得全国金奖的有力推动下，景宁星级酒店与农家乐发展成效明显，旅游接待能力空前提高，基础设施建设卓有成效。

“十二五”期间，畲乡绿廊水利风景区依托优越的山水生态和特色文化，积极探索中国山水城市标准，把“创建景宁生态山水城市”作为目标导向。景区以“中国畲乡之窗”国家AAAA旅游景区为标志，景区步入稳步发展阶段。随着旅游集散中心的建成，与交通网络工程配套，特别是彩带绿道工程的竣工投入使用，以及伏叶农家乐、娃娃鱼养殖等相关产业迅速发展，先后完成的畲族文化体验博物馆、鹤溪镇外立面改造、鹤溪河小溪的五水共治，并兴建完善了一批廊桥（包括鹤溪河系列廊桥、小溪梧桐廊桥和绿道廊桥），蔚为壮观。

此外，“十二五”期间，根据《景宁畲族自治县旅游发展“十二五”规划》《全国畲族文化发展基地总体规划》《景宁畲族自治县生态休闲（养老）经济发展规划》等重要文件要求，按照发展壮大生态旅游和养生养老服务业等绿色产业的总体思路，景宁加大投入，加强旅游接待、水电通讯、安全保障等配套基础设施建设，景区内建成了旅游接待中心、畲乡鸿宾大酒店（四星级）、畲族民俗陈列馆、水上派出所等设施，形成了功能齐全、布局合理、质量合格的服务体系。为进一步强化畲乡山水环境的保护、利用和推动生态文明建设进程，景宁于2014年提出了创建国家水利风景区的目标，根据《水利风景区管理办法》要求，委托专业设计单位编制了《畲乡绿廊国家水利风景区总体规划（2015—2030）》，并通过专家评审和政府部门批准。2015年12月10日，“景宁畲族自治县畲乡绿廊水利风景区”获批为第十五批国家水利风景区，且获水利部授牌。畲乡绿廊水利风景区以“国家水利风景区、全国生态养生福地”为形象定位，立足“生态环境保护、生态养生旅游、水文化教育科普、防洪抗旱减灾”等功能定位，构建

“山水观光、养生养老、休闲度假、文化体验”等产业领域，致力发展成“华东地区有重要影响力的国家级水利风景区、具有典型民族（畲族）特色的全国养生福地”，争创国家级水利风景区示范工程、浙江省“五水共治”示范区、中国养生旅游示范区及国家生态旅游示范区、国家生态山水城市。未来景区还将开工建设西汇民族风情度假村、梦幻畲乡旅游度假区等一批大型旅游项目，进一步提升景区接待能力和品牌竞争力。

三、建设成效

（一）增进民族团结与弘扬景宁精神

畲族文化是景宁的重要民俗风情，也是景宁发展旅游的最大特色资源。据记载，早在唐永泰二年（公元766年），畲族先祖就带领族人从福建罗源迁入景宁，与汉族兄弟共同生活，迄今已有1200多年的历史。长期以来，畲族歌舞、服饰、语言、习俗等畲族民族传统特色文化得到较好的传承和发展。特别是畲族自治县设立以来，畲族风情得到了进一步发扬和挖掘，现拥有国家级非物质文化遗产名录2项，省级名录19项，市级名录33项，被文化部命名为“中国民间艺术之乡（畲族民间歌舞）”。一年一度的“中国畲乡三月三”活动成为畲乡重要民族文化窗口，被国际节庆协会评为“最具特色民族节庆”。大型畲族风情舞蹈诗《千年山哈》于2012年代表浙江省参加第四届全国少数民族文艺会演，并获得表演金奖。

景区围绕全国畲族文化总部发展目标，借畲族文化资源发展水利风景旅游事业，融畲族风情于畲乡绿廊水利风景区创建之中，共同推进畲乡生态休闲养生（养老）业发展，呈现畲族风情与山水资源比翼齐飞的美好景象。一是在项目布局上，景区将畲族元素与山水元素等同布置，景区空间布局主要以畲族文化资源为依托，具体建设中也以畲族特色项目开发为主要抓手，着力打造凤凰广场、千年山哈宫、滨水绿道、桥系改造等畲族特色旅游项目，积极创建全国唯一、独具畲族特色的生态休闲养生（养老）福地。二是有效落实了最严格的水资源管理制度和浙江省委省政府“五水共治”举措，促进了人水和谐，进一步发掘水文化和畲族民俗文化，提升畲乡景宁的休闲养生旅游品质和内涵，初步实现对畲乡优异水利风景资源的科学保护和合理开发利用，较好推进景宁生态文明建设和“中国畲乡·小县名城”创建。

畲族文化氛围日渐浓厚，畲族风情将成为畲乡景宁经济社会腾飞发展和各项事业发展的“助推器”。在发展规划中，畲乡绿廊水利风景区将畲族元素与山水元素等同布置，景区“六区十景”空间布局中的“魅力畲寨度假区、凤凰古镇休闲区、畲乡风情体验区”三个区域和“鹤溪文博、凤凰古镇、魅力畲寨、梦幻畲乡、畲乡之窗”五个景点均以畲族文化资源为依托。同时，在规划建设中也以畲族特色项目开发为主要抓手之一，凤凰广场、千年山哈宫等畲族特色旅游项目投资约21亿元，占规划期投资的48%。其中，千年山哈宫位于畲乡绿廊水利风景区的“魅力畲寨度假区”，规划占地约25亩，是浙江省委书记夏宝龙在景宁调研时提出的，其目标为将千年山哈宫打造成“中国畲族朝圣问祖殿堂”，为全国人民建造一个畲族祭祀文化传承与体验基地。可以说，畲乡绿廊水利风景区建设与发展，将呈现“畲族风情”与“山水资源”比翼齐飞的美好景象。

（二）推进科学发展与实现生态效益

景宁是浙江“八大流域”中的飞云江、瓯江源头县，为保护好优质的山水环境和确保为下游输送一江清水，景宁高度重视河湖治理和水生态保护，特别是“五水共治”战略部署实施以来，景宁多措并举，不断完善长效管理工作机制，使水利风景区内的水环境得到有效保护。将出境水质纳入政绩考核范围，坚持生态水利导向，把生态文明理念融入水资源开发、利用、配置、治理、节约、保护的各方面和水利规划、建设、管理的各环节，坚持节约优先、保护优先、恢复优先；严格控制开发强度，划定生态红线，逐步减少各类建设和开发活动占用的国土空间，保障生态系统的良性循环，严格控制区域人口总量和密度，促进人口向其他区域有序转移；加强生态环境修复，加大对生态环境建设投资力度，加强生态公益林建设，进一步提高森林覆盖率，逐步降低生态退化国土面积比例，加强水土流失治理，降低自然灾害损失；保持生态系统完整性，加强新增公路、铁路等建设项目生态影响评价，尽可能减少对生态环境的影响和破坏。在有条件的重点生态功能区之间，通过水系、绿带等构筑生态廊道，强化了区域主体生态功能。自“十二五”以来，景宁紧紧围绕“水生态文明”建设总体要求，强化水生态文明建设理念，全面深化水利各项改革，大力推进生态水利工程建设。把水生态文明理念融入水利建设谋划当中来，为水利风景资源的科学开发利用布好蓝图；对小溪及鹤溪河等流域投入近6亿元，开展独流入海治理、中小河流治理、滨水设施及景观改造等水生态环境治理、保护工作，建成了外舍防护工程、鹤溪河生态堤防、亲水景观堰坝、彩带绿道慢行系统工程以及外舍生态修复工程等一大批既能发挥防洪减灾功能又强化生态保护的高品质水生态示范工程，为科学发展和持续发展打下坚实基础。

2013 年，浙江省委十三届四次全会作出了“五水共治”决策：治污水、防洪水、排涝水、保供水、抓节水。国家水利部印发《关于加快推进水生态文明建设工作的意见》，明确提出要加快推进水生态文明建设。景宁积极贯彻“保护水资源，维护水工程，治理水环境，修复水生态，美化水景观，弘扬水文化，发展水经济”的原则，科学发展水利旅游。景宁的具体措施如下：一是抓项目建设推进水环境整治，通过项目建设，整治河道 50 余千米，河道水环境和保障能力得到显著提升。二是抓巡查维修确保水工程安全运行，结合水利风景区创建落实日常巡查制度，建立“水工程运行档案”，实现景区安全运营。三是抓机制建设实现景区保洁常态化，以河道“河长制”为抓手，强化保洁队伍建设，落实河道保洁人员 100 余名，做到景区处处有河道保洁员和监督员。四是抓河道“三化三美”治理打造市民亲水线，积极开展景区河道专项清理工作，河道水体修复与景观建设成效显现。五是抓机制创新开创河道管理新局面，积极探索河道保洁、管护新模式，创建数字河道，全面建立“河道警长制”，重拳打击涉水犯罪维护景区秩序。 作为浙西南重要的生态屏障，景宁是有名的“生态之乡”。境内山高林茂， 生物群落多样， 水资源丰富且水质优良，95%的地表水水质达到国家 II 类以上，森林覆盖率高达 77.9%以上，生态环境质量评价连续多年位列全国第五，2012 年荣获“浙江省森林城市”称号，继而被列为浙江省“主体生态功能区”实验区。景宁是浙西南生态休闲养生旅游黄金目的地，拥有“云中大漈”“中国畲乡之窗”两个国家 AAAA 级景区及“华东第一峡”炉西峡、“华东最大高山湿地”望东洋高山湿地、省级地质公园九龙湾遗址、“千峡湖”等一批优质旅游资源，先后荣膺“中国国际旅游文化目的地”“中国最佳民族风情旅游县”“中华最佳文化生态旅游胜地”等称号。

（三）推进和谐发展与实现社会效益。

景区建设有效推进了民族团结、社会和谐，普及了水文化水科技，拓展了水利旅游，也增加了社会就业。景宁是马仙故里，景区大均、梧桐、沙湾等地的“迎神节”与畲族“三月三”相得益彰。景区改革成立了水利发展有限公司，理顺了水利建设投融资管理体系和水利工程建设管理体制，为水利风景区搭建了建设运营主体；建成了外舍防护工程、鹤溪河生态堤防、亲水景观堰坝、滨水绿道慢行系统工程等一大批既能发挥防洪减灾功能又强化生态保护的高品质水生态示范工程，为水利风景区创建打下坚实基础。今后，景宁将根据水利风景区建设相关要求和《景宁畲族自治县县域总体规划》《景宁畲族自治县畲乡绿廊水利风景区总体规划》等规划，按照“建一片成一片、治一条成一条”的目标，以流域为单元深入开展瓯江小溪流域景宁段系统整治等水生态保护和修复、水景观工程建设，进一步强化流域系统保障能力。强化水文化教育传播，在滨水绿道景点内创建国际小水电培训中心、全国农村小水电运营管理培训示范基地和农村小水电博览馆，利用景宁的农村小水电资源和发展史对外进行辐射，打造华东乃至全国的水电文化展示、科普教育、会议培训的集中区域，实现水利风景区绿色发展、科学发展与跨越发展。

（四）推进持续发展与实现经济效益

小水电是景宁最大的无烟工业，是绿色经济的一个重要组成部分。2004年，水利部授予景宁畲族自治县“中国农村水电之乡”称号，形成了景宁特色小水电文化。全县现建有小（2）型以上水库44座，其中中型水库3座（英川、上标、白鹤水库），小（1）型水库9座，小（2）型水库32座。小山塘186座，其中1~10万立方米之间的山塘86座，0.2万~1万立方米山塘100座。结合景宁的小水电文化，畲乡绿廊水利风景区拟创办国际小水电培训基地，推广中国小水电的经验，探讨新时期小水电行业的开发管理模式，运用图片、模型、多媒体、电影以及综合技术集中展示景宁乃至全国小水电发展的历史与成就，形成强劲的对外辐射能力，大力建设全域化的旅游大景区，促进人水和谐发展。

有效改善当地水环境、水景观，极大丰富生态养生旅游内涵，景区现已成为都市游客休闲养生度假的新型目的地。景宁有序推进外舍凤凰古镇、五星级大酒店及配套工程、畲族风情旅游度假区等生态休闲项目；扎实推进农村危旧房改造，村民居住环境、城乡面貌有所改善。有效推动景宁当地旅游事业发展，使旅游项目从单一的观赏，拓展到以水为主题的吃、行、游、购、娱等多方面，客源市场也逐渐从丽水周边延伸到杭州、上海、福建等地，在华东旅游圈的辐射力和影响力越来越强，景区旅游接待量和旅游收入不断攀升。充分利用“五水共治”改革成果，在保护水利风景资源的基础上，积极发展以水为主题的休闲养生旅游，创建水环境优异、水文化突出、水产业丰富的水利风景示范品牌。

通过仙菇养生度假村、半月沙湾风情小镇、渤海梅坑环湖垂钓基地等项目建设，以水为主线将乡村观光、农家乐、养生民宿等串联起来，形成产业集聚，带动乡村旅游发展，促进农业农村发展和农民增收致富。2015年，整个景区共接待游客约200万人次，比上年增长11%，旅游收入大幅增长，带动了旅游相关产业链的发展，促进了景宁当地经济社会的跨越、绿色发展。

四、基本经验

(一)理念创新：秉承、创新、协同、开放、绿色共享发展的五大新理念

秉承、创新、协同、开放、绿色共享五大发展新理念，打造一个生命共同体，践行两山理论，实施三个水利并举，坚持四大目标导向，贯彻五水共治，全面推进水利风景区建设。具体内容：一是打造一个生命共同体。水利风景区建设及相关产业发展要维护山水林湖田生命共同体的健康持续发展。二是践行“两山理论”，既要绿水青山，也要金山银山。三是实施三个水利并举，就是齐头并进大力发展生态水利、民生水利和旅游水利。四是坚持四大目标导向，建一项工程，成一片景区，带一片城乡，富一方百姓。五是贯彻五水共治，即治污水、防洪水、排涝水、抓节水和保供水，确保实施最严格的水资源管理制度。

(二)“五水共治”：强势推进水科学发展和生态文明

“五水共治”是浙江省委、省政府为贯彻落实党的十八大、十八届三中全会精神，推进新一轮改革发展，再创浙江发展新优势，建设美丽浙江，创造美好生活而做出的重大战略决策。浙江省是著名水乡，水是生命之源、生产之要、生态之基。“五水共治”项目建设中，其治污水工作重点为清三河、两覆盖、两转型；防洪水工作重点为强库、固堤、扩排工程建设；排涝水工作重点为强库堤、疏通道、攻强排工程建设；保供水工作重点为开源、引调、提升工程建设；抓节水工作重点为改装器具、减少漏损、再生利用和雨水收集利用。实施“五水共治”，全面治理水环境，倒逼产业转型升级，加快生态文明建设，为畲乡绿廊水利风景区创建注入强有力的政策机制，有助于水利风景区建设过程中生态环境的进一步优化和水利风景区资源(绿水)优势进一步凸显，实现水利风景区推动区域经济社会可持续发展。

畲乡绿廊水利风景区以“五水共治”为契机，创新旅游水利，打造“洁净源头、养生绿廊”景区，成效显著；以生态文明为指引，发展民生水利，促进“秀美景宁、生态绿廊”；以项目为抓手，不断完善各项生态基础设施建设，推进示范景区品牌创建，促进乡村旅游发展，打造休闲养生宜居城乡，积极开展水生态修复工程及农村全覆盖的供水工程。目前，景区顺利推进外舍污水处理系统工程、鹤溪河治理工程、外立面美化工程、垃圾填埋场二期、畲乡滨水养生基地（休闲长廊）、沿河休闲景观等重点项目。景区干部群众的生态意识得到明显增强，生态文化和生态文明建设得到有效推进。

（三）管理创新：景区统分结合协同治理

景区定位于景宁旅游的龙头地位和牵引作用，科学规划引领，依法推进景区保护与开发利用。景宁结合国家公园体制研讨，积极探索景区管理模式创新，成功实施了政府主导与市场主体有序协同，管理、建设与运营有效分离的管理运营模式，简称统分结合协同治理。具体内容包括：政府重点强化水资源的严格管理、科学规划和规范发展，改革成立了水利发展有限公司（国有企业），理顺水利建设投融资管理体系和水利工程建设管理体制，为水利风景区搭建了建设运营主体，负责整合相关资源，推进景区建设，并统筹协调各个景点经营（由乡镇村和业主负责）。这种模式较好地解决了景区范围广、业主多元化和类型多样化的管理建设和运营问题，有效调动了各方面的积极性，更重要的是保障了当地村民的切身利益，体现了景区建设造福当地百姓的宗旨。

（四）模式创新：高起点铸造水利旅游融合体模式

所谓“水利旅游融合体”，是指在特定空间范围内依托绿水青山的优美自然生态环境、具备核心价值的优秀人文资源和具有品牌价值的优势产业资源的集聚整合为旅游吸引物，依据融合发展、绿色生态、创新驱动、主客共享及联动辐射的原则，以文化体验、休闲娱乐、度假养生为导向，以打造能够满足游客“吃、住、行、游、购、娱、商、体、养”九大需求的复合型旅游产品为核心，以促进当地社会经济文化生态协同发展为目标，“文化、产业、水利、旅游”多元融合的多功能、多业态、深内涵、重体验的融合发展集聚区。系列化水利旅游融合体，以优质的山水景观、系列化水利工程、系列古城古街和有机农业、水产养殖业等为主要旅游吸引物，坚持“绿水青山就是金山银山”的理念，通过水利旅游充分发挥绿水青山的旅游经济价值。景区建设系列化水利旅游融合体，满足了游客“吃、住、行、游、购、娱、商、体、养”的九大需求。主要内容包括：梧桐沙湾水乡养生旅游融合体、大均中国畲乡之窗旅游融合体、水电科普教育旅游融合体、外舍凤凰古城工艺文化旅游融合体、鹤溪镇滨水休闲文化体验旅游融合体以及环敕木山文化养生旅游融合体等。

专家点评

畲乡绿廊水利风景区是瓯江源头的主体生态功能区建设的重要组成部分，是关系到民族地区全国唯一畲族自治县、华东地区唯一民族自治县的科学发展、持续发展和和谐发展的重要支撑，具有重要意义。该景区在建设理念、五水共治方式、管理模式以及水利旅游融合体创新探索方面做出了显著成绩，对全国类似景区的建设和发展具有重要的现实意义和借鉴价值。今后该景区需要进一步贯彻创新协同开放绿色共享的发展理念，深化协同生态保护和经济开发，全面推进水利文化体验产品开发，打造国际小水电培训中心，完善管理体系和服务体系。铸造畲乡绿廊养生旅游品牌，规划设定的发展目标是一定能够实现的。

（2016年5月发表于《水利风景区蓝皮书：中国水利风景区发展报告(2016)》）

第三节 水利艺文

水是生命之源，城市之魂。水作为载体，承载、涵盖和演绎人类进化史和文明史。自古以来景宁人民择水而居，与水为伴，人与水的相互作用形成了博大精深的水文化。水利艺文是水文化的重要组成部分，但这方面可查的资料甚少，本节只选取清代人撰写的诗四首，其余以水为题材创作的神话传说、诗、词、赋、歌等皆为当代之作。

鹤溪春水

(清)潘 援

沐鹤仙人去不返，沐鹤溪水清且闲。
细柳青青照晴址，落花点点浮沦澜。
我来访古寻仙址，逝者如斯契深理。
振衣吟啸过芳洲，绿阴白鹭惊飞起。

莘岭寒泉

(清)张九华

洞天门内锁双峦，中有丁冷玉液湍。
岩脉流膏香淡淡，石花迸乳韵珊珊。
露华沁齿三秋冷，雪味浇脾六月寒。
一勺可人怜益爽，碧粘格是蕊刚丹。

外卸(舍)(五律)

(清)严用光

水陆交衔地，征夫渡口催。
孤帆随鸟到，小市傍溪开。
路指青山外，舟停绿浪隈。
家乡知未远，客思漫低回。

过浮伞渡

(清)知事　许之光

古渡盈盈欲问津，相传浮伞旧仙真。
清溪屈曲萦村外，奇石峥嵘镇水滨。
几幅蒲帆风势稳，一篙挑浪涨痕新。
临流何必苇杭泳，胜趾于今纪大均。

游上标水电厂

严　瑜

勘设运筹任在肩，栉风沐雨忆当年。
过坑践水试深浅，越岭翻山奔后前。
百丈飞龙归大泽，千寻卧蟒落清泉。
天湖建就能源富，喘息疲牛休一边。

雪花飞瀑

彭岳舜

水落云崖似响雷，珠腾玉溅雪花飞。
龙鳞片片从天降，壮丽景观招客来。

大均溪渡头

李文巍

月嵌崖巅树，潭生水面风。
舟移山影乱，横笛任飘蓬。

沐鹤溪堤

蓝明法

枝缀霓虹水映楼，繁华溢岸荡甯讴。
清溪夜露消烦顿，绿树晨莺唤侣俦。
不意娇花牵袂角，倏然纤柳吻君头。

游来客赠时名雅，路隐情人景自留。

千峡荡舟

毛荣耀

一鉴平湖映碧天，柳杨绕岸百花妍。
荡舟游客欢声闹，垂钓清波独享闲。

游千峡湖感吟

胡浙平(杭州)

夹岸青峰势近天，层林碧水越千年。
而今聚力开新境，赐福人间无限甜。

绿道吟

陈华敏

绿道休闲兴正浓，漫步骑行趣不同。
两脚匆匆追矫燕，双轮滚滚凌太空。
低头锦鲤读云彩，侧耳黄莺唱芙蓉。
驿站一盅山客酒，蓝天白鹭映其中。

鹤溪堤畔即景

叶光发

丽日和风拂柳丝，粼粼秋水鲤鱼痴。
河桥叠叠人来往，拨动心弦吟小诗。

五水共治赞

陈可富

中枢发令八方行，益事为民怀厚情。
筑坝除涂河道畅，治污制矩水源清。
防洪排涝千年计，保供节流百姓声。
倍惜青葱生态好，广描锦画启新程。

畲乡绿道四韵

蓝明法

绿道蜿蜒出洞天，健身观景两怡然。
巧裁缣绶湖头秀，记得乡愁赋丽川。

两岸青峰伴我行，沿溪树色水中生。
风光十里廊前画，绮丽烟霞雨后轻。

傍水依山入翠微，回湾兀石隐渔矶。
天开景幻随人意，漫步轻骑不忍归。

俯看鱼翔仰看鸥，琴心漱石听泉流。
清溪向晚浮新月，无限芳华眼底收。

雨水

张路福（农民诗人）

雨水绵绵下土壤，万物抽茎靠它先；
风和日丽自然景，春到人间草木知。

南歌子·畲乡绿道

任妙琴

行道长堤绿，犹如玉带伸。千峡碧浪唱畲音。老少骑行嬉戏，把春寻。
倚岸观鳞跃，休闲步履欣。柳帘穿燕笑清晨。留恋山间不返，雾为衾。

千峡湖赋

陈可富

瓯越胜境，绿谷明珠。昔称滩坑水库，大坝雄伟，稍逊三峡坝；今谓千峡湖兮，姿色娇妍，秀过鄱阳湖。集千流于一鉴，括百山展百图。如蓬瀛玄妙，风景绝殊。

垒石成堰，筑坝锁龙。水汇峡川，波漾澄泓。境跨千山，镜映群峰。琼楼掩于碧叶，倩影映于苍穹。屿水相接，神赐金腰带；桥屿相连，仙赏银坑松。近岭黛螺容秀，远处银瀑势雄。鹤鸣莺啼音悠，竹浪松涛声隆。畲村风光独媚，歌舞风情最浓。景随行变，画舫犁湖堆雪花；境移人畅，雅客赏景似孩童。麂跃芳丘，猿啼翠杪；鱼翔碧水，鹰翱蓝空。

水秀山胜，形意无穷。地质公园，九龙名封。石笋分阴阳，岫岭气势磅礴；形貌有雌雄，崖壁鬼斧神工。天下奇观，世间迷宫。炉西峡谷，画境矶砻。涧洞千姿，泉清林茂；峰峦万势，花郁草茏。有"华山之险峻，黄山之大气，三峡之蜿蜒"江南名胜，位首华东。杨山古村，密林奇峰，风光旖旎；奇石映翠，古居邀月；丹青画卷，碧水跨虹。灵运踏青，仙遇随风。郎回村中，康乐遗踪。卢敖练丹，采药开炉，遗洞呈瑞；浮丘放鹤，垒石垂钓，隐居修功。自然生态优美，人文景观厚浓。

斜阳辉十岛，落霞映林丛。半岛旖旎五彩画，湖光山色万花筒。北山高桥兮！横跨南北，名冠浙江；中国峡湾兮！将振东西，气贯长虹。千秋伟业，百世丰功。

诗曰：群峡连心漾碧波，千峰倩影唱新歌。
浮峦滴翠嫌光少，游艇犁花访客多。
百鸟传情迷画境，九龙戏水醉嫦娥。
欣看盛世山河壮，青景明湖绽玉荷。

鹤溪赋

陈华敏

畲乡景宁，河曰鹤溪，枕望东洋高山湿地，积敕木山琼浆玉汁，经县城，给(ji)万民乳蜜，进峡湖，画百里涟漪，汇瓯江，为千帆给力，奔东海，书一路豪气。

人文鹤溪，人仙济济。秦时卢敖，逃难鹤溪，筑鼎炉西峡侧，炼丹九龙山矶[1]。西汉初，浮丘伯，师从荀子，门同李斯。躲避战乱，隐居此里，垒石垂钓，放鹤沐溪[2]。东晋谢氏，留连于斯，偶遇鱼姬，吟诗嬉戏。唐时和尚惠明，种植白玉枪旗。忠孝马仙，鹤溪纺织，日行百里，浮伞作楫。南宋重臣，汤氏进之，"玉殿两朝拜相，金旨七度宣麻。"贬谪归乡，谢世留词。南宋汤女，开山种植。引鹤溪低洼之清泉，灌敕木高田之黍稷。献梁柱于临安，建皇宫而受赐。

红色鹤溪，可歌可泣。仰高东渡，武昌起义，金陵殉国，孙文赐祭。叶飞部属杀敌，式人队伍灭魑，志苍兵砺戈，粟裕军斗罴。

绿色鹤溪，五水共治，抗旱排涝，两岸筑堤，消灭污染，关停造纸，剔除垃圾，倒影清晰。夜晚锦鳞读月，拂晓百雏试翼。

旅游鹤溪，风光迷你。柳拂长堤，金塔耸立，登高望远，碧空如洗，凤凰山城，入画入诗，廊桥公园，彩带织石，畲族非遗，雕塑风靡，印山广场，山歌“啰哩”，畲族博物馆，现畲民迁徙。

畲韵鹤溪，独特风姿。畲民嫁女，五彩凤衣，黄牛踏路，新娘涉溪，倩影踏轻浪，山歌洒小蹊。

壮哉鹤溪，云腾风激！秀哉鹤溪，天珍人惜！

注释：[1]卢敖，秦朝方士，因避嬴政追杀，逃至景宁炉西峡九龙山继续炼丹。参见《景宁县志》。

[2]浮丘伯，秦汉时从旧儒学到新儒学承启重要人物。《景宁县志》载，浮丘伯携双鹤隐居鹤溪，为民除害。见浙江文艺出版社《百水赋》220页

千峡湖赋

周树根

关山锁，飞流息。千峡成湖，万壑凝碧。鸟瞰全景，青龙卧栖。斯龙焉，首抵新镇北山，尾摆古城鹤溪。舟行碧波，长卷旖旎。斯卷焉，万顷长天媚秀，千里烟波迷离。

湖有灵性，四时景替。冬日严寒，冰雪不凝；春潮荡漾，湛蓝如碧；夏日炎炎，渔舟晚憩；秋水长天，湖平云歙。旦夕之间，风光不一。晨曦如缕，水烟吐息；晚霞如血，湖光艳丽。而日间 ，倒天光，现云影，映山色，心旷神怡。

湖山相映，峰峦各异。小屿十螺，倾覆碧波；半岛九座，伏卧如豸。湾峡连绵，游鱼嬉戏。白崖峙水，清波漾矶。九龙山体，形如覆箕。熔岩裸露，石笋林立。幽幽洞穴，仙传神奇。谢康乐，嬉双鲫；卢敖洞，炼丹迹；刘基母，佳城地。一叶小舟烟波里，疑似范蠡荡棹楫。

湖峡峻秀，首推炉西。斯峡焉，挟三峡之蜿蜒，兼华山之险峻，纳黄山之大气。峡谷两侧，叠翠入云，群山壁立。偶现猴豹出林，时有雄鹰过隙。时人曰：驴友天堂，户外胜地。

忆往昔，丙申始约，历经五秩，移民迁址，拖男带女难舍故里；思今日，电力渔业，旅游休闲，绿水青山，金山银山且珍且惜。

千峡湖

作词：叶金堂
作曲：印青

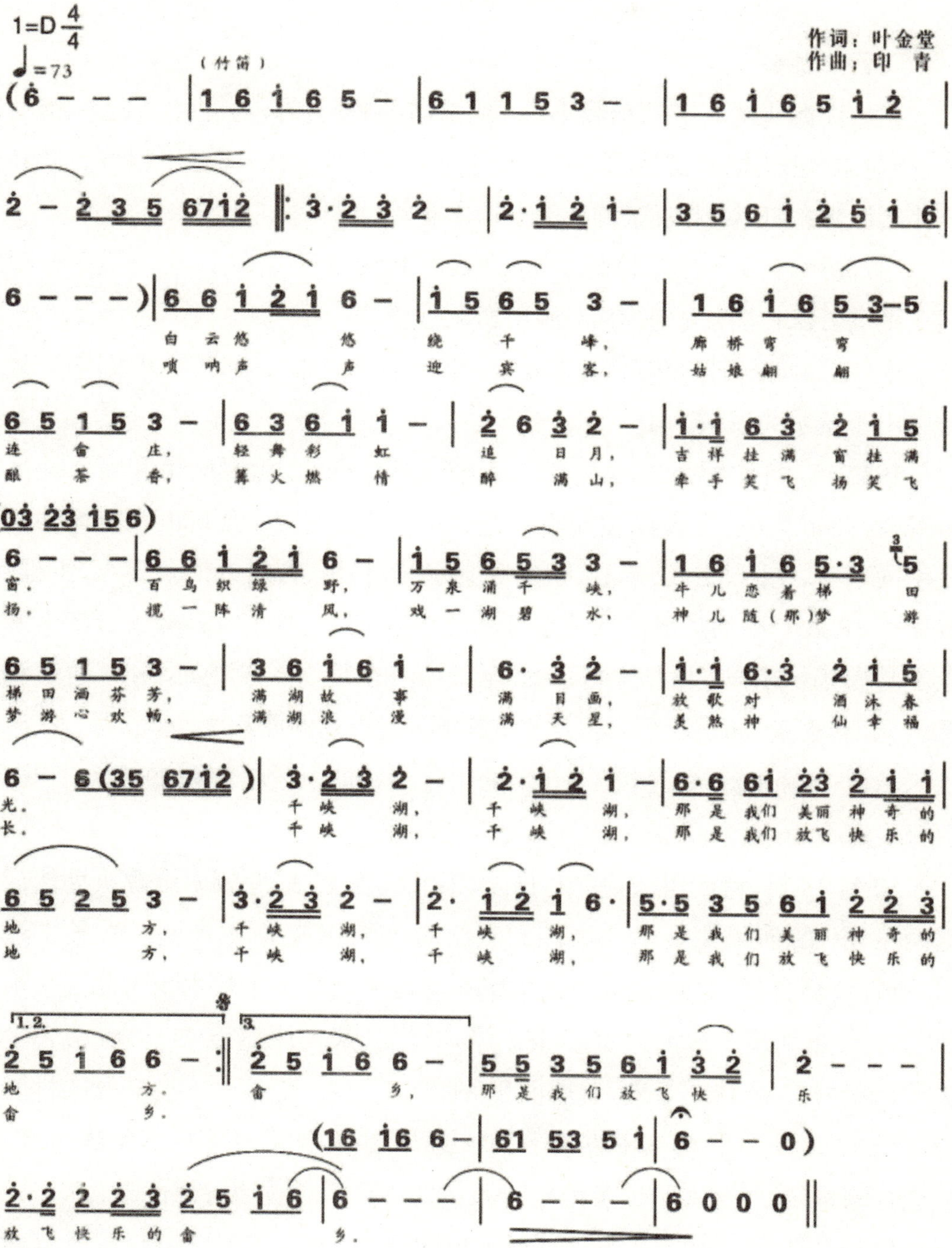

第四节 小 记

飞云江源头

飞云江源头历史文献记载不一。明嘉靖《瑞安县志》与《浙江通志》、清乾隆《温州府志》、民国《瑞安县志》所记载飞云江源头有二：一曰源出福建省政和县东北之温垟；二曰源出浙江省青田东南木凳岭。

《辞海》（1979 年出版修订本）、《辞源》（1988 年出版修订本）所载[飞云江]词条谓飞云江在浙江省东南部，源出泰顺县境。

《浙江省地图册》（1981 年出版）、《浙江分县简志》(1984 年出版)均记载飞云江出于景宁北溪敕木山。

1987 年，编纂《飞云江志》，为了查清飞云江源头，由温州市和丽水地区水电局、温州市科协、飞云江领导小组组成河源考察小组，温州市水电局局长贾茂率同瑞安、平阳、文成、泰顺、景宁等县水利、科协、方志办的负责人、工程师、专家等 18 人专程到实地进行考察查勘。1987 年 10 月 17 日，从飞云江上游的景宁县白鹤村出发，沿大白坑而上，至景南乡东塘溪合口处，又分东塘溪和忠溪两支，从水量、河道断面目测比较，东塘溪比忠溪的面积大、水量大。从而再沿东塘溪上溯探源，在海拔 1450 米处山谷中（即白云尖下坳口）找到了源头，白云尖海拔 1611 米。

10 月 18 日，考察组从白鹤村出发，沿北溪而上，踏勘敕木山源头处然后根据两条溪流踏勘资料，参照浙江省测绘局 1971 年版航测地图及有关文献资料，进行计算分析，对比结果:白云尖下东塘溪来水量大于敕木山下北溪来水量 2 倍以上；东塘溪一般河床宽度 36.7 米，北溪一般河床宽度 21.2 米；白云尖源头至白鹤村河长 18.6 千米，流域面积 81 平方千米，敕木山源头至白鹤村河长 13.7 千米，流域面积 45.6 平方千米。1988 年 5 月，景宁县水电局组织力量，再次进行测量复勘源头，验证了勘定河源在白云尖西北坡的可靠性。

1993 年 7 月 10 日，在源头举行了揭碑仪式，参加代表有温州市政府副市长狄乃云、丽水地区水电局副局长吴丽松、温州市水电局局长程德风以及景宁、文成、泰顺、平阳、瑞安等有关县市政府、水电局负责人、温州市及各县市水利志主编等40余人。温州副市长狄乃云揭碑剪彩，瑞安市水电局局长陈邦焕宣读《飞云江源头碑记》，同时揭示特由浙江省政协副主席吴又新、原温州地（市）委副书记吴骏祥书写的“飞云江源头”题词碑刻。同年9月27日，景宁畲族自治县人民政府以景政〔1993〕52号文件批准飞云江源头碑为县级文物保护单位。《浙江省水利志》（1083页）。

畲乡绿廊

畲乡绿廊位于景宁北部，是以小溪为依托的自然河湖型水利风景区，范围包括小溪上游沙湾水电站坝址（待建）至外舍汇田大桥段及鹤溪河三枝树下游段，规划总面积86.93平方千米，其中水域面积8.25平方千米。景区空间布局为“一心六区十景”，构建具有畲乡特色生态、休闲养生（养老）的“水蓝图”和“水长廊”。

2014年4月，景宁县委托浙江外国语学院张跃西教授团队开展景区总体规划、水利旅游项目评价、风景资源评价报告等编制工作。同时，县人民政府成立了以分管副县长为组长，县府办、发改、财政、水利等部门主要负责人为成员的景区创建领导小组，全面推进国家级水利风景区创建和申报工作。

2014年6月，畲乡绿廊子项目——畲乡滨水休闲长廊（畲乡绿道）工程开工。依托千峡湖库尾和瓯江支流小溪沿线现有的山水人文资源，有效串联起县城、外舍古镇、大均畲乡之窗AAAA景区等区块，建设一条集生态旅游、文化体验、休闲健身为一体的生态综合空间。滨水绿道起点于鹤溪溪口，终点于大均畲乡之窗AAAA级景区，全程13千米，沿途包含慢道交通组织、休憩驿站、休闲广场、景观建筑、跨河廊桥、景观园林绿化、管理用房、公共厕所、电力照明、给排水、弱电智能化管理、旅游设施、标识系统、环保等配套设施建设。工程占地总面积18.08万平方米，总投资1.44亿元。

2015年1月，浙江省水利厅在杭州组织召开了《畲乡绿廊水利风景区总体规划报告》审查会；3月，通过景宁县人民政府审批发布实施；4月，浙江省水利厅在景宁召开“畲乡绿廊”申报国家级水利风景区初审会，同意向水利部推荐申报国家级水利风景区；5月6日，浙江省水利厅行文（浙水管〔2015〕30号），向水利部推荐申报“畲乡绿廊”为国家级水利风景区；7月29—30日，水利部国际合作与科技司原巡视员孟志敏率国家水利风景区专家考评组赴景对“畲乡绿廊”进行现场考察，组织考察评价会，同意景宁申报国家水利风景区，并提交水利部水利风景区领导小组审议。

2015年10月21日，畲乡滨水绿道工程完成全线主体工程并举行揭牌仪式。12月3日，水利部公布畲乡绿廊为第十五批国家水利风景区之一。12月10日，全国水利风景区建设与管理工作会议在北京召开，景宁畲乡绿廊被评为第十五批国家级水利风景区，郑建强副县长代表县政府在主会场接受授牌，并作题为《绘制河湖美景 实施“三县并举” 建设生态美丽家园》的典型交流发言。至此，畲乡绿廊以景宁得天独厚的自然生态环境，集休憩驿站、生态景观、亲水平台等山水生态资源优势，为游客提供一个亲近自然、亲水戏水的极佳场所，成为展示畲乡人文景观和生态特色的国家级水利风景区。

第五节 碑 记

飞云江源头碑记

当今盛世修志，温州首次编纂《飞云江志》。据《辞海》与《辞源》载：飞云江源出泰顺县境。今《浙江分县简志》记载：发源于景宁北溪敕木山。乃于1987年10月中旬，温州、丽水两地水利、科协、地方志的负责人及专家组成探源考察，从景宁白鹤步行溯源。翌年秋复查验证，飞云江源出泰顺、景宁交界白云尖的西北坡，地属景宁县境。涓涓涧水沿漈坑蜿蜒而下注入东塘溪，流经景宁、泰顺、文成、瑞安等县（市）境。在瑞安市上望镇新村入东海。河长一百九十八千米，流域面积三千七百十三平方千米，今查证事实正名源头，刻石志之。

《飞云江志》编纂委员会

公元1992年10月

第六节 水利农谚

乾隆乾隆处处叠岩砻，嘉庆嘉庆家家端饭甑。

建库如建仓，积水如阁粮。

收多收少在于肥，有收无收在于水。

清明断雪，谷雨断霜。

雨落天光头(早晨)，一日不用愁。

月亮生毛，雨在明朝(天)。

久晴大雾必阴，久雨大雾必晴。

春雾雨，夏雾热，秋雾风，冬雾雪。

虹挂西，山坑搬过溪；虹挂东，山坑没水洗葱。

雨打秋(秋分)，没得收。

立夏响雷公，十个稻头九个空。

三九重阳晴，不值立冬半日晴。

雨夹雪，落勿歇。

雨打出头椽，风砍出林树。

晒死何庄，大漈建仓。

晒死大漈在于水。

何庄山头秃，难闻流水声，天晴泉水断，十有九年旱。

一场雨，三天水，晴三天，叫皇天。

若想引来上标水，唯有神仙下凡来。

进村看水碓，进户看咸菜。

上丘流下丘，肥水流温州。

一把锄头三尺长，一年难种半年粮，十年总有九年旱，无奈上山种杂粮。

人在高处住，水往低处流，天晴半月火，吃水贵如油。

田怕秋来早，人怕老来究(音 jiu 意思是弓背弯腰)。

第七节 轶事传说

浣纱潭遗址

《县志》古迹篇中有“在县南鹤溪上游钓台右，昔有潭甚深，宋永嘉郡守谢灵运游石门至此，见二女浣纱，嘲以诗，女亦以诗答之，吟终忽不见，今潭已为沙闭塞矣。”的记述，恰与民间传说相吻合。

附：民间传说《浣沙潭韵事》

相传，宋朝年间，永嘉郡太守谢灵运，下乡察访民情，游览了青田石门洞，来到景宁。有一天，在鹤溪河畔悠闲散步，只见河水碧波荡漾，景色如诗如画，偶然诗兴大发，正想吟上几句，突然发现堤岸柳荫下，有两位红衣女子在水边浣纱，轻盈的欢笑声，随风飘忽，声声入耳，于是转身向岸边走去。

此时，两女子见陌生人来到身边，立即收起笑声，低头不语。谢心想，何不来个投石问路，试探一下两女子的才气呢？便顺口吟道：“浣纱谁氏女？香汗失新雨。对人默无言，何事甘辛苦？”两女子听了并不回答，只是抬头淡淡一笑，捡起纱，提起篮，转身就走。于是谢迈步追赶，大声吟道：“我是谢康乐，一箭射双鹤。试问浣纱娘，箭从何处落？”吟毕，只见两女子‘哧哧’一笑，答道：“妾本潭中鲫，偶出滩头食。食罢自还潭，云踪何处觅？”话音刚过，两女子双双携手纵身跃入深潭，潭水溅起一阵水花，瞬间水面恢复如镜，顿时两条红鲤鱼，摇头摆尾潜入水底。此时，谢才恍然大悟，动情地取出门房四宝，在石壁上写下“浣纱潭”三个大字，并落款谢灵运题四个字。后人把浣纱潭改称“鲤鱼潭。”以此作为纪念。

历尽千年浩劫，这两条红鲤鱼终于修成正果，变成妖精来到人间，与地方官员吟诗对答，妙语联翩引人入胜，真是红娘答嘲诗，韻事传千秋。如今，随着岁月的消逝，自然灾害的袭侵，河床沙石的冲击，浣纱潭早已被填埋，遗址无可寻觅，只能成为历史神话。

采录整理：傅瑜　云和县文化局干部

原刊浙江风物传说丛书丽水篇《龙泉水》

浙江人民出版社 1986 年 3 月出版

鹤溪传说

鹤溪镇一片平坦的盆地，早年间是一个四面环山的浑泽大湖。湖西是片绿草地，远远看去犹如飘浮在水面，人们就把这个地方唤作“浮丘”，浮丘脚下有座崖峰，唤作“钓鱼岩”。

相传在很古的时候，叶府前村上有位老人，年已九旬，白发银丝，手柱拐杖，一派仙家风度。一日，老人登上钓鱼岩，正想放线钓鱼，突然间，湖面狂风大作，大浪扑面而来，只见一条足有七尺的怪物跃出水面，嘴里喷云吐雾，不时掀起一阵阵激浪，把大片田园毁个精光。老人见状十分痛心，原来这怪物是一条千年修成变化无常的鲤鱼精，常出没于湖面，兴风作浪，殃及百姓，日复一日，年复一年，村上的人无不痛恨鲤鱼精。某日，老人同往常一样，又来到了钓鱼岩，他不慌不忙，细心观察湖中动静，忽见湖面风浪骤起，老人急将左手一扬，抛下钓饵，一条细如豆荚的鲤鱼，一口把钓饵衔住急游而去，原来这条鲤鱼就是鲤鱼精变化，老人又急又高兴，紧紧拉住钓竿，哪肯放过鲤鱼精。正在这时候，一只白鹤拍打着双翅迎面飞来，栖立在老人面前崖下一池清水潭里。老人一收钓，冷不防脚底一滑，从十多丈高的钓鱼岩上跌了下去，不偏不倚，恰巧跌落在白鹤背上。

原来这白鹤，也是湖中一怪物，每天必定在崖下的一池清水潭中沐浴、漱口。此时，白鹤忽见老人跌落在自己背上，立即展开翅膀惊飞而起。老人坐在白鹤背上，双脚紧紧夹住白鹤身体，手中的钓竿死死不放，尾随的鲤鱼精，在湖面上团团飞旋，这鲤鱼精在湖面越游越大，越游越快，牵着白鹤环绕大湖转了九十九圈，突然跃出水面，腾空起飞，向着东方天际飞去。白鹤驮着老人，飞呀飞，飞过了高高的仰天峰，飞呀飞，飞上了九天凌霄。就这样，这湖里的鲤鱼精已被钓走，白鹤也背着老人上天成了仙。从此，这湖水也就慢慢地干涸了，不晓得过了多少个年头，就变成了一片宽阔平坦的陆地。为了纪念白鹤，于是人们就把这块地唤作“鹤溪”。

如今，鹤溪城西的钓鱼岩就是当年的浮丘古迹，崖下有口古井，水色如乳，相传就是白鹤在此漱口，将涎流入而混浊。

讲述：叶青印

采录整理：叶青印

流传于鹤溪一带（原载1978年版《丽水地区民间故事》）

道化仙碓

相传明宣德四年，景宁道化村起造水碓。做碓基时，村里人十分热情，每日下午三时都为石匠送点心。真是无巧不成书，每当村里人点心一送到，总有一个穿着又破又脏的讨饭人，据传是神仙化身，向石匠讨点心，石匠也很可怜讨饭人，一连几日都把点心分一半给他。村里人知晓后，每日多烧一碗点心给讨饭人吃。到水碓做好那一天，讨饭人又来了，并念了几句话："道化水碓，道化水碓，晴天碓白米，下雨碓水沙，碓子万万年"。还随手抓起一把黄沙向溪对面撒去，并指点石匠如何做好拦水坝，把溪水引向水碓港，随后讨饭人就不见了。

水碓建成以后，果然每发洪水时，泥砂流勿进水碓，平时连狗也勿敢进入。如今，有了电动碾米，道化水碓早已不再碓白米，但水碓碓基和拦水坝遗迹，在历经洪水冲刷后仍坚固完整无损。县志记载"仙碓址，在三都道化村口，传系明宣德四年(1429)建造，时经仙人指示而成，虽洪水冲击，至今无恙，臼内泥沙不入，洵奇迹也"。

讲述：韦先侃　沙湾镇道化村农民

记录整理：韦定康　沙湾邮电局职工

1987年9月30日采录于道化村

流传于景宁

哭子仙开石

山岭坑水口，有一块大石头，平平整整，长约丈余，高约三丈，中间裂开二尺多，刚好引水至村里的水碓碓米。

相传，这块大石头是连成整体的，并拦住水路。村里人建水碓因水源被大石头阻挡，碓址远离村外十分不便。村里有个老妇人，家里只有一个儿子，勤力肯干，孝顺母亲。有一天，他去村外碓米回来，刚挑起米箩，不料箩绳断了，只好回家去取。回到家里正巧天下大雨，等到雨停，天早黑了，娘说："儿啊，天都暗了，等明日天亮后再去把米挑回吧。"儿子担心夜里山兽糟蹋了粮食，还是去了。一到村外，就遇上了老虎，一直逃到大石头边被老虎咬死了。

第二天，老妇人得知噩耗哭得死去活来，靠村里人帮忙把儿子安葬入土之后，老妇人伤心至极，还常常坐在村外的大石头背上哭，哭得令人心碎。有一天，一位仙人路过此地，见老妇人哭得很伤心，便问："老妇人，你为啥哭啊？"老妇人就把儿子遇害的事一五一十地告诉了仙人。仙人说："我有办法，只是走路口渴了，你先烧碗茶解解渴，我便把这块石头划开来。”老妇人便回家去煎茶汤，等她把茶端来，仙人不见了，只见那块大石头已被劈成两半，中间一道清水直流村中。从此，山岭坑人再也不用到村外碓米了，并把那块大石头叫作“哭子仙开石”。

讲述：沈 毅

采录整理：沈 毅

1988年2月采录于景宁

流传于景宁

滴水岩

鹤溪镇到大均的路上，有一处岩壁，不管天晴落雨，还是大旱，清清的泉水从岩壁上直往下滴，人称“滴水岩”。

相传，马天仙未成仙时，有一天，她的婆婆想吃米汤，家中无米做不成米汤，婆婆便骂她。马天仙是个孝顺的媳妇，无奈只得端起饭樽到村上讨，村上人都未烧米汤，便沿溪一直讨到鹤溪，总算讨到一樽米汤，马天仙煞是高兴。这时天色已晚，尚有一百多里山路未走，她急急忙忙往家跑，路径一片岩壁，给乱石绊了一下，米汤漾出洒到岩壁上。马天仙口渴，又心痛米汤，就站在岩壁下，把滴下来的米汤接来解渴。谁知那岩壁上的米汤老是滴不干，马天仙急着要送米汤回家，便说：“我也不接了，这地方前不靠村，后不着店，留些米汤给过路人解渴吧。”

至今，滴水岩仍在滴水不断，清如甘泉，味似米汤，常年为路人解渴。

讲述：吴春祥

采录整理：夏丽雅 沈 毅

1987年10月采录于大均村

流传于景宁

小溪港的传说

从前，景宁英川村只有一户人家。有一日，这户人家的细庚儿（小孩子俗名）到烈节坑山上砍柴，不小心把柴刀掉到一个岩洞里。细庚儿只好爬到岩洞里寻找，柴刀没寻着，倒看见一个老倌被缚在岩柱上。细庚儿觉得奇怪便问：

"伯伯,你怎么会被缚在这岩柱上?"

"细庚儿,没话讲欧!我原来是天上的青龙,因犯天条打落凡间,被缚在这岩柱上受苦受难欧。"

细庚儿讲:"伯伯,我救你出去。"

"细庚儿,你救不了我。"

"我真的救不了你呀?"

"真的。不过,你娘如果肯救我,倒有办法。"

"啥办法?"

"你回家后对你娘讲,叫她去三十里外的龙泉县龙井村,寻到村尾的水井用镜子对着水井照三天,我就有救了。"

细庚儿一听连柴刀也不寻了,急忙回到家里把砍柴碰到的事,一五一十地对娘说了。他娘也是个好心人,听儿子这么一说,便寻到了龙井村尾的水井,用镜对着水井,一连照了三天。

到了第三天,天刚黑,一条青龙从水井里钻了出来,直往英川方向飞去,老高老高的山脉都被青龙钻出了一条溪,青龙沿着这条溪,经沙湾一直钻到了瓯江。从此,这一带便有了一条江,人称小溪港。

讲述:王家付　英川镇王宅村农民

记录:刘妙慧　英川镇文化站文化员

整理:柳　潭

1987年9月18日采录于王宅村

流传于英川一带

三公主引水脉

相传在很久以前,高山上没有水,人们吃水用水很困难,要到东海去挑。三公主(据传是畲族人的祖先)在天上看到人间住在高山上的人吃水很困难,就到海龙王处商量借水脉引水上高山,但海龙王很小气,不肯出借水脉。三公主想想没办法,只好变成一个年轻漂亮的泼妮崽(畲语:姑娘),到海龙王殿里做丫头。

一日,海龙王不知何事气煞,拼命喝酒,醉酒道出了水脉存放处的秘密,恰被三公主偷听到了,三公主就偷偷地走到存放水脉的地方,可大门上锁无法入内，只好另想办法。

第二日，三公主设计劝龙王喝酒，龙王一高兴开怀尽喝，结果烂醉如泥，三公主急忙从海龙王身上摸出钥匙，去开了锁偷出水脉，把水引上了高山。从此，高山上的人们就不用为吃水用水发愁了。

讲述：雷先根

采录整理：柳　潭

1987 年 12 月 9 日采录于畲族民间文学普查会

流传于鹤溪一带

渡口作诗

相传某日，两个赴京考文、武状元的秀才和一个媛眷客（景宁方言：指农村已婚妇女），三人一起走到渡船口叫撑船。

撑船人见两男一女要过渡便说：“你仨要过渡，先要作诗，作得出我三篙到对岸，作不出一篙也不撑。”

考文状元的秀才一听便作：我笔头尖尖，砚台方圆，我连做三篇文章，说不定是个文状元。

考武状元的秀才紧作：我指头尖尖，拳头方圆，我连打三场功夫，说不定是个武状元。

撑船人一听，觉得不错，便叫媛眷客作诗，媛眷客推三推四，撑船人以为媛眷客没才学，有意刁难不肯撑船。

媛眷客无奈即作：我指头尖尖，肚内方圆，连生三子，文武状元，三儿没用学撑船。

撑船人听了，心头气炸，为挽回面子急作：船头尖尖，船篙方圆，三人作诗作得好，我三篙撑到对面溪沿。

撑船人果真三篙便把船撑到对面溪沿。

讲述：柳育信　葛山乡印章村农民

记录整理：柳　潭

1987 年 11 月 3 日采录于葛山乡印章村

流传于英川、渤海、东坑一带

后　记

《景宁水利志》编纂工作始于1991年9月，时间下限为1992年。叶心青等搜集资料近100万字，1994年9月，完成14万字的讨论稿。经景宁水利局工程师胡庆圯和云和县水电局原副局长严瑜审阅后，于1995年2月完稿，但未付梓。

2004年8月，《景宁水利志》续修工作启动，时间断限为：1993—2004年。2005年12月，修志因故中止。至此，两度修志终未成书。

2013年11月，《景宁水利志》编纂工作再次启动，县水利局对此作了科学规划，有序推进。

2014年3月，篇目大纲审定后，开始全面搜集资料，通过摘、抄、印、录及交换电子文档等方式，征集图片500余张、文字资料2300余份，约210万字。

2015年3月讨论稿形成后，印发水利局各科室及退休老干部，广泛征求意见。2015年11月初稿形成后，组织编委会成员初审。

2016年1月25日，召开专家评审会。汲取专家、领导、修志同仁们的意见后，经查漏补缺、甄别求证，形成送审稿报送方志出版社。2016年10月，根据出版社反馈的意见，反复修改，数易其稿，2017年1月10日，完稿付梓。

《景宁水利志》共9编32章116节，50余万字。是一部全面记述景宁水利事业历史与现状的专业志书，实事求是地记述了景宁水利建设与管理的全过程，上限自有史记载，下限至2015年底（大事记下限为2016年）。

围绕景宁水利事业500余年的发展史，开展资料搜集、筛选、整合并非易事。编者以修志理论引领工作，着重在篇目设计，体例优化，材料精选与巧用方面下功夫，明古详今地纵述了景宁水利事业兴衰起伏的变化规律。

一志三修，断断续续，跨时26载，终于完卷成书。承蒙任韩高、沈才忠等县水利局历届领导，水利局各科室、水电协会、水利系统退休老干部及社会各界人士的大力支持;叶心青、陈子坚等搜集、整理的大量史料,为编纂工作奠定了基础;《浙江省水利志》副主编王磊对篇目作了审核,县气象局副局长周敬荣参与相关章节的编写;丽水市水利志主编、处州文史书社社长陈子立,县人事局原副局长项次欣对志书进行了悉心审阅、修改;县政协原主席彭岳舜,县人大原副主任任启年、丽水市(现莲都区)农业局原局长陈晓南、县史志办原副主任林平及郑利锋、县农业局原高级农艺师林昌庭、县林业局林政股股长赵沛忠、县林业总场荒田湖分场原场长周志和等对志稿提出宝贵意见,在此一并谨致谢忱。

修志为"千秋著述之大业",工程浩繁,难免谬漏,敬请修志行家、领导及知情人士多提宝贵意见,纠错补漏,俾使志书,更臻完善。

编 者